Stadtgeographie

Yvonne Franz · Anke Strüver
Hrsg.

Stadtgeographie

Aktuelle Themen und Ansätze

 Springer Spektrum

Hrsg.
Yvonne Franz
Institut für Geographie und
Regionalforschung, AG Urban Studies
Universität Wien
Wien, Österreich

Anke Strüver
Institut für Geographie und Raumforschung
Karl-Franzens-Universität Graz
Graz, Österreich

ISBN 978-3-662-65381-4   ISBN 978-3-662-65382-1   (eBook)
https://doi.org/10.1007/978-3-662-65382-1

Die Deutsche Nationalbibliothek verzeichnet diese Publikation in der Deutschen Nationalbibliografie; detaillierte bibliografische Daten sind im Internet über http://dnb.d-nb.de abrufbar.

Sarah Heuzeroth ist Illustratorin und Grafikerin. Das Coverbild ist ihre Interpretation der Themen, Verbindungen und Komplexitäten der Buchbeiträge in diesem Lehrbuch. Hamburg, 2022.

Planung/Lektorat: Simon Shah-Rohlfs

Springer Spektrum ist ein Imprint der eingetragenen Gesellschaft Springer-Verlag GmbH, DE und ist ein Teil von Springer Nature.
Die Anschrift der Gesellschaft ist: Heidelberger Platz 3, 14197 Berlin, Germany

Inhaltsverzeichnis

II   Infrastrukturen

III   Reflexionen

Herausgeberinnen- und Autorinnenverzeichnis

Prof. Dr. Tabea Bork-Hüffer   Institut für Geographie, AG Transient Spaces & Societies, Universität Innsbruck, Innsbruck, Österreich

Prof. Dr. Laura Calbet i Elias   Städtebau-Institut, Fachgebiet Theorien und Methoden der Stadtplanung, Universität Stuttgart, Stuttgart, Deutschland

Lea Molina Caminero   Ökonomie und Zivilgesellschaft, Leibniz-Institut für Raumbezogene Sozialforschung, Erkner, Deutschland

Prof. Dr. Iris Dzudzek   Institut für Geographie, AG Kritische Stadtgeographie, Westfälische Wilhelms-Universität Münster, Münster, Deutschland

Dr. Yvonne Franz   Institut für Geographie und Regionalforschung, AG Urban Studies, Universität Wien, Wien, Österreich

Prof. Dr. Dagmar Haase   Geographisches Institut, AG Landschaftsökologie, Humboldt Universität Berlin, Berlin, Deutschland

Dr. Heike Hanhörster   Forschungsgruppe Sozialraum Stadt, Institut für Landes- und Stadtentwicklungsforschung gGmbH, Dortmund, Deutschland

Prof. Dr. Susanne Heeg   Institut für Humangeographie, AG Geographische Stadtforschung, Goethe-Universität Frankfurt, Frankfurt a. M., Deutschland

Susanne Hübl   Institut für Geographie, AG Kritische Stadtgeographie, Westfälische Wilhelms-Universität Münster, Münster, Deutschland

Prof. Dr. Katharina Manderscheid   Fachbereich Sozialökonomie, Soziologie, Universität Hamburg, Hamburg, Deutschland

Dr. Katharina Schmidt   Institut für Geographie, Arbeitsgruppe Kritische Geographien globaler Ungleichheiten, Universität Hamburg, Hamburg, Deutschland

Prof. Dr. Antonie Schmiz   Institut für Geographische Wissenschaften, AG Globalisierung, Transformation, Gender, Freie Universität Berlin, Berlin, Deutschland

Prof. Dr. Verena Schreiber   Institut für Geographie und ihre Didaktik, Humangeographie, Pädagogische Hochschule Freiburg, Freiburg im Breisgau, Deutschland

Prof. Dr. Anke Strüver   Institut für Geographie und Raumforschung, Karl-Franzens-Universität Graz, Graz, Österreich

Prof. Dr. Anne Vogelpohl   Department Soziale Arbeit, Hochschule für Angewandte Wissenschaften (HAW) Hamburg, Hamburg, Deutschland

Stadt erleben: Urbane Alltagsprozesse

Yvonne Franz und Anke Strüver

Inhaltsverzeichnis

Y. Franz, A. Strüver (Hrsg.), *Stadtgeographie*, https://doi.org/10.1007/978-3-662-65382-1_1

Zum Kapiteleröffnungsbild: Altbekanntes des urbanen Lebens kommt zusammen und schafft Neues. Der öffentliche Raum als Ort der Begegnung, der Ausverhandlung, aber auch der Raumproduktion und Repräsentanz von Interessen und Bedürfnislagen Einzelner wie auch von Kollektiven. Hier der Mercado de la Cebada in Madrid, der schon nicht mehr so aussieht wie auf dieser Aufnahme. (Quelle: Franz 2017)

1.1 Anstelle einer – und an der Stelle einer – Einleitung

Geben wir in einer gängigen Internetsuchmaschine „Alltag in der Stadt" als Bildsuchbegriff ein, so erhalten wir Bildergebnisse wie: Menschenmengen, unterschiedlichste Mobilitätsformen – vor allem zu Fuß gehen, Fahrradfahren und (ruhender) Pkw-Verkehr – dichte Abfolgen von Gebäudetypen, Situationen der Übernutzung und auch Unternutzung, die in leeren Räumen sichtbar wird. In der ersuchten, wie in der erlebten Stadt wimmelt es quasi von raumbezogenen Gesellschaftsprozessen wie diesen, als auch von gesellschaftlichen Raumproduktionen, die sich erst durch genaueres Hinsehen erschließen. Beide Aspekte verweisen unmittelbar auf ihre Veränderbarkeit und auf ihre wechselseitige Interaktion oder sogar Abhängigkeit. Und beide verweisen gleichermaßen auf Fragilität wie Robustheit. Eine Vielfalt an Aspekten, die wir an dieser Stelle in die Metapher eines Wimmelbilds verpacken wollen.

Sich urbanen Gesellschafts- und vor allem Alltagsprozessen über das Wimmeln anzunähern oder gar über die Idee eines Wimmelbilds als *„Fülle von Einzelheiten* *oder gleichzeitig ablaufenden Geschehnissen"* (s. Duden des Bibliographischen Instituts 2022) mag irritieren. Erscheint es doch kindisch und damit einerseits unwissenschaftlich und andererseits unkritisch. Denn an den Blick von oben herab, also an die sogenannte Vogel- bzw. mittlerweile Drohnenperspektive, sind zwischenzeitlich manifeste Absagen erteilt worden. Gleichwohl verwenden wir die Ideen des Wimmelns und des Wimmelbilds als Ausschnitt und als Einblick in die Stadt. Wir verstehen es als visuelle Eselsbrücke für das, was Doreen Massey als *Throwntogetherness* (2005, S. 94), als die Verknüpfung von bisher nicht aufeinander bezogenen Personen und gesellschaftlichen Entwicklungen durch den Raum, bezeichnet hat:

> » „[…] one of the truly productive characteristics of material spatiality [.., is] its potential for the happenstance juxtaposition of previously unrelated trajectories, [e.g.] the business of walking around a corner and bumping into alterity, of having (somehow, and well or badly) to get on with neighbours who have got ‚here' […] by different routes from you […]. This is an aspect of the productiveness of spatiality which may enable ‚something new' to happen".

In der Stadt passiert ständig etwas Neues. Sie besteht aus einer Fülle von Einzelheiten, die gleichzeitig ablaufen (und Menschen, die gleichzeitig laufen) – und an der Straßenecke, im Park, am Kiosk, an der Bushaltestelle, im Supermarkt, am Spielplatz und an vielen anderen Orten aufeinandertreffen. Anders als das Trugbild der Drohnenperspektive, als Fiktion von räumlichem Wissen, das Alltagspraktiken ignoriert (vgl. de Certeau 1988; s. auch Haraway 1995), macht die Idee des Wimmelns sofort deutlich, wie kleinteilig, komplex und auch faszinierend die vielfältigen Prozesse städtischen Lebens sind – egal, welche Stadt wir vor unserem inneren Auge haben. Diese Prozesse kommen in einem lebendigen, nahezu bewegten Bild zusammen, in dem sich immer wieder Neues entdecken und in Beziehung setzen lässt. Im Unterschied zur Definition im Duden verwenden wir hier gleichwohl die Metapher des Wimmelbilds, um die Fülle von Einzelheiten *und* gleichzeitig ablaufenden Ereignissen zu thematisieren. So ziehen vertikal wie horizontal strukturierende Elemente der gebauten Umwelt — dazu gehören neben Verkehrswegen und Gebäuden mit unterschiedlichsten Nutzungen auch Grün- und Freiräume sowie Infrastrukturen – den Blick und die Aufmerksamkeit auf sich und werden noch komplexer, sobald wir uns auf den Boden der Tatsachen einlassen, auf die Details, Verbindungen zu anderen Ereignissen und Alltagspraktiken von beteiligten Menschen. Das Wimmeln einer Stadt wird besonders dann interessant, wenn unsere Augen versteckte Konflikte, unerwartete Handlungen oder überraschende Reaktionen entdecken. Unsichtbares wird sichtbar, wenn wir lange genug betrachten, Verknüpfungen finden, verschiedene Lesarten des Wimmelns erkennen und versuchen, diese Lesarten zu ordnen, zu verstehen und zu hinterfragen.

Die Metapher des Wimmelbilds unterstützt uns in dem Anliegen, die Stadt nicht als abgeschlossene Raumeinheit, als Container mit klar abgegrenzten Begriffen, Konzepten und Definitionen zu betrachten. Vielmehr basieren die Idee und letztlich das Produkt Stadt auf langen und komplexen historischen Entwicklungen. Dadurch ist sie genuin dynamisch und letztlich im positiven Sinn undefinierbar. Darüber hinaus steigen wir im wörtlichen wie im übertragenen Sinn in unsere Metapher des Wimmelns ein, denn im griechischen ist *Metaphorai* ein Transportmittel, das Räume durchquert und Orte miteinander verbindet (de Certeau 1988, S. 215). Im 21. Jahrhundert nehmen wir statt der Drohne somit eher das (Uber-)Taxi oder Besinnen uns

1

auf die Qualitäten des Gehens im Raum. Die Bewegung im Raum – und nicht nur im Bild – ist, ebenfalls mit Michel de Certeau, eine erschließende *Aneignung der Beziehungen im Raum*. Dabei ist der Raum *„ein Geflecht von beweglichen Elementen. Er ist gewissermaßen von der Gesamtheit der Bewegungen erfüllt, die sich in ihm entfalten"* (de Certeau 1988, S. 218). Vor diesem Hintergrund rücken die Metapher wie die Darstellung des Wimmelbilds genau das in den Fokus, was dieses Lehrbuch zu bereits bestehenden stadtgeographischen Lehr- und Handbüchern hinzufügen will: Es stellt aktuelle Veränderungen als gesellschaftliche Prozesse des Städtischen in den Mittelpunkt. Denn „die" Stadt existiert nicht, weder a priori noch per se. Sie kann erfahren, aber nie vollständig erfasst werden. Doch wenn wir Prozesse und Veränderungen in den großen städtischen Arenen wie in den dazugehörigen Nebenschauplätzen und Zwischenräumen betrachten, können wir immerhin versuchen mehr zu verstehen. Dafür bedarf es des Einlassens, Zeitnehmens und eines neugierig-offenen Betrachtens. Alles in allem sind das Tätigkeiten des Umherwimmelns und des Einlassens auf die *Throwntogetherness*, die in aktuellen Zeiten oftmals zu kurz kommen.

Dieses Lehrbuch versteht sich also auch als ein Plädoyer für ein gleichermaßen komplexes, wie relationales und prozessuales Denken in der stadtgeographischen Lehre und Forschung. Eingang findet hierbei selbstverständlich auch der Blick über den Tellerrand im Sinn einer interdisziplinären Betrachtungsweise raumrelevanter Prozesse. Das sind Aspekte, die wir bislang in bestehenden Lehrbüchern der deutschsprachigen Stadtgeographie implizit erkennen, jedoch mit diesem Lehrbuch explizit benennen wollen: In der Stadt werden Orte und Räume angeeignet und bewegt, die Stadt ermöglicht (nicht immer) Teilhabe und sie wird von ihren Nutzer*innen bewohnt, (wieder) begrünt und erfahren. Und letztlich ist die Stadt immer wieder ein Ort der kritischen Reflexion zu gesellschaftswissenschaftlichen Exklusionsmechanismen, denn die Stadt politisiert, sie wird (nicht) entdeckt oder digitalisiert.

Diese expliziten Schwerpunktsetzungen führen zu neuen Leerstellen, die wir an dieser Stelle nicht adressieren. Denn das Lehrbuch erhebt nicht den Anspruch der Vollständigkeit einer kompletten Stadtgeographie. Vielmehr kontextualisieren wir in dieser Einleitung – kurz – den Gegenstand Stadt, in den nachfolgend entlang von neun ausgewählten aktuellen urbanen Prozessen intensiv eingetaucht wird. Damit zielen wir weniger auf Kohärenz oder Kanon als auf Expert*innenwissen mit unterschiedlichen Zugängen zur Stadt(-geographie) und betonen die Komplementarität des Fokus der neun urbanen Prozesse mit bereits vorliegenden Einführungswerken zur Stadtgeographie, die die Typisierung (Bähr und Jürgens 2009) sowie Konzeptionalisierung (Rink und Haase 2018; Schneider-Sliwa et al. 2021), Historisierung (Heineberg et al. 2017), gesellschaftskritische und -theoretische Systematisierung (Belina et al. 2020), Komprimierung (Prell 2020) oder Einbettung urbaner Entwicklungen in die Geographie (Freytag et al. 2015) und in die interdisziplinäre Stadtforschung (Kogler und Hamedinger 2021) zum Gegenstand haben.

1.2 Neue Leerstellen, neue Lehrstellen und neue Lernstellen

Ohne vielverwendete Schlagwörter wie „das Jahrhundert des Städtischen" über-strapazieren zu wollen, ist es dennoch unübersehbar, dass Städte *Gamechanger* glo-baler wie lokaler Veränderungsprozesse geworden sind. Ob Klimakrise, Mobilitäts- und Energiewende, Digitalisierung oder demographischer Wandel – Städte sind nicht nur Orte dieser Themen, sie versprechen oftmals auch die notwendigen Hebel-wirkungen, um Wandel, Wende, Transformation zu verorten und umzusetzen.

Das „urbane Zeitalter" wurde im Jahr 2007 eingeläutet. Seine Geburtsstunde wird damit begründet, dass seitdem auf der Erde mehr Menschen in (sehr unter-schiedlich großen) Städten als auf dem Land leben (UN-HABITAT 2008). Mit dem Verweis auf diese Geburtsstunde beginnen seitdem viele fach- wie populärwissen-schaftliche Publikationen zur Stadt(-forschung) (s. beispielsweise Basten und Ger-hard 2016; Rink und Haase 2018; Prell 2020; s. auch Zukunftsinstitut o. J.). Im vor-liegenden Lehrbuch zu aktuellen urbanen Prozessen und Themen der Stadtgeo-graphie spielen gleichwohl Zahlen, wie beispielsweise der quantitativ durchaus beein-druckende global wachsende Grad der Verstädterung, eine untergeordnete Rolle gegenüber qualitativen gesellschaftlichen Raumproduktionen und -dynamiken. Die Fragen des Wie und des Warum von Urbanisierungsprozessen sind die zentralen Leitlinien.

Die Geburtsstunde für dieses Buch lag gleichwohl später, im ersten Covid-19-Frühjahr 2020, während dessen urbane sozialräumliche Ungleichheiten und Un-gerechtigkeiten für viele unmittelbar spür-, sicht- und diskutierbar wurden. Über Nacht verloren die klassischen Qualitäten urbanen Lebens, wie Menschen- und Funktionsdichte, Anonymität UND dennoch Begegnung an Bedeutung; das fade Landleben, die Leere, die Freiheit der Unkontrollierbarkeit gewannen an Attraktivi-tät. Dadurch wurden etablierte Stadt-Land-Dichotomien und Zuschreibungen neu platziert und gemischt. Gesellschafts- und alltagsordnende Routinen wurden auf-gebrochen und durch *Lockdowns*, *Homeoffice* und *-schooling*, Stadtfluch(t) und Heimaturlaub sowie durch digitale *Tools* wie *Zoom*, *Houseparty* und *FaceTime* neu strukturiert und durch *(Live-)Streamings* oder digitale Museumsführungen und Le-sungen kulturell neu erlebt. Gleichzeitig wurden systemerhaltende Infrastrukturen neu definiert, installiert und kategorisiert (z. B. urbane Begegnungen ▶ Kap. 2; Platt-formökonomien ▶ Kap. 10; urbane Grünräume ▶ Kap. 6) sowie existierende hinter-fragt (z. B. autogerechte Stadt ▶ Kap. 7 und gesellschaftliche Solidarität, ▶ Kap. 2 und 3). Während prekäre Beschäftigungs- und Abhängigkeitsverhältnisse im Ge-sundheits-, Pflege- und Sozialbereich, in der Landwirtschaft und auch im Lebens-mitteleinzelhandel endlich breiter thematisiert wurden, erwiesen sich einige der *Glo-bal Player* als besonders verletzlich bzw. unwichtig in der Bewältigung eines neuen und immobilen Alltags: Mobilitätsdienstleister wie Fluggesellschaften und Taxi-plattformen, Übernachtungsindustrien wie Hotelketten oder *Airbnb*, Kultur-institutionen mit internationaler Strahlkraft. Andere Branchen erlebten eine un-geahnte Nachfrage aufgrund veränderter und zum Teil völlig neuer Alltagsbedürfnisse, wie beispielsweise Hersteller von *Outdoor Gyms* für Sportaktivitäten im Freien, Stadtmobiliarhersteller für Sitzbänke und -tische im öffentlichen Raum, die soziale Treffen außer Haus erleichtern. Gleichzeitig verschärft die Pandemie ohnehin be-stehende soziale Ungleichheiten, die sichtbarer werden: Der Gabenzaun im Park mit

1

Produkten des täglichen Bedarfs von Anorak bis Zahnbürste als Spende *to go*, die zunehmende sichtbare Wohnungslosigkeit im öffentlichen Raum, die Nutzung von Kultur- und Freizeitangeboten für nur noch ausgewählte Nutzer*innengruppen, die Überlastung von unterbezahltem Krankenhauspersonal bei gleichzeitiger Unterauslastung von überbezahlten Manager*innen und vielem mehr.

Doch bereits lange vor der Covid-19-Pandemie wurde die Unmöglichkeit und auch die Unsinnigkeit des Stadt-Land-Dualismus abstrakt wie angewandt diskutiert, z. B. anhand der These der *Planetary Urbanization* (Brenner 2014), wenngleich auch reinstalliert: Dies erhielt im Covid-19-Herbst 2020 wieder Aufwind, da das Virus sich vor allem in (Groß-)Städten rasanter zu verbreiten schien als in ländlichen Regionen. Ein Jahr später, im Covid-19-Herbst 2021 hingegen fand das Virus vor allem in den wenig durchimpften ländlichen Regionen Südostdeutschlands, der Schweiz und Österreichs viele Wirte – und beide Entwicklungen verweisen auf gesellschaftliche Strukturen und Prozesse, nicht genuin räumliche. Während der Städtetourismus unter den Pandemierestriktionen empfindlich litt, wurden ländliche Regionen übertouristifiziert und -infiziert. Kurzum: Übernutzungssituationen in urbanen Grün- und Freiräumen, geschlossene Spielplätze und Freizeitanlagen oder leere Supermarktregale bei gleichzeitig stauartig in Wohnstraßen aneinandergereihten Paketlieferdiensttransportern wurden zu neuen, aber schnell gewöhnlichen Alltagsrealitäten.

Als konzeptionelle Geburtsstunde des Buchs hingegen sehen wir weder 2007 noch 2020, sondern das Jahr 2015: Für die behandelten Themen bzw. Prozesse in den nachfolgenden neun Buchkapiteln sind supranationale Weichenstellungen sowie globale Umweltveränderungen deutungsgebend. Im Jahr 2015 verabschiedeten die Vereinten Nationen (UN) ihre Agenda 2030 mit den siebzehn *Sustainable Development Goals* (SDG), von denen das elfte Ziel „Nachhaltige Städte und Gemeinden" explizit eine nachhaltige Stadtentwicklung adressiert. Ein Jahr darauf folgte die im Pakt von Amsterdam verabschiedete *Urban Agenda for the EU* (European Commission 2016), im Jahr 2017 die New Urban Agenda der United Nations Habitat III. Kurz davor, ebenfalls 2015, ist – zumindest in Europa – der sog. Sommer der Migration in die jüngere Geschichte eingegangen mit einer sehr deutlichen lokalen Sichtbarkeit von Prozessen und Praktiken im Zusammenhang mit Migration im Fluchtkontext. Damit wurden Teile der urbanen Migrations- und Segregationsprozesse wie -forschung revolutioniert und neu geschrieben (▶ Kap. 3 und 4) mit Konzeptionsversuchen der *Arrival City* und deren Infrastrukturen oder der solidarischen und Zuflucht gewährenden Stadt sowie mit Anknüpfungspunkten zu etablierten Konzepten, wie z. B. der sozialen Innovation in benachbarten raumrelevanten Disziplinen. Wie das dritte Kapitel betont, bringen Städte Menschen in Bewegung, sie sind nicht nur Orte der alltäglichen *Throwntogetherness*, sondern auch Orte des temporären und langfristigen Ankommens.

Ebenfalls seit 2015 gewann der Diskurs um die Digitalisierung von Städten, zunächst vor allem als Smart-City-Innovationspolitik – als Utopie wie Dystopie – enorm an Beachtung (s. Kap. ▶ 9 und ▶ 10). Sie bildet(e) zusammen mit dem erst individuellen, dann kollektiven Klimastreik und der *Fridays-for-Future*-Bewegung 2019 sowie der Artikulation struktureller Rassismen und der *Black-life-matters*-Bewegung und dem aktuellen Widerstand gegen politische Maßnahmen wie den Anti-Corona-Demonstrationen in (vorrangig) deutschsprachigen Städten (s. ▶ Kap. 2, 8, und 9) mehrere notwendige Erweiterungsmomente für eine Beschäftigung mit aktuellen Themen der Stadtgeographie. Fridays for Future hat neben der Klimafrage für die aktuelle Stadtforschung deutlich gemacht, dass sich auch Kinder die Stadt aneignen und gestalten. Dabei fordern Kinder oftmals bestehende räumliche und auch soziale Ordnungen durch spielerische Bewegungs- und Aneignungsformen heraus. So wird in ▶ Kap. 9 konstatiert:

>> „Die Befassung mit Kindern und Kindheit stellt insofern in der Stadtforschung nach wie vor ein Desiderat dar. Städte sind ohne Kinder jedoch genauso wenig denkbar wie ohne Erwachsene. Die weitgehende Ausblendung von Kindern aus den gängigen stadtgeographischen Betrachtungen hat im Sinn einer selbsterfüllenden Prophezeiung junge Menschen in vielen Bereichen unsichtbar gemacht, wenn nicht sogar an deren Verdrängung aktiv mitgewirkt. Eine konsequente Berücksichtigung junger Menschen in stadtgeographischen Betrachtungen bringt außerdem die Stadtforschung selbst weiter, indem wichtige Schlüsselprobleme der Gegenwart, wie Klimakrise, Bildungsungleichheit oder Defizite bei der Digitalisierung, verstärkt in den Fokus rücken."

Die Aktualität dieses Lehrbuchs begründet sich somit nicht nur in der zeitlichen Dimension, sondern vielmehr in der Sichtbarmachung lokaler Praktiken und Effekte global wirkender Prozesse: Glokalisation und Relation sind dadurch implizite und in einigen Fällen explizite inhärente Charakteristika dieses Lehrbuchs. Gleichzeitig ist auch die Erstellung eines Lehrbuchs sehr stark temporär geprägt: Während dieses Lehrbuch von supranationalen Weichenstellungen wie den SDG beeinflusst ist, kann es neuere politisch-strategische Ausrichtungen wie den *European Green Deal* (Europäische Kommission 2019) oder dessen Ergänzung um das Neue Europäische Bauhaus (Europäische Kommission 2021) nur mehr in dieser Einleitung erwähnen.

Die Kapitel dieses Bands vermitteln daher sowohl aktuelle lokale Prozesse, die in einen bestimmten – oft zentraleuropäischen – Kontext eingebettet sind. Diese Einbettung wird erweitert um globale Einflüsse und Veränderungen wie Klimakrise, Finanzialisierung, Digitalisierung, Migration oder Partizipation. In dieser Verschneidung soll es gelingen, aktuelle stadtgeographische Themen aufzubereiten, sie mit etablierten und neueren Konzepten zu verknüpfen und die wirkenden Veränderungsmechanismen in einem Mehrebenensystem einzuordnen. Die dafür gewonnenen Kapitelautorinnen bringen dazu ihre aktuellen Forschungsperspektiven und -expertise ein. Schließlich geht es auch darum, Anknüpfungspunkte an politisch-planerische Anforderungen im Umgang und in der Gestaltung von Veränderungsprozessen zu erfassen, um die blinden Stellen der stadtgeographischen Vermittlung aufzuzeigen (s. mehr Teilhabe in ▶ Kap. 2 und 4; mehr Grünraum und Umverteilung in ▶ Kap. 5 und 6; mehr Integration in ▶ Kap. 3).

1.3 Neue Verbindungen zwischen altbekannten urbanen Prozessen

Die Stadt als Untersuchungs- wie Betrachtungsobjekt ist so alt wie die gesellschaftliche Raumproduktion Stadt und so neu wie urbane Prozesse vonstattengehen. „Veränderungen in den Fokus zu nehmen", so argumentiert ▶ Kap. 2 auch im impliziten Rekurs auf das Wimmeln und die *Throwntogetherness*, macht wiederum Städte konkret als ‚*under construction*' erkennbar – als Prozess, in Bewegung und in Aus-

1

handlung" (Massey 2005). Aneignungen zu verstehen hilft also zu verstehen, dass Stadt nie so war, wie sie gerade ist – noch in Zukunft so sein wird.

Von dieser Unstetigkeit, Temporalität und Nichtabschätzbarkeit des Urbanen getragen, lassen sich die neun Kapitel dieses Buchs natürlich unterschiedlich – wenn auch nicht beliebig – strukturieren. Als Leitrahmen dienen uns die Dimensionen Praktiken (I), Infrastrukturen (II) und Reflexionen (III). Thematisch führen wir in diese anhand der vier nachfolgenden Querschnittsthemen kurz ein: (1) Städtische Raumproduktionen und Verwertungsprozesse, (2) Urbanes Alltagsleben zwischen Radikaler Demokratie und Postpolitik, (3) (Wieder-)Aneignung von Repräsentanz und Identität im urbanen Raum und (4) Gesellschaftlicher Wandel und Temporalitäten – auch in der Post-Covid-Stadt.

Die Querschnittsthemen dieses Lehrbuchs laden ein, die Stadt zu durchqueren und Räume zu verbinden, ohne die gegebenen Komplexitäten zu vernachlässigen. Dieses Lehrbuch ist für Studierende wie Lehrende der raumrelevanten Disziplinen wie der Stadtgeographie und -soziologie, den Politik- und Planungswissenschaften, der Kultur- und Sozialanthropologie und vielen weiteren mehr, die Stadtentwicklungsprozesse nicht nur erfassen und beschreiben, sondern auch analysieren, kritisch einordnen, bewerten und gegebenenfalls verändern wollen. Wie in der Geographie üblich, wird ein besonderes Augenmerk auf die geographisch-räumliche Dimension als Steuerungs- und Betrachtungsebene auf unterschiedlichen Maßstabsebenen geworfen. Der stadtgeographische Diskurs ist im Jahrhundert der Urbanisierung so wichtig wie notwendig, um die räumlichen Ungleichheitseffekte in urbanen Veränderungsprozessen nicht nur zu betonen, sondern diesen auch normativ entgegenzuwirken. Durch das Wimmeln in den Buchkapiteln lässt sich ein Ein- wie Überblick in und über die vielfältigen gleichzeitig ablaufenden gesellschaftlichen Prozesse in der Stadt erlangen.

1.3.1 Städtische Raumproduktionen und Verwertungsprozesse

Natürlich ist die Stadt als solches, als Agglomeration, bereits eine gesellschaftliche Raumproduktion. Wie bereits oben erwähnt steht diese Tatsache in den folgenden Kapiteln nicht im Sinn einer Historisierung oder Typisierung im Vordergrund, sondern anhand ausgewählter Aspekte dessen, wie urbane Räume in ihrer alltäglichen Nutzung und Aneignung durch verschiedene Menschen entdeckt, politisiert und erfahren werden. Die derzeit in mitteleuropäischen Großstädten wohl dominanteste und zugleich sehr umkämpfte Form der Raumproduktion ist die Produktion von Wohnraum. Dabei ist Wohnen als individuelles Grundbedürfnis und Grundrecht im Prinzip unvereinbar mit der Verwertung im Sinn der Vermarktlichung von Wohnen bzw. dem Wohnen als Teil einer Verwertungs- und Profitlogik: *„Aus den Besonderheiten des Wohnens ergibt sich die Frage, ob und unter welchen Bedingungen es [überhaupt] angemessen ist, einen preisgetriebenen Verteilmechanismus von Angebot und Nachfrage anzuwenden"* (▶ Kap. 5). Denn Wohnen ist historisch wie aktuell weit mehr als Produktion von Raum. Wohnen als Alltagsprozess verweist auch auf den Prozess der sozialen Reproduktion. Allerdings sind Wohnungsmarktprozesse derzeit primär Vermarktlichungsprozesse, deren Logik auf der Verschiebung von Kapitalinteressen in die gebaute Umwelt bzw. die zu bebauende Stadt basiert: Im Unterschied zu Bankeinlagen verspricht der Wohnungsbau mehr denn je eine besonders stabile Rendite für langfristig investiertes Kapital (Anlageimmobilien; Investoren-wohnungsbau), da die anhaltende Verstädterung und Urbanisierung wachsende Nachfrage und profitable Vermietungs- und Verkaufsmöglichkeiten versprechen. Und zugleich hat ein kapitalistischer Wohnungsmarkt kein Interesse an der Versorgung mit bezahlbarem Wohnraum und intensiviert sozialräumliche Segregation.

Eigentlich ist und bleibt Wohnen aber eine Alltagstätigkeit, die eher der sozialen Reproduktion (Gebrauchswert) als der ökonomischen Produktion (Tauschwert) dienen sollte. Allerdings übernimmt der Markt immer mehr das Wohnen und der Wohnungsmarkt ist nicht nur an die Finanzialisierung des Wohnens gebunden, sondern aktuell auch an die Prozesse der *Gentrification*, der *Touristification* sowie der *Smartification*. Für die – hier nur exemplarisch genannte – Verbindung aller drei in innenstadtnahen Szenequartieren steht stellvertretend die digitale Plattform *AirBnB*, die über die Vermittlung von und Verwendung als Kurzzeit- bzw. Ferienwohnungen den Bestand an Alltagswohnraum reduziert und – über die Verknappung einerseits sowie die für Ferienunterkünfte erzielbaren Preise andererseits – die Mietpreise stark steigen lässt (▶ Kap. 5 und 10). Die *Touristification* findet sich neben den Preissteigerungen auch in der Veränderung der Quartiere im Hinblick auf die lokalen Infrastrukturen (Kettenläden und Kioske statt Kneipen und Kinderspielplätze), die somit Verdrängungsmechanismen intensivieren können.

Beispiele wie *Airbnbfication*, aber auch *Smart-City*-Quartiere zeigen, dass *„die Ökonomie von Städten stets eine politische Ökonomie ist. Städte wurden und werden durch ökonomische Kräfte hervorgebracht, geformt und gesteuert"* (▶ Kap. 8) und es gilt daher nicht nur das Ökonomische, sondern auch das Politische zu adressieren. Die (vermeintlichen) Zwänge der Verwertung führen auch zum Wettbewerb der Städte untereinander. Zugleich ist dieser Wettbewerb kein Sachzwang: *„Aufwertung und Verdrängung, eine ausschließlich auf eine finanzstarke globale Klientel ausgerichtete Angebotspolitik sowie eine Ausrichtung von Verwaltung an Marktprinzipien sind keine notwendigen Entwicklungen, die es zu akzeptieren oder sozial auszugleichen gilt, wie dies häufig in Politik, Gesellschaft und Verwaltung seit den 2000er-Jahren dargestellt wurde"* (▶ Kap. 8) – und im Zuge des *Smart-City*-Wettbewerbs aktualisiert wird (▶ Kap. 10) – sowie weiter unten unter dem Stichwort Postpolitik kurz ausgeführt wird. Insbesondere die kritische und feministische Stadtforschung stellen die vermeintliche Unabänderlichkeit solcher Stadtentwicklungsstrategien infrage, um die Ökonomien der Stadt jenseits der Vermarkt(lich)ungs- und Verwertungslogiken des neoliberalen Kapitalismus zu vervielfältigen und um Raumaneignungen jenseits ökonomischer Kontexte viel intensiver zu politisieren (▶ Kap. 2).

1.3.2 Urbanes Alltagsleben zwischen radikaler Demokratie und Postpolitik

Die eben angesprochene Ausrichtung von Stadtregierungen und -verwaltungen an Marktprinzipien ist eine, die als Postpolitik bezeichnet wird und die die wirtschaftlichen Interessen zu Interessen der Allgemeinheit erklärt. Die Politik der unternehmerischen Stadt (▶ Kap. 2, 4 und 8) ist ein vielerorts existierendes Paradebeispiel für die postpolitische Stadt – aber es ist eines, das auch vielerorts mit dem Wimmeln des pulsierenden Alltagslebens konfrontiert ist und bleibt. Das Politische und das

1

Alltägliche haben in der Stadtgeographie lange Zeit kaum zueinander gefunden: Dies kann mit der oberflächlichen Reduzierung des Alltäglichen auf das Private und der Nichtanerkennung des Privaten als Teil des Politischen und des Städtischen erklärt werden. Aber auch die Fokussierung der Teildisziplin auf Stadtstrukturmodelle und -typen sowie Zentralitätsfunktionen spielen dafür eine Rolle. Doch der Fokus auf den Alltag macht deutlich, dass die Nutzung urbaner Räume eine politische ist bzw. dass ihre Nutzung politisiert. In der autogerechten, funktionsgetrennten Stadt war beispielsweise Radfahren keine erstzunehmende Alternative zum motorisierten Individualverkehr (MIV)/Pkw, sondern nur Teil des Alltags eines alternativen Milieus – und auch abhängig von lokalen Normen, die in Kopenhagen anders sind als in Köln bzw. die „innerhalb der Alltagsnormalitäten der Bewohner*innen stattfinden", die ihre Städte und Mobilitätsformen prägen/produzieren (▶ Kap. 7 und 9).

In der postpolitischen Stadt wird das Politische im Sinn des Konfliktiven durch technokratische und vermeintlich konsensuale Regierungsformen als Teil des marktbasierten Regierens ersetzt. Gleichwohl sind aber räumliche Konflikte, Raumaneignungen und -produktionen elementare Bestandteile des urbanen Alltags, die insbesondere in der feministischen Geographie seit Langem thematisiert werden. Dazu gehören auch urbane Raumaneignungen jenseits der durch Bebauungsformen, Normen oder Gesetze vorgesehenen Nutzungen, die durch „unnormale" Nutzungs- und Aneignungsformen gesellschaftliche Strukturen und Machtverhältnisse besonders sichtbar werden lassen. Diese können als strategisches Event organisiert oder Teil routinisierter Alltagspraktiken (und -taktiken) sein; sie können kreativ, konfliktiv oder subversiv sein – aber sie sind immer politisch. *„Städte sind das Produkt des Kapitalismus, Kolonialismus und Patriarchats, um die dazugehörigen Machtverhältnisse zu stabilisieren […]. Und darauf können Aneignungen reagieren"* (▶ Kap. 2; s. auch ▶ Kap. 8 und 9). Begrifflich tragen „unnormale" Raumaneignungen den Verweis auf gesellschaftliche Normen in sich – und damit automatisch auch Abweichungen. Normen werden zumeist mit Normalität gleichgesetzt, sodass Ausnahmen in der Raumaneignung, durch ungewohnte Nutzungsformen und/oder durch ungewohnte Personen, diese besonders sicht- und diskutierbar und letztlich die Stadt veränderbar werden lassen. Vor diesem Hintergrund greifen wir das Alltägliche, in dem das Normale auf das Unnormale trifft, als Teil kollektiver Strategien im urbanen Alltagsleben auf, das sozialräumliche Verhältnisse durch Störungen beeinflusst: zu solchen Störungen gehören die *Critical Mass* (▶ Kap. 7 und 9), urbane Gemeinschaftsgärten und andere *Sharing*-Orte (▶ Kap. 8 und 10), Grätzloasen, *Park(ing) Days* und vieles mehr, die zur (Wieder-)Aneignung des Urbanen durch alltägliches Agieren und Experimentieren führen.

1.3.3 (Wieder-)Aneignung von Repräsentanz und Identität im urbanen Raum

Aneignungspraktiken sind in aktuellen Stadtforschungen vielbeachtete Untersuchungsgegenstände. In Ergänzung zur Aneignung physischer Räume sowie des Sich-zu-eigen-Machen des urbanen Raums (▶ Kap. 2 und 9) zeigt sich auch, dass zahlreiche stadtgeographische Perspektiven dieses Lehrbuchs weitere Aspekte des (Wieder-)Aneignens beleuchten. Neben der essenziellen Demonstration (von *demon-*

strare, lateinisch für zeigen) im öffentlichen Raum kann dies auch Sprache und Artikulation vielfältiger Positionen einer diversifizierenden Gesellschaft sein (▶ Kap. 3).
Ergänzend dazu ermöglicht der urbane Kontext auch die Sichtbarmachung von Un-
sichtbarem. Es geht sowohl um die Repräsentanz vielfältiger sozialer Gruppen als
auch um die Entwicklung und Anerkennung vielfältiger individueller wie kollektiver
Identitäten, Bedürfnisse und Positionen, die im urbanen Raum eingebracht und
sichtbar werden (▶ Kap. 4).

Worin beruht diese Vielfalt, die im urbanen Raum als verdichtete Form unterschiedlicher Lebensstile sichtbar wird? Im Kontext von Superdiversität und individualisierten Lebensformen liegt Vielfalt auch in einer Temporalität im Sinn einer
Zeitlichkeit begründet. Nicht nur Veränderungsprozesse erfolgen dynamischer aufgrund sich wandelnder Rahmenbedingungen wie Finanzkrise, Klimawandel etc.
Auch Individuen als kleinste Einheit einer Gesellschaft sind mobiler, vielfältiger interessiert, vernetzter und vieles mehr. Migrationsprozesse verdeutlichen die Bewegung
im Raum über größere räumliche Distanzen hinweg. Und auch hier werden
Migrationsgründe, -wege, die sog. *trajectories*, diverser Migrant*innen oftmals ein-
dimensional betrachtet. Migrant*innen sind keine – und waren wohl nie eine – homogene Gruppe. Die gängige Kategorisierung in nationale und internationale Zu-
wander*innen verkürzt daher das gesellschaftspolitische Potenzial, das Migration
innewohnt. Denn Migrationsbiographien werden zunehmend durch bereits vorhandene oder künftig zur Verfügung gestellte Ressourcenausstattungen beeinflusst.
*„Sie alle (und viele weitere soziale Gruppen) erleben das Herkommen, Ankommen und
ihr Vorwärtskommen auf unterschiedliche Weise"* (▶ Kap. 3).

Der Ausdruck von Vielfalt geht auch mit dem Wunsch nach Mitgestaltung einher. Sensibilisiert durch die Klimakrise und motiviert von Aneignungspraktiken
unterschiedlicher Interessensgruppen inkludiert Mitgestaltung auch zunehmend
ökologische Aspekte. Gefordert wird nicht nur Freiraum, sondern qualitativ wert-
voller Freiraum für Viele. Dass es trotz oder gerade wegen des Anthropozäns hier
nicht allein um die Gestaltung durch den Menschen geht, zeigt ▶ Kap. 6: *„Naturbasierte Lösungen für Klimawandelanpassung, Luftreinigung oder Naherholung sind
aktuell sehr gefragt und effektiv, aber nur wenn die natürlichen Systeme mit ausreichend
Wasser versorgt werden"*. Mitgestaltung muss also auch Ressourcenzugang, -verfüg-
barkeit und effizienten Ressourcenverbrauch im Sinn einer zukunftsorientierten
Nachhaltigkeit berücksichtigen. Fragen der Umweltgerechtigkeit werfen hier neuere
Aspekte der sozialräumlichen Segregation und sozialökologischer Ungleichheiten
auf. Ohne bereits von *Green Gentrification* (▶ Kap. 5 und 6) zu sprechen, sind Ver-
sorgungsfragen mit hochwertigem Grünraum erneut mit sozialer wie ökologischer
Wohnstandortqualität, Leistbarkeit und (politischer) Repräsentanz verknüpft.

(Wieder-)Aneignung, Teilhabe und Partizipation werden implizit vorrangig von
Erwachsenen und über Erwachsene diskutiert. Doch wie partizipiert die heran-
wachsende urbane Generation? Wie finden Kinder und Jugendliche schon heute Gehör und Mitbestimmung in der Gestaltung ihres urbanen Raums? Auch wenn das
▶ Kap. 9 an die Kindheit eines jeden von uns appelliert: *„[s]chließlich sind wir alle
selbst einmal Kinder gewesen und bestimmen allein schon dadurch mit, wie über Stadtkindheiten nachgedacht wird"*, braucht es mehr als reine Aneignungsermöglichung.
Eine aktivierende Aneignungsvermittlung abseits der gewohnten Bahnen ist in
gegenwärtigen Bildungsbereichen kaum zu erkennen, *„[e]ine respektvolle und achtsame Beziehung zu jungen Menschen kann sich kaum entwickeln, wenn ihre Partizipa-*

1

tion nur der medienwirksamen Außendarstellung im globalen Städtewettbewerb dient". Aneignen im Sinn einer Sichtbarwerdung und eines Sich-Repräsentanz- Verschaffens sind Prozesse, die die Stadt bewegen, verändern und – vor allem – weiterentwickeln (▶ Kap. 2, 3 und 4): Nicht nur als Lebensraum, sondern auch in der Frage, wie wir miteinander leben wollen.

1.3.4 Gesellschaftlicher Wandel und Temporalität – auch in der Post-Covid-Stadt

Die Summe aller Themen dieses Lehrbuchs ergibt mehr als die vier hier diskutierten Querschnittsthemen. Die Themen in ihrer Gesamtheit zeigen vielmehr auf, wo die Beiträge zu einem tieferen Verständnis des ständigen gesellschaftlichen Wandels liegen. Der Blick auf die Verbindungen und Verknüpfungen zwischen den Themen verdeutlicht die oftmals zitierte Dynamik, die inhärenten Veränderungen, die Flüchtigkeit und die Vergänglichkeit. Kurzum: Die Temporalität urbaner Veränderungsprozesse – und das, was darunter aus stadtgeographischer Perspektive verstanden wird – ist ebenfalls im anhaltenden Wandel. Ein zusätzlicher Treiber dieser Temporalität ist die während der Erstellung dieses Lehrbuchs alle Lebensbereiche prägende Covid-19-Pandemie, die neue, sichtbarere und virulentere Bedürfnisse wie beispielsweise Grün- und andere öffentliche Begegnungsräume in der Stadt aufzeigt. Was lässt sich daraus für eine Post-Covid-Stadt ableiten?

Bewegen durch Raum und Zeit: Sich in urbanen Räumen zu bewegen, ist mehr als elitäres Flanieren und zielloses Umherstreifen. Die Forderung nach *„[…] Bewegen und Spielen an der frischen Luft und sozialräumliche Begegnungen auch über Krisensituationen hinaus"* (▶ Kap. 9) verdeutlicht die Notwendigkeit von Freiräumen in der Stadt – und die Frage nach einer Umverteilung des Raums. Die Pandemieerfahrung zeigt, dass Bewegung ein elementares Grundbedürfnis ist, das (neue) Formen der sozialen Interaktion mit räumlicher Distanz (im Gegensatz zur kontaktlosen Begegnung im digitalen Raum), der Teilhabe auch in Krisenzeiten aber auch Abgrenzung in einer Gesellschaft ermöglicht (▶ Kap. 6). Abgrenzungspraktiken wurden besonders deutlich in neuen Protestformen gegen Corona- und Impfmaßnahmen, die kurzzeitig Solidarisierungspraktiken unterschiedlichster sozialer Gruppen nutzen und dabei langfristig wirkende Exklusionspraktiken erzeugen. Wandel verläuft mehr denn je entlang gesellschaftlicher Trennlinien (▶ Kap. 2) und macht die Frage nach gesellschaftlicher Teilhabe, politischer Repräsentanz und Wandel in der Post-Covid-Stadt wichtig.

Digitales Alltagsleben: Während der physische Raum und das Sich-darin-(Fort-) Bewegen während der Covid-Pandemie durch diverse Lockdowns an Reichweite im Sinn von Bewegungsradius verlieren, nimmt die Bedeutung der Fortbewegungsmöglichkeit im digitalen Raum zu (▶ Kap. 7 und 10). Arbeitsplätze, Schul- und Lernorte, Services für das Alltagsleben (von Lebensmitteln bis medizinische Unterstützung), Freizeiträume und vieles mehr werden in den digitalen Raum verlagert. Sie werden damit physisch-materiell unsichtbar und weitestgehend privatisiert. Die Pandemie befeuert die sozialräumliche Fragmentierung, indem sie individualisierte Lebensstile (scheinbar) noch individueller, bedürfnisorientierter (*„customized"*) und zeitnaher (Lebensmittellieferung in zehn Minuten) in den digitalen Raum verfrachtet.

Marginalisierte und ressourcenarme soziale Gruppen erfahren die Digitalisierung des Alltagslebens als zusätzliche Exklusionserfahrung (▶ Kap. 3 und 10).

Postkapitalismus in der Post-Covid-Stadt? Oft werden die großen Veränderungen eines Gesellschaftswandels erst ex post erkennbar. Dennoch sind es die kleineren und disruptiven Handlungen, die als Alternativen zu etablierten (Aneignungs-)Praktiken gesetzt werden. Veränderung, Wandel und sogar (soziale) Innovation findet also laufend statt. Zu Beginn der Pandemie erwies sich eine *„Priorisierung von Belangen globaler Gesundheit vor ökonomischen Interessen"* (▶ Kap. 8). Allerdings stellt sich nach Jahren der Pandemieerfahrung zunehmend die Frage, ob nicht doch letztlich die Wirtschafts- und Handlungsfähigkeit eines Staats zentral in politischen Entscheidungsfindungsprozessen berücksichtigt wird. Die Pandemie schiebt jedoch größere Krisen in den Hintergrund: Die Klimakrise ist Realität und die Post-Covid-Stadt wird sich beispielsweise mit der Bekämpfung vereinzelter urbaner Hitzeinseln auch im Hinblick auf Gesundheits- und Gerechtigkeitsfragen auseinandersetzen müssen. *„Zu den Konflikten auf Grünflächen im Quartier aufgrund hoher Nutzungsintensitäten und einer steigenden Zahl heißer Tage sowie tropischer Nächte besteht eindeutig Forschungsbedarf"* (▶ Kap. 6). Letztlich zeigt und intensiviert (auch) die Klimakrise explizit Ungerechtigkeiten innerhalb von Städten, aber auch zwischen Städten des Globalen Nordens sowie des Globalen Südens – und vor allem: zwischen den in Städten lebenden Menschen.

Literatur

Bähr, Jürgen, und Ulrich Jürgens. 2009. *Stadtgeographie II. Das Geographische Seminar*. Westermann: Braunschweig.

Basten, Ludger, und Ulrike Gerhard. 2016. Stadt und Urbanität. In *Humangeographie kompakt*, Hrsg. Tim Freytag, Hans Gebhardt, Ulrike Gerhard, und Doris Wastl-Walter, 115–139. Berlin/Heidelberg: Springer.

Belina, Bernd, Matthias Naumann, und Anke Strüver, Hrsg. 2020. *Handbuch Kritische Stadtgeographie*. Münster: Westfälisches Dampfboot.

Bibliographisches Institut GmbH. 2022. Wimmelbild. https://www.duden.de/rechtschreibung/Wimmelbild. Zugegriffen am 28.02.2022.

Brenner, Neil. 2014. *Implosions/explosions: Towards a study of planetary urbanization*. Berlin: Jovis.

de Certeau, Michel. 1988. *Kunst des Handelns*. Berlin: Merve. [L'Invention du Quotidien. Bd. 1 Arts de Faire. 1980. Paris: Union générale d'éditions].

Europäische Kommission. 2019. Was ist der europäische Grüne Deal? https://ec.europa.eu/commission/presscorner/detail/de/fs_19_6714. Zugegriffen am 21.03.2022.

Europäische Kommission. 2021. Neues Europäisches Bauhaus: Neue Maßnahmen und Finanzierungsmöglichkeiten zur Verbindung von Nachhaltigkeit mit Stil und Inklusion. https://ec.europa.eu/commission/presscorner/detail/de/ip_21_4626. Zugegriffen am 21.03.2022.

European Commission. 2016. Urban Agenda for the EU Pact of Amsterdam. https://ec.europa.eu/regional_policy/sources/policy/themes/urban-development/agenda/pact-of-amsterdam.pdf. Zugegriffen am 21.03.2022.

Freytag, Tim, Hans Gebhardt, Ulrike Gerhard, und Doris Wastl-Walter, Hrsg. 2015. *Humangeographie kompakt*. Berlin/Heidelberg: Springer.

Haraway, Donna. 1995. Situiertes Wissen. In *Die Neuerfindung der Natur.*, Hrsg. Donna Haraway, 73–97. Frankfurt a. M.: Campus.

Heineberg, Heinz, Frauke Kraas, und Christian Krajweski. 2017. *Stadtgeographie*. Paderborn: Ferdinand Schöningh.

Kogler, Raphaela, und Alexander Hamedinger, Hrsg. 2021. *Interdisziplinäre Stadtforschung. Themen und Perspektiven*. Bielefeld: Transcript.

1

Massey, Doreen. 2005. *For space*. London: Sage.

Prell, Uwe. 2020. *Die Stadt. Eine Einführung für die Sozialwissenschaften*. Opladen/Toronto: Barbara Budrich.

Rink, Dieter, und Annegret Haase, Hrsg. 2018. *Handbuch Stadtkonzepte Analysen, Diagnosen, Kritiken und Visionen*. Leverkusen-Opladen: Barbara Budrich.

Schneider-Sliwa, Rita, Boris Braun, Ilse Helbrecht, und Rainer Wehrhahn, Hrsg. 2021. *Humangeographie*. Braunschweig: Westermann.

UN-HABITAT. 2008. *Annual Report 2007. For a better urban future*. Nairobi: o.V.

United Nations. 2015. Transforming our world: The 2030 Agenda for Sustainable Development. https://sdgs.un.org/publications/transforming-our-world-2030-agenda-sustainable-development-17981. Zugegriffen am 21.03.2022.

United Nations. 2017. New Urban Agenda. http://uploads.habitat3.org/hb3/NUA-English.pdf. Zugegriffen am 21.03.2022.

Zukunftsinstitut. o.J. Megatrend Urbanisierung. https://www.zukunftsinstitut.de/dossier/megatrend-urbanisierung. Zugegriffen am 02.03.2022.

Praktiken

Inhaltsverzeichnis

Stadt aneignen – Alltägliche Begegnungen, nachbarschaftliche Kollektive und soziale Bewegungen in globaler Perspektive

Katharina Schmidt und Anne Vogelpohl

Inhaltsverzeichnis

Aneignungen des städtischen Raums sind Akte, Dinge anders zu tun, als es normalerweise z. B. durch gebauten Raum, durch vorherrschende Geschlechterverhältnisse oder durch Gesetze vorgesehen ist. Damit spiegeln sie – beabsichtigt oder nicht – immer gesellschaftliche Ausschlüsse und Machtverhältnisse wider. Aneignungen durchbrechen diese Verhältnisse und bewältigen sie ein Stück weit auf materieller, symbolischer und/oder sozialer Ebene. Das Kapitel diskutiert das Verhältnis von Enteignungen und Aneignungen und stellt mit Begegnungen im öffentlichen Raum, Nachbarschafts- und Stadtteilinitiativen sowie sozialen Protesten und Bewegungen drei Formen der Stadtaneignung vor. In dem Zuge heben wir theoretisch Sara Ahmeds Konzept der *„strange encounters"* und Henri Lefebvres „Recht auf Begegnungen" sowie als Beispiel die „Ni-una-menos"-Proteste gegen vergeschlechtlichte Gewalt hervor. Nicht zuletzt reflektiert das Kapitel aber auch, wie Stadtaneignungen behindert, verwässert oder erschwert werden.

Zum Kapiteleröffnungsbild: Protestierende halten vor dem Gebäude der Stadtverwaltung in Rio de Janeiro Schilder mit dem Namen der ermordeten Schwarzen, lesbischen Stadträtin Marielle Franco aus der Peripherie Rio de Janeiros in die Höhe und fordern Aufklärung (© Francisco Proner/AP Images/picture alliance 2018)

Eine obdachlose Person zeltet im Park; ein Haus wird auf dafür nicht ausgewiesenem Bauland errichtet; ein *Graffiti* oder ein *Tag* hinterlassen eine Nachricht auf einer Hauswand; ein Straßenname wird von Aktivist*innen überklebt und durch einen neuen ersetzt; eine *Critical Mass* an Fahrradfahrer*innen blockiert den Autoverkehr in der Stadt; ein Auto ist auf einem Bürgersteig geparkt; ein *Pop-up*-Fahrradweg

⊡ Abb. 2.1 Einige urbane Machtverhältnisse am Beispiel der Stadt Hamburg (Eigene Darstellung, Katharina Schmidt, basierend auf dem *Icon Design* von Max Jordan, Melina Soltau, Jessica Wulf, Katharina Vöhler 2021)

nimmt Raum für Fahrradfahrer*innen; Jugendliche turnen auf dem Spielplatz für Kleinkinder. Diese kurzen Beispiele lassen zentrale Charakteristika von Aneignungen erkennen: Es sind Akte, Dinge anders zu tun, als es normalerweise z. B. durch gebauten Raum, durch vorherrschende Geschlechterverhältnisse oder durch Gesetze vorgesehen ist. Die Beispiele verweisen bereits auf ein vielfältiges Konfliktpotenzial, u. a. in Bezug auf gesellschaftliche, juristische oder physisch räumliche Auseinandersetzungen. Ob eine Aneignung unbewusst oder geplant, erzwungen oder freiwillig ist, als legitim oder illegitim angesehen oder als positiv bzw. negativ bewertet wird, kann sich stark unterscheiden und hängt von herrschenden Machtverhältnissen ab (⊡ Abb. 2.1).

Aneignung – Eine Begriffsbestimmung

Aneignung ist ein Prozess, sich etwas zu eigen zu machen, das einem vorher nicht gehörte bzw. von dem man ausgeschlossen war. Damit spiegelt der Aneignungsprozess – beabsichtigt oder nicht – immer gesellschaftliche Ausschlüsse und die Ungleichverteilung von Macht wider. Aneignungen durchbrechen diese Verhältnisse und bewältigen sie ein Stück weit, indem sie die eigene Handlungsfähigkeit (wieder) herstellen (dazu Knabe und Leitner 2017). Aus einer geografischen Perspektive kommt in den Blick, dass Machtverhältnisse und damit auch Aneignungen mit räumlichen Prozessen zusammenhängen: Architekturen, Raumordnungspläne oder das Treiben auf öffentlichen Plätzen bilden z. B. gesellschaftliche Geschlechter- oder Besitzverhältnisse ab. Und umgekehrt machen bestimmte räumliche Verhältnisse bestimmte gesellschaftliche Beziehungen möglich – andere verhindern sie.

In der geografischen Debatte sind Aneignungen daher kleinere und größere Akte, Räume aktiv nach den eigenen Bedürfnissen zu verändern. Aneignungen können dabei u. a. in Form von alltäglichen Begegnungen, von gezielt zusammengeschlossenen Kollektiven oder in Form von sozialen Bewegungen stattfinden.

2.1　Aneignung als Thema der Stadtgeografie

Auf einen Blick. In diesem Abschnitt wird gezeigt, dass
- Städte durch Aneignungen erst entstehen;
- Aneignungen zugleich jedoch auch von urbanen Bedingungen hervorgebracht oder verhindert werden;
- Aneignungen immer Machtverhältnisse widerspiegeln, die aufgrund intersektionaler Ungleichheiten bestehen;
- dass öffentliche Räume im Fokus der Diskussion um Stadtaneignung stehen, weil sie Kontaktzonen sind.

Aneignen als Thema der *Stadtgeografie* verweist auf eine Wechselwirkung zwischen dem Prozess des Sich-zu-eigen-Machens und Stadt. Einerseits werden Städte durch unterschiedlichste Formen an Aneignungen geprägt. Andererseits sind gerade Städte Orte, die aufgrund ihrer Vielfältigkeit (s. ▶ Kap. 3) und Dichte die Auseinandersetzung mit ungleicher Teilhabe (s. ▶ Kap. 4) anfachen. Deswegen machen Städte Aneignungsprozesse besonders wahrscheinlich. Aneignungen können zwar auch im Privaten stattfinden; mit Blick auf die Bewältigung von gesellschaftlichen Machtverhältnissen werden sie jedoch oft in den öffentlichen Raum getragen und mit der Aneignung von Stadt verknüpft.

Wichtige theoretische Ankerpunkte dieses Kapitels sind die feministisch-postkolonialen geografischen Forschungen zu Begegnungen („*encounters*"), wie sie Sara Ahmed (2000) und Gill Valentine (2008) angestoßen haben, sowie die marxistisch geprägten raumtheoretischen Debatten zur Urbanisierung mit Bezug auf Henri Lefebvre (1972, 1991). Für all diese Autor*innen ist Differenz ein wichtiges Konzept, das mit und über Aneignungen möglich werden soll. Ziel dieses Kapitels ist erstens, Aneignungen als Kritik einer vermeintlichen städtischen Normalität zu begreifen, die sich in unsichtbaren, selten hinterfragten sozialen Regeln oder Hierarchien im Raum zeigt (von der obligatorischen Kehrwoche in einer schwäbischen Kleinstadt – dem abwechselnden Treppenhausreinigen – bis zu gesellschaftlich dominanten Erwartungen an Menschen, heterosexuell zu sein, gesund zu sein etc.); zweitens stellt das Kapitel die durch Aneignungen sichtbar werdenden intersektionalen Machtverhältnisse heraus und nimmt damit die im Kontext des *Black Feminist Thought* entstandene Perspektive von Kimberlé Crenshaw (2019) auf und drittens möchte dieses Kapitel Schritte nachvollziehbar machen, diesen Verhältnissen etwas entgegenzusetzen (vgl. Gilmore 2020).

Intersektionalität spricht die Unterdrückungs- und Ausbeutungsverhältnisse auf Basis von vor allem *race*, Klasse, Geschlecht, aber auch Alter, Be_hinderung, Religion etc. an und betont deren Überschneidung: „*intersection*" bedeutet Kreuzung bzw. Verschränkung. Solche machtvollen Unterdrückungsverhältnisse können sich überlagern und treffen dabei auf unterschiedliche Personen und deren Lebensrealitäten, sodass daraus spezifische Diskriminierungen entstehen. Das bedeutet beispielsweise, dass Frauen* unterschiedlich von Sexismus betroffen sein können, weil sie u. a. auch arm, groß, lesbisch, Schwarz, be_hindert oder Migrantin sind. Die ◘ Abb. 2.2 zeigt, wie Stadt aus einer Perspektive der Intersektionalität begriffen werden kann.

2

INTERSEKTIONALITÄT
„IST EINE LINSE,
DIE ERLAUBT ZU SEHEN,
WOHER MACHT KOMMT
UND AUF WEN ODER WAS SIE PRALLT,
WO ES VERKNÜPFUNGEN UND
WO ES BLOCKADEN GIBT.
ES GIBT NICHT EINFACH EIN
RASSISMUS-PROBLEM HIER UND EIN
GENDER-PROBLEM DORT,
UND EIN KLASSEN-
ODER LGBTQ-PROBLEM WOANDERS.
HÄUFIG LÖSCHT DAS DOMINANTE
FRAMING AUS,
WAS MENSCHEN WIRKLICH PASSIERT"
(CRENSHAW 2019)

◼ **Abb. 2.2**   Intersektionalität und Stadt (Eigene Darstellung, Katharina Schmidt)

2.1.1 Aneignungen als Grundlage von Stadt

Jede Stadt basiert letztlich auf Begegnungen und irgendeiner Form der An- bzw. Enteignung von Land. Die Frage, wann durch wen und wie bestimmte Orte, Felder, Siedlungen oder Wälder zu Stadt wurden, spielt dabei eine zentrale Rolle (Kwaymullina 2020). Jenseits europäischer mittelalterlicher Ansiedlungsgeschichten, der Verleihung von Stadt-, Eigentums- und Hoheitsrechten, Prozessen der Eingemeindung oder globalem *"land grabbing"* etc. sind viele heutige Großstädte weltweit im Rahmen von „colonial encounters" (Pratt 1996) entstanden. Damit sind koloniale Begegnungen in Form einer gewaltvollen Landnahme durch Europäer*innen gemeint. Zum Beispiel basiert die Entstehung von San Francisco, Rio de Janeiro oder Windhoek auf kolonialen Stadtgründungen. Konzeptionell lassen sich solche illegitimen Landraube von indigenen Territorien – im Fall der oben genannten Städte dem Land der Ramaytush/Ohlone (Milliken et al. 2017), Tupinambá und Guaraní (Freitas da Silva 2015) sowie Nama und Ovaherero (▶ http://genocide-namibia.net/) – besser als *Ent*eignung beschreiben (Lefebvre 2008) und werden aktuell im Kontext dekolonialer und indigener Geografien untersucht (Daigle und Ramirez 2019).

Der Zusammenhang zwischen Enteignungsprozessen und Stadt eröffnet einen kritischen Blick auf die historische, aber auch aktuelle Stadtentwicklung und deren Geschichtsschreibung. In dem Zuge haben sich historisch gewachsene, aber immer wieder reproduzierte Machtverhältnisse – die komplexe Ungleichverteilung von politischem Einfluss, Deutungshoheit, Kapital, Gesundheit usw. – in die Stadt ein-

◘ **Abb. 2.3**   *Graffiti* in San Francisco (Sophie Kämerling 2019)

geschrieben. Städte sind das Produkt des Kapitalismus, Kolonialismus und Patriarchats, um die dazugehörigen Machtverhältnisse zu stabilisieren (Darke 1996; Kern
2021; Lefebvre 1991). Und darauf können Aneignungen reagieren (◘ Abb. 2.3).

Viele stadtgeografische Arbeiten fokussieren gegenwärtige Aneignungen von Städten
weltweit. Dabei machen sie deutlich, dass diese auch heute Grundlage von Stadt
sind: Aneignungen produzieren Städte (Amin und Thrift 2002; Wilson 2017). Und
da Aneignungen auf Ungleichheiten reagieren, machen sie diese sichtbar und streben
ihre Überwindung an. Veränderungen in den Fokus zu nehmen, macht wiederum
Städte konkret als *„under construction"* erkennbar – als Prozess, in Bewegung und in
Aushandlung (Massey 2005). Aneignungen zu verstehen, hilft also zu verstehen, dass
Stadt nie so war, wie sie gerade ist – noch wird sie so in Zukunft sein.

2.1.2 Aneignungen in Städten: Öffentliche Räume als Kontaktzonen

2

Aneignungsprozesse in Städten sind vielfältig und zeigen, welche Themen, Orte, Interessen, Politiken und Praktiken sich in Aushandlung befinden. Gerade öffentliche Räume werden diesbezüglich schon lange und kontrovers in der Stadtgeografie untersucht. Sie gelten einerseits als offene, dynamische und flexible Orte, an denen städtische Differenz durch unterschiedlichste Begegnungen entsteht (Vogelpohl 2018); andererseits ist das Aufeinandertreffen in einem vielfältigen urbanen Kontext oft umkämpft, da unterschiedliche Interessen und Bedürfnisse kollidieren (Schmidt 2011; Mitchell 2003).

Öffentliche Räume stellen somit Kontaktzonen dar. In *„contact zones"* werden nach Marie Louise Pratt (1996, S. 2) „Subjekte in Relation zueinander konstituiert". Pratt konzeptionalisiert mit dem Begriff ungleiche und konflikthafte Begegnungen zwischen kolonialisierenden und kolonialisierten Subjekten im Kontext Perus (Pratt 1996, S. 6):

» *‚Contact Zones'* „refer[s] to the space of colonial encounters, the space in which peoples geographically and historically separated come into contact with each other and establish ongoing relations, usually involving conditions of coercion, radical inequality, and intractable conflict."

Auch heute noch treffen Personen und Gruppen, deren Positionen und Situationen (z. B. aufgrund von ökonomischem Status, sozialer Herkunft, Nationalität, sexueller Orientierung, *race*, Identität, Geschlecht, Glauben, körperlicher Konstitution, Alter etc.) sich radikal voneinander unterscheiden, in Kontaktzonen wie dem öffentlichen Raum aufeinander. Eine Analyse von Kontaktzonen hilft, wirkmächtige Machtasymmetrien zu erkennen, in denen die ungleichen Pole trotz geografischer, historischer und sozialer Distanz stets miteinander verbunden sind. Diese Verbindungen in all ihrer Ungleichheit überlagern sich in Städten weltweit und verweisen noch heute auf koloniale Kontinuitäten. Noa Ha (2014) zeigt dies am Beispiel Berlins: Der Pariser Platz in Berlin Mitte wurde im Herbst 2012 zur postkolonialen Kontaktzone, in der Proteste von Geflüchteten (gegen die restriktive und mangelhafte europäische Asylpolitik) auf die kommunale Ordnungsmacht Berlins trafen und dort an ihrem „Recht auf Aneignung" (Lefebvre 2016, S. 189) gehindert wurden.

2.2 Dimensionen von Aneignung

Auf einen Blick. In diesem Abschnitt wird gezeigt,
- dass Städte materiell, symbolisch und sozial angeeignet werden können;
- welche vielfältigen Beispiele sich für diese Aneignungsmodi finden lassen;
- dass Aneignungen sich in Städte einschreiben und deren Entwicklung über einen langen Zeitraum prägen können.

Für jeden Raum ist nicht nur physisch-materiell, sondern ebenso ideell bzw. planerisch und sozial ein bestimmtes Handeln und Verhalten vorgesehen: Deswegen werden Bänke dort abgebaut, wo keine Obdachlosen sein sollen; oder Frauen wird von klein auf beigebracht, nachts nicht allein durch dunkle Parks und Straßen zu gehen. Aneignungen als Widerstand gegen solche Logiken können entsprechend auch auf diesen Ebenen stattfinden: Es kann materiell, symbolisch oder sozial etwas getan werden, um diese Räume zurück bzw. für sich zu gewinnen.

▪ Materielle Aneignung von Raum

Die in der Stadtgeografie am stärksten diskutierte Dimension der Aneignung ist die materielle, physische Aneignung von Raum: Besetzungen, Umnutzungen oder Blockaden. Einerseits werden Räume zunehmend enteignet: öffentliche wie private Räume werden privatisiert und als Ware behandelt (kommodifiziert, s. ▶ Kap. 5), um private Renditeinteressen von z. B. Händler*innen, Immobilieninvestor*innen, Gastronomie zu befriedigen. Durch solche Aufwertungs- sowie Ausbeutungspolitiken entsteht meist eine Verdrängungsdynamik bestimmter städtischer Bewohner*innen aus bestimmten öffentlichen Räumen (z. B. obdachlose Menschen oder Sexarbeiter*innen) sowie aus bestimmten städtischen Quartieren (z. B. Menschen, die sich die Mieten nicht mehr leisten können; Künkel 2011; Holm 2010; Swanson 2007).

Andererseits setzen immer wieder kollektive widerständige Aneignungspraktiken dem etwas entgegen (▢ Abb. 2.4). Durch materielle Aneignung werden Räume übernommen, aber nicht – wie bei Enteignungen – zum Eigentum erklärt und für Profitinteressen genutzt. Dafür werden u. a. öffentliche wie private Gebäude im Kontext

▢ **Abb. 2.4** Protestierende beim Globalen Klimastreik in Lahore (© Rana Sajid Hussain/picture alliance/Pacific Press 2019)

von Protesten um Stadt/Staat und Teilhabe besetzt – wie z. B. von Obdachlosen(sem-teto-)bewegungen im Zentrum Rio de Janeiros (Lopes de Souza 2016) oder Plätze wie der Gezi Park in Istanbul 2013 oder der Tahrir Platz in Kairo (Kuymulu 2013; Attia 2011). Gerade soziale Bewegungen und aktivistische Gruppierungen blockieren immer wieder Straßen oder öffentliche Infrastruktur, um politischen Forderungen nach ökologischer, gesellschaftlicher und ökonomischer Gerechtigkeit Nachdruck zu verleihen. So wird Fahrradverkehr durch *Pop-up*-Fahrradwege mehr Platz in der Stadt eingeräumt; durch queer-feministische Nachttanzdemos für FINTA*s (Frauen, Inter-, nichtbinäre, Trans- und Agenderpersonen) die Straßen bei Nacht „zurückerobert"; der Erhöhung von Bustarifen mit der Stilllegung und Bestreikung des öffentlichen Nahverkehrs begegnet; oder Hafeninfrastruktur blockiert, um auf die klimaschädliche Kohleproduktion weltweit hinzuweisen.

■ **Symbolische Aneignung von Raum**

Räumliche Aneignungen können auch symbolisch sein. Symbolische Aneignungsstrategien reichen von Werbeplakaten und *Guerilla-Marketing* wie aufgesprühte Werbeschablonen auf Gehwegen über Hinweis- oder Verbotsschilder, *Tags*, *Graffitis* und Aufkleber bis hin zum Kommentieren oder sogar Stürzen von Denkmälern (◘ Abb. 2.5).

◘ **Abb. 2.5** Dekolonialer Widerstand im urbanen Raum. Links: Platzieren der Statue „I am Queen Mary" in Kopenhagen durch die Künstlerinnen La Vaughn Belle und Jeannette Ehlers; rechts: Deplatzierung der Statue von Edward Colston in Bristol durch Aktivist*innen der Black-Lives-Matter-Bewegung (links: Katharina Schmidt 2019, rechts: © Ben Birchall/empics/picture alliance/2020)

Abb. 2.6 Urbane Aneignungen in Berlin, Karlsruhe, Hamburg und Hanau, die symbolische, materielle und soziale Dimensionen verschneiden, um zu erinnern bzw. zur Reflexion von Machtverhältnissen auffordern (© Indymedia 2019, Katharina Schmidt 2019, Initiative 19. Februar Hanau 2019)

Bilder, Texte, Denkmäler oder Zeichen sind machtvolle Symbole im Raum. Sie vermitteln Geschichten, Nachrichten, Regeln und Normen. Sie können aber auch den Status quo infrage stellen, weil sie an etwas erinnern, etwas hinterfragen oder repräsentieren. Durch eine Visualisierung macht eine symbolische Aneignung Tatsachen, Ereignisse, Personen, Regeln oder Missstände sichtbar. Vermittelt über Symbole treffen sich unterschiedliche Personen: die einen, die Bilder, Nachrichten oder Zeichen setzen, und die anderen, die diese entschlüsseln (Schmidt und Singer 2017; Abb. 2.6).

Wie wirkmächtig und auch umkämpft eine symbolische Aneignung sein kann, zeigen aktuell postkoloniale Straßenumbenennungen. Hier werden Straßennamen, die bis heute Kolonialverbrecher (sic!, meist männlich) ehren oder sich rassistischer Sprache bedienen, überklebt und durch die Namen von anti-/dekolonialen Widerstandskämpfer*innen ersetzt. In diesen temporären Aktionen werden Straßenschilder angeeignet und die koloniale Gegenwart im öffentlichen Raum sichtbar, während gleichzeitig ein neues Erinnerungsangebot gemacht wird, nämlich ein Erinnern an widerständige Personen. Meist sind die Umbenennungen jedoch nur von kurzer Dauer, da Konflikte um die Unterstützung solcher Umbenennungen entstehen. Aber es gibt auch Erfolge, wie die offizielle Umbenennung des Groebenufers in Berlin in May-Ayim-Ufer, nach der afrodeutschen Dichterin und Autorin (Abb. 2.7).

Auch der großformatige Schriftzug *BLACK LIVES MATTER* auf der 16th Street in unmittelbarer Nähe des Weißen Hauses in Washington D.C. und die offizielle Umbenennung eines Teils dieser Straße in „*Black Lives Matter Plaza*" gibt einer politischen Forderung einen symbolischen Raum. Schriftzug und die offizielle Anerkennung der Forderungen durch Umbenennung legen eine Grundlage für eine dauerhafte Kritik an rassistischer Diskriminierung. So können symbolisch angeeignete Räume gesellschaftspolitische Wirkkraft erzeugen. Beide Beispiele zeigen, wie individuelle Begegnungen, aber auch gesellschaftliche Debatten durch symboli-

■ **Abb. 2.7**   Straßenschild am May-Ayim-Ufer in Berlin (Thomas Vogelpohl 2021)

sche Aneignungen beeinflusst oder gar angeregt werden können. Aus demselben Grund wird dann auch deutlich, warum es wichtig ist, menschenfeindlichen Darstellungen in öffentlichen Räumen keinen Platz zu lassen.

■ **Soziale Aneignung von Raum**

Aneignung kann auch direkt im Raum praktiziert werden – von einer einzelnen Person oder im Kollektiv. Jede Person, die sich durch die Stadt bewegt, nimmt mit ihrem Körper Raum ein. Manche Menschen nehmen dabei mehr Raum ein als andere, indem sie für ihre Bewegung mehr Raum brauchen, z. B. aufgrund eines Rollstuhls oder eines Kinderwagens, oder sich mehr Raum nehmen, z. B. indem sie auf dem Gehweg nicht ausweichen oder sich breitbeinig sitzend in Bus und Bahn raumgreifend verhalten. Letzteres wird als gegenderte Raumpraxis verstanden, die mit der *Performance* von Männlichkeit in Verbindung gebracht wird (Kern 2021).

Manche Menschen sind wiederum darauf angewiesen, mit ihrem Körper und in ihrem Verhalten in der Stadt möglichst wenig Raum einzunehmen und möglichst nicht aufzufallen. Dies betrifft vor allem Menschen, deren urbaner Alltag mit unsicheren oder prekären Situationen verbunden ist, z. B. weil sie keine Ausweispapiere haben, Gefahr laufen, diskriminiert zu werden aufgrund ihres Aussehens oder mit wem sie Händchen halten (Mismar 2014). So materialisieren sich urbane Machtverhältnisse.

Nicht nur physische Räume können durch das eigene Verhalten angeeignet werden, sondern auch gewohnt gewordene, ausgrenzende Praktiken der Raumnutzung. Sich selbst eine Stadt über eine räumliche Praxis zu eigen zu machen, schafft eine neue, eigene Orientierung, in der Orte, Wege und Routinen mit individueller Bedeutung gefüllt werden. Das Flanieren und Umherstreifen durch Städte, das gerade zu Covid-19-Zeiten neue Bedeutung erlangt hat, hat in Städten eine bürgerliche und elitäre Tradition, die vor allem (weißen) Männern gewissen Standes vorbehalten war (Kern 2021). Auch in der Stadtgeografie wird dieses Spazieren und Aneignen von Raum mit Praktiken des Flanierens (Walter Benjamin) und *„derive"* (Guy Debord) thematisiert und untersucht. Gerade queer-feministische urbane Forschung zeigt, wie solche v. a. männlich-tradierten Praktiken zunehmend angeeignet werden und ein weibliches und queeres Flaneusen*tum entsteht. So werden Begegnungen im öffentlichen Raum potenziell vervielfältigt und heteronormative Ordnungen entkräftet (Dündar et al. 2019).

Unter heteronormativer Ordnung wird die dichotome und binäre Einteilung von Geschlechtern in männlich und weiblich verstanden, die Heterosexualität als soziale Norm als selbstverständlich voraussetzt (Kleiner 2016).

2.3 Durch Aneignungen Stadt verändern

Auf einen Blick. In diesem Abschnitt wird gezeigt,
- dass es drei Formen der Stadtaneignung gibt, die für gleichere und gerechtere Möglichkeiten der Teilhabe einstehen und die Stadt damit emanzipatorisch verändern sollen: Begegnungen, Kollektive, soziale Bewegungen;
- wie alltägliche Begegnungen im Alltag bedeutungsvoll werden können; hier wird die breite Debatte um *„encounters"* nachgezeichnet;
- wie Menschen sich zu Kollektiven, z. B. in Nachbarschaften oder Stadtteilen, zusammenschließen, um sich Stadt unterschiedlicher Form anzueignen;
- wie gesellschaftlicher Protest und soziale Bewegungen Städte aneignen, um ihre Forderungen durchzusetzen.

Tipp

Drei Bücher, die sich zentral mit dem Thema Raumaneignungen in der Stadt beschäftigen, sind:
- Mit Fokus auf kapitalistische Stadtentwicklung: Harvey, David (2007) Räume der Neoliberalisierung – Zur Theorie der ungleichen Entwicklung. Hamburg: VSA.
- Mit Fokus auf Freiräume: Hauck, Thomas E., Hennecke, Stefanie und Körner, Stefan (Hrsg.) (2017) Aneignung urbaner Freiräume. Ein Diskurs über städtischen Raum. Bielefeld: transcript.
- Mit Fokus auf Recht auf Stadtnetzwerke: Holm, Andrej und Gebhardt, Dirk (Hrsg.) (2011) Initiativen für ein Recht auf Stadt – Theorie und Praxis städtischer Aneignungen. Hamburg: VSA.

Eine feministische Kritik an den Raumaneignungspraktiken der Recht-auf-Stadt-Netzwerke wird formuliert in:
- LaRAGE, Gruppe Raum und Gender (2011) Raumaneignungen feministisch gedacht. In: Affront (Hrsg.) Darum Feminismus! Diskussionen und Praxen. Münster: Unrast, S. 142–150.

2.3.1 Alltägliche Aneignungen: Bedeutungsvolle Begegnungen im öffentlichen Raum

Unter dem Konzept „Begegnungen" wird in den letzten Jahren diskutiert, wie Vielfalt und etwas typisch Städtisches – zufälliges Aufeinandertreffen von Unbekannten – sich zueinander verhalten (s. ▶ Kap. 3 und 4). Das Konzept „Differenz" beschreibt, dass im Moment der Begegnung von Verschiedenem keine Anpassung oder Integration stattfindet, sondern ein sozialer Austausch (Lefebvre 2008). In „Geografien der Begegnung", so Helen Wilson (2017), wird daher vor allem gefragt, wie Differenz im Alltag verhandelt wird. Auch sehen Vicky Lawson und Sarah Elwood (2014), dass sogar Kontaktzonen, die von ungleichen Machtverhältnissen geprägt sind, das Potenzial haben, über Differenzen hinweg emanzipatorische Verbindungen herzustellen. Dies sei zwar mit anstrengenden und schwierigen Aushandlungsprozessen verbunden, aber möglich.

Einen wichtigen Impuls zu dieser Debatte hat Gill Valentine (2008) gegeben. Sie beschreibt allgemein *„zones of encounter"* – also Begegnungszonen, in denen verschiedene Differenzen zusammenkommen – unterscheidet dabei aber dann zwischen flüchtigen Begegnungen und solchen, die *„meaningful contact"* ermöglichen (Valentine 2008, S. 334). Vornehmlich ist damit gemeint, dass in bedeutungsvollen Begegnungen gefestigte Vorstellungen von Menschen, Orten, Zusammenhängen, Ideen und Welten durch den*die*das Gegenüber herausgefordert werden und dadurch neue, andere Sichtweisen in das eigene Bewusstsein dringen. Bedeutungsvolle Begegnungen regen dazu an, bisher Angenommenes zu überdenken, und schaffen letztlich mehr Toleranz (Lawson und Elwood 2014, S. 214). Voraussetzung dafür sind jedoch Empathie und der Wille, sich aufeinander über Differenzen hinweg einzulassen.

Andere Arbeiten wiederum machen darauf aufmerksam, dass es nicht nur flüchtige und im positiven Sinn bedeutungsvolle Begegnungen gibt, sondern auch ausgrenzende und abwertende (Wilson 2017; Lafazani 2021). So kann ein flüchtiger Blickwechsel ausreichen, um Abwertung auszudrücken. Oder ein Ignorieren, das eine Begegnung beispielsweise einer*m Passant*in und einer obdachlosen Person vermeidet, kann einer Person die Anerkennung ihres Daseins im urbanen Raum verweigern (Schmidt 2017). Dies verweist darauf, dass urbane Machtverhältnisse sich auch in Begegnungen abbilden und dass Körperlichkeit dabei eine zentrale Rolle spielt – eine Perspektive, die Sara Ahmed besonders deutlich gemacht hat.

Mit Bezug auf Ahmed sagt die Geografin Helen Wilson (2017, S. 455): „[E]ncounters are about more than the coming together of different bodies. Encounters *make* difference." In alltäglichen Begegnungen drückt sich so aus, wer in die vermeintliche urbane Normalität einbezogen und wer davon ausgeschlossen wird. In Deutschland kulminiert eine solche Imagination immer wieder in der Frage „Woher kommst du?", die meist aus einer weißen Perspektive an Schwarze Menschen und *People of Colour* gestellt wird (Kelly 2021; Ogette 2019). Diese Frage allein stellt die Zugehörigkeit dieser Menschen zu deutschen Städten und allen anderen Orten in Deutschland infrage – egal ob Bielefeld, Hamburg, Recklinghausen.

Sara Ahmed: „*Strange encounters*" und „*embodied others*"

Ahmed diskutiert in ihrem Buch „*Strange encounters. Embodied others in post-coloniality*" (2000), durch welche Mechanismen Personen fremd gemacht werden. Einer dieser Mechanismen ist das Lesen und anschließende Ausgrenzen von Körpern. Indem wir einen Körper betrachten, verorten wir die Person z. B. als Nachbar*in, als Kommiliton*in oder eben als Fremde*n („*stranger*"), obwohl uns all diese Personen persönlich unbekannt sind. Jedoch nur der als fremd bzw. anders erkannten Person wird in diesem Moment auf Basis von Imagination die Zugehörigkeit zum Ort des Begegnens bzw. zur Stadt verweigert.

Wie wir Körper sehen und lesen, ist eng mit imaginativen Geografien verbunden, also der gelernten Vorstellung von gesellschaftlicher Normalität. Teil dieser Normalität ist eine vermeintliche Ordnung, wer oder was wohin gehört. Der reale, komplexe urbane Alltag ist zwar nie so geordnet; dennoch sind die Ordnungsvorstellungen sehr wirkmächtig und produzieren gesellschaftliche und räumliche Ausschlüsse gerade von denjenigen, die aufgrund ihrer Klasse, ihres Geschlechts, ihrer *race*, Sexualität, Be_hinderung nicht in der vermeintlichen Norm verortet werden. Daraus resultierende abwertende Erfahrungen theoretisiert Ahmed als „*strange encounters*". In diesen wird jemand über den Körper als anders („*embodied other*") erkannt und deshalb abgewertet.

Das Anders- und Fremdmachen durch eine spezifische Lesart von Körpern wird in der postkolonialen Theorie als *Othering* bezeichnet. *Othering* basiert auf einer dichotomen Herstellung von Andersartigkeit, in der sich historisch gewachsene gesellschaftliche Herrschaftsverhältnisse widerspiegeln. Autor*innen wie Katherine McKittrick (2006), Wendy Shaw (2007), Noa Ha (2014), Caroline Criado-Perez (2019) und Leslie Kern (2021) zeigen in unterschiedlichen urbanen Kontexten auf, wie Vorstellungen und Planungen von urbaner Normalität sich an einer weißen, männlichen, europäischen, heterosexuellen Mittelschichtsposition orientieren.

Die zahlreichen „*strange encounters*" im öffentlichen Raum, die u. a. rassistisch, sexistisch, klassistisch und ablcistisch diskriminieren, erfahren vor allem Frauen, LGBTQ*, und BIPoC *(Black, Indigenous, People of Colour)*, Migrant*innen, be_hinderte und arme Menschen. Für viele Menschen sind sexuelle Belästigungen und Angriffe wie Hinterherpfeifen oder trans- und homofeindliche Kommentare, rassistische Beleidigungen oder Polizeikontrollen bis hin zu tätlichen Übergriffen Alltag in der Stadt. Gerade hier sind widerständige Strategien der Aneignungen von Raum essenziell und zum Teil überlebenswichtig, um diskriminierenden und gewaltvollen Begegnungen den Raum zu nehmen. Dies kann auf individueller Ebene durch das Steuern der eigenen Begegnungen stattfinden oder aber kollektiv durch z. B. die Formierung von überlebensgroßen *Girl Gangs*, die als *CutUps* im Stadtraum geklebt werden (*girl gangs against street harassment;* ◼ Abb. 2.8 links) durch einen *Audiowalk* gegen rassistische Polizeigewalt (*copwatch & NIKA Hamburg,* ◼ Abb. 2.8 rechts) oder durch das konkrete Verorten von transfeindlichen Tatorten mithilfe von Plakaten.

◻ Abb. 2.8 *QR Codes* zu kollektiven feministischen und antirassistischen Aneignungen im und für den öffentlichen Raum (CopWatch & NIKA Hamburg, Girl*Gang Freiburg)

2.3.2 Kollektive Aneignungen: Organisierung von Nachbarschaften und Stadtteilinitiativen

Die Debatte, ob und inwiefern spontane Begegnungen im städtischen Raum eine größere soziale Differenz ermöglichen oder doch eher neue Ausgrenzungen schaffen, öffnet den Blick für Aneignungsformen, die strategisch initiiert sind und auf eine langfristigere, stabilere kollektive Handlungsmacht zielen (Räuchle und Berding 2020). Denn geteilte Diskriminierungserfahrungen können zu einer Vernetzung führen und Netzwerke wiederum können mehr Personen erreichen: *„Activism brings together"* (Martin 2002, S. 346). So entstehende Netzwerke z. B. auf nachbarschaftlicher Ebene sind nicht unbedingt ein *„scaling up"* (Wilson 2017, S. 461), also ein Vergrößern und Verstärken von alltäglichen Begegnungen. Dies kann zwar der Fall sein – wie z. B. Greta Thunberg gezeigt hat: Ihre Aneignung von Zeit und Raum (statt Schule eine Minidemonstration vor dem Schwedischen Parlament) hat eine globale Bewegung ausgelöst. Aber Initiativen können auch ohne vorherige kleinteiligere Aneignungen gegründet werden. Und umgekehrt können sie es auch verfehlen, erwünschte Rückwirkungen in den Alltag einzelner zu haben.

Nachbarschaftliche Kollektive und Stadtteilinitiativen können auch professionell initiiert werden. Neben dem Quartiersmanagement, wie es z. B. im Programm Soziale Stadt regelmäßig umgesetzt wird (Potz et al. 2020), ist das *Community Organizing* eine seit vielen Jahren bekannte und vielfach umgesetzte Methode der gesteuerten lokalen Vernetzung, z. B. durch Quartiers- oder Gemeinwesenarbeit. Dieses ist explizit als Selbstermächtigung von bislang weniger machtvollen Personen angelegt: Es ist eine Methode des „Aufbaus und der Entwicklung von dauerhaften BürgerInnenorganisationen in unterprivilegierten Stadtteilen, Städten und Regionen […]. Community Organizing hat dabei zum Ziel, Macht zu gewinnen, um konkrete, von den BewohnerInnen identifizierte, Interessen zum Wohle des Gemeinwesens umzusetzen" (Rothschuh 2013, S. 375). Zentral ist hier die Verknüpfung individueller Bedürfnisse mit kollektiver Aktion (◻ Abb. 2.9).

■ **Abb. 2.9** Kollektive Kartierung eines Wunschstadtteils im Rahmen der Performance „Stadt als Beute" mit einer Publikumsgruppe des „Menetekels" im Hamburger Schauspielhaus (Katharina Schmidt 2019)

Ein *Community Organizing* kann nur fruchten, wenn es an alltägliche Probleme von Stadtbewohner*innen anknüpft. Dies hat beispielsweise bei den Esso-Häusern in Hamburg sehr gut geklappt: Diese jahrelang dem Verfall überlassenen Häuser sollten für eine hochwertige, teure Nutzung in zentraler Lage in Hamburg-St. Pauli abgerissen werden, stellten aber günstigen Wohnraum für Personen mit niedrigem Einkommen dar. Durch eine aktivierende Befragung, bei der an jeder Haustür geklingelt und das Gespräch gesucht wurde, konnte die lokale Gemeinwesenarbeit die Bewohner*innen vernetzen. So ist ein kollektiver Protest entstanden, der schließlich in eine sozialere neue Planung mündete, die viele öffentliche Räume und einen höheren Anteil an Sozialwohnungen als in Hamburg sonst üblich umfasst (Straßburger 2018).

Während das *Community Organizing* in der Disziplin und Praxis Sozialer Arbeit am stärksten diskutiert und angewandt wird, wird es immer wieder auch in der Geografie aufgegriffen – und ergänzt. In der geografischen Debatte geht es einerseits um das Verständnis räumlicher Veränderungen: Wieso gründen sich Nachbarschafts-

2

initiativen? Wie schaffen sie es, räumliche Diskurse oder Materialitäten zu verändern? So haben Geograf*innen herausgearbeitet, wie städtische Räume die Entstehung von lokalen Initiativen und deren politisches Potenzial beeinflussen (s. ▶ Kap. 4). Z. B. hat Deborah Martin (2002, S. 336) die lokale Vernetzung auf Basis individueller Betroffenheit als Entgrenzung von privatem und öffentlichen Raum konzipiert: „*community space is a civic and public sphere, but it is also a private sphere of domestic concerns. Thus, community organizing addresses, and blurs, the divisions among home, work, and locality*". Beispielsweise kann dann Kinderbetreuung als Aufgabe interpretiert werden, die nicht zu Hause und individuell gelöst werden muss, sondern in der Nachbarschaft kollektiv organisiert werden kann.

Martin (2018) hat den Einfluss von Raum auf das Agieren und Wirken lokaler politischer Initiativen mit dem Konzept „*place frames*" einzufangen versucht. Damit sind Benennungen und Vorstellungen von Orten gemeint, die von vielen Personen lokal geteilt und deswegen in Nachbarschaftsinitiativen immer wieder genutzt werden als Konkretisierung des Status quo (z. B. „quirliger Stadtteil") oder als Forderungen (z. B. „günstigstes Wohnquartier"). „Place frames" können aber auch selbst zum Gegenstand der Auseinandersetzung gemacht werden, z. B. wenn es darum geht, ob ein Stadtteil ein „weltoffener, hilfsbereiter Stadtteil" (in dem noch viele weitere Personen Platz finden können) oder ein „lebenswerter, überschaubarer Stadtteil" (der keine größere Zahl von Zuzügen vertragen kann) sein soll – Begriffe, die z. B. von Stadtteilinitiativen im Kontext der Konflikte um die Lokalisierung von Unterkünften für Geflüchtete genutzt wurden.

Es sind aber nicht nur Vorstellungen von Räumen, sondern häufig auch harte, materielle Bedingungen wie Eigentum oder Bauweise, die eine Aneignung von Raum ermöglichen – oder behindern (vgl. Knabe und Leitner 2017). Da sowohl in Imaginationen als auch in materiellen Bedingungen politische Entscheidungen verwoben sind, wird die Möglichkeit von Aneignungen gelegentlich auch zum Thema von größeren sozialen Protesten und Bewegungen. Ein Beispiel für Orte, die durch Aneignungen erst entstehen, diese dann stabilisieren und für den Kampf für weitere Möglichkeiten der Aneignung stehen, ist die „Alte Mu" in Kiel. Die ehemalige Muthesius-Kunsthochschule wurde zunächst informell für Tätigkeiten wie Imkerei und Kunst genutzt (Bruhns 2018). Mittlerweile hat die nun als Genossenschaft verfasste Gruppe das Gelände in Erbbaurecht für sich gesichert und vernetzt sich weltweit mit Projekten, die sich für soziale und ökologische Gerechtigkeit einsetzen. Hier deutet sich an: Urbane Aneignungen können auch noch expliziter und weiter vernetzt werden und die Form von sozialen Bewegungen annehmen.

2.3.3 Vernetzte Aneignungen: Soziale Bewegungen und Proteste für ein Recht auf Stadt

In den letzten Jahren haben sich viele lokale Initiativen unter dem Motto „Recht auf Stadt" vernetzt. Auch wenn diese Formulierung eingängig ist und nahe liegt, wenn Gruppen geeigneten Wohnraum, mehr selbstorganisierte Stadtentwicklung oder mehr Raum für Marginalisierte einfordern, beziehen sich die Recht-auf-Stadt-Netzwerke immer wieder auch theoretisch auf den französischen Philosophen und Soziologen Henri Lefebvre.

Henri Lefebvre: Recht auf Aneignung als Teil des Rechts auf Stadt

Lefebvre hat 1968 ein Buch unter dem Titel publiziert: *Le droit à la ville*, auf Deutsch übersetzt *Das Recht auf Stadt* (Lefebvre 2016). Dort hat er die Möglichkeit eines tiefgreifenden, sozial gerechten Wandels der Gesellschaft eng mit alltäglichen Aneignungen und Begegnungen in den öffentlichen Räumen der Stadt verknüpft. Lefebvre sagt ganz explizit, dass das Recht auf Stadt ein Überbegriff für verschiedene Rechte ist – u. a. das Recht auf Aneignung, das sich klar von einem Recht auf Eigentum unterscheidet (Lefebvre 2016, S. 189).

Dass Begegnungen und Aneignungen Teil der Stadt sind, die nach Lefebvre (1972, S. 128) mit einem Recht auf Stadt eingefordert wird, zeigt dieses Zitat: „Das Urbane ist also eine reine Form: der Punkt der Begegnung, der Ort einer Zusammenkunft, die Gleichzeitigkeit. Diese Form hat keinerlei spezifischen Inhalt, aber alles drängt zu ihr, lebt in ihr". Die Stadt, die eingefordert wird, ist also ein Ort des Austauschs, auch des Konflikts – aber immer unter der Voraussetzung, dass alle am Austausch teilhaben können und dieser auf eine differenzielle, aber gerechte Gesellschaft zielt.

Zu dieser Auffassung ist Lefebvre gekommen, weil er die Kraft der politischen 1968er-Proteste aus der Begegnung von Studierenden mit anderen Personen in der Stadt Paris resultieren gesehen hat. Erst wegen zahlreicher und nicht immer auch konfliktfreier Begegnungen konnte deutlich werden, dass viele individuell erscheinende Forderungen miteinander zusammenhängen. Mit Beispielen aus der heutigen Zeit ausgedrückt: bessere Bildungschancen, besserer Gesundheitsschutz, bessere Arbeitsverhältnisse, bezahlbares Wohnen, nachhaltiges Wirtschaften – das alltäglich spürbare Bedürfnis nach diesen Entwicklungen kann letztlich nur durch einen größeren gesellschaftlichen Umbruch erfüllt werden. Dieser große Umbruch ist in den kurzen Worten „Recht auf Stadt" enthalten. Die Stadt ist der Ort, an dem heterogene Einzelanliegen in Kontakt treten und kollektiv verfolgt werden können. Dieses Recht ist entsprechend auch kein individuelles Recht, das vor Gericht einklagbar wäre, sondern ein gemeinschaftliches Recht (Harvey 2008). Da eine Verschmelzung jedoch nicht in jedem Fall passiert, unterscheidet Lefebvre konzeptionell in zwei Arten von Differenz: minimale Differenz, die Unterschiede nur wahrnehmbar machen; maximale Differenz, die in Kontakt miteinander tritt – sei es synergetisch, sei es in Widerspruch zueinander (Lefebvre 1991, S. 371).

Mit Blick auf die gegenwärtigen Recht-auf-Stadt-Netzwerke, die tatsächlich oft Inspirationen bei Lefebvre suchen, lässt sich vor diesem Hintergrund fragen (vgl. auch Wilson 2017): Wie gezielt werden Begegnungen zwischen verschieden stadtpolitischen Gruppen gesucht? Wie heterogen sind diese? Welche Rolle spielen Aneignungen des städtischen Raums dabei? Wie werden die Begegnungen schrittweise – ob so geplant oder nicht – zu Protesten, Initiativen und Netzwerken verdichtet? Und wie öffnen diese Netzwerke sich immer wieder für neue Begegnungen? Knüpfen die Netzwerke internationale Bande und lernen global von den unterschiedlichen Protesten und Alternativen? Diese Fragen sind vor allem für eine Selbstreflexion für Aktive hilfreich, ebenso wie für Forschende (zu solchem und weiterem feministischen Weiterdenken von Lefebvres Theorien s. Vogelpohl 2018).

Die meisten städtischen sozialen Bewegungen setzen sich in der einen oder anderen Form für die Möglichkeit ein, dass Stadtbewohner*innen sich lokal und alltäglich Raum nach ihren Bedürfnissen aneignen können. Da dieses Ziel den globalen Kapitalinteressen in der Regel widerspricht (s. ▶ Kap. 8) insistiert Margit Mayer (2009, 2013) immer wieder darauf, dass die Bewegungen sich ebenso international und heterogen vernetzen müssen. Eine Grundlage dafür ist, Verbindungen zwischen Menschen zu erkennen, die z. B. von Obdachlosigkeit, Rassismus, Prekarität, Konsumorientierung, Stress oder Mangel an öffentlichem Grün (mehrfach)betroffen sind. Mayer (2013, S. 164) sieht hier vor allem „die privilegierteren Bewegungs-gruppen" – also solche, deren Kämpfe z. B. um besetzte Häuser oder für die Be-lebung des öffentlichen Raums von politisch und ökonomisch mächtigen Akteur*in-nen wie Investor*innen oder Citymanager*innen auch als Beitrag zur kreativen Stadt wertgeschätzt werden – in der Pflicht, auch für die Bedürfnisse von Marginalisierten einzutreten. Allerdings muss aus unserer Sicht ergänzt werden, dass privilegiertere Gruppen vor allem ermöglichen und Räume öffnen sollten; sie können nicht selbst im Auftrag prekärer, mehrfach diskriminierter Menschen sprechen.

Zwei Fragen drängen sich nun auf. Erstens: Ist Vernetzung immer wünschens-wert? Denn dieser Text entsteht während der Covid-19-Pandemie zu Zeiten eines Lockdowns, gegen den viele Proteste und Demonstrationen aufstehen. Dort mischen sich neben Esoteriker*innen und Kritiker*innen von Freiheitsbeschränkungen auch offen Rechtsextreme, Antisemit*innen und Verschwörungstheoretiker*innen. Es ist also eine sehr heterogene Mischung entstanden. Diese ist allerdings keine Mischung im Sinn des Rechts auf Stadt. Proteste gegen Coronamaßnahmen zielen nicht auf eine Ermächtigung von Marginalisierten und Personen, denen ihre Stimme aus strukturellen Gründen wie Geschlecht, Hautfarbe oder Be_hinderung verwehrt wird. Im Gegenteil nutzen sie die Mobilisierung als neue Gelegenheit, um sexistisches, ras-sistisches oder ableistisches Gedankengut zu artikulieren – und müssen deswegen kritisiert werden. Anders wird die weite Betroffenheit fast aller durch die Covid-19-Pandemieeinschränkungen hingegen vom Initiativkreis Care.Macht.Mehr (2020) thematisiert. Eine ihrer neun Forderung adressiert auch „*Caring Communi-ties:* Sorgende Nachbarschaften", worin die hohe Bedeutung von nachbarschaft-licher Sorge für den gesellschaftlichen Zusammenhalt betont wird – zumindest so-lange der Wohlfahrtsstaat dies nicht sicherstellt.

Zweitens stellt sich die Frage: Wie genau kann eine Vernetzung erfolgen (vgl. Voll-mer 2013)? In den oben angedeuteten Beispielen während der Pandemie zeichnet sich eine Antwort bereits ab: Gemeinsame Betroffenheit sehr heterogener Gruppen und eine Schnittstelle aus ihren aktuellen Bedürfnissen sowie Zielen bieten das Potenzial für eine – im besten Fall solidarische – Kollektivierung. Ein Beispiel ist die feministi-sche Bewegung #*Ni una menos* (◘ Abb. 2.10; Box „#*Ni una menos*").

Diesen Bewegungen und ihren Aneignungsstrategien ist es zuzuschreiben, dass in einigen Ländern Gesetzesänderungen (wie z. B. die Legalisierung von Ab-treibungen in Argentinien), zivile Observatorien (wie das OCNF in Mexiko) oder Programme (wie der *Plan on Gender-Based Violence & Femicide* in Südafrika) durchgesetzt werden konnten. Auch in Deutschland, wo bis vor Kurzem der Be-griff Femizid für nichtzutreffend gehalten worden war, wird aktuell diskutiert, geschlechtsspezifische Tötungen bzw. frauenfeindliche Gewalt in der Kriminal-statistik zu berücksichtigen. Und auch feministische Geograf*innen bringen sich in die Diskussionen ein, wie z. B. durch Feminizid-*Mappings* (Zaragocin et al. 2018; Manek et al. 2019).

■ **Abb. 2.10**   *Ni una menos*/Keine mehr: Protest mit Kreide vergrößern, Quito (Katharina Schmidt 2019)

#Ni una menos/#Keine Mehr/#shut it all down: Genderbasierte Gewalt öffentlich machen!
Ursula Bahillo, Daiana dos Santos Silva, Arbe Chan, Sylke M., Shannon Wasserfall, Sarah Everard, Uyinene Mrwetyana, Chiaki Nonaka, Janika Mallo, Juliet H., Rita Awour Ojunge, …

Dies sind nur wenige Namen von Frauen, die Opfer von tödlicher Gewalt wurden, weil sie eine Frau waren. Alle 29 Stunden stirbt in Argentinien derzeit eine Frau aufgrund genderbasierter Gewalt; in Deutschland passiert das alle 3 Tage. Mit dem Verweis darauf, dass diese Morde nicht als Einzelfälle zu verstehen sind, sondern auf struktureller, patriarchaler Gewalt basieren, finden seit 2015 weltweit feministische Proteste statt, die ein Ende der Feminizide fordern (Lagarde 2006).

Femizid bezeichnet die genderbasierte Tötung von Frauen*. Marcela Lagarde (2006) ergänzte aufgrund ihrer Beobachtungen in Mexiko diesen Begriff hin zu „Feminizide", um auch die Rolle des Staats bei Frauen*tötungen deutlich zu machen, der die Verbrechen nicht bestraft.

Obwohl meist der öffentliche Raum als Angstraum beschrieben wird, ist es häufiger der private Raum, in dem genderbasierte Gewalt stattfindet. Meist sind männliche (Ex-)Partner, Bekannte oder Familienangehörige die Täter. Gerade weil viele Angriffe auf Frauen* im privaten Raum und somit häufig gesellschaftlich unsichtbar

2

stattfinden, schaffen feministische Bewegungen Sichtbarkeit für die Thematik in einer lokalen, nationalen und globalen Öffentlichkeit. Ihre Aneignungsstrategien qu(e)eren dabei symbolische, materielle und individuelle Dimensionen der Aneignung und wirken so auf unterschiedlichen Maßstabsebenen. Die Gewalt gegen Frauen* bzw. allen, die als solche gelesen werden, zeigt, dass das Private politisch ist und daher die Grenzen zwischen öffentlichem und privatem Raum sowie unterschiedlichen Dimensionen der Aneignung verschwimmen müssen (Gago 2021).

Ausgehend von Buenos Aires, Argentinien, haben feministische Bewegungen und Gruppen anderer Länder Lateinamerikas, Afrikas, Asiens und Europas sich Städte angeeignet, um ihren politischen Forderungen Nachdruck zu verleihen und gesellschaftliche Wirkkraft zu erlangen. Gerade Städte fungieren als Bühne für die Demonstrationen mit teilweise (Hundert-)Tausenden Teilnehmer*innen wie in Buenos Aires, Madrid oder Kapstadt. Aber auch in kleineren Städten eignen sich vor allem Frauen* physischen Raum in Städten an, indem sie kollektiv mit der Präsenz ihrer Körper und ihrer Stimmen Straßen blockieren, sich vor Rathäusern und Gerichten versammeln oder Flashmobs performen. Plakate und Banner mit Namen, Symbolen, Sprüchen, Statistiken begleiten den Protest und verdeutlichen die Forderungen visuell. Auch künstlerische und performative Aktionen wie der chilenische *Flashmob* des Kollektivs Las Tesis „*el violador eres tú*" wurden kollektiv in vielen Städten und vielen Sprachen weltweit aufgegriffen und über soziale Medien geteilt (Las Tesis 2020). Über die *hashtags* #niunamenos, #keinemehr, oder auch #shutitalldown wird somit auch der virtuelle Raum angeeignet und dient der Strategie einer globalen Vernetzung und Verbreitung von Forderungen, Protestformen, Bildern und Aktionen.

2.4 Ungleiche Aneignungen: Enteignung von rechten Bewegungen

Auf einen Blick. In diesem Abschnitt wird gezeigt,
- dass es auch symbolische, materielle und soziale Besetzungen von Raum gibt, die ausgrenzend sind und daher konzeptuell als Enteignung zu fassen sind;
- wie rechte Bewegungen mithilfe einer Aneignungsperspektive kritisch analysiert werden können.

Aneignungen reagieren immer auf Machtverhältnisse. Deswegen sind Aneignungen immer widerständig. Dennoch stehen sie nicht zwangsläufig für den Abbau von Ungleichheiten bei gleichzeitiger Vervielfältigung von Differenz. Es gibt auch Formen des Sich-zu-eigen-Machens, die Grenzziehungen und Ausschließungen explizit zum Ziel haben. Zwar impliziert Aneignung immer auch eine Enteignung, denn andere Nutzungen und Nutzer*innen werden dadurch tendenziell behindert. Dennoch lässt sich zwischen Prozessen unterscheiden, die durch eine Vereinnahmung mehr Möglichkeiten eröffnen sollen, und jenen, die eine Schließung und Reduzierungen von Möglichkeiten anstreben. Letztere Prozesse bezeichnen wir deswegen als Enteignung.

Wohnideologien von rechten Gruppierungen und Raumnahme von rechts sind Beispiele für solche Enteignungen. Während die Wohnideologien im Diskurs der Rechten ein Leben im Eigenheim entwerfen, eingebettet in eher homogene dörfliche Gemeinschaften (Bescherer et al. 2019), wird für Proteste gezielt der öffentliche Raum der Stadt enteignet. Luisa Keller und David Berger (2017) haben das am Agieren der Pegida-Demonstrationen in Dresden nachvollzogen. Pegida ist ein Akronym für „Patriotische Europäer gegen die Islamisierung des Abendlandes". Insbesondere nutzt die Bewegung den öffentlichen Raum, um hier Angst zu schüren und Angst somit als Mittel für ihren eigenen politischen Machtanspruch zu instrumentalisieren. Während die Pegida-Aktivist*innen ihre Stimme in den breiten öffentlichen Medien und von Politiker*innen nicht wahrgenommen sehen, so analysieren Keller und Berger (2017, S. 329), können sie selbst mit ihren Demonstrationen eine vermeintlich wahre Öffentlichkeit erzeugen.

Die Sichtbarkeit im öffentlichen Raum, oft mit bewusst provozierenden Symbolen, hat Pegida konkret und rechtem Gedankengut allgemein auch einen Platz im politischen Diskurs verschafft. Andere(s) wurde dadurch bewusst verdrängt, sodass das Agieren der Demonstrant*innen als Enteignung bezeichnet werden kann. „So zeigt sich das Problem, dass die Freiheit, die Pegida sich z. B. über das Demonstrieren innerhalb des öffentlichen Raums nimmt, der Freiheit Anderer, z. B. der Gegendemonstrierenden, aber auch der in der Stadt Lebenden und von Pegida abgewerteten Migrant*innen, entgegensteht" (Keller und Berger 2017, S. 334). Dass Pegidas Behauptungen und Forderungen vorsätzlich ausschließend sind, zeigt sich allen voran in der Bezeichnung aller jener, die ihren Perspektiven nicht zustimmen, als „Volksverräter" (Keller und Berger 2017, S. 336). Dieser Diskurs soll Andersdenkende über Enteignung entmachten. Eine solche Analyse, inwiefern und auf welche Weise eine Raumbeanspruchung bewusst und strategisch andere(s) verdrängt, ist letztlich ein Schlüssel zu der Frage, ob es sich um eine An- oder um eine Enteignung handelt.

2.5 Begrenzungen von „Stadt aneignen"

Auf einen Blick. In diesem Abschnitt wird gezeigt, dass
- Aneignungen – da sie immer mit einer gewohnten oder sogar vorgeschriebenen Normalität brechen – in der Regel nicht von allen akzeptiert werden, im Gegenteil sogar oft umstritten sind;
- stadträumliche Aneignungen aktiv limitiert, gelähmt oder sogar verhindert werden;
- zentrale Formen der Limitierung rechtliche und ordnungspolitische Reglementierungen, Vereinnahmungen bzw. Verwässerungen sowie Vermeidung auch aufgrund digitaler Kommunikation sind.

■ Recht und Ordnung

Gewohnte, immer wieder wiederholte Aneignungen, die jedoch aus Perspektive z. B. von Stadtplanung, Polizei oder Gewerbetreibenden unerwünscht sind, werden durch verschiedene Strategien behindert. Die Techniken der Verhinderung können wie Aneignungen selbst symbolisch, materiell oder durch praktisches Agieren stattfinden: Symbolische Hindernisse sind beispielsweise Verbotsschilder (z. B. dass Grillen oder Spielen an bestimmten Orten untersagt ist) oder aber auch weniger gezielte, jedoch ebenfalls hemmende visuelle Elemente wie Abbildungen („*renderings*") eines geplanten Parks, auf dem nur weiße, junge Menschen zu sehen sind, oder sexistische Werbeplakate im öffentlichen Raum.

Materielle Barrieren für unerwünschte Raumnutzungen werden auch als „*defensive architecture*" (Smith und Walters 2018) bzw. „Verdrängungsinfrastruktur" (Schmidt 2017, S. 281) bezeichnet. Der gebaute Raum kann entweder bestimmte Praktiken im öffentlichen Raum begünstigen – oder sie verunmöglichen. Häufige genutzte Mittel in der Stadt sind Bänke so umzubauen, damit Obdachlose auf ihnen nicht liegen könnten; urbane Flächen so zu gestalten, z. B. mit Noppen zu versehen, dass auf ihnen nicht geskatet werden kann; oder Überwachungskameras im öffentlichen Raum zu installieren, um unerwünschtes Agieren zu verhindern.

Ergänzend zu materiellen Hindernissen werden auch rechtliche Regularien geschaffen. Don Mitchell (1997) spricht hier am Beispiel einer „Anti-Obdachlosengesetzgebung" sogar von einer Vernichtung von öffentlichem Raum durch Gesetze im Rahmen des Paradigmas der unternehmerischen Stadt (s. ▶ Kap. 5, 8, und 10). In dem von ihm analysierten Gesetzespaket werden bestimmte Nutzungen im öffentlichen Raum erlaubt oder verboten, wie z. B. die Genehmigung der Ausweitung von Verkaufsflächen auf Gehwege, Plätze etc. oder das Verbot des Liegens auf Bänken, Betreten von Grünflächen etc. So werden öffentliche Räume durch Kapitalinteressen enteignet und zugleich bestimmte städtische Bewohner*innen daraus verdrängt. Dieser Zusammenhang von Aufwertung und Gentrifizierung einerseits und Verdrängung und Ausbeutung andererseits ist weltweit beobachtbar (Benach und Albet 2018).

Überwachung findet auch durch Polizeipraktiken im öffentlichen Raum statt. Neben der regulären Polizeipräsenz im Stadtraum, gibt es Varianten der Polizeiarbeit, die verschärft Formen der Aneignung verhindern sollen. Auch wenn der juristische Status umstritten ist, werden in einigen Städten Gebiete als Gefahrenzonen (Belina und Wehrheim 2020) ausgewiesen oder als gefährliche Orte (Ullrich und Tullney 2012) deklariert, in denen die Polizei besondere Rechte hat wie anlassloses Feststellen der Identität oder sogar Durchsuchen von Personen. Häufig sind diese Mechanismen mit „*racial profiling*" (rassistische Polizeikontrollen; ◘ Abb. 2.8) sowie Varianten eines „*predictive policing*" (vorhersagender Polizeiarbeit) verbunden, für die geografische Instrumente wie Raumdatenanalysen und GIS eine wichtige Rolle spielen und zur Stigmatisierung von urbanen Aneignungen und räumlichen Praktiken beitragen (Jefferson 2018); s. ▶ Kap. 10.

■ **Verwässerung und Kooption**

Die bewusste Aneignung urbaner Räume zielt meist auf eine Kritik an den bestehenden Verhältnissen, die soziale Ungleichheiten hervorbringen oder die Natur ausbeuten. Ein Beispiel dafür ist die Besetzung von Häusern oder Bäumen, mit denen nicht nur eigentliche geplante Stadtentwicklungsvorhaben wie Abriss und Neubau oder Fällen und Infrastrukturentwicklung verhindert, sondern auch die

Prinzipien dahinter kritisiert werden sollen. Allerdings sind solche Aneignungen in den letzten Jahren immer wieder im Kontext einer städtischen „Kreativpolitik" (Dzudzek 2016) so umgedeutet worden, dass sie zum Teil der eigentlich kritisierten Verhältnisse werden: Im Stadtmarketing werden die Projekte als einzigartig hervorgehoben und auf den Internetseiten der Städte so präsentiert, um potenzielle Tourist*innen für einen Besuch zu interessieren. Und im Zuge von Bemühungen um kreative Industrien oder junge Start-ups wird die kreative und spannungsreiche Atmosphäre der Stadt betont.

Dieser Prozess wird als Kooption bezeichnet (Harvey 2002; Mayer 2009, 2013). Der Begriff steht für eine Verwässerung und für eine Vereinnahmung der kritischen Forderungen, die mit urbanen Aneignungen verbunden sein können. In einer Stadtpolitik, die für das Wachstum von Kreativwirtschaft und Tourismus auch alternative Orte fördern möchte, wird nicht selten auf die Sogwirkung von angeeigneten städtischen Projekten wie besetzte Häuser und alternative Kultur- und Sozialzentren gesetzt (Mayer 2013). Dabei wird versucht, eine Balance aus Einzigartigkeit, Besonderheit und Authentizität einerseits sowie Verständlichkeit und damit Konsumierbarkeit dieser Projekte andererseits herzustellen (Harvey 2002). Vereinnahmt werden können die Aneignungen allerdings nur, wenn sie nicht zu radikal sind und von einer breiten Bevölkerung als zumindest spannend betrachtet werden.

■ Digitalisierung und Kontaktvermeidung

Die Covid-19-Pandemie 2020/2021 hat eine Entwicklung zugespitzt, die die Qualität von Raumaneignungen seit Jahren schon verändert hatte: die Verlagerung von Begegnungen und Kontakten in den digitalen Raum (s. ▶ Kap. 10). Diese Entwicklung beeinflusst, ob und wie unterschiedliche Personen sich im öffentlichen Raum begegnen (s. ▶ Kap. 3). Einerseits verringern *Online*-Kommunikation und das Starren auf das Mobiltelefon die Kontaktaufnahme mit Fremden und damit bedeutungsvolle Begegnungen. Andererseits ermöglicht digitale Kommunikation noch vielfältigere Begegnungen als es im öffentlichen Raum jemals möglich wäre; zudem zielen manche *Apps* geradezu darauf, physisch in der Nähe befindliche Personen tatsächlich in Kontakt zu bringen.

In jedem Fall stellt sich die Frage, ob Städte weiterhin die Orte sind, an denen unterschiedliche Lebensweisen und -einstellungen am spontansten zusammenkommen – oder ob dies nicht längst der digitale Raum ist. Diese Frage ist nicht so eindeutig zu beantworten, wie es zunächst scheinen mag. Regan Koch und Sam Miles (2020) weisen in ihrer Analyse von digitalen Technologien und daraus resultierenden Veränderungen für Begegnungen im physischen Raum darauf hin, dass digitale Begegnungen gezielter ausgesucht, von Algorithmen bestimmt, weniger zufällig und damit weniger differenziell sind: Die Wahrscheinlichkeit von Austausch zwischen Unterschiedlichen und von Begegnung mit Fremdheit ist geringer. Zugleich betonen sie mit dem Konzept „*stranger intimacy*" (Koch und Miles 2020), dass digitale Begegnungen – ohne die Beschränkungen, die sich durch physische Orte ergeben – sich oft auch durch mehr Offenheit für das Unbekannte kennzeichnen und schneller intimer werden können.

2.6 Ausblick – Stadt aneignen

Auf einen Blick. In diesem Abschnitt wird gezeigt,
- wie Stadtaneignungen kritisch analysiert werden können;
- dass dafür mindestens vier Dimensionen zu reflektieren sind:
  - welche Prozesse und Phänomene untersucht werden – und welche nicht;
  - welche Methodologien sich eignen und was diese sichtbar machen und was sie unsichtbar lassen;
  - welche Begriffe und Theorien genutzt werden, um intersektionalen Machtverhältnissen näher zu kommen;
  - mit welcher Positionalität Forschende die Analyse beeinflussen.

Städtische Räume entstehen auch durch Raumaneignungen und sind daher Ort von gesellschaftspolitischen Aushandlungen. Wie in den vorigen Abschnitten deutlich wurde, ermöglichen Städte als *„contact zones"* Interaktionen und Begegnungen, die von multiplen ineinandergreifenden Machtasymmetrien geprägt sind. Gerade für diejenigen, die immer wieder intersektional im Zusammenwirken beispielsweise von Alter, Sexualität und sozialer Herkunft oder Be_hinderung, Geschlecht und *race* von urbaner Normalität ausgeschlossen werden, ist es essenziell und auch überlebenswichtig, sich städtische Räume anzueignen, da diese in und von der vermeintlichen Norm nicht mitgedacht bzw. aktiv ausgeschlossen werden.

Vor diesem Hintergrund schlagen wir vor, für die Analyse von Aneignungen vier Dimensionen zu reflektieren, um darüber Städte verstehen und kritisch untersuchen zu können. Die erste Dimension ist die der Empirie: *Welche Phänomene und Prozesse* werden in den Blick genommen? Als wichtige Formen urbaner Aneignungen haben wir Begegnungen, Stadtteilvernetzung und Bewegungen vorgestellt. Diese Akte der Aneignung sollten analytisch mit ihren geografischen Rahmenbedingungen verbunden werden. Neben den Handlungen im öffentlichen und privaten Raum gilt es, auch die Rolle der öffentlichen Institutionen wie Rathäuser oder Planungsämter oder private Akteur*innen wie Immobilien- oder Beratungsunternehmen zu berücksichtigen. Denn diese lenken, verwalten und gestalten die Städte auf eine Weise, die Aneignungen herausfordert. Während Städte und ihre Bewohner*innen als Teil globaler Prozesse und lokaler Dynamiken sich stets wandeln und sich ausdifferenzieren, hat sich über die Jahrzehnte und sogar Jahrhunderte kaum geändert, wer oder was städtische Normalität repräsentieren soll. Strukturell zeigt sich das darin, dass 91 % der Bürgermeister*innen in Deutschland männlich und 30 % über 60 Jahre alt sowie 50 % zwischen 45 und 59 Jahre alt sind (Erhardt 2020). Unter den Oberbürgermeister*innen gibt es mehr, die Thomas heißen, als Frauen im Amt (Keusch 2020). Weibliche und weiblich gelesene, queere, junge, be_hinderte, migrantische und Schwarze Perspektiven sowie Perspektiven *of Colour* in urbanen Machtpositionen sind eine Seltenheit und mit dem Mord an Marielle Franco in Rio de Janeiro 2018 (s. Kapiteleröffnungsbild) wurde eine solche Stimme gewaltvoll zum Schweigen gebracht.

Sich nicht nur vom Offensichtlichen und vielleicht sogar Sichtbaren leiten zu lassen, verweist auf die zweite Dimension, die der Methodologie als übergeordnete Logik des Untersuchungsdesigns: *Wie und mit welchem (Selbst-)Verständnis* lassen sich Stadtaneignungen untersuchen? Dafür lässt sich zunächst das Gerüst der materiellen, symbolischen und sozialen Ausprägungen von Aneignungen nutzen, die alle jeweils einzeln und dann im Zusammenspiel berücksichtigt werden sollten. Darüber hinaus ist es zentral, die Perspektive der Aneignenden selbst stark zu machen und Wege für ihre Artikulation zu finden, sei es in Form von Sprache, Bewegung, Bild oder anderem. Nur so lassen sich aktuelle Formen urbaner Normalität und Machtverhältnisse erkennen und benennen. Geeignete Methoden für ein solches Untersuchungsdesign sind mannigfaltig und reichen von quantitativen Sekundärdatenanalysen über qualitative Interviews oder Beobachtungen bis hin zu partizipativen Forschungsansätzen des *„participatory action research"* (Pain und Askins 2011).

Die dritte Dimension der Reflexion ist die der Theorie: *Mit welchem Set an Begriffen* und *entlang welcher Logik* werden Aneignungen analysiert? Es gibt (noch) keine Theorie der Aneignung. Unsere Ausführungen haben allerdings gezeigt, dass die theoretischen Begriffe der Differenz und Intersektionalität sowie die dazugehörigen Denk- und Arbeitsweisen für die Analyse von Aneignungen zentral sind. Sie helfen, gegenwärtige Prozesse urbaner Machtverhältnisse und Widerstände dagegen nachzuvollziehen. Sie erlauben damit auch, Prozesse möglicher zukünftiger Stadtaneignungen zu erkennen, um andere, gerechtere, vielfältigere und intersektionale urbane Normalitäten entstehen zu lassen.

Und nicht zuletzt ist es auch weiterführend, als vierte Dimension disziplinspezifische Überlegungen einzubeziehen: *Was prägt (m)eine stadtgeografische Perspektive* auf Aneignungen und wie sind diese wiederum in weitere Debatten der (Human-) Geografie einzuordnen? Städte sind extrem komplex. Daher gibt es nicht „die" Stadtgeografie, sondern spezifische Perspektiven, die zwar grundlegende urbane Bedingungen aufgreifen (wie bestimmte Regierungsformen, globale Vernetzungen oder lokale Kollektive), aber auch die eigene Position widerspiegeln. Auf dem Feld der Stadtaneignungen bedeutet das, persönliche Beweggründe für die Auseinandersetzung mit Aneignungen genauso wie relevante urbane Rahmenbedingungen offen zu legen und dabei Bezüge zu anderen (geografischen) Debatten herzustellen. Die Untersuchung lokaler Aneignung von Wohnraum braucht auch wirtschaftsgeografische Expertise über globale Finanzströme; die Blockade eines städtischen Hafens wird erst durch politisch-ökologische Perspektive auf Klima und globale Ressourcenextraktion nachvollziehbar; Begegnungen mit oder unter Geflüchteten im Stadtteil braucht migrationsgeografische Erkenntnisse über weltweite und postkoloniale Wanderungsdynamiken und (globale) Migrationspolitik. Und dennoch bleibt die Auseinandersetzung eine der Stadtgeografie: All die in dieser Einführung angesprochenen Aneignungen finden Platz in der Stadt. Wer sie empirisch, konzeptionell oder theoretisch aufgreift und verknüpft, ist Teil aktueller Stadtforschungsdebatten und prägt, welche Verhältnisse wie in der Stadt gehört und kritisch beleuchtet werden.

Schlüsselwerke

- Ahmed, Sara (2000) Strange encounters. Embodied others in post-coloniality. London, New York: Routledge.
- Lefebvre, Henri (2008) Critique of Everyday Life, Vol. 3 – From Modernity to Modernism (Towards a Metaphilosophy of Daily Life). London, New York: Verso (1981).
- Pratt, Mary Louise (1996) Apocalypse in the Andes: Contact zones and the struggle for interpretive power. Encuentros 15. ▶ http://idbdocs.iadb.org/wsdocs/getdocument.aspx?docnum=1774431. Zugegriffen: 30.03.2021.
- Valentine, Gill (2008) Living with Difference: Reflections on Geographies of Encounter. Progress in Human Geography 32 (3): 323–337.
- Wilson, Helen F (2017) On geography and encounter: Bodies, borders, and difference. Progress in Human Geography 41 (4): 451–471.

Literatur

Ahmed, Sara. 2000. *Strange encounters. Embodied others in post-coloniality*. London/New York: Routledge.

Amin, Ash, und Nigel Thrift. 2002. *Cities – Reimagining the urban*. Cambridge: Polity.

Attia, Sahar. 2011. Rethinking public space in Cairo. *The appropriated Tahrir Square Trialog* 108: 10–15.

Belina, Bernd, und Jan Wehrheim. 2020. ‚Danger zones': How policing space legitimizes policing race. In *Doing tolerance. Urban interventions and forms of participation*, Hrsg. Castro Varela, María do Mar, und Bariş Ülker, 95–114. Opladen/Berlin/Toronto: Barbara Budrich.

Benach, Núria, und Abel Albet. 2018. *Gentrification as a global strategy. Neil Smith and beyond*. London/New York: Routledge.

Bescherer, Peter, Gisela Mackenroth, und Luzia Sievi. 2019. Von Schlafsiedlungen und dem Traum vom Einzelhaus. Die Wohnungsfrage im Diskurs der Rechten. *dérive* 77: 13–17.

Bruhns, Annette. 2018. Bauland in Idealistenhand. https://www.spiegel.de/panorama/gesellschaft/kiel-ehemalige-kunsthochschule-zieht-kreative-an-a-1194405.html. Zugegriffen am 19.11.2020.

Crenshaw, Kimberlé. 2019. Warum Intersektionalität nicht warten kann. In *„Reach Everyone on the Planet…" Kimberlé Crenshaw und die Intersektionalität*, Hrsg. Gunda-Werner-Institut, 13–17. Berlin: Böll-Stiftung.

Criado-Perez, Caroline. 2019. *Unsichtbare Frauen. Wie eine von Daten beherrschte Welt die Hälfte der Bevölkerung ignoriert*. München: btb.

Daigle, Michelle, und Margaret Marietta Ramírez. 2019. Decolonial geographies. In *Keywords in radical geography. Antipode at 50*, Hrsg. Antipode Editorial Collective, 78–84. Hoboken: Wiley online.

Darke, Jane. 1996. The man-shaped city. In *Changing places: Women's lives in the city*, Hsrg. Chris Booth, Jane Darke, und Susan Yeandle, 2–13. London: Sage.

Dündar, Özlem Özgül, Mia Göhring, Ronya Othmann, und Lea Sauer, Hrsg. 2019. *Flexen. Flâneusen* schreiben Städte*. Berlin: Verbrecher.

Dzudzek, Iris. 2016. *Kreativpolitik. Über die Machteffekte einer neuen Regierungsform des Städtischen*. Bielefeld: transcript.

Erhardt, Christian. 2020. Repräsentative Umfrage. Frauen sind in der Kommunalpolitik massiv unterrepräsentiert. https://kommunal.de/frauen-kommunalpolitik-umfrage. Zugegriffen am 31.03.2021.

Freitas da Silva, Rafaela. 2015. *O Rio antes do Rio*. Rio de Janeiro: Babilonia.

Gago, Verónica. 2021. *Für eine feministische Internationale. Wie wir alles verändern*. Münster: Unrast.

Gilmore, Ruth Wilson. 2020. Geographies of racial capitalism. An Antipode Foundation film. https://antipodeonline.org/geographies-of-racial-capitalism/. Zugegriffen am 09.07.2021.

Ha, Noa. 2014. Perspektiven urbaner Dekolonisierung: Die europäische Stadt als ‚Contact Zone'. *sub\urban. Zeitschrift für Kritische Stadtforschung* 2: 27–48.

Harvey, David. 2002. The art of rent: Globalisation, monopoly and the commodification of culture. http://socialistregister.com/index.php/srv/article/view/5778. Zugegriffen am 28.09.2009.

Harvey, David. 2008. The right to the city. *New Left Review* 53: 23–40.

Hauck, Thomas E., Stefanie Hennecke, und Stefan Körner. 2017. Aneignung urbaner Freiräume. Einleitung. In *Aneignung urbaner Freiräume. Ein Diskurs über städtischen Raum*, Hrsg. Thomas E. Hauck, Stefanie Hennecke, und Stefan Körner, 7–20. Bielefeld: transcript.

Holm, Andrej. 2010. *Wir Bleiben Alle! Gentrifizierung – Städtische Konflikte um Aufwertung und Verdrängung*. Münster: Unrast.

Initiativkreis Care.Macht.Mehr. 2020. Großputz! Care nach Corona neu gestalten. https://care-macht-mehr.com/. Zugegriffen am 24.11.2020.

Jefferson, Brian Jordan. 2018. Predictable policing: Predictive crime mapping and geographies of policing and race. *Annals of the American Association of Geographers* 108(1): 1–16.

Keller, Luisa, und David Berger. 2017. Pegida entdemokratisiert – zur Instrumentalisierung von Angst im öffentlichen Raum. In *Pegida als Spiegel und Projektionsfläche: Wechselwirkungen und Abgrenzungen zwischen Pegida, Politik, Medien, Zivilgesellschaft und Sozialwissenschaften*, Hrsg. Tino Heim, 307–340. Wiesbaden: Springer.

Kelly, Natasha A. 2021. *Rassismus. Strukturelle Probleme brauchen strukturelle Lösungen*. Hamburg: Atrium.

Kern, Leslie. 2021. *Feminist city*. Münster: Unrast.

Keusch, Nelly. 2020. Mehr Thomasse als Bürgermeisterinnen. https://katapult-magazin.de/de/artikel/mehr-thomasse-als-buergermeisterinnen. Zugegriffen am 30.03.2021.

Kleiner, Bettina. 2016. Heteronormativität. http://gender-glossar.de. Zugegriffen am 22.06.2021.

Knabe, Judith, und Sigrid Leitner. 2017. Soziale Arbeit, Sozial- und Wohnungspolitik: Ein unübersichtliches Feld – Ausschließungen vom Wohnungsmarkt und ihre Bewältigung. *Sozialer Fortschritt* 66(3–4): 229–247.

Koch, Regan, und Sam Miles. 2020. Inviting the stranger in: Intimacy, digital technology and new geographies of encounter. *Progress in Human Geography*. https://doi.org/10.1177/0309132520961881.

Künkel, Jenny. 2011. Soziale Kämpfe von SexarbeiterInnen gegen städtische Neoliberalisierung. Das Beispiel Madrid. In *Initiativen für ein Recht auf Stadt. Theorie und Praxis städtischer Aneignungen*, Hrsg. Andrej Holm und Dirk Gebhardt, 141–165. Hamburg: vsa.

Kuymulu, Mehmet Barış. 2013. Reclaiming the right to the city: Reflections on the urban uprisings in Turkey. *City* 17(3): 274–278. https://doi.org/10.1080/13604813.2013.815450.

Kwaymullina, Ambelin. 2020. *Living on stolen land*. Broome: Magabala.

Lafazani, Olga. 2021. The significance of the insignificant: Borders, urban space, everyday life. *Antipode* 53: 1143–1160. https://doi.org/10.1111/anti.12703.

Lagarde, Marcela. 2006. Introducción. In *Feminicidio. Una perspectiva global*, Hrsg. Diana E. H. Russel und Roberta A. Harms, 15–42. Mexiko: UNAM.

Las Tesis. 2020. Around the world. https://www.youtube.com/watch?v=V27md_1h2FA. Zugegriffen am 09.07.2021

Lawson, Victoria, und Sarah Elwood. 2014. Encountering poverty: Space, class, and poverty politics. *Antipode* 46: 209–228.

Lefebvre, Henri. 1972. *Die Revolution der Städte*. München: List. (1970).

Lefebvre, Henri. 1991. *The production of space*. Malden/Oxford/Victoria: Blackwell.

Lefebvre, Henri. 2008. *Critique of everyday life, vol. 3 – From modernity to modernism (towards a metaphilosophy of daily life)*. London/New York: Verso. (1981).

Lefebvre, Henri. 2016. *Das Recht auf Stadt*. Hamburg: Edition Nautilus.

Lopes de Souza, Marcelo. 2016. Lessons from praxis: Autonomy and spatiality in contemporary Latin American social movements. *Antipode* 48: 1292–1316.

Manek, Julia, Stella Schäfer, Luise Klaus, Eva Isselstein, Giulia Marchese, Joanna Bauer, und Jan Kordes. 2019. Zur Sichtbarmachung von Femi(ni)ziden. Ein Bericht über feministisches Countermapping. *Feministisches GeoRundmail* 80: 19–39.

Martin, Deborah G. 2002. Constructing the ‚neighborhood sphere': Gender and community organizing. *Gender, Place and Culture* 9(4): 333–350.

Martin, Deborah G. 2018. Place-based or place-positioned? Framing and making the spaces of urban politics. In *Routledge handbook on spaces of urban politics*, Hrsg. Kevin Ward, Andrew E. G. Jonas, Byron Miller, und David Wilson, 26–34. Oxon/New York: Routledge.

Massey, Doreen. 2005. *For space*. London/Thousand Oaks/New Delhi: Sage.

Mayer, Margit. 2009. The ‚right to the city‘ in the context of shifting mottos of urban social movements. *City* 13(2/3): 362–374.

Mayer, Margit. 2013. Urbane soziale Bewegungen in der neoliberalisierenden Stadt. *sub\urban – Zeitschrift für kritische Stadtforschung* 1(1): 155–168.

McKittrick, Katherine. 2006. *Demonic grounds: Black women and the cartographies of struggle*. Minneapolis: University of Minnesota Press.

Milliken, Randall, Laurence H. Shoup, und Beverly R. Ortiz. 2017. 2009 – Ohlone/Costanoan indians of the San Francisco Peninsula and their neighbors, yesterday and today. Government Documents and Publications 6. https://digitalcommons.csumb.edu/hornbeck_ind_1/6. Zugegriffen am 22.03.2021.

Mismar, Omar. 2014. A hands routine. In *Queer geographies*, Hrsg. Lasse Lau, Mirene Arsanios, Felipe Zúñiaga-González, und Mathias Kryger, 26–28. Roskilde: Museet for Samtidskunst.

Mitchell, Don. 1997. The annihilation of space by law: The roots and implications of anti-homeless laws in the United States. *Antipode* 29: 303–335.

Mitchell, Don. 2003. *The right to the city. Social justice and the fight for public space*. New York: Guilford Press.

Ogette, Tupoka. 2019. *Exit racism. Rassismuskritisch denken lernen*. Münster: Unrast.

Pain, Rachel, und Kye Askins. 2011. Contact zones: Participation, materiality, and the messiness of interaction. *Environment and Planning D: Society and Space* 29: 803–821.

Potz, Petra, Simon Günther, Roland Rosenow, Ralf Zimmer-Hegmann, und Felix Leo Matzke. 2020. Gemeinwesenarbeit in der sozialen Stadt. Entwicklungspotenziale zwischen Daseinsvorsorge, Städtebauförderung und Sozialer Arbeit. Endbericht. https://www.staedtebaufoerderung.info/SharedDocs/downloads/DE/Forschung/SozialerZusammenhalt/GWA_in_der_sozialen_Stadt_Endbericht.pdf;jsessionid=90264A1DB240AFAF2478ECC3864FB853.live21322?__blob=publicationFile&v=2. Zugegriffen am 11.11.2020.

Pratt, Mary Louise. 1996. Apocalypse in the Andes: Contact zones and the struggle for interpretive power. Encuentros 15. http://idbdocs.iadb.org/wsdocs/getdocument.aspx?docnum=1774431. Zugegriffen am 30.03.2021.

Räuchle, Charlotte, und Ulrich Berding. 2020. Freiräume als Orte der Begegnung. *Standort* 44(2): 86–92.

Rothschuh, Michael. 2013. Community Organizing – Macht gewinnen statt beteiligt werden. In *Handbuch Gemeinwesenarbeit*, Hrsg. Sabine Stövesand, Christoph Stoik, und Ueli Troxler, 375–383. Opladen: Barbara Budrich.

Schmidt, Katharina. 2011. *Aneignung öffentlicher Räume/Rio de Janeiro*. Wien: Lit.

Schmidt, Katharina. 2017. *Ordinary Homeless Cities? Geographien der Obdach- und Wohnungslosigkeit in Rio de Janeiro und Hamburg*. Hamburg: Staats- und Universitätsbibliothek Hamburg. https://ediss.sub.uni-hamburg.de/handle/ediss/7788. Zugegriffen am 11.09.2021.

Schmidt, Katharina, und Katrin Singer. 2017. Aneignung von Räumen durch Visualisierung? *Geographiedidaktische Forschungen* 62: 145–159.

Shaw, Wendy S. 2007. *Cities of whiteness*. Malden/Oxford/Victoria: Blackwell.

Smith, Naomi, und Peter Walters. 2018. Desire lines and defensive architecture in modern urban environments. *Urban Studies* 55(13): 2980–2995.

Straßburger, Jan. 2018. *Konfliktlösung in der Stadtentwicklung durch partizipative Planung und GWA am Beispiel des Esso-Häuser-Konflikts*. Hamburg Bachelor-Thesis an der HAW (Hrsg.).

Swanson, Kate. 2007. Revanchist urbanism heads south: The regulation of indigenous beggars and street vendors in Ecuador. *Antipode* 39: 708–728.

Ullrich, Peter, und Marco Tullney. 2012. Die Konstruktion ‚gefährlicher Orte‘. *sozialraum.de* 2012 (2). https://www.sozialraum.de/die-konstruktion-gefaehrlicher-orte.php. Zugegriffen am 13.09.2021.

Valentine, Gill. 2008. Living with difference: Reflections on geographies of encounter. *Progress in Human Geography* 32(3): 323–337.

Vogelpohl, Anne. 2018. Henri Lefebvres „Recht auf Stadt" feministisch denken – Eine stadttheoretische Querverbindung von 1968 bis heute. *sub/urban – Zeitschrift für kritische Stadtforschung* 6(2/3): 149–158.

Vollmer, Lisa. 2013. Zwischen Partikularismus und Universalismus. Wie bilden sich Koalitionen? Kommentar zu Margit Mayers „Urbane soziale Bewegungen in der neoliberalisierenden Stadt". *sub\urban – Zeitschrift für kritische Stadtforschung* 1: 189–192.

Wilson, Helen F. 2017. On geography and encounter: Bodies, borders, and difference. *Progress in Human Geography* 41(4): 451–471.

Zaragocin, Sofia, Manuela Monarcha Murad da Silveira, und Iñigo Arrazola Aranzabal. 2018. Construyendo una geografía del feminicidio en el Ecuador. In *Apropiaciones de la ciudad. Género y producción urbana: la reivindicación del derecho a la ciudad como práctica espacial*, Hrsg. Maria Gabriela Navas Perrone und Muna Makhlouf de La Garza, 75–112. Barcelona: Ediciones.

Stadt bewegen – Sozialräumliche Migrationseffekte

Yvonne Franz und Heike Hanhörster

Inhaltsverzeichnis

Städte bringen Menschen räumlich wie sozial in Bewegung. Migration beeinflusst das (miteinander) Leben in Städten. Dieses Kapitel diskutiert daher Wirkungen und Bedeutungen von Migration im städtischen Kontext. Wie prägt Migration den gelebten Quartiersalltag und wie verändert Migration das Handeln und Entscheiden von Organisationen und Institutionen, die eine Stadt mitgestalten? Welche Herausforderungen ergeben sich im Zuge der sozialen Polarisierung der Gesellschaft und aufgrund räumlicher Segregation? Dieses Kapitel ordnet gegenwärtige gesellschaftliche Veränderungsprozesse im Kontext von Migration und Stadt ein. Der Interdisziplinarität des Kapitelthemas folgend, werden die Leser*innen dazu ermuntert, über geographische Literaturgrenzen hinweg zu lesen und Anknüpfungspunkte beispielsweise in der Stadtsoziologie und Stadtplanung zu erkennen. Das Kapitel möchte dazu beitragen, städtische Veränderungsprozesse und gesellschaftliche Ungleichheiten nicht allein durch eine Migrationslinse zu betrachten, um verfestigte Kategorisierungen nicht weiter zu reproduzieren. Es versteht sich als Anleitung eines reflektierten Verknüpfens von Diskursen auf wissenschaftlicher, politisch-planerischer und gesellschaftlicher Ebene, das als Kernqualifikation von Stadtgeograph*innen gilt.

Zum Kapiteleröffnungsbild: Vielfalt im öffentlichen Raum (Foto Franz 2020)

In diesem Kapitel betrachten wir, wie Migration urbane Gesellschaften bewegt, denn auch Städte bringen Menschen räumlich wie sozial in Bewegung. Mit einem geographischen Blick auf das Zusammenleben in Städten fragen wir: Wo und wie ergeben sich neue Möglichkeiten eines Zusammenlebens in Zeiten zunehmender Diversität? Vor welchen Herausforderungen steht eine Stadtgesellschaft? Wie wird aktuell politisch versucht, den gesellschaftlichen Ausgrenzungen Zugewanderter zu begegnen? Etablierte und neuere Konzepte der Stadt- und Migrationsgeographie werden in diesem Kapitel auf ihren Erklärungsgehalt geprüft und um anwendungsorientierte Beispiele ergänzt. Vor dem Hintergrund globaler Krisen wie dem Klimawandel, der Fluchtbewegung 2015 oder der Covid-19-Pandemie wird besonders deutlich: Stadtgeographische Fragestellungen verändern sich und reagieren auf neue Realitäten. Dadurch werden auch normative Haltungen erkennbar, die das gesellschaftspolitische Klima mitbestimmen.

Dieses Kapitel zeigt zudem Diskrepanzen zwischen Wissenschaft auf der einen und politisch-planerischen Praktiken und teils aufgeheizten öffentlichen Diskursen um Migration auf der anderen Seite auf. Als übergreifendes Querschnittsthema und als Beispiel für den (eingeschränkten) Zugang zu gesellschaftlichen Ressourcen wird der Bereich des Wohnens in den Mittelpunkt gerückt. Im Sinn einer Demigrantisierung der Migrationsforschung, die die Relevanz von bestehenden Kategorisierungen hinterfragt (Dahinden 2016; Ryan und Dahinden 2021), setzt sich dieses Kapitel mit dem (Spannungs-)Verhältnis zwischen städtischen Transformationsprozessen und Migration auseinander. Deutlich wird auch die Multiskalarität von Migrationswirkungen, die entlang globaler, (supra-)nationaler, regionaler und lokaler Ebenen verlaufen. Geographisch bezieht sich dieses Kapitel vorrangig auf zentraleuropäische Städte mit einem besonderen Fokus auf Referenzbeispiele aus Deutschland und Österreich.

3.1 Zuwanderung und Diversität in der Stadt: Bedeutungen für die Stadtgeographie

Auf einen Blick. In diesem Abschnitt wird gezeigt:
- Die Rolle von Migrationsbewegungen und deren Effekte für Städte
- Der Begriff der Diversität im Kontext der städtischen Migrationsforschung
- Die Verfestigung sozialräumlicher Ungleichheit im Hinblick auf Zugang und Nutzung des öffentlichen Raums

Migrationsbewegungen waren und sind eng mit Städten verbunden. Nicht umsonst werden Städte im allgemeinen Sprachgebrauch noch immer als Zuwanderungsmagnete bezeichnet. Dabei sind nicht alle Städte in gleicher Weise von Migrationseffekten betroffen. Auch wenn die ethnische Diversität im Zuge der jüngsten Fluchtmigration auch in zahlreichen zentraleuropäischen Kleinstädten und Landkreisen deutlich zugenommen hat, liegt ein besonderer Schwerpunkt der Zuwanderung nach wie vor in Groß- und Mittelstädten. Diese stehen daher in diesem Kapitel im Fokus. Ein wichtiger Treiber für Zuwanderung ist oftmals die Perspektive auf bessere Lebensumstände. Ökonomische Faktoren wie Arbeitsmarktchancen, Bildungserwerb oder soziale Netzwerke und Infrastrukturen spielen eine Rolle. Migration beinhaltet dabei nicht nur Bevölkerungszuwanderung, sondern auch -abwanderung. Wanderungsprozesse erfolgen nicht linear, sondern sind von temporären Migrations-

auslösern, individuellen Migrationsbiographien oder auch von zyklischen Migrationsbewegungen geprägt.

Die Diversität einer Stadt wird zunehmend auch als Indikator für ihre Attraktivität, Kreativität und Innovationskraft herangezogen. Oft sind es die Kommunen
selbst, die bestimmte Ausschnitte einer urbanen Vielfalt vermarkten, z. B. ethnische
Ökonomie oder ethnische Gastronomie (Schmiz und Hernandez 2019; Stock und
Schmiz 2019). Die Betonung positiver Effekte von Diversität in aktuellen politisch-
planerischen Debatten setzt zwar wichtige Impulse, birgt jedoch das Risiko, die vielfach prekären Lebenssituationen von Migrant*innen auszublenden. So ist der Zugang zum formellen Arbeitsmarkt nicht für alle Migrant*innen gleichermaßen
möglich. Faktoren wie Rechts- und Aufenthaltsstatus, Herkunftsland, Anerkennung
von Bildungs- und Berufsabschlüssen, Bedarf im Sinn eines Fachkräftemangels oder
Sprachkompetenzen spielen hier eine strukturierende Rolle. Die häufig verein-
fachende Kategorisierung von Migrant*innen als eine homogene soziale Gruppe
täuscht darüber hinweg, wie unterschiedlich einzelne Migrant*innen in ihren Bedürfnissen und Vulnerabilitäten sind: Wird über junge Binnenzuwander*innen gesprochen, die aufgrund einer weiterführenden Schul-, Universitäts- oder Berufsaus-
bildung in eine andere Stadt migrieren, oder über Neuankommende aus EU-Ländern,
die aufgrund eines Arbeitsangebots ihr Herkunftsland verlassen? Oder geht es um
Menschen mit Fluchterfahrung, die sich an ihrem neuen Ankunftsort in einem Asylverfahren befinden und sich damit von Geflüchteten unterscheiden, die einen positiven Asylbescheid oder anerkannten Aufenthaltsstatus erhalten haben? Sie alle,
ebenso wie viele weitere soziale Gruppen, erleben das Herkommen, Ankommen und
ihr Vorwärtskommen auf unterschiedliche Weise.

Statistische Kategorien beeinflussen zudem wissenschaftliche wie politisch-
planerische Fragestellungen und verfestigen etablierte Zuschreibungen (vgl. Dahinden et al. 2021). Die Dauer einer Migrationserfahrung ist in diesem Zusammenhang
ein eindrucksvolles Beispiel: Wie lange bleiben Personen mit Migrationsgeschichte
als solche statistisch klassifiziert? Wann verliert die Kategorisierung als 1., 2. und
3. Generation von Zugewanderten an Erklärungsgehalt?

Der Zugang zu Ressourcen kann durch soziale Interaktionen erfolgen. Neben
Begegnungen in institutionell strukturierten Kontexten, wie beispielsweise in Ge-
sundheits- und Kinderbetreuungseinrichtungen oder Bibliotheken, finden Begegnungen auch in weniger formellen und strukturierten Umgebungen statt. Solche
niederschwelligen Orte des Austauschs können beispielsweise der Kiosk, der Spielplatz oder eine Bushaltestelle sein. Sie alle sind für informellen Austausch wichtig –
aber bislang noch unzureichend erforscht.

Die Frage nach Ressourcenverfügbarkeit und Zugang zu diesen ist insbesondere
dort von zentraler Bedeutung, wo Migrant*innen der Zugang zu tragenden Syste-
men der Gesellschaft wie Bildung, Arbeiten oder Wohnen nicht gelingt oder ihnen
sogar mitunter strukturell verwehrt wird (Lanz 2016). Diese unterschiedlichen Formen der Exklusion und daraus resultierende weniger institutionalisierte teils informelle Unterstützungsstrukturen werden in neueren Ansätzen der geographischen
Stadtforschung thematisiert. Sie finden auch Eingang in aktuelle Diskurse ankunfts-
bezogener Infrastrukturen (Meeus et al. 2019). Diese verweisen eindringlich auf die
Temporalität (von lat. „*temporalis*" für vorübergehend) von Zuwanderung und Verortung.

Sprache im städtischen Alltag

Im öffentlichen Raum finden sich zahlreiche Hinweise auf die vielfältige Verwendung von Sprache, Zuschreibungen und Erwartungshaltungen. In welchen Sprachen wird miteinander kommuniziert? Wer darf und soll öffentlichen Raum wie nutzen – und wer bestimmt darüber? Ein stetiger Aushandlungsprozess im städtischen Kontext, der sozialräumliche Ungleichheiten verdeutlicht (◘ Abb. 3.1), Exklusion bewirkt (◘ Abb. 3.2) und Distanzhalten während der Covid-19-Pandemie erklärt (◘ Abb. 3.3).

◘ **Abb. 3.1** Einladungen, Verhaltensregeln und Zuschreibungen im öffentlichen Raum (Foto Hanhörster 2012)

3

■ **Abb. 3.2**   Spielen im
öffentlichen Raum? Ja, aber nur
unter bestimmten Regeln (Foto
Franz 2019)

■ Abb. 3.3 Spielplatz während der Covid-19-Pandemie (Foto Franz 2021)

3.2   Sozialräumliche Segregation: Wirkung und politisch-planerischer Umgang

Auf einen Blick. In diesem Abschnitt wird gezeigt:
- Unterschiede im Verständnis von Integration aus der politisch-planerischen und wissenschaftlichen Perspektive
- Forschungen zu Ursachen und Wirkungen von Segregation haben eine lange Tradition. Rahmenbedingungen des *Ankommens* und *Vorankommens* haben sich jedoch, z. B. aufgrund zunehmender Diversifizierung der Migration, in den letzten Jahren deutlich verändert.
- Forschungen aus der Stadtgeographie und angrenzenden Disziplinen verweisen auf ein uneindeutiges Bild bezüglich der Wirkungen von Segregation auf die gesellschaftliche Teilhabe der Quartiersbewohner*innen.

Aus der kritischen Wahrnehmung von Segregation resultiert das politisch-planerische Leitbild einer *gesunden Mischung.* Dieses erschwert jedoch z. B. die Wohnraumzugänge jener Gruppen, die ohnehin am Wohnungsmarkt benachteiligt sind.

3.2.1   Was ist Segregation und wie gehen Politik und Planung damit um?

» „Handeln wir klug, wenn wir für den Unterhalt [...] von Enklaven öffentliche Gelder ausgeben, anstatt zu versuchen, neue Einwanderer direkt in die Mitte der Gesellschaft zu integrieren?" (Saunders 2011, S. 522)

Das Zitat des kanadischen Journalisten Doug Saunders bringt das Unwohlsein vieler Planer*innen, Politiker*innen und Vertreter*innen der kommunalen Verwaltung auf den Punkt und berührt auch eine zentrale stadtgeographische Fragestellung: Wie ist die räumliche Polarisierung von Personen unterschiedlicher sozialer Lagen und (nationaler) Herkünfte mit Blick auf eine gesellschaftliche Integration zu bewerten? Mit dem Zitat wird auch ein zweiter Aspekt deutlich: Stadtgeographie ist häufig mit normativen Vorstellungen, beispielsweise zu Fragen von Integration, konfrontiert (s. Box „Integration").

Die Auseinandersetzung mit der räumlichen Ungleichverteilung von Stadtbewohner*innen entlang von Merkmalen wie Nationalität oder Einkommen ist nicht nur ein ureigenes Thema der Stadtgeographie (Musterd 2020), sondern hat insbesondere auch in der Stadtsoziologie eine lange Tradition (Harding und Blokland 2014). Welchen Hintergrund hat nun die besondere Aktualität des Themas Segregation in Wissenschaft, Planung und Politik?

Integration: Annäherung an einen umkämpften Begriff
„Das Paradigma der Integration bestimmt mehr denn je, wie über Migration gedacht wird, wie sie gedeutet, erforscht und vermessen wird und wie versucht wird, sie zu bearbeiten und zu regulieren" (Hess 2014, S. 25).

3

Das Konzept der Integration hat, beginnend mit der *Chicagoer Schule* (Park und Burgess 1925), einerseits eine lange Tradition und unterliegt andererseits einer hohen Dynamik (s. ▶ Kap. 5). In aktuellen politisch-planerischen deutschsprachigen Diskursen wird der Begriff jedoch vielfach normativ verengt. Oftmals wird, gerade vor dem Hintergrund des politischen Rechtsrucks und der emotionalen Aufladung des Integrationsdiskurses der letzten Jahre, die einseitige Anpassung Zugewanderter postuliert. Integration wird in diesem Zusammenhang als Assimilation an die Aufnahmegesellschaft verstanden (Becker 2021).

Integration ist jedoch, wie es die postmigrantische Perspektive betont, ein relationaler und beidseitiger Prozess, an dem Gesellschaft/Staat und Individuen beteiligt sind (Foroutan 2019). Der Migrationshintergrund ist dabei nur einer unter mehreren ökonomischen und sozialen *Markern* wie z. B. Haushaltseinkommen oder Bildungsherkunft. Angelehnt an die Definition des Sachverständigenrats für Integration in Deutschland meint Integration die chancengleiche Teilhabe an den zentralen Bereichen des gesellschaftlichen Lebens (SVR 2021, S. 26). Diese gesellschaftliche Teilhabe – bzw. wahrgenommene Teilnahmemöglichkeit aus Perspektive der Bewohner*innen – kann in vier analytischen Dimensionen erfasst werden (Dangschat und Alisch 2015, S. 204):

- Funktionale Ressourcen: z. B. der Zugang zu Arbeit oder Wohnen
- Soziale Ressourcen: z. B. die Einbindung in soziale Netzwerke
- Symbolische Ressourcen: z. B. das individuelle Gefühl von Anerkennung und Zugehörigkeit, aber auch die Stigmatisierung z. B. eines Wohnquartiers
- Politische Ressourcen: z. B. Wahlrecht

▪ **Zuwanderung hat viele Gesichter und Phasen**

In aktueller Forschung wird eine zunehmende Überlagerung alter und neuer Zuwanderung beobachtet (Wessendorf 2021). Hinzu kommt eine neue und stärkere Heterogenität der Zugewanderten. Der Begriff der Superdiversität, vom US-amerikanischen Soziologen Steven Vertovec (2007, 2019) geprägt, verweist auf die zunehmende Ausdifferenzierung soziodemographischer Merkmale der Neuankommenden einer Stadtgesellschaft (vgl. Tasan-Kok et al. 2013; s. Box „Integration"). Städtische Diversität geht einher mit zunehmend fragmentierten Lebensstilen und dem Aufeinandertreffen von unterschiedlich starken Machtpositionen (Oosterlynck et al. 2019).

▪ **Fortschreitende soziale Polarisierung**

Während die ethnische Segregation in den meisten Städten im deutschsprachigen Raum abnimmt, hat die soziale Segregation, also die räumliche Konzentration von Armut oder auch Reichtum, in den letzten Jahren deutlich zugenommen (Musterd 2020). Zuwanderung findet in unterschiedlich privilegierten städtischen Räumen statt. So ziehen z. B. internationale Studierende gern in Hochschulnähe, die Zuwanderung sozioökonomisch starker Migrant*innenhaushalte (z. B. sogenannten Expats) erfolgt vielfach in Mittelschichtsquartiere in zentraler oder bevorzugter Lage. Die Auseinandersetzung mit Segregation und die politisch-planerische Debatte um sogenannte Quartierseffekte (s. Box „Quartierseffekte") wie auch Ankunftsquartiere beziehen sich jedoch zumeist auf jene Räume, die von Einkommensarmut und verstärkter Zuwanderung ressourcenschwächerer Gruppen geprägt sind.

Quartierseffekte: Ein großes Forschungsfeld ohne eindeutige Ergebnisse

Es gibt einen stetig wachsenden Literaturkorpus zu Wirkungen von sozialer und ethnischer Segregation (vgl. z. B. Musterd 2020; Tammaru et al. 2016). Es geht in diesen – zumeist quantitativen – Forschungen um die benachteiligenden Wirkungen, die das Leben im Quartier über die individuellen Benachteiligungen der einzelnen Bewohner*innen hinaus beeinflussen. Diese Forschungen der Kontext-, Nachbarschafts- oder Quartierseffekte basieren jedoch häufig auf einer Containerraumperspektive auf das Quartier, die in den letzten Jahren zunehmend hinterfragt wird (s. ▶ Abschn. 3.2.2). Denn die sozialen Netzwerke einer Person oder die von ihr (z. T. digital) aufgesuchten Orte machen nicht an Quartiersgrenzen halt. Je nach betrachteter Gruppe (z. B. hinsichtlich ihrer Mobilität) und dem gewählten Gebietszuschnitt (z. B. innere Heterogenität und Größe des Quartiers etc.) kommen Forschende damit auch zu unterschiedlichen Ergebnissen in Bezug auf die Wirkungskraft von Kontexteffekten (zusammenfassend: Schnur et al. 2020).

■ **Kontexteffekte: Diskrepanzen zwischen Wissenschaft und Praxis**

Auch wenn Forschungsergebnisse die Vorteile für das (temporäre) Leben in Migrant*innenvierteln hervorheben („*urban enclave*": Zhou 2009), dominiert beispielsweise in der lokalen Wohnungspolitik ein kritischer Blick auf ethnische Segregation. Die soziale Durchmischung in Wien ist ein häufig zitiertes Beispiel für das Mischungsideal im Wohnumfeld. Es wird postuliert, die soziale Stabilität von Quartieren durch die richtige Mischung mithilfe des sozialen Wohnungsmarktsegments zu sichern (vgl. Stadtentwicklung Wien MA18 2014). Damit einhergehende Aufwertungs- und Stabilisierungsziele bedingen häufig Verdrängungsprozesse (s. ▶ Kap. 5), die kritisch betrachtet werden müssen (Molina et al. 2020).

Stabile Nachbarschaft und gute Mischung: Was ist das und wer definiert das?

Um fortschreitender Segregation entgegenzuwirken, erhält das politisch-planerische Leitbild der sozialen Mischung einen zentralen Stellenwert in verschiedenen europäischen Ländern (Münch 2010). Bezweckt wird damit die Schaffung und Erhaltung sozial stabiler Bewohner*innenstrukturen. Dies spiegelt sich beispielsweise in der *Leipzig Charta zur nachhaltigen europäischen Stadt* und noch expliziter in ihrer Fortschreibung als *Neue Leipzig-Charta* im Jahr 2020 wider, die einen zentralen Referenzrahmen für die nationale Stadtentwicklungspolitik in Europa schaffen. Das Leitbild sozial stabiler Bevölkerungsstrukturen ist in Deutschland darüber hinaus als ein übergreifendes Ziel in verschiedenen Bundesgesetzen (z. B. die §§ 1 und 171 des Baugesetzbuchs) und strategischen Plänen verankert (Die Beauftragte der Bundesregierung für Migration, Flüchtlinge und Integration 2021; BMI 2020; BMUB 2007). Es ist somit in gewisser Weise ein *Common Sense*, der einen Handlungsrahmen für lokale Akteur*innen wie beispielsweise Wohnungsunternehmen schafft.

Das Mischungsleitbild wird jedoch gerade im wissenschaftlichen Diskurs auch kritisch hinterfragt. Dies betrifft u. a. die starke Fokussierung des Mischungsdiskurses auf sozial benachteiligte Quartiere. Darüber hinaus bleibt beispielsweise unklar, auf welcher räumlichen Ebene Mischung angestrebt werden sollte und ab wann diese als gesund oder gelungen bezeichnet werden kann (Blokland und Van Eijk 2010; s. ▶ Abschn. 3.2.2).

Mit Blick auf das Eingangszitat lässt sich also feststellen, dass die Gleichverteilung von Personen mit und ohne Migrationserfahrung oder unterschiedlichem Einkommen nicht per se zu einem verbesserten Ressourcenzugang im Sinn gesellschaftlicher Teilhabe führt. Zur genaueren Bewertung der Zugänge zu gesellschaftlichen Ressourcen ist ein Blick auf die vor Ort lokalisierten Institutionen und Organisationen und deren Reaktion auf die zunehmende Diversität wichtig. Dieser Blickwinkel und die hiermit verbundene Verknüpfung der Stadtgeographie, z. B. mit Aspekten des institutionellen Wandels, wird im Folgenden vertieft.

3.2.2 Das Beispiel Wohnen: Wie Organisationen mit Diversität umgehen.

■ **Schon lange vor dem „Sommer der Migration" 2015: Engpässe auf dem Wohnungsmarkt**

Wohnen ist sowohl Grundbedürfnis als auch Menschenrecht und damit eine zentrale Ressource im Ankommen Neuzugewanderter (Ager und Strang 2008). Gleichzeitig ist Wohnen ein Querschnittsthema (s. ▶ Kap. 5), das sich als Betrachtungslinse besonders eignet, um den Umgang von Organisationen (beispielsweise Wohnungsunternehmen) mit Diversität näher zu beleuchten. Zwar gehören offizielle Quotierungen und schriftlich fixierte Maximalwerte von Ausländer*innenanteilen in Deutschland der Vergangenheit an. Dennoch steuern auch aktuell noch viele Wohnungsunternehmen die Zusammensetzung ihrer Bestände mit Blick auf eine *passende Mischung.* Teils finden Diskurse explizit unter Stichworten wie Ghetto oder Parallelgesellschaft statt, zumeist jedoch etwas verdeckter im Sinn des Vermeidens von Armutsgebieten.

» „Unsere Absicht war es lediglich, Sie davor zu schützen, dass Sie von der übrigen Hausgemeinschaft und Nachbarn abgelehnt und diskriminiert werden."

Dies ist die Begründung einer Wohnungsgesellschaft zur Ablehnung eines türkischen Mieters in einer deutsch geprägten Wohnumgebung (Hanhörster und Ramos Lobato 2021). Sie verdeutlicht, dass die erwartete Passgenauigkeit der neuen Mieter*innen in die Wohnbestände ein Kriterium der Belegung darstellt. Einerseits bezieht sich die Zielsetzung in dem zitierten Beispiel auf die Sicherung einer weitgehend homogenen privilegierten Nachbarschaft. Andererseits wird in vielen von Migration und Armut geprägten Vierteln eine Mischung angestrebt, da von der zuziehenden Mittelschicht ein stabilisierender Effekt erwartet wird. Das Leitbild der sozialen Mischung im Sinn stabiler Nachbarschaften gewinnt in Politik und Planung aufgrund der zunehmenden sozialen Polarisierung und der Fluchtmigration der letzten Jahre erneut an Aktualität. Unklar bleibt aber, was genau unter richtiger Mischung und Stabilisierung gerade in Zeiten von Zuwanderung und Superdiversität verstanden wird (s. ▸ Abschn. 3.2.1).

Der Wohnungsmarkt hat maßgeblichen Einfluss auf die räumliche Verteilung der Wohnbevölkerung und die Integration Zugewanderter. Im Vergleich zu anderen europäischen Ländern ist der städtische Wohnungsmarkt in der Schweiz, Österreich und Deutschland durch einen hohen Anteil von Mietwohnungen geprägt (Eurostat 2018). Der soziale Wohnungsbau, der die Wohnraumversorgung für einkommensschwache Haushalte stärken soll, schmilzt jedoch gerade in Großstädten seit Jahren drastisch aufgrund von Verkäufen des kommunalen Wohnungsbestands, Auslaufen der Sozialbindung sowie über Jahrzehnte niedriger Neubauaktivitäten im (kommunalen) Wohnbau (Holm 2020). Versorgungsengpässe (s. Box „Wohnen als Grundrecht") erzeugen vielerorts ein Umfeld, in dem Raum für Benachteiligungen entsteht: Da beispielsweise in Ballungsräumen in Deutschland etwa jeder zweite Haushalt zur Anmietung einer Sozialwohnung berechtigt ist, können angesichts marginaler Bewohner*innenfluktuation und niedriger Leerstandsraten auch an Dringlichkeit orientierte Belegungsverfahren schwerlich frei von Diskriminierung sein (Hanhörster und Ramos Lobato 2021).

In Wien, der von Zuzug geprägten österreichischen Hauptstadt, zeigt sich exemplarisch für den sozialen Wohnungsmarkt, dass die Zugangsvoraussetzungen wie z. B. die erforderliche Zwei-Jahres-Hauptwohnsitzdauer und ein komplexes Anmeldeverfahren exkludierend und entsprechend als strukturell verankerte indirekte Benachteiligung für Neuzugewanderte wirken können (s. Box „Geflüchtete aufs Land").

■ **Diskriminierung Zugewanderter auf dem Wohnungsmarkt**

Ein Zuwanderungshintergrund erschwert die individuelle Wohnraumsuche nachweislich. Dies betrifft auch mittelschichtszugehörige, oft hochqualifizierte Migrant*innen, deren Name oder z. B. Sprachkenntnisse sich von der lokalen Mehrheitsgesellschaft unterscheiden und damit als Migrant*innen gelesen werden.

Unmittelbare und mittelbare Diskriminierung: Was ist das?
Diskriminierung bezeichnet den Ausschluss von Personen aufgrund ihrer (zugeschriebenen) Gruppenzugehörigkeit, z. B. ihrer ethnischen Herkunft (ADB 2020, S. 3). Unmittelbare Diskriminierung beschreibt benachteiligende Praktiken, die einen direkten Bezug zu Diskriminierungsmerkmalen wie Geschlecht oder Religion haben. Hiervon können Formen sogenannter mittelbarer Diskriminierung unterschieden werden. Diese beruhen auf scheinbar neutralen Praktiken und Vorgaben, die dennoch die Benachteiligung bestimmter Personenkategorien und sozialer Gruppen zur Folge haben. Als Beispiele können der oben erwähnte Mischungsdiskurs oder auch Kriterien wie eine mehrjährige Hauptwohnsitzmeldung dienen.

Grundsätzlich sollen nationale Gesetzgebungen (in Deutschland z. B. das Allgemeine Gesetz zur Gleichbehandlung [AGG]; in Österreich z. B. das Bundesgesetz über die Gleichbehandlung [GlBG]) einen fairen Zugang zu gesellschaftlichen Ressourcen, also auf dem Arbeitsmarkt, zu Bildungseinrichtungen oder Wohnraum, sicherstellen. Trotz Inkrafttreten dieser nationalen Gesetzgebungen seit mehr als 15 Jahren werden Zugewanderte weiterhin strukturell benachteiligt. Rund jede dritte Person mit Migrationshintergrund, die in den letzten zehn Jahren auf Wohnungssuche war, hat Erfahrungen von Diskriminierung aufgrund ihrer ethnischen Herkunft gemacht (ADB 2020, S. 7).

3

Häufig sind Haushalte mit Zuwanderungsgeschichte von Mehrfachdiskriminierung betroffen, wenn sie z. B. nur über ein vergleichsweise geringes Haushaltseinkommen verfügen oder kinderreich sind. Jene Personengruppen haben es am schwersten, bei denen auf Vermietungsseite davon ausgegangen wird, dass sie die Stabilität eines Wohnquartiers gefährden und damit die Wirtschaftlichkeit der Vermietung durch beispielsweise vermeintlich höheres Konfliktpotenzial, höheren Betreuungsaufwand und höhere Fluktuation einschränken.

Geflüchtete aufs Land: Zuweisungspolitiken zur Verteilung der Verantwortlichkeiten?
Um das planerische Ideal einer gleichmäßigen Wohnsitzverteilung zugewanderter Personen mit Fluchterfahrung zu erreichen, werden in einigen europäischen Ländern wie Frankreich, Österreich, Deutschland und UK entsprechende Verteilungspolitiken verfolgt. Diese überlassen eine Wohnsitzniederlassung nicht der individuellen Motivation, sondern regulieren die Wohnsitzwahl. So wird beispielsweise in Österreich versucht, die Wohnsitzverteilung von Asylsuchenden zu steuern. Geflüchtete, die zu einem Asylverfahren zugelassen werden, werden (kleineren) Betreuungseinrichtungen zugeteilt. Der Zuteilungsort und die damit verbundene Wohnsitzauflage sind von Versorgungsquoten abhängig, die die einzelnen Bundesländer erfüllen müssen. Hingegen können Personen mit einem positiven Asylbescheid ihren Wohnsitz frei wählen.

Das politische Ideal der gleichmäßigen Verteilung im Sinn einer Verteilung der Verantwortlichkeiten und dessen tatsächliche Durchsetzbarkeit gehen jedoch oft auseinander. Der Verteilungsanspruch ist darüber hinaus kritisch zu sehen. Viele Geflüchtete, die sich in einem laufenden und oftmals langjährigen Asylverfahren befinden, bevorzugen das Leben in der Stadt gegenüber einem Wohnort in periphereren Gebieten. Hintergrund sind die sozialen Netzwerke, bessere Zugänge zu sozialen (Ankunfts-)Infrastrukturen zum lokalen Arbeitsmarkt bzw. bestimmten Nischen auf dem Arbeitsmarkt.

Weiterführende Literaturhinweise:
Adam, Francesca; Föbker, Stefanie; Imani, Daniela; Pfaffenbach, Carmella; Weiss, Günther; Wiegandt, Claus-C. (2019) Angekommen in Nordrhein-Westfalen – wie Geflüchtete in groß- und kleinstädtischen Räumen Zugang zu Wohnung, Arbeit und Kontakten finden. Stadtforschung und Statistik: Zeitschrift des Verbandes Deutscher Städtestatistiker, 32(2), 28–33. ▶ https://nbnresolving.org/urn:nbn:de:0168-ssoar-64109-0.

Rodríguez-Pose, Andrés (2017) The revenge of the places that don't matter (and what to do about it). Cambridge Journal of Regions, Economy and Society, 11 (1). S. 189–209. ISSN 1752-1378.

■ **Institutioneller Wandel: Diversität als Motor der Veränderung?**
Sozialräumliche Segregation ist nicht nur eine Folge individueller Wohnortentscheidungen – also der Präferenzen und Ressourcen von Stadtbewohnenden – oder angebotsseitiger quantitativer Verfügbarkeiten (z. B. Anzahl verfügbarer Wohnungen) und Zuweisungspolitiken. Auch lokale Organisationen, wie beispielsweise Bildungseinrichtungen oder Vereine, beeinflussen durch ihre Leitbilder, Praktiken und Routinen, wie und wo Menschen leben und zusammentreffen.

Institutioneller Wandel betrachtet dabei den Wandel von Organisationen in Reaktion auf gesellschaftliche und politische Veränderungen (z. B. Umsetzung der EU-Richtlinien zur Gleichbehandlung). Es zeigt sich, dass abhängig von der jeweiligen *Corporate Social Responsibility (CSR)* der Umgang mit Diversität langsam auch in Organisationen zur Alltagspraxis wird. Um diese institutionellen Prozesse genauer zu analysieren, ist ein Brückenschlag der geographischen Forschung, z. B. zur Organisationssoziologie, den Politikwissenschaften oder zur sozialen Arbeit, hilfreich.

Der Wandel einer Organisation ist nicht auf die Veränderung der Führungsebene beschränkt, sondern manifestiert sich im Handeln aller Organisationsmitglieder. Im Fall von Wohnungsunternehmen reicht dies also bis hin zur Ebene der Sachbearbeitenden (McQuarrie und Marwell 2009). Der Politikwissenschaftler Michael Lipsky (1980) betont mit seinem Konzept der *„street level bureaucracy"* die Alltagspraktiken der Sachbearbeitung und unterscheidet die *„policy as written"* (wie z. B. formulierte Leitsätze) von der *„policy as performed"*. Die institutionelle Kultur eines Unternehmens drückt sich folglich angefangen von der Personalentwicklung, über die Einbindung eines Wohnungsunternehmens in kommunale Governancestrukturen, bis hin zu den (mehr oder weniger formellen) Belegungspolitiken aus (vgl. Hanhörster und Ramos Lobato 2021; s. Box „Diversitätspolitiken").

Ein institutioneller Wandel von Organisationen vollzieht sich jedoch vergleichsweise langsam. Er kann durch *Bottom-up*-Initiativen und ihr Infragestellen von (exkludierenden) Strukturen initiiert werden und damit soziale Innovation befördern (Moulaert und MacCallum 2019; s. ▶ Kap. 4). Das Beispiel der Wohnungsmarktintegration von Menschen mit Fluchterfahrung zeigt das besondere Potenzial von – oder auch den Bedarf für – soziale/r Innovation. Denn gerade im Übergang von staatlich organisierten Flüchtlingsunterkünften zur ersten eigenen Wohnunterkunft steigt die Gefahr prekären Wohnens. Auf Wohnungslosigkeit vulnerabler Gruppen reagieren insbesondere Nichtregierungsorganisationen. Dies kann am Beispiel des Ansatzes von *Housing First* verdeutlicht werden: *Housing First* zielt darauf ab, Wohnen als bedingungsloses Recht auf die soziale Reintegration von Wohnungslosen zu verstehen. Nachfolgend werden medizinische und soziale Unterstützungsleistungen ergänzt. Dieser Ansatz wurde zunächst als experimenteller Zugang getestet (darunter in Helsinki und Wien) und ist nun in Städten wie Brüssel, Kopenhagen oder Paris ein fester Bestandteil in der Wohnraumversorgung von Wohnungslosen (Pleace 2016).

Wohnen als Grundrecht
Aktuelle Debatten zu leistbarem Wohnen werden auch in der Öffentlichkeit kontrovers geführt. Während der Zugang zu Wohnraum per se für alle möglich sein soll (◘ Abb. 3.4), zeigt sich in der Realität: Verfügbarkeit, Zugang und Erschwinglichkeit von Wohnraum mit ausreichend Fläche sind vor allem für sozioökonomisch schwächere Haushalte eingeschränkt und damit ungleich verteilt (◘ Abb. 3.5; s. ▶ Kap. 5).

Diversitätspolitiken zwischen Anspruch und Wirklichkeit
Diversität kann als Motor gesellschaftlichen Wandels wirken und findet sich in politisch-planerischen Praktiken wieder (◘ Abb. 3.6) – wenngleich nicht immer aus Überzeugung (◘ Abb. 3.7).

🔹 **Abb. 3.4**   Wohnen als Grundrecht für alle? (Foto Franz 2020)

🔹 **Abb. 3.5**   Gerechter Wohnraumzugang braucht auch faire Vermieter*innen (Foto Hanhörster 2018)

◻ Abb. 3.6 (Handlungs-)Ebenen des institutionellen Wandels von Wohnungsunternehmen

◻ Abb. 3.7 Schon einmal von Diversität gehört? (andrewgenn via istockphoto 2021)

3.3 Soziale Interaktionen als Ressource im Umgang mit Ungleichheiten?

Auf einen Blick. In diesem Abschnitt wird gezeigt:

- Vor dem Hintergrund befürchteter gesellschaftlicher Ausgrenzungsprozesse und eines schwindenden gesellschaftlichen Zusammenhalts wird sozialen Kontakten – gerade auch zwischen Personen unterschiedlicher Zugehörigkeiten – eine zentrale Bedeutung zugesprochen.
- Die Frage nach sozialem Zusammenhalt ist normativ stark aufgeladen. Wer soll mit wem und in welchem sozialen und räumlichen Kontext zusammenhalten? Welche Formen des Zusammenhalts sind von wem erwünscht, welche nicht? Wer entscheidet darüber und wie?
- Vor dem Hintergrund zunehmender transnationaler Netzwerke und Mobilitäten werden die Rahmenbedingungen des räumlich oder sozial situativen Zusammenhalts und temporärer Gemeinschaften wichtiger.
- Die Rolle des Quartiers als Nahraum für soziale Interaktionen muss vor dem Hintergrund zunehmend ortsübergreifender (auch digitaler) Netzwerke kritisch reflektiert werden.

Im Folgenden werden theoretische Grundlagen vorwiegend aus den Bereichen Stadtsoziologie, Geographie und Sozialpsychologie dargestellt, die wichtige aktuelle Hinweise auf die Wirkungsweise von Interaktionen geben. Da der Quartiersebene in politisch-planerischen Kreisen (auch im Kontext der Fluchtmigration) als Begegnungsort eine hohe Bedeutung beigemessen wird (vhw 2022), wird diese Analyse- und Handlungsebene im Anschluss genauer betrachtet.

3.3.1 Wirkung von Kontakten auf den Umgang mit Ungleichheiten

» „Diversity, at least in the short run, seems to bring out the turtle in all of us" (Putnam 2007, S. 151)

» „Ist der Grad des Zusammenhalts einer Bevölkerung bzw. eines Sozialraumes eventuell sogar völlig unabhängig von dem Ausmaß und den Arten der sozialen Vielfalt? Haben sich vielleicht neue Formen des Zusammenhalts entwickelt, die die gewachsene Vielfalt wieder ‚einfangen' bzw. kompensiert haben?" (Pries 2013, S. 20).

Die beiden Zitate verdeutlichen die Spannbreite der Positionen und Forschungsergebnisse zur Bedeutung von Diversität für soziale Interaktionen und sozialen Zusammenhalt.

■ **Die Kontakthypothese: Soziale Interaktionen können Fremdbildern entgegenwirken – unter bestimmten Voraussetzungen**

Die zunehmende (Super-)Diversität vieler Mittel- und Großstädte führt zu einem
neu erwachten Forschungsinteresse an der Bedeutung von Begegnungen zur Stärkung des Zusammenlebens (s. ▶ Kap. 2). Gerade in benachteiligten Quartieren, die
von Zuwanderung geprägt sind, treffen die ansässige und neuankommende Bevölkerung nicht immer konfliktfrei aufeinander. Auch diese beiden Gruppen weisen
jeweils in sich eine große Heterogenität auf und unterscheiden sich entlang soziodemographischer Merkmale wie Alter, Geschlecht, Herkunft, sozioökonomischer
Merkmale wie Bildung, Haushaltseinkommen und -größe oder auch Lebensstil-
präferenzen. Aufgrund der sich verstärkenden Fragmentierung besteht seitens kommunaler Politik aber auch forschungsseitig die Sorge einer Ab- und Ausgrenzung von
Personengruppen und Zuspitzung von Konflikten (Helbig und Jähnen 2018, S. 46).

Forschungen zur Wirkung von Begegnungsansätzen kommen je nach unter-
suchter sozialer Gruppe, räumlichem und zeitlichem Kontext etc. zu sehr unterschiedlichen Einschätzungen. Empirische Studien stützen aber vor allem die sogenannte Kontakthypothese von Allport (1954). Diese Arbeit aus dem Bereich der
Sozialpsychologie legt eine wichtige theoretische Grundlage zur Wirkung von Kontakten auf die Wahrnehmung von Diversität. Sie verweist auf die positive Wirkung
sozialer Intergruppenkontakte (im Unterschied zu *Intra*gruppenkontakten, die auf
Kontaktbeziehungen innerhalb einer Gruppe begrenzt sind), um die Beziehungen
zwischen Gruppen, die einander teils mit Distanz, Vorurteilen bis hin zu offen
ausgetragener Feindseligkeit begegnen, zu verbessern. Allport verweist auf drei zentrale Gelingensbedingungen:

❯ Gelingensbedingungen für soziale Beziehungen sind nach Gordon W. Allport (1954)

   – eine beiderseitig wahrgenommene Gleichberechtigung, also ein Agieren auf
     Augenhöhe,
   – das Verfolgen gemeinsamer Interessen sowie
   – die Rolle von Institutionen im Katalysieren und Stärken der Beziehungen.

Einstellungen über soziale Grenzen hinweg können sich insbesondere dann verändern, wenn Personen, wie Allport formuliert, auf Augenhöhe aufeinandertreffen
und in Kontaktsituationen aufeinander angewiesen sind.

■ **Interaktionen: Kein Mittel gegen Machtungleichheiten**

Die von Allport beschriebenen Voraussetzungen verweisen auch auf Limitationen von
Begegnungsansätzen. Begegnung kann sogar zur Verfestigung von Gruppengrenzen,
Einstellungen und Weltbildern beitragen, statt eine Neuaushandlung und Veränderung
dieser zu ermöglichen. So können Prekarisierung und Konkurrenz um gesellschaftliche
Ressourcen und Anerkennung in marginalisierten Quartieren abwertende und stigma-
tisierende Stereotypen verstärken (vgl. El-Mafaalani 2018). Die Förderung von Begegnung ist also kein taugliches Instrument gegen (ökonomische) Ungleichheiten oder
die Konkurrenz um knappe Ressourcen. Begegnungsansätze können jedoch Ungleichheit, Machtverhältnisse und politische Handlungsansätze kritisch reflektieren und
damit entsprechende gesellschaftspolitische Diskurse anstoßen.

3

Sprache schafft Bewusstsein

Machtverhältnisse werden nicht nur durch Handlungen, sondern auch durch Sprache ausgedrückt. Dies spiegelt sich auch in der zunehmend kritischen Reflexion des Begriffs der „Rasse" in Deutschland wider. Der Begriff ist durch die Geschichte der NS-Zeit in Deutschland diskreditiert. *„Race"* wird auch im Zuge der *Black-Lives-Matter*-Bewegung (s. ▶ Kap. 2) im deutschsprachigen Raum verstärkt kritisiert. So soll nach heutigem Diskussionsstand der Begriff aus dem Grundgesetz (in Deutschland) gestrichen werden. Gleichzeitig ist das Erforschen der Bedeutung von Rassismus aktuell von hoher Relevanz.

Deutlich wird hiermit: Migrationsbezogene Forschung ist aufgefordert, Begriffe und Konzepte kritisch zu betrachten. Sprache schafft Bewusstsein, wie das Beispiel „Der lange Sommer der Migration" (Hess et al. 2016) als wertfreie(re) Alternative zu „Flüchtlingswelle" oder „Flüchtlingskrise" zeigt.

■ „Gleich und gleich gesellt sich gern?": Das Prinzip sozialer Koexistenz

Begegnungen zwischen Haushalten unterschiedlicher sozialer oder nationaler Herkunft unterliegen noch weiteren Einschränkungen. Die physische Nähe von Haushalten unterschiedlicher sozialer Lage muss sich nicht unbedingt in soziale Nähe übersetzen (Pinkster 2014). Ein Beispiel sind Mittelschichtshaushalte in gemischten Quartieren in räumlicher Nähe zu ressourcenschwächeren Haushalten. Das koexistente Nebeneinander und konkrete räumliche oder symbolische Abgrenzungspraktiken der Haushalte zeigen sich in der selektiven Nutzung von Institutionen und Einrichtungen im Bereich der Freizeit, Bildung oder Gesundheit (Hanhörster et al. 2021). Diversität vor Ort wird damit vielfach nicht Teil der gelebten Alltagsrealität, sondern nur in selbstgewählten Ausschnitten als Bereicherung wahrgenommen.

So stellt das Essen „beim Vietnamesen" oder auch das bunte Straßenleben für viele Mittelschichtshaushalte eine Standortqualität dar. Geht es jedoch um die Wahl der Schule für die eigenen Kinder, wird vielfach gezielt auf Schulen in benachbarten, weniger von Durchmischung und Benachteiligung geprägten Quartieren ausgewichen (s. ▶ Kap. 9). Erleichtert wird dies durch die formelle Abschaffung der Schuleinzugsbereiche in einigen Bundesländern in Deutschland. Damit wird die Möglichkeit eröffnet, die Schule für die eigenen Kinder unabhängig vom Wohnstandort in der gesamten Stadt frei zu wählen. Kritisch zu betrachten sind im Zusammenhang mit dieser Wahlfreiheit die unterschiedlichen Zugänge zu Informationen über Schulen und deren Angebote, aber auch die Erreichbarkeit von Schulen und die damit teils verbundenen Transportkosten. Vor allem für ressourcenschwächere Haushalte stellen diese Faktoren Hindernisse dar und können zu einer verstärkten sozialen Polarisierung an Schulen beitragen (Ramos Lobato und Groos 2019).

Die ■ Abb. 3.8 verweist auch auf unterschiedliche Fraktionen der Mittelschicht, die in sozial gemischten Quartieren leben, mit Blick auf ihre Einbindung in Austauschbeziehungen mit Personen niedrigeren sozialen Status. Während die Gruppe der *„urbanity seeker"* sehr stark in dem Kreis unter ihresgleichen verbleiben (linke Kreisgrafik), haben die *„diversity seeker"* ein diverses Netzwerk (rechte Kreisgrafik).

Entsprechende kleinteilige Fraktionen und Abgrenzungspraktiken werden auch bei ressourcenschwächeren Haushalten bemerkt. Deren Sorge vor sozialer Abwertung kann dazu führen, dass sie bestimmte kommerzielle Infrastrukturen oder Bildungseinrichtungen meiden. Umso wichtiger sind Rahmenbedingungen und passgenaue Angebote, die Begegnungen unterschiedlicher Gruppen und Bedürfnislagen fördern. Durch das Erfahren unerwarteter Solidarität (s. Box „Die Pandemie als Katalysator individueller Ausgrenzung") oder durch Irritationen üblicher Denkmuster können Vorannahmen und Deutungsmuster alltäglicher Begegnung hinterfragt werden (vhw 2022; Wiesemann 2015, S. 158).

urbanity seeker

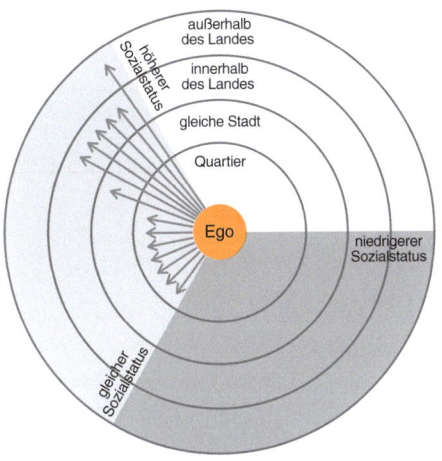

diversity seeker

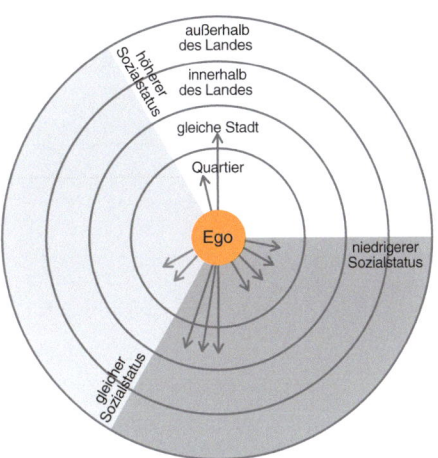

höherer, niedrigerer und gleicher Sozialstatus:
Bildungsabschluss der Kontaktperson im Vergleich zu Ego

Quelle: Eigene Darstellung auf Grundlage von Weck/Hanhörster 2014

■ **Abb. 3.8** Aktionsradien von „*urbanity*" und „*diversity seeker*" im Vergleich

Die Begriffe soziale „Koexistenz" oder „interethnische Koexistenz" weisen in diesem Zusammenhang darauf hin, dass es Grautöne zwischen Zusammenhalt und gesellschaftlicher Fragmentierung gibt (s. Dahlvik et al. 2017).

Die Pandemie als Katalysator individueller Ausgrenzung
Durch die Covid-19-Pandemie werden digitale Medien wichtiger denn je, um soziale Interaktionen (z. B. Community Cooking), nachbarschaftliche Unterstützung (z. B. Nachbarschaftsplattformen) sowie Wissensweitergabe und -vermittlung (z. B. digitale Sprachencafés) aufrechtzuerhalten. Obwohl sich die Pandemie auf alle Gesellschaftsschichten auswirkt, sind ressourcenschwache Personengruppen besonders von den veränderten Alltagsbedingungen betroffen. Soziale Ungleichheiten werden nicht nur lokal sichtbar(er), sondern auch verfestigt, z. B. durch den Verlust von Arbeitsplatz, steigender Mietbelastung und drohendem Wohnungsverlust. Wohnungslose können nicht auf gewohnte Dienstleistungen (z. B. Essensausgaben, Schlafstellen) und Tagesroutinen im öffentlichen Raum zurückgreifen (■ Abb. 3.9). Haushalte mit vielen Familienmitgliedern, die in beengten Wohnsituationen leben, unterliegen höherer Ansteckungsgefahr und psychischem Stress und haben mehr denn je Bedarf an öffentlichen Räumen. Kinder, die ohne Präsenzunterricht im sogenannten *Distance Learning* nicht auf die notwendige Hardware und digitale Infrastruktur zurückgreifen können, werden von Lehrer*innen nur eingeschränkt erreicht. Aushänge zu Nachbarschaftshilfe, Kinderbetreuung und auch Gabenzäune (■ Abb. 3.10) sind Zeichen von individueller (temporärer) Solidarität, die allerdings langfristige Folgen von Vereinsamung und strukturell verankerter sozialer Ungleichheit kaum abfedern können.

3

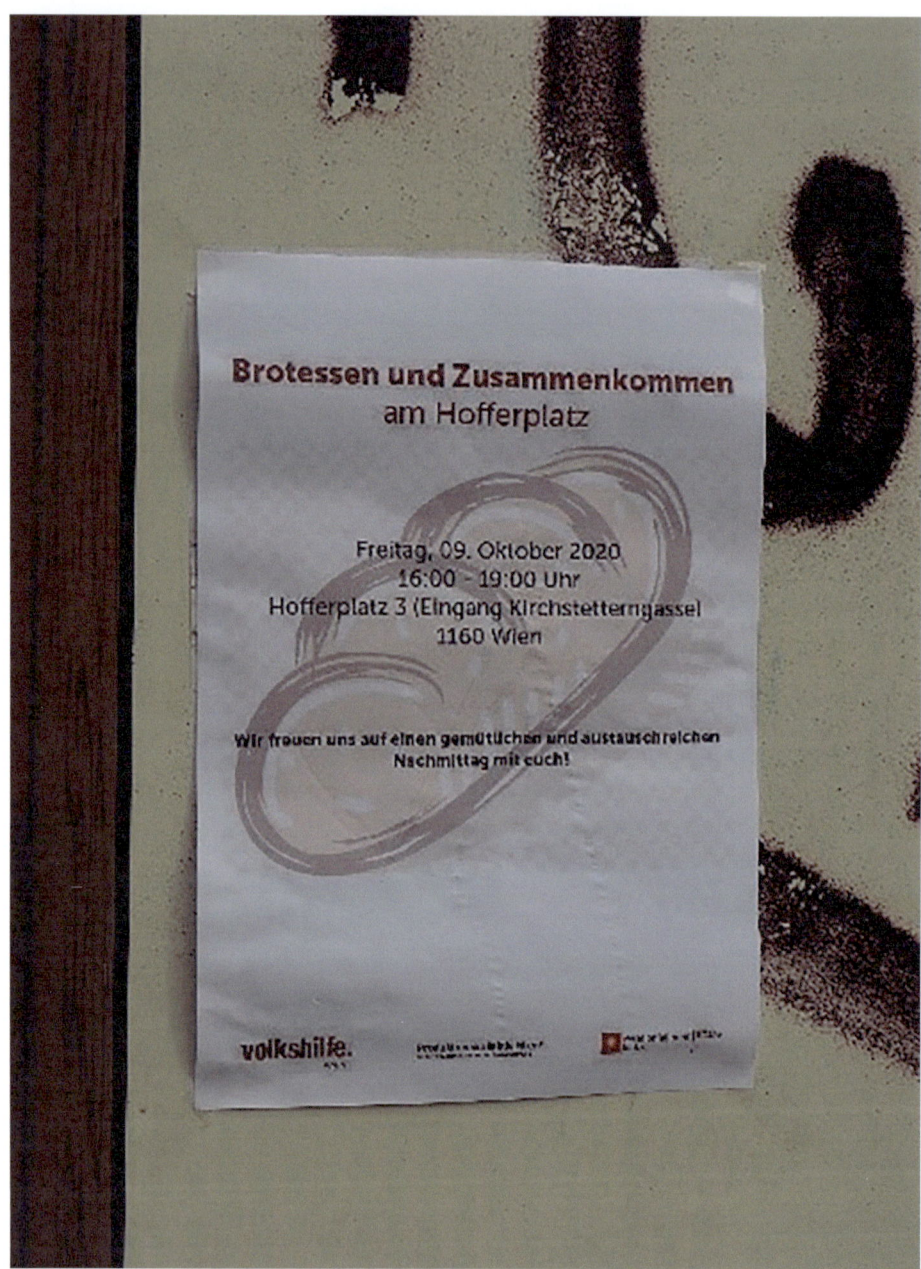

🔹 **Abb. 3.9**   Niederschwellige Unterstützungsangebote im öffentlichen Freiraum (Foto Franz 2020)

■ **Abb. 3.10** Ein Gabenzaun an einem Park während der Covid-19-Pandemie (Foto Franz 2020)

3.3.2 Die Rolle des Quartiers und lokaler Gelegenheitsstrukturen für soziale Interaktionen

» „The importance of proximity will persist […] until it is possible to transport a cup of sugar electronically" (Plickert et al. 2007, S. 424)

■ **Quartier als Container?**

Die Rolle des Quartiers als räumlicher Kontext für soziale Interaktionen wird seit Jahrzehnten in Stadtgeographie und Soziologie intensiv diskutiert (u. a. Blokland und Nast 2014; Wellman und Leighton 1979). Der Begriff des Quartiers, teils synonym mit den Begriffen Nachbarschaft oder Sozialraum verwendet, bezieht sich (im Gegensatz zum Begriff des Stadtteils) zumeist nicht auf eine administrative räumliche Einheit, sondern auf einen sozial konstruierten Raumausschnitt, der sich an den Lebenswelten und Aktionsradien der Bewohner*innen orientiert (Schnur et al. 2020, S. 4).

Trotz der Zunahme unterschiedlicher Mobilitätsformen, transnationaler Zugehörigkeiten und vielfältigen (digitalen) Kommunikationsformen wird auch in der jüngeren Sozialforschung auf die Bedeutung des Quartiers als Nahraum für soziale Interaktionen hingewiesen (Zapata-Barrero et al. 2017). Netzwerke entwickeln sich zwar zumeist teils weit über das Quartier hinaus, jedoch ohne dieses gänzlich hinter sich zu lassen (vhw 2022; Petermann 2015, S. 185). Es gilt also, in der geographischen Forschung Quartiere in ihrer Einbindung in andere Maßstabsebenen (kommunal, (inter-) national) und ihren relationalen, also wechselseitigen, Bezügen zu verstehen (Franz und Strüver 2021; Glick Schiller und Çağlar 2009). Netzwerkanalysen (◼ Abb. 3.8) können dabei helfen, die Durchlässigkeit von Quartieren und die Bedeutung transnationaler (teils digitaler) Bezüge zu illustrieren (Ryan und Dahinden 2021).

■ **Kleinräumige Gelegenheitsstrukturen für Alltagsbegegnungen**

Forschungen der letzten Jahre weisen zudem darauf hin, dass ein Blick auf das Quartier als Ganzes die Wirkungen kleinräumiger Gelegenheitsstrukturen auf die Interaktionen von Bewohner*innen verschleiern kann. So findet der Zugang zu Ressourcen beispielsweise durch die Einbindung einer Person in eine bestimmte Schule im Quartier, den jeweiligen Arbeitsplatz oder die in einer Freizeiteinrichtung konzentrierten Aktivitäten statt (Small 2009). Mit Blick auf die Zuwanderung wird auf die zentrale Bedeutung ankunftsspezifischer Infrastrukturen verwiesen (Meeus et al. 2019). Diese leisten nicht nur wichtige Unterstützung z. B. durch muttersprachliche Beratungsangebote, sondern auch durch dortige (informelle und teils flüchtige) Begegnungen. Bereits ansässige Migrant*innen können wichtiges ankunftsspezifisches Wissen an Neuzugewanderte vermitteln, z. B. zu Fragen bezüglich: Wie finde ich eine Wohnung? Wo gibt es kostenlose medizinische Versorgung für Personen ohne Aufenthaltsstatus? (Wessendorf 2021).

Das Konzept der „*micro-publics*" von Ash Amin: Begegnungen können Handlungsroutinen aufbrechen

Ausgangspunkt von direkten *Face-to-face*-Begegnungen im (halb-)öffentlichen Raum sind baulich-räumliche Kristallisationspunkte, an denen Menschen die Gelegenheit haben, geplant oder spontan miteinander in Interaktionen zu treten. Das Konzept der sogenannten „*micro-publics*" von Ash Amin (2002) ist bei der Analyse der Kontakte zwischen „Fremden" hilfreich. Er verweist auf jene Gelegenheitsstrukturen, an denen Personen durch gemeinsame Aktivitäten aus ihren gewohnten Handlungsroutinen geholt werden. In diesen von ihm als „*micro-publics of banal transgression*" benannten Gelegenheitsstrukturen können Menschen mit verschiedenen Hintergründen auf Basis gemeinsamer Aktivitäten, wie z. B. gemeinsames Gärtnern oder Kochen, zusammengebracht werden. Amin betont, dass gerade diese niedrigschwelligen Interaktionen auf Alltagsebene zu gegenseitigem Verstehen und Umgang mit Differenz beitragen und Gemeinsamkeiten aufzeigen können:

„Their effectiveness lies in placing people from different backgrounds in new settings where engagement with strangers in a common activity disrupts easy labelling of the stranger as enemy and initiates new attachments." (Amin 2002, S. 970)

Entsprechende Gelegenheitsstrukturen bergen das Potenzial eines Prüfsteins oder auch Korrektivs kultureller Eigen- und Fremdbilder: Menschen können demnach an ganz unterschiedlichen Orten von Parks bis hin zu Bildungs- und Sport- oder Gemeindezentren dazu angeregt werden, aus den Handlungsroutinen ihrer gewohnten Umgebung herauszutreten und in der gemeinsamen Aktivität die Differenz (mehr oder weniger) bewusst wahrzunehmen und auszuhandeln (Hanhörster et al. 2021).

■ **Begegnungen im öffentlichen Raum**

Auch zufällige Begegnungen, z. B. auf Spielplätzen oder auf der Straße (Neal et al. 2015), können die Vertrautheit mit der Quartiersumgebung deutlich stärken (Steigemann 2019). Personen, die andere auf der Straße erkennen und selbst wiedererkannt (und z. B. gegrüßt) werden, können ein Gefühl größerer Vertrautheit und Sicherheit entwickeln (vgl. Blokland und Nast 2014). Eine wesentliche Grundlage dieser „*public familiarity*" bilden wiederkehrende zufällige Begegnungen, z. B. auf dem Heimweg vom Sportverein oder beim Einkaufen im Quartier.

Auch wenn Nutzungen in öffentlichen Räumen oftmals funktionell vorgegeben scheinen (s. Box „Nutzungserwartungen"), sind die dort stattfindenden Begegnungen hochgradig situativ. Es ist damit schwer steuer- und vorhersehbar, ob es z. B. zwischen Besucher*innen eines Parks zu einer tatsächlichen Interaktionssituation oder einem eher indifferenten Nebeneinander kommt. Jedoch bieten Interaktionen in diesen wenig durch institutionelle Normen und Regeln geprägten Räumen das Potenzial, dass ganz unterschiedliche soziale Gruppen unverbindlich und temporär aufeinandertreffen. Gleichzeitig gibt es auch eher konflikthafte Begegnungen im öffentlichen Raum, die zwischen unterschiedlichen sozialen Gruppen (s. ▶ Kap. 9) aufgrund unterschiedlicher Vorstellungen zur Nutzung entstehen. Die im öffentlichen Raum ausgetragenen Konflikte beinhalten ein breites Spektrum bis hin zu politischen Artikulationen und Protestbewegungen (s. ▶ Kap. 2).

■ **Begegnungen in halböffentlichen Räumen**
Kontexte im halböffentlichen Raum haben ein besonderes Potenzial, wiederkehrende Begegnungen zu fördern. Dies zeigt sich z. B. in halböffentlichen Institutionen wie dem „Laden um die Ecke", in dem Nachbar*innen ungeplant, aber dennoch regelmäßig aufeinandertreffen. Diese Begegnungen können dabei nicht nur ein erster Schritt für das Überwinden sozialer Distanz sein, sondern durch die Regelmäßigkeit auch das Entstehen sozialer Netzwerke fördern (Steigemann 2019).

■ **Digitale Netzwerke als Ressource für Migration und Ankommen**
Digitale Medien nehmen eine zunehmend zentrale Stellung in den Interaktionen und dem Informationsaustausch zwischen Personen ein (Heinze et al. 2019; s. ▶ Kap. 10). Im Migrationsforschungskontext weisen jüngere Forschungen auf die Bedeutung digitaler Plattformen für die Gruppe Neuzugewanderter hin. Digitale Plattformen sind dabei nicht nur während der Flucht, sondern auch für Netzwerkaufbau und Zugang zu Ressourcen in der neuen Stadt oder auch für die Aufrechterhaltung bestehender translokaler (also über den eigenen Aufenthaltsort hinaus) sozialer Kontakte zentral (Alencar 2018; Marlowe et al. 2016). Lokal im physischen Raum verortete und digitale Interaktionen scheinen sich dabei wechselseitig zu beeinflussen und damit multiple räumliche und soziale Zugehörigkeiten sowohl am Herkunfts als auch an den Bleibeorten zu ermöglichen.

Zahlreiche neuere Studien im Kontext von Migration analysieren die Rolle digitaler Medien wie z. B. Messaging-Dienste, Plattformen oder Applikationen (Marlowe et al. 2016; Merisalo und Jauhiainen 2021). Im Zeitalter der digitalen Konnektivität nehmen diese digitalen Infrastrukturen eine ergänzende Funktion zu den im physischen Raum verorteten Interaktionen ein. Gerade im Migrations-, besonders jedoch im Fluchtkontext verändern sich physische Aufenthaltsorte in *„transit"* oder *„host countries"* sowie die zeitliche Aufenthaltsdauer von Individuen oftmals sehr rasch. Vor allem im Fluchtkontext zeigt sich, dass digitale Messaging-Dienste einen existenziellen Kommunikationskanal zwischen Flüchtenden und Hilfsinstitutionen (z. B. NGO) für das Weiterkommen auf dem Fluchtweg darstellen.

Auch wenn digitale Interaktionsmöglichkeiten niedrigschwellig, effizient und kostengünstig anmuten, ist eine weitere kritische Reflexion exkludierender Wirkungen digitaler Medien notwendig. Dies betrifft Effekte wie verstärkte soziale Polarisierung, soziale Exklusion (*„digital divide"*; vgl. Merisalo und Jauhiainen 2020) bis hin zu neuen verschärften Formen des *„social mobbing"* (z. B. Hatespeech) und personen-

◨ Abb. 3.11   Die funktionale Gestaltung eines öffentlichen Raums gibt dessen Nutzung vor (Foto Franz 2021)

datenbasierter Überwachung. Vor allem letztere führen zu Fragen der Regulierung und dem Schutz von Nutzer*innen beispielsweise in den so genannten sozialen Medien.

> **Nutzungserwartungen durch funktionale Vorgaben im (gestalteten) öffentlichen Raum?**
> Öffentliche Räume sind oftmals durch Möblierung wie Sitzbänke, Sportgeräte oder voneinander abgegrenzte Zonen wie Hundeparks gestaltet (◨ Abb. 3.11). Diese Gestaltung gibt Nutzungen wie Spielen, Sportübungen, Verweilen vor. Das Spannungsfeld zwischen erwarteter Nutzung und tatsächlicher Nutzung in Form alternativer Aneignungsstrategien, wie z. B. feiernder Gruppen, erzeugt Potenzial für Nutzungskonflikte.

3.4   Ausblick – Stadt bewegen

Menschen bringen Städte in Bewegung, indem Städte zu Orten temporären und langfristigen Ankommens werden. Menschen mit Migrationsbiographie produzieren neue Lebensrealitäten, die einen diversitätsbezogenen Wandel von Organisationen erfordern und damit die Zugänge von Personen mit und ohne Migrationserfahrung zu Ressourcen und ihr soziales Miteinander stärken.

In diesem Kapitel wurden die Rolle und Handlungsspielräume lokaler Akteur*innen aufgezeigt, z. B. das Engagement lokaler Initiativen oder die Ausrichtung kommunaler Stadtplanung. Gleichzeitig illustrieren die Ausführungen die Einbindung von Quartieren und Städten in (trans-)nationale Strukturen. Migrationsbedingte urbane Transformationsprozesse rücken zunehmend in den Fokus der Stadtgeographie. Dies erfordert forschungsseitig eine stärkere Interdisziplinarität (z. B. im Schulterschluss mit soziologischer Forschung) und Transdisziplinarität (z. B. in Form der verstärkt geförderten Kollaboration von Forschung mit Kommunen, Stadtplanung und Zivilgesellschaft). Inter- und Transdisziplinarität können wichtige Weichenstellungen für die zukünftige Theoriebildung und die methodische Weiterentwicklung darstellen. Austausch und Kooperation sind auch Treiber des institutionellen Wandels. Dies zeigen vielfältige Städtekooperationen auf internationaler Ebene, die Innovation und Veränderungsprozesse hinsichtlich gestärkter Teilhabe bewirken.

Die Frage danach, wie in Städten der Migration derzeit und künftig gelebt wird, ist faszinierend und vielschichtig zugleich. Dabei ist die Vorstellung eines Miteinanders und insbesondere des sozialen Zusammenhalts stark normativ aufgeladen. Denn wie wird darüber entschieden, wer mit wem und in welchem sozialen und räumlichen Kontext zusammenhalten soll? Viele vermeintlich neutrale Leitvorstellungen (wie das Ideal der sozialen Mischung) orientieren sich an Privilegien, Werten und Praktiken ganz bestimmter, etablierter Bevölkerungsgruppen oder Organisationen und Institutionen. (Mehrheits-)Interessen, etablierte Institutionen und Ordnungen erschweren oder blockieren Veränderungsprozesse. Stadtgeographische Forschung kann hier einen wichtigen Beitrag leisten, indem sie Machtpositionen identifiziert, kritisch reflektiert und damit einen sozialen Wandel begleitet und steuert. Denn je nachdem zu welchem Grad sich ein diversitätsbezogener Wandel vollzieht, können Bildungseinrichtungen, Stadtverwaltungen oder Wohnungsunternehmen Ungleichheiten reproduzieren oder aber ihnen erfolgreich entgegenwirken.

Abschließend sei als Rück- und Ausblick die Frage formuliert: Sind Zielvorstellungen wie gesellschaftlicher Zusammenhalt und soziale Mischung überhaupt zielführend in einer Gesellschaft, die von Superdiversität und temporären Formen der Begegnung geprägt ist? Scherr und Inan (2018, S. 215) fassen passend zusammen: „Moderne Gesellschaften können jedoch gerade nicht als Gemeinschaften verstanden werden, deren Zusammenhalt auf weitreichender Übereinstimmung ihrer Mitglieder in Bezug auf Lebensstile, Interessen, Werte und Normen beruht oder die Zugehörigkeit über Prinzipien der Abstammung regulieren".

Sind weniger normative Ansätze wie z. B. die soziale Koexistenz treffender, um auch temporäre Ankunfts- und Gelegenheitsstrukturen zu erfassen? Sollte anstatt von überforderten Nachbarschaften nicht besser von überfordernden Anforderungen an Quartiere und lokale Akteur*innen bei unzureichender Ausstattung mit Ressourcen gesprochen werden? Neuere Diskurse zu Demigrantisierung, zur postmigrantischen Gesellschaft oder zur Ankunftsstadt ermöglichen es, vorherrschende Lese- und Deutungshoheiten aufzubrechen und damit auch (bislang beschränkte) Ressourcenzugänge und Machtpositionen von Migrant*innen zu thematisieren. Die konstruktive Aushandlung gesellschaftlicher Veränderungsprozesse in vielfältigen Begegnungen und Räumen ist Motor und Triebkraft – und macht letztlich Urbanität aus.

Schlüsselwerke

Dahinden, J. 2016. A plea for the ‚de-migranticization‘ of research on migration and integration. Ethnic and Racial Studies 39 (13): 2207–2225.

Foroutan, Naika. 2019. Die postmigrantische Gesellschaft. Ein Versprechen der pluralen Demokratie. Bielefeld: Transcript.

Harding, Alan und Talja Blokland 2014. Urban Theory. A critical introduction to power, cities and urbanism in the 21st century. London: Sage.

Musterd, Sako (Hrsg.). 2020. Handbook of Urban Segregation. Cheltenham: Edward Elgar.

Oosterlynck, Stijn, Verschraegen, Gert und Ronald Van Kempen (Hrsg.). 2019. Divercities: understanding super-diversity in deprived and mixed neigbourhoods. Bristol: Policy Press.

Literatur

Adam, Francesca, Stefanie Föbker, Daniela Imani, Carmella Pfaffenbach, Günther Weiss, und Claus-C. Wiegandt. 2019. Angekommen in Nordrhein-Westfalen – wie Geflüchtete in groß- und kleinstädtischen Räumen Zugang zu Wohnung, Arbeit und Kontakten finden. *Stadtforschung und Statistik: Zeitschrift des Verbandes Deutscher Städtestatistiker*, 32(2): 28–33. https://nbnresolving.org/urn:nbn:de:0168-ssoar-64109-0

ADB Antidiskriminierungsstelle des Bundes. 2020. *Rassistische Diskriminierung auf dem Wohnungsmarkt*. Berlin: Ergebnisse einer repräsentativen Umfrage.

Ager, A., und A. Strang. 2008. Understanding integration: A conceptual framework. *Journal of Refugee Studies* 21(2): 166–191.

Alencar, A. 2018. Refugee integration and social media: A local and experiential perspective. *Information, Communication & Society* 21(11): 1588–1603.

Allport, G. W. 1954. *The nature of prejudice*. Reading: Addison-Wesley.

Amin, A. 2002. Ethnicity and the multicultural city: Living with diversity. *Environment and Planning A* 34: 959–980.

Becker, A. 2021. Über den Zusammenhang von Migrationsforschung, Integrationstheorien und politischer Praxis. Den gesellschaftlichen Zusammenhalt in Vielfalt gestalten, vhw-werkSTADT 54, Berlin. https://www.vhw.de/fileadmin/user_upload/08_publikationen/werkSTADT/PDF/vhw_werkSTADT_Gesellschaftlicher_Zusammenhalt_Nr.54.pdf. Zugegriffen am 25.07.2021.

Blokland, T., und J. Nast. 2014. From public familiarity to comfort zone: The relevance of absent ties for belonging in Berlin's mixed neighbourhoods. *International Journal of Urban and Regional Research* 38(4): 1142–1159.

Blokland, T., und G. Van Eijk. 2010. Do people who like diversity practice diversity in neighbourhood life? Neighbourhood use and the social networks of ‚diversity-seekers‘ in a mixed neighbourhood in the Netherlands. *Journal of Ethnic and Migration Studies* 36(2): 313–332.

Bundesministerium des Inneren (BMI). 2020. Neue Leipzig Charta. Die transformative Kraft der Städte für das Gemeinwohl. https://www.nationale-stadtentwicklungspolitik.de/NSPWeb/SharedDocs/Publikationen/DE/Publikationen/die_neue_leipzig_charta.pdf;jsessionid=A7D46EF0CEBCAFD677D22EFF5151396D.live11294?__blob=publicationFile&v=7. Zugegriffen am 13.05.2022.

Bundesministerium für Umwelt, Naturschutz, Bau und Reaktorsicherheit (BMUB). 2007. Leipzig Charta. Zur nachhaltigen europäischen Stadt. https://www.bmu.de/fileadmin/Daten_BMU/Download_PDF/Nationale_Stadtentwicklung/leipzig_charta_de_bf.pdf. Zugegriffen am 13.05.2022.

Dahinden, J. 2016. A plea for the ‚de-migranticization‘ of research on migration and integration. *Ethnic and Racial Studies* 39(13): 2207–2225.

Dahinden, J., C. Fischer, und J. Menet. 2021. Knowledge production, reflexivity, and the use of categories in migration studies: Tackling challenges in the field. *Ethnic and Racial Studies* 44(4): 535–554.

Dahlvik, J., Y. Franz, M. Hoekstra, und J. Kohlbacher. 2017. *Interethnic coexistence in European Cities. A policy handbook. ISR Forschungsbericht 46.* Wien: Verlag der Österreichischen Akademie der Wissenschaften.

Dangschat, Jens S., und Monika Alisch. 2015. Soziale Mischung – die Lösung von Integrationsherausforderungen? In *Räumliche Auswirkungen der internationalen Migration.* Forschungsberichte der ARL, Hrsg. P. Gans, Bd. 3, 200–218. Hannover: ARL.

Die Beauftragte der Bundesregierung für Migration, Flüchtlinge und Integration. 2021. Nationaler Aktionsplan Integration. Bericht Phase IV – Zusammenwachsen: Vielfalt gestalten – Einheit sichern. Berlin. https://www.bundesregierung.de/breg-de/suche/nationaler-aktionsplan-integration-phase-iv-1889008. Zugegriffen am 13.05.2022.

El-Mafaalani, A. 2018. *Das Integrationsparadox. Warum gelungene Integration zu mehr Konflikten führt.* Köln: Kiepenheuer & Witsch.

Eurostat. 2018. https://ec.europa.eu/eurostat/statistics-explained/index.php?title=Housing_statistics/de&oldid=498780#Wohnungstyp. Zugegriffen am 09.07.2021.

Foroutan, Naika. 2019. *Die postmigrantische Gesellschaft. Ein Versprechen der pluralen Demokratie.* Bielefeld: Transcript.

Franz, Y., und A. Strüver. 2021. Der Alltag (in) der Stadtgeographie. In *Interdisziplinäre Stadtforschung. Themen und Perspektiven,* Hrsg. R. Kogler und A. Hamedinger, 53–75. Bielefeld: transcript.

Glick Schiller, N., und A. Çağlar. 2009. Towards a comparative theory of locality in migration studies: Migrant incorporation and city scale. *Journal of Ethnic and Migration Studies* 35(2): 177–202.

Hanhörster, H., und I. Ramos Lobato. 2021. Migrants' access to the rental housing market in Germany: Housing providers and allocation policies. *Urban Planning* 6(2): 7–18.

Hanhörster, H., Ramos Lobato, und S. Weck. 2021. People, place, and politics: Local factors shaping middle-class practices in mixed-class german neighbourhoods. *Social Inclusion* 9(4): 363–374.

Harding, Alan, und Talja Blokland. 2014. *Urban theory. A critical introduction to power, cities and urbanism in the 21st century.* London: Sage.

Heinze, Rolf G., Sebastian Kurtenbach, und Jan Üblacker. 2019. *Digitalisierung und Nachbarschaft. Erosion des Zusammenlebens oder neue Vergemeinschaftung?* Baden-Baden: Nomos.

Helbig, M., und S. Jähnen. 2018. *Wie brüchig ist die soziale Architektur unserer Städte? Trends und Analysen der Segregation in 74 deutschen Städten, Discussion Paper No. P 2018–001.* Berlin: WZB Wissenschaftszentrum Berlin für Sozialforschung.

Hess, S. 2014. Für eine Migrationsforschung jenseits des Integrationsparadigmas. In *Migrations- und Integrationspolitik heute. Wo steht die Migrations- und Integrationsforschung?* Hrsg. Rat für Migration. Berlin, 22. Nov 2013, S. 25–34.

Hess, S., B. Kasperek, und S. Kron. 2016. *Grenzregime III.* Der lange Sommer der Migration. Berlin: Assoziation.

Holm, A. 2020. Berlin: Mehr Licht als Schatten. Wohnungspolitik unter Rot-Rot-Grün. In *Lokale Wohnungspolitik. Beispiele aus deutschen Städten,* Hrsg. D. Rink und B. Egner, 41–62. Baden Baden: Nomos.

Lanz, S. 2016. Informalität. In *Handbuch Kritische Stadtgeographie,* Hrsg. B. Belina, M. Naumann, und A. Strüver, 129–134. Münster: Westfälisches Dampfboot.

Lipsky, M. 1980. *Street-level bureaucracy.* New York: Russel Sage Foundation.

Marlowe, J., A. Bartley, und F. Collins. 2016. Digital belongings: The intersections of social cohesion, connectivity and digital media. *Ethnicities* 17(1): 85–102.

McQuarrie, M., und N. P. Marwell. 2009. The missing organizational dimension in urban sociology. *City & Community* 8(3): 247–268.

Meeus, B., K. Arnaut, und B. Van Heur, Hrsg. 2019. *Arrival infrastructures. Migration and urban social mobilities.* Cham: Palgrave Macmillan.

Merisalo, M., und J. S. Jauhiainen. 2020. Digital divides among asylum-related migrants: Comparing internet use and smartphone ownership. *Tijdschrift voor Economische en Sociale Geografie* 111: 689–704.

Merisalo, M., und J. S. Jauhiainen. 2021. Asylum-related migrants' social-media use, mobility decisions, and resilience. *Journal of Immigrant & Refugee Studies* 19(2): 184–198.

Molina, C., H. Quinz, und C. Reinprecht, Hrsg. 2020. Sozialraum Monitoring. Durchmischung und Polarisierung in Wien. Kammer für Arbeiter und Angestellte für Wien. Stadtpunkte Nr. 34. https://emedien.arbeiterkammer.at/viewer/resolver?urn=urn:nbn:at:at-akw:g-3622123. Zugegriffen am 09.07.2021.

3

Moulaert, F., und D. MacCallum. 2019. *Advanced introduction to social innovation*. Cheltenham: Edward Elgar.

Münch, S. 2010. *Integration durch Wohnungspolitik? Zum Umgang mit ethnischer Segregation im europäischen Vergleich*. Wiesbaden: VS Verlag für Sozialwissenschaften.

Musterd, Sako, Hrsg. 2020. *Handbook of urban segregation*. Cheltenham: Edward Elgar.

Neal, S., K. Bennett, H. Jones, A. Cochrane, und G. Mohan. 2015. Multiculture and public parks: Researching super-diversity and attachment in public green space. *Population, Space and Place* (21): 463–475.

Oosterlynck, Stijn, Gert Verschraegen, und Ronald Van Kempen, Hrsg. 2019. *Divercities: Understanding super-diversity in deprived and mixed neigbourhoods*. Bristol: Policy Press.

Park, R. E., und E. W. Burgess. 1925. *The city: Suggestions for investigation of human behavior in the urban environment*. Chicago: University of Chicago Press.

Petermann, S. 2015. Soziale Netzwerke und Nachbarschaft. In *Soziale Nachbarschaften. Geschichte, Grundlagen, Perspektiven*, Hrsg. C. Reutlinger, S. Stiehler, und E. Lingg, 177–188. Wiesbaden: Springer VS.

Pinkster, F. M. 2014. I just live here: Everyday practices of disaffiliation of middle-class households in disadvantaged neighbourhoods. *Urban Studies* 51(4): 810–826.

Pleace, N. 2016. Housing first guide Europe. Deutscher Bericht. https://housingfirsteurope.eu/assets/files/2017/12/housing-first-guide-deutsch.pdf. Zugegriffen am 10.12.2020.

Plickert, G., R. R. Côté, und B. Wellman. 2007. It's not who you know, it's how you know them: Who exchanges what with whom? *Social Networks* 29(3): 405–429.

Pries, L. 2013. Erweiterter Zusammenhalt in wachsender Vielfalt. In *Zusammenhalt durch Vielfalt?* Hrsg. L. Pries, 13–48. Wiesbaden: Springer VS.

Putnam, R. 2007. E pluribus unum: Diversity and community in the twenty-first century. The 2006 Johan Skytte Prize Lecture. *Scandinavian Political Studies* 30: 137–174.

Ramos Lobato, I., und T. Groos. 2019. Choice as a duty? The abolition of primary school catchment areas in North Rhine-Westphalia/Germany and its impact on parent choice strategies. *Urban Studies* 56(15): 3274–3291.

Rodríguez-Pose, Andrés. 2017. The revenge of the places that don't matter (and what to do about it). *Cambridge Journal of Regions, Economy and Society* 11(1): 189–209.

Ryan, L., und J. Dahinden. 2021. Qualitative network analysis for migration studies: Beyond metaphors and epistemological pitfalls. *Global Networks* 21: 459–469.

Saunders, D. 2011. *Die neue Völkerwanderung – Arrival city*. München: Pantheon.

Scherr, A., und C. Inan. 2018. Leitbilder in der politischen Debatte: Integration, Multikulturalismus und Diversity. In *Handbuch Lokale Integrationspolitik*, Hrsg. F. Gesemann und R. Roth, 201–225. Wiesbaden: Springer Fachmedien.

Schmiz, A., und T. Hernandez. 2019. Urban politics on ethnic entrepreneurship. *Tijdschrift voor Economische en Sociale Geografie* 110(5): 509–519.

Schnur, O.; C. Reh, und K. Krüger. 2020. Quartierseffekte und soziale Mischung. Ein Faktencheck aus wissenschaftlicher Perspektive. (= vhw werkSTADT, 48). vhw_werkSTADT_Quartierseffekte_Nr._48_2020.pdf

Small, M. L. 2009. *Unanticipated gains. Origins of network inequality in everyday life*. Oxford/New York: University Press.

Stadtentwicklung Wien Magistratsabteilung 18 – Stadtentwicklung und Stadtplanung. 2014. STEP 2025. Stadtentwicklungsplan Wien. https://www.wien.gv.at/stadtentwicklung/studien/pdf/b008379a.pdf. Zugegriffen am 09.07.2021.

Steigemann, A. 2019. *The places where community is practiced. How store owners and their businesses build neighborhood social life*. Wiesbaden: Springer.

Stock, M., und A. Schmiz. 2019. Catering authenticities. Ethnic food entrepreneurs as agents in Berlin's gentrification. *City, Culture and Society* 18, http://doi.org/10.1016/j.ccs.2019.05.001

SVR Sachverständigenrat für Integration. 2021. *Normalfall Diversität? Wie das Einwanderungsland Deutschland mit Vielfalt umgeht*. Berlin: Sachverständigenrat Deutscher Stiftungen für Integration und Migration (SVR) GmbH.

Tammaru, T., S. Marcinczak, M. Van Ham, und S. Musterd, Hrsg. 2016. *Socio-economic segregation in European capital cities. East meets West*. Oxon: Routledge.

Tasan-Kok, T., R. van Kempen, M. Raco, und G. Bolt. 2013. *Towards hyper-diversified European cities: A critical literature review*. Utrecht: Utrecht University, Faculty of Geosciences.

Vertovec, S. 2007. Super-diversity and its implications. *Ethnic and Racial Studies* 30(6): 1024–1054.

Vertovec, S. 2019. Talking around super-diversity. *Ethnic and Racial Studies* 42(1): 125–139.

vhw - Bundesverband für Wohnen und Stadtentwicklung e. V. (Hrsg.) (2022): Begegnung schaffen. Strategien und Handlungsansätze in der sozialen Quartiersentwicklung. vhw-Schriftenreihe Nr. 33. Berlin.

Wellman, B., und B. Leighton. 1979. Networks, neighborhoods, and communities. Approaches to the study of the community question. *Urban Affairs Review* 14(3): 363–390.

Wessendorf, S. 2021. *Accessing information and resources via arrival infrastructures: migrant newcomers in London.* International Inequalities Institute Working Papers (57). London School of Economics and Political Science, London. http://eprints.lse.ac.uk/108512/1/LSE_III_working_paper_57.pdf

Wiesemann, L. 2015. Öffentliche Räume und Diversität. Geographien der Begegnung in einem migrationsgeprägten Quartier – das Beispiel Köln-Mühlheim. Münster (= Schriften des Arbeitskreises Stadtzukünfte der Deutschen Gesellschaft für Geographie, Band 14).

Zapata-Barrero, R., T. Caponio, und P. Scholten. 2017. Theorizing the ‚local turn' in a multi-level governance framework of analysis: A case study in immigrant policies. *International Review of Administrative Sciences* 83(2): 241–246.

Zhou, M. 2009. *Contemporary Chinese America: Immigration, ethnicity and community transformation.* Philadelphia: Temple University Press.

Stadt ermöglichen – soziale Selektivität in Beteiligungsprozessen

Antonie Schmiz und Lea Molina Caminero

Inhaltsverzeichnis

Y. Franz, A. Strüver (Hrsg.), *Stadtgeographie*, https://doi.org/10.1007/978-3-662-65382-1_4

4

Partizipation zielt als zentrales Instrument der Mitgestaltung darauf ab, die Stadtbevölkerung in die Planung von Städten einzubeziehen. Die Möglichkeiten, eigene Interessen in Stadtentwicklungsprozesse einzubringen, sind jedoch in der Stadtgesellschaft
ungleich verteilt. Insbesondere marginalisierten Stadtbewohner*innen fehlen oft die
notwendigen Ressourcen, um ihren Interessen Gehör zu verschaffen. Das Kapitel beleuchtet verschiedene Verständnisse von Partizipation und ordnet diese in theoretische
Perspektiven der (geographischen) Stadtforschung ein. Ausgewählte Partizipationsformate werden anhand von Praxisbeispielen veranschaulicht, die sowohl formelle Beteiligungsverfahren als auch informelle Methoden der Partizipation und Modi der Zusammenarbeit von Wissenschaft und Praxis umfassen. Abschließend diskutiert dieses
Kapitel die vorgestellten Praxisbeispiele im Hinblick auf ihre Potenziale, Stadt auch für
marginalisierte Stadtbewohner*innen zu ermöglichen und Stadtentwicklung trotz bestehender Machtstrukturen kollaborativ auszuhandeln.

Zum Kapiteleröffnungsbild: Protestpartizipation – Demonstrierende fordern eine Beteiligung an Stadtentwicklungsprozessen, Richardplatz, Berlin 2021 (Lea Molina Caminero)

4.1 Repräsentation und Beteiligung in der Stadt

Auf einen Blick. In diesem Abschnitt wird gezeigt:
Partizipation wirkt selektiv. Die soziale Selektivität von Beteiligungsprozessen ist in tiefgreifende gesellschaftliche Machtverhältnisse eingeschrieben, die einen ungleichen Zugang zur Mitgestaltung in der Stadt markieren. Dieser Abschnitt thematisiert, was unter marginalisierten Gruppen verstanden wird und wie sie strukturell von der sozialen Selektivität in Partizipationsprozessen betroffen sind.

Marginalisierte Stadtbewohner*innen sind aufgrund ihrer mangelnden Beteiligungserfahrung, Artikulationsfähigkeit oder Ressourcen unterrepräsentiert, z. T. werden ihre Stimmen systematisch exkludiert. Gerade ihre Unterrepräsentation verdeutlicht die Notwendigkeit, warum gerade diese Gruppe Gehör finden sollte, wenn es um die Umgestaltung von Parks oder Plätzen, die Neuentwicklung städtischer Freiräume oder aber die Einrichtung von Spielplätzen und -straßen geht. Denn ressourcenschwächere Bewohner*innen sind aufgrund ihrer spezifischen Wohnsituation und Lebenslage oftmals überdurchschnittlich auf öffentliche Freiräume angewiesen und eine Einbeziehung ihrer Bedarfe ist daher besonders wichtig (s. ► Kap. 6; s. Kapiteleröffnungsbild).

Während Stadtgesellschaft und Stadtplanung lange Zeit als zwei voneinander getrennte Sphären verstanden wurden, verschwimmen die Grenzen durch ein zunehmend populäres zivilgesellschaftliches Verständnis des „Stadtmachens" (Selle 2015, S. 250). Dies beinhaltet neue Kooperationsformen zwischen Stadtverwaltung, -planung und Bürger*innen, wie z. B. temporäres Gestalten in Form von *DIY Urbanism*, Bürger*innenparlamenten und Lokalen Agenden, die der Zivilgesellschaft eine zentrale Rolle beimessen. Jedoch werden nicht alle Stadtbewohner*innen von diesen Formaten abgeholt. Wer in der Gestaltung der Städte eine Stimme hat, hängt demnach nicht nur von der Artikulationsfähigkeit bestimmter Gruppen, sondern auch von der Offenheit von Stadtregierungen ab, von ihren Kapazitäten und ihrem Verständnis von *Urban Governance*.

(Urban) Governance

Urban Governance bezeichnet die Zusammenarbeit von städtischer Politik und Verwaltung mit Wirtschaft und Zivilgesellschaft. Dies soll eine Politikgestaltung und -steuerung im Sinn einer demokratischeren Stadtentwicklung sein und markiert damit einen Gegenentwurf zum traditionellen Regieren durch den Staat (im Englischen: *„government"*).

Eine solche kooperative Zusammenarbeit lässt sich jedoch nur teilweise mit städtischen Leitbildern vereinbaren. Die Herausbildung von unternehmerischen Städten (*Entrepreneurial Cities*) auf der Basis globaler Leitbilder (*Creative City*, Smart City; s. ► Kap. 10) ist mit einer neoliberalen Umstrukturierung von Stadtregierungen verbunden, die ein Übergewicht wirtschaftlicher gegenüber zivilgesellschaftlicher Interessen in der Gestaltung von Städten erzeugt (Recht auf Stadt; s. ► Kap. 8 und 10). Sparmaßnahmen, Privatisierungen von Unternehmen und Verwaltung, der Rückbau

4

von sozialer Infrastruktur und ein damit verbundenes unternehmerisches Effizienz-denken führen zu einer unzureichenden Vertretung zivilgesellschaftlicher Interessen in der Stadt. Diese sogenannte Repräsentationskrise verstärkt die zivilgesellschaftliche Forderung nach Möglichkeiten der Mitgestaltung von Stadt. Insbesondere marginali-sierte Stadtbewohner*innen, die in der Stadtplanung als sogenannte schwer erreich-bare Zielgruppen adressiert werden, sind oftmals unterrepräsentiert. Eine Möglich-keit, die Interessen der Zivilgesellschaft in Stadtentwicklungsprozesse einzubeziehen, bietet das umfassende Instrumentarium der partizipativen Stadtentwicklung (s. Box 4.1). Dieses hat sich in den letzten 30 Jahren von formellen Formaten, z. B. Planaus-legungen, hin zu einer Vielfalt von Beteiligungsformen (s. ▶ Abschn. 4.3) weiter-entwickelt. In diesen Formaten steht zunehmend die Aktivierung marginalisierter Be-völkerungsgruppen zur Beteiligung im Vordergrund.

Box 4.1 Warum ist Partizipation in der Stadtentwicklung wichtig?
Planungsvorhaben verändern das unmittelbare Lebensumfeld von Stadtbewohner*innen. Für die Planung gilt daher, die vielfältigen Lebensentwürfe und Lebensrealitäten der Stadtbewohner*innen zu berück-sichtigen. Partizipation ermöglicht die Beteiligung von Stadtbewohner*innen an Planungen, indem sie nach ihren Bedürfnissen befragt und in ihren Belangen berücksichtigt werden. Dies bedeutet für Stadt-planer*innen, Vor-Ort-Kenntnisse zu nutzen, um neue Ideen und Lösungen zu finden und Stadt-bewohner*innen als Expert*innen ihres Alltags und damit als Teil von Stadtplanung zu verstehen.

Aus den aufgezeigten Überlegungen ergeben sich folgende Fragen: Wie sollte die Ge-staltung der Städte ausgehandelt werden? Wie kann eine partizipative Stadtent-wicklung ermöglicht werden, in der auch marginalisierte Personengruppen eine Stimme haben? Wie lässt sich die soziale Selektivität in Beteiligungsprozessen über-winden? Diesen und weiteren Fragen widmet sich das Kapitel. Ausgehend von den Herausforderungen der Beteiligung marginalisierter Bevölkerungsgruppen nimmt es verschiedene Theoriedebatten in den Blick, die eine Relevanz für die beteiligungs-orientierte Planungspraxis haben. Es stellt verschiedene Ansätze in der partizipativen Stadtplanung vor und diskutiert sie anhand ihres Potenzials für die Partizipation marginalisierter Personengruppen. Anhand von Praxisbeispielen (s. ▶ Abschn. 4.4) wird dargelegt, wie marginalisierte Gruppen in die Stadtentwicklung einbezogen werden können. Außerdem werden die Potenziale und Limitationen der vorgestellten Ansätze diskutiert. Das Fazit s. ▶ Abschn. 4.5 fasst zusammen, warum Beteiligung notwendig ist, welche Beteiligungsformate marginalisierte Personen einbeziehen können und welche Rolle darin Stadtpolitik und -verwaltung zukommt.

4.1.1 Partizipation marginalisierter Personen

Marginalisierte Personen haben spezifische Bedarfe in der Stadt, die z. B. die Ver-sorgung mit Wohnraum, den Anschluss an öffentliche Verkehrsmittel oder auch den Zugang zu Freiräumen betreffen. Auf diese öffentlichen Räume sind marginalisierte Personen besonders stark angewiesen, da sie häufig in beengten Wohnverhältnissen leben und seltener über Balkone oder andere private Freiräume wie Gärten verfügen. So sind z. B. Familien mit Kindern überdurchschnittlich stark auf öffentliche Spiel- und Grünräume angewiesen. Auch Obdachlose halten sich überwiegend im öffentli-chen Raum auf und sind damit von dessen Verfügbarkeit, Zugänglichkeit und Gestaltung abhängig. Nicht zuletzt haben Menschen mit physischen oder psychischen Beeinträchtigungen spezifische Anforderungen an barrierearme öffentliche Räume.

Meist werden Jugendliche, junge Familien und Alleinerziehende, Senior*innen, Menschen mit Migrationshintergrund, Unternehmer*innen, Menschen oder Familien in akuten Belastungs- oder Krisensituationen, Menschen mit geringem Bildungsstatus, Geringqualifizierte, Menschen ohne bezahlte Arbeit, von Armut betroffene Menschen und Menschen mit Behinderungen benannt, die in Beteiligungsprozessen unterrepräsentiert sind (vgl. u. a. SenStadt 2012; s. ▶ Kap. 3 zur Schwierigkeit von Kategorisierungen). Ihre Unterrepräsentation entsteht durch die Selektivität von Beteiligungsprozessen. Oftmals erreichen formelle Beteiligungsformate, zu denen Planauslegungen in Ämtern gehören, vor allem privilegierte Personen mit hohem Einkommen und/oder hohem Bildungsabschluss. Die oben genannten Personen werden u. a. aufgrund von Partizipationsverfahren, bei denen die zu Beteiligenden nicht aufsuchend eingebunden werden, oder aufgrund von Sprachbarrieren noch zu selten integriert. Dabei wirken die unterschiedlichen Benachteiligungsfaktoren schwer erreichbarer Personen intersektional. Das bedeutet, dass die Überschneidung verschiedener sozial-struktureller Dimensionen, wie „race", „class", „age" und „gender", diese Unterrepräsentation verstärkt (vgl. Huning 2014). Mit einer intersektionalen Perspektive (s. ▶ Kap. 2) lässt sich beispielsweise aufzeigen, dass Personen aufgrund ihrer mehrfachen Benachteiligung durch Armut, geringe Bildung oder fehlende Sprachkenntnisse nicht abgeholt werden, d. h. nicht in Beteiligungsprozessen integriert werden.

Soziale Selektivität von Partizipationsprozessen

An Partizipationsprozessen sind nicht alle Bevölkerungsgruppen gleichermaßen beteiligt, denn ungleiche Ressourcenausstattung (z. B. Einkommen, Bildung) und sozial-kommunikative Kompetenzen treffen hier auf strukturelle Selektivitäten in Beteiligungsstrukturen und Kommunikationsformaten. Sozial-kommunikative Kompetenzen äußern sich z. B. in der Vertrautheit, in (halb-)öffentlichen Arenen zu sprechen (Kabis-Staubach und Staubach 2017). Zudem reagieren marginalisierte Personen auf einen erlebten Ausschluss aus politischen Entscheidungen oftmals nicht mit Protest, sondern mit Resignation. In dieser Gemengelage ist es gerade für Marginalisierte schwierig, die (meist unbezahlte) Teilnahme an einem Beteiligungsprozess in einen vollen Tag der Lohn- und Reproduktionsarbeit einzugliedern. Studien zeigen, dass die Beteiligung mit einer höheren Ausstattung an Ressourcen und sozial-kommunikativen Kompetenzen steigt (Böhnke 2011).

Eine Perspektive auf die soziale Selektivität von Partizipationsprozessen sucht die Ursachen für eine ausbleibende Beteiligung nicht in den mangelnden Ressourcen der Zielgruppen, sondern im fehlenden Zugang zu Informationen und Defiziten in den Verfahren. Damit ist ein Perspektivenwechsel von Partizipation als Angebot zur Aufgabe verbunden. Dies lässt sich am Beispiel Sprache verdeutlichen: Obwohl im Sinn einer stärkeren Partizipation benachteiligter Personen mehrsprachige Ansprachen (z. B. bei Einladungsflyern, Umfragen etc.) mittlerweile zum Planungskanon gehören, beschränken sich Auslagen von Plänen und offizielle Dokumente weiterhin häufig auf die Amtssprache. Daraus ergibt sich eine Ungleichheit, die v. a. die Beteiligung von Personen mit Flucht- oder Migrationsbiographie erschwert.

> **Beteiligung aller? Zielgruppenspezifische Beteiligung**
> Die Einbeziehung aller Bevölkerungsgruppen ist eine der größten Herausforderungen in Beteiligungsprozessen. Durch zielgruppenspezifische Beteiligungsangebote (z. B. Angebote für Kinder und Jugendliche) wird angestrebt, unterrepräsentierte Gruppen einzubeziehen. Dabei werden häufig Kategorien angewendet, die zur Bildung von Gruppen führen, die wenig gemeinsam haben, wie z. B. Migrant*innen. Dies kann eine Wahrnehmung als Problemgruppe und damit eine zusätzliche Stigmatisierung befördern, was eine Beteiligung dieser Zielgruppe letztlich behindert und im schlechtesten Fall zu sozialer Ausgrenzung führt.

4.1.2 Macht, Privilegien und Zugang

Macht im Sinn von Artikulationsmöglichkeiten, Privilegien, wie erlernte Kenntnisse über (Stadt-)Verwaltungsstrukturen und der Zugang zu Informationen, beeinflussen die individuellen Möglichkeiten der Partizipation. Die Partizipationsraten wohlhabender und voll erwerbstätiger Personen sind im Vergleich zu denen von armen und arbeitslosen Personen bedeutend höher (vgl. SenStadt 2012; Laumer 2018). Aber auch der Bildungsunterschied zwischen denjenigen, an die sich ein Partizipationsangebot richtet, und den Stadtverwaltungen oder beauftragten Planungs- und Partizipationsbüros, die es unterbreiten, kann zum Problem werden: So ist bereits die Ansprache in Beteiligungsprozessen häufig an eine gebildete Mittelschicht gerichtet und wirkt damit sozial selektiv. Dies kann u. a. durch Formate der Ansprache wirksam werden, so z. B. durch E-Partizipation (SenStadt 2012, S. 2; s. ▶ Abschn. 4.3.4). Daher ist es umso wichtiger, diese in Wissenschaft und Praxis benannten Hürden zu überwinden und gruppenspezifische Anspracheformate zu entwickeln. So kann z. B. die digitale Partizipation für Alleinerziehende niedrigschwellig sein, während sie für ältere Menschen aufgrund fehlender digitaler Kompetenzen eine zusätzliche Barriere darstellen kann.

Unter dem Stichwort der Mehrfachprivilegierung thematisiert Laumer (2018), dass vorhandene Ressourcen und die gesellschaftliche Stellung einer Person einen positiven Einfluss auf die Beteiligung in Stadtentwicklungsprozessen haben. Aber nicht nur eine Mehrfachprivilegierung führt zu einer Verstärkung sozialer Ungleichheiten, sondern auch eine Beteiligung aus der Motivation einer direkten Betroffenheit heraus. Diese kann zur Folge haben, dass Einzelinteressen einem Kompromiss zugunsten des Gemeinwohls, also den Interessen breiterer Bevölkerungsgruppen, unvereinbar gegenüberstehen. Ein Beispiel dafür wäre die Schaffung von Pkw-Stellplätzen auf Kosten von Freiraum. Aufgrund der ungleichen Machtausstattung der Interessensvertreter*innen kann dies zu einer weiteren Schwächung der gesellschaftlichen Position der Marginalisierten führen.

Die Weitergabe von Informationen variiert zwischen den Beteiligungsansätzen und reicht von amtlichen Bekanntmachungen, die über Aushänge oder Bekanntgaben in lokalen Zeitungen erfolgen, bis hin zu niedrigschwelligen Ansprachen im Sinn der integrierten Quartiersentwicklung, die z. B. aufsuchend an der Haus- bzw.

Wohnungstür durchgeführt werden. Sie decken jedoch weder die gegenwärtige Vielfalt von Informations- und Kommunikationskanälen ab (beispielsweise *Social Media*), noch wird regelmäßig im öffentlichen Raum zur Beteiligung eingeladen. Eine breite, gruppenspezifische und niedrigschwellige Kommunikation von Beteiligungsangeboten ist während des gesamten Beteiligungsprozesses wichtig, um die Mediennutzung und Informationskanäle spezifischer Gruppen zu berücksichtigen (vgl. Selle 2000). Dies betrifft die Mitteilungsform (Plan, Text, Bild, mündliche Erläuterung), den Mitteilungskanal (Zeitung, Aushang im Stadtteil, *Social Media*), die Sprache sowie Veranstaltungsart, -ort und -zeitpunkt, die auf die Interessen und Möglichkeiten der Zielgruppe abgestimmt sein müssen (Selle 2000, S. 299). Dabei kann eine kleinräumige Herangehensweise – z. B. über das Quartier oder die Straße – auch das Interesse unterrepräsentierter Gruppen wecken, wenn sie durch Mitsprache und -gestaltung direkten Einfluss auf ihr Wohnumfeld nehmen können. Diese Vielfalt an Informationskanälen ist so wichtig, da der Zugang zu Informationen nicht zuletzt von den individuellen oder gruppenspezifischen Möglichkeiten abhängt, sich über Beteiligungsangebote zu informieren.

Aber auch Beteiligungsprozesse, in denen zwar eine Mitsprache, aber dennoch keine Mitbestimmung ermöglicht wird, führen zu Frustration und in der Folge oft zur Resignation der involvierten Personen – unabhängig davon, ob es sich um marginalisierte unterrepräsentierte Gruppen handelt oder nicht. Daher ist es wichtig, sowohl Möglichkeiten als auch Grenzen der Mitbestimmung gegenüber allen Beteiligten von Anfang an transparent zu kommunizieren.

Die planerischen Ansätze und Umgangsweisen mit der aufgezeigten sozialen Selektivität in Beteiligungsprozessen sind eng mit theoretischen Konzepten und – mitunter emanzipatorischen – Forschungsperspektiven verbunden, wie z. B. der Partizipations- und Aktionsforschung. Sie wurden teils in einer Wechselwirkung zwischen Theorie und Praxis weiterentwickelt.

4.2 Zur theoretischen Einordnung von Partizipation

Auf einen Blick. In diesem Abschnitt wird gezeigt:
Aktions- und Partizipationsforschung treten für die Belange von Marginalisierten ein und ermöglichen einen machtkritischen Blick auf Partizipation. Der vorliegende Abschnitt beschreibt die theoretischen Ursprünge der beiden Konzepte sowie ihre Nähe zu praktischen Ansätzen der Stadtentwicklung.

Um marginalisierte Gruppen stärker in Planungsprozesse einzubeziehen, kann auf verschiedene Ansätze der Planungstheorie und kritischen Stadtforschung zurückgegriffen werden, die eine ideengeschichtliche Grundlage für praktische Ansätze zur Beteiligung marginalisierter Gruppen bilden.

In den 1960er-Jahren wurde die Abkehr von Top-down-Planungsansätzen mit einer Forderung nach mehr Beteiligung verbunden (vgl. Rosol und Dzudzek 2014). Bürger*innenbeteiligung wurde nach dem Prinzip der Anwaltsplanung (*„advocacy planning"*) erprobt, nach dem Planer*innen in einem pluralistischen und inklusiven Planungsverständnis die Interessen unterrepräsentierter Zielgruppen vertreten

◘ Abb. 4.1   *„Citizen partizipation is citizen power!"* (in Anlehnung an Arnstein 1969, S. 216)

(◘ Abb. 4.1). Dieses Prinzip lag dem sich anschließend aus der Stadtteilarbeit in deutschen Kommunen herausbildenden Leitbild der behutsamen Stadterneuerung zugrunde, das die Idee eines Aushandlungsprozesses zwischen Bewohner*innen und Planer*innen verfolgte. Es wurde z. B. im Zuge der Internationalen Bauausstellung (IBA) 1987 in Berlin als Gegenentwurf zur Flächensanierung umgesetzt.

Von der kommunikativen Wende zur konfliktiven Aushandlung
In der Debatte der Planungstheorie aus den 1990er-Jahren standen sich zwei konträre Positionen gegenüber: Nach der kommunikativen Wende in den Planungswissenschaften („*communicative turn*", Forester 1982; Healey 1992) wird eine Konsensfindung durch einen Dialog aller beteiligten Parteien (Anwohner*innen, Stadtverwaltung, Intermediäre, d. h. organisierte Zivilgesellschaft und Planungsbüros) angestrebt. Demnach können alle involvierten Parteien durch Kommunikation zu einem Konsens finden. Diesem Verständnis steht die *„agonistic planning theory"* (Roskamm 2015), gegenüber, die Dissens und daraus entstehenden Konflikt als notwendige Aushandlungsform von Stadt versteht. In diesem Verständnis kann ein Kompromiss erreicht werden, jedoch keine konsensuale Annäherung konträrer Positionen. Aus dieser Perspektive wird die kommunikative Wende und die daraus folgende deliberative Planung als postpolitisch kritisiert, da sie bestehende Machtasymmetrien, also unterschiedliche Entscheidungsbefugnisse bei Staat und Zivilgesellschaft, unzureichend berücksichtigt (Gribat und Lutz 2018; Roskamm 2015).

4.2.1 Aktionsforschung und Partizipationsforschung

Die Ursprünge der Aktionsforschung sind in den 1880 von Karl Marx beschriebenen Arbeiter*innenkämpfen in Europa zu finden. Jedoch wurde die Partizipation margi-

nalisierter Stadtbewohner*innen erst auf der Grundlage des methodischen Rahmen-
werks des Sozialpsychologen Kurt Lewin (1946) in der gesellschaftskritisch motivier-
ten Aktionsforschung der 1960er- und 1970er-Jahre erprobt, indem Forschung aktiv
Partei ergriffen hat für die Verbesserung ihrer Lebensverhältnisse. Basierend auf seiner Kritik an einer rein experimentellen Sozialpsychologie wollte Lewin eine Wissenschaft begründen, deren Hypothesen praxisnah sind und deren Erkenntnisse zu
Handlung führen. Durch das klare Eintreten der forschenden Person für die Belange
der Marginalisierten im Sinn einer politisch-emanzipatorischen Arbeit – d. h. zum
einen für die Befreiung aus unterdrückenden oder diskriminierenden Strukturen und
zum anderen dafür, ihnen zu einer eigenen Mündigkeit zu verhelfen – wurde eine
Alternative zu den Kriterien der Objektivität und Neutralität von Wissenschaft geschaffen. Dabei ist Aktionsforschung prozessorientiert und als Dialog zwischen
Wissenschaftler*innen und Praxisakteur*innen konzipiert; eine Einübung demo-
kratischer Beteiligung ist wichtiger als die Forschungsergebnisse selbst. Als zykli-
scher Lernprozess, der die Stadien der Analyse, Planung, Aktion und Reflexion
mehrfach durchlaufen kann, steht eine Bildung von unten im Zentrum des Ansatzes
(◘ Abb. 4.2). Damit nimmt die Aktionsforschung Abstand von einer rein akademischen Wissensproduktion und setzt auf kollaborative Gemeinschaftsbildung aus
Wissenschaft und Zivilgesellschaft. In der Praxis ergeben sich in der Aktions-

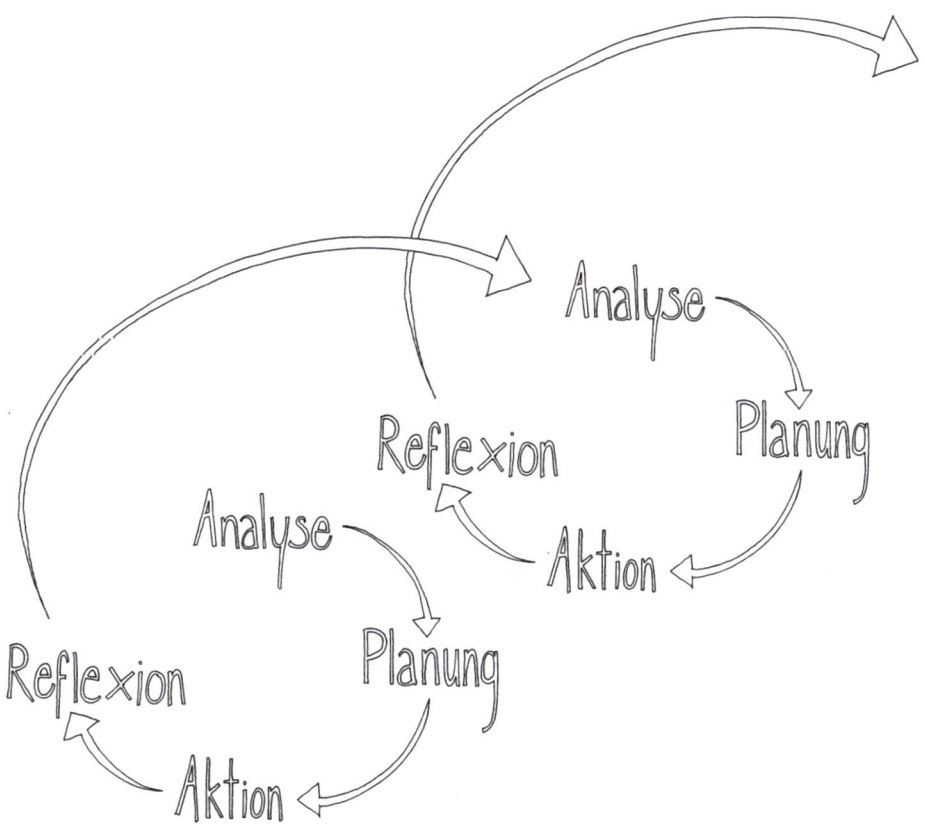

◘ **Abb. 4.2**   Der Zyklus der Aktionsforschung (Halder und Schweizer 2020)

forschung jedoch verschiedene Limitationen. So sei auf die Mehrfachrolle der beteiligten Wissenschaftler*innen und die lange Prozessdauer hingewiesen, die sich aus
einer *Bottom-up*-Beteiligung ergibt.

Aus einer ähnlichen Motivation heraus – soziale Wirklichkeit zu verstehen und zu
verändern, indem sie einen Erkenntnisprozess initiiert und gestaltet – entstand die
partizipative Forschung. In dieser sind Personen und Gruppen bereits in die Entwicklung der Forschungsfrage involviert und werden an allen Entscheidungen beteiligt. Damit verfolgt sie eine doppelte Zielsetzung: die Beteiligung von gesellschaftlichen Akteur*innen am Forschungsprozess sowie das *Empowerment* (s. Definition
„*Empowerment* durch Partizipation") der beteiligten Personen und Gruppen. Somit
soll über die Teilhabe am Forschungsprozess eine gesellschaftliche Teilhabe ermöglicht werden. In Abgrenzung zur Aktionsforschung mit ihrem Augenmerk auf die
Aktion stellt die partizipative Forschung das Element der Teilhabe in den Mittelpunkt (vgl. Unger 2014, S. 1).

Empowerment durch Partizipation

Empowerment (Selbstermächtigung, Selbstbefähigung) hat zum Ziel, Menschen zum
selbstbestimmten Handeln zu befähigen und ihre (Entscheidungs-)Macht zu stärken. Menschen, die von sozialer Ausgrenzung und Diskriminierung betroffen sind,
müssen in der Aneignung von Macht, Autonomie und Gestaltungsvermögen spezifische Hürden überwinden. Dazu können Beteiligungsformate einen Beitrag leisten,
indem sie zur (Wieder-)Entdeckung der eigenen Stärken und Handlungsfähigkeit
verhelfen und Menschen dazu befähigen, ihre vorhandenen Ressourcen aktiv zu
nutzen. Dies kann gelingen, wenn gleichzeitig eine Übertragung von Entscheidungsmacht stattfindet, z. B. in der Kommunalpolitik. Geht Beteiligung mit der Übertragung von Entscheidungsmacht einher, bedarf es einer großen Offenheit für den
Ausgang solcher ergebnisoffener Beteiligungsprozesse seitens städtischer Akteure.
Da sie teilweise nicht zu eindeutigen Ergebnissen führen, sind sie politisch und auch
im Sinne der Verwendung öffentlicher Gelder oftmals schwer zu vermitteln.

In der Partizipationsforschung wurden verschiedene Konzepte entwickelt, die eine
systematische Einordnung des Beteiligungsgrads in Partizipationsprozessen ermöglichen. Das bekannteste Konzept ist die Leiter der Bürgerbeteiligung (*„Ladder of
Citizen Participation"*), die durch Sherry Arnstein (1969) als kritische Brille auf
Stadterneuerungsprozesse und städtische Armutsbekämpfungsmaßnahmen er-
arbeitet wurde (◘ Abb. 4.3). Arnstein weist mit der Differenzierung des Beteiligungsgrads auf den (oftmals lediglich) symbolischen Charakter von Beteiligungsformaten
hin – insbesondere in Bezug auf marginalisierte Gruppen (s. Box 4.2).

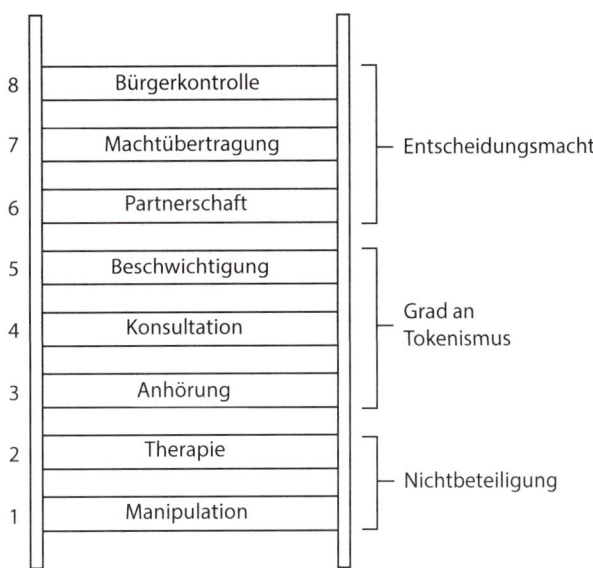

■ **Abb. 4.3** Die acht Sprossen der *„Ladder of Citizen Participation"* (in Anlehnung an Arnstein 1969, S. 217)

Box 4.2 Die Leiter der Partizipation

Anhand der Leiter können Hierarchien im Mitsprache- und Entscheidungsrecht in Beteiligungsprozessen offengelegt und die ihnen inhärente Macht thematisiert werden. Die unteren beiden Leitersprossen beschreiben die Ebenen der Nichtbeteiligung als (1) Manipulation und (2) Therapie. Diese Beteiligungsgrade ermöglichen es den Mächtigen, Teilnehmer*innen zu erziehen bzw. zu therapieren. Dieses Vorgehen erkennt demnach nicht die strukturelle Ungleichbehandlung der Beteiligten an, sondern verweist diejenigen mit spezifischen Forderungen an Formate wie z. B. Mieter*inneninitiativen, damit sie dort eine Lösung für ihr Problem finden – kurzum, sie werden nicht zur Partizipation befähigt, sondern zur Selbsthilfe erzogen. Die Sprossen (3) Anhörung, (4) Konsultation und (5) Beschwichtigung werden unter dem Begriff des Tokenismus zusammengefasst – einer Alibipolitik, bei der Teilnehmer*innen zwar angehört werden, aber insbesondere Marginalisierte nicht die Möglichkeit erhalten, ihre Interessen durchzusetzen. Daran schließen Sprossen mit zunehmendem Grad an zivilgesellschaftlicher Entscheidungsmacht an. Teilnehmer*innen können in Form einer (6) Partnerschaft einbezogen werden, die es ihnen ermöglicht, mit traditionell Mächtigen (z. B. in der Kommunalpolitik) zu verhandeln und Kompromisse zu finden. Erst mit der (7) Machtübertragung und der (8) Bürgerkontrolle erhalten Marginalisierte die Mehrheit der Sitze in den Entscheidungsgremien oder die volle Entscheidungshoheit.

Offensichtlich basiert die achtstufige Leiter auf einer Vereinfachung komplexer Konstellationen, da sie die Mächtigen (Stadtplanung) und die Marginalisierten (zu Beteiligenden) als dualistische und in sich homogene Gruppen konzipiert, ohne gruppeninterne Unterschiede zu berücksichtigen. Die acht Sprossen haben somit einen Modellcharakter, dem Beteiligungsformate in der Praxis lediglich schematisch zugeordnet werden können. Jedoch hilft die Leiter zu verstehen, dass es signifikante Abstufungen der Bürgerbeteiligung gibt, die mit der Verteilung von Macht zusammenhängen. Das Wissen um die unterschiedlichen Beteiligungsgrade ermöglicht es sowohl der Wissenschaft als auch der Praxis, Forderungen der Marginalisierten und ihre Position im Beteiligungsprozess zu verstehen sowie das Ergebnis von Beteiligungen theoretisch einzuordnen und kritisch zu hinterfragen.

◻ **Abb. 4.4** Kritische Reflexion der Grenzen von Partizipation. Studentisches Poster aus einem Kunstworkshop in Paris 1968 (in Anlehnung an Arnstein 1969, S. 216)

ich partizipiere

du partizipierst

sie/er partizipiert

wir partizipieren

ihr partizipiert

sie profitieren

Zusammenfassend zeigt die Leiter der Bürgerbeteiligung, dass Partizipation ohne Machtumverteilung (Stufen 1–6) ein ins Leere laufender und frustrierender Prozess für die Machtlosen ist. Denn dann dient sie nur der Legitimation der Mächtigen, die somit ihre partikularen Interessen durchsetzen bzw. den Status quo erhalten können (vgl. Brunold und Ohlmeier 2015; ◻ Abb. 4.4).

Wissenschaftliche Evaluation von Beteiligungsprozessen

In der Praxis werden Beteiligungsprozesse oftmals anhand wissenschaftlicher Standards retrospektiv evaluiert. Evaluationen von Beteiligungsprozessen orientieren sich häufig an Arnsteins Leiter der Partizipation. Allerdings unterscheiden sie oft nur drei Verfahrensstufen: Information, Deliberation und Kollaboration. Beim informativen Verfahren findet Beteiligung durch die Weiterleitung von Informationen statt. Es wird also Transparenz hergestellt, jedoch besitzen die Bürger*innen keine Einflussmöglichkeiten auf politische Entscheidungen. Bei deliberativen Prozessen werden die Meinungen der Bürger*innen in Diskussionsrunden und offenen Gesprächen abgefragt. Erst kollaborative Verfahren ermöglichen durch Zusammenarbeit und Aushandlungsprozesse ein *Empowerment* von Bürger*innen und deren Mitbestimmung (vgl. Berlin Institut für Partizipation 2021).

4.2.2 Mitgestaltung in der gerechten Stadt

Die oben aufgeworfenen Fragen nach Beteiligung und Mitgestaltung in der Stadt sind ein Ausgangspunkt für die *Gerechte-Stadt*-Debatte („*Just City*"; Fainstein 2010; vgl. Großmann 2018). Für die aus der Stadtplanung stammende Debatte liefert das *Recht auf Stadt* (Lefebvre 2016 [1968]) einen Referenzrahmen für Forderungen nach Aneignung von städtischen Räumen, indem es auf Ungleichheiten verweist und Konfliktlinien der sozialen Auseinandersetzung beschreibt. Das *Recht auf Stadt* und die damit verbundene Forderung nach einer Mitgestaltung an Stadtentwicklungsprozessen erlangt in Prozessen der neoliberalen Stadtentwicklung mit ihrer strikten Wettbewerbsorientierung und ihren Folgen der sozialen Polarisierung sowie verstärkten Diskriminierung eine neue Relevanz. Darüber hinaus zählt David Harveys Werk *Social Justice and the City* (1973) als wichtige theoretische Vorarbeit der *Gerechte-Stadt*-Debatte. Es analysiert bestehende Verhältnisse, die durch die ungleiche Verteilung von Chancen und Ressourcen gekennzeichnet sind und kritisiert Herrschaft, Unterdrückung und Diskriminierung.

Als zentrale Impulsgeberin in der wissenschaftlichen Debatte um eine *Gerechte Stadt* entwickelte Susan Fainstein drei Prinzipien, durch die eine gerechtere Stadtentwicklung möglich ist: Demokratie („*democracy*"), Chancengleichheit („*equity*") und Diversität („*diversity*"). „*Democracy*" dient als Basisprinzip der Beteiligung der betroffenen Bevölkerung an Entscheidungen, um in Aushandlungsprozessen mit allen an Planung beteiligten Vertreter*innen unterschiedlichen Problemwahrnehmungen und Interessen Raum zu geben und damit gegenseitiges Verständnis zu erzeugen. Diese durch die kommunikative Wende in den Planungswissenschaften bedingte Forderung geht mit einem Aufbrechen von bestehenden Machtverhältnissen und einer Einbeziehung lebensweltlicher Perspektiven einher, die sich v. a. auf Healeys (1992, 1997) Ansatz der kooperativen Planung bezieht (siehe ▶ Abschn. 4.3.3). „*Equity*" wird als Verteilungsgerechtigkeit im Sinn eines Ausgleichs relativer Benachteiligung – d. h. einer Begünstigung der schlechter Gestellten – definiert und betont Anerkennung von sozialer Differenz als Teil von Prozessgerechtigkeit, was eine Abkehr vom Gleichheitsprinzip („*equality*") bedeutet (Young 1990). Diese geht häufig mit gesellschaftspolitischen Maßnahmen einher, die der Benachteiligung sozialer Gruppen durch gezielte Vorteilsgewährung entgegenwirken sollen („*affirmative action*") und die sich regelmäßig der Kritik einer positiven Diskriminierung – d. h. einer Übervorteilung – stellen müssen. Als drittes Prinzip verweist „*diversity*" auf die Anerkennung von Vielfalt mit dem Ziel einer sozialen Differenzierung ohne Diskriminierung und Exklusion, die sich als Teil von Prozessgerechtigkeit zum Schlüsselprinzip einer emanzipatorischen Stadtentwicklungspraxis etabliert hat (Fraser 1995; Young 2002).

Eine derartige Perspektive auf eine „gerechte" Stadtentwicklung und -planung kommt nicht ohne den Hinweis aus, dass in diesem Ansatz zum einen das Prinzip der Verteilungsgerechtigkeit („*equity*") höher bewertet wird als das im Allgemeinen Gleichbehandlungsgesetz festgeschriebene Prinzip der Gleichbehandlung („*equality*"). Während „*equity*" einen Ausgleich von relativer Benachteiligung schaffen will, erklärt „*equality*" zum Ziel, alle Bürger*innen gleich zu behandeln (◘ Abb. 4.5). Damit befindet sich die Planungspraxis in einem Spannungsfeld zwischen dem, was rechtlich möglich ist, und dem, was gesellschaftlich wünschenswert wäre.

4

■ **Abb. 4.5** Chancengleichheit („*equality*") und Verteilungsgerechtigkeit („*equity*") (Interaction Institute for Social Change 2016, Artist: Angus Maguire)

Das der *Gerechte-Stadt*-Debatte zugrunde liegende Ziel des kommunikativ-partizipativen Planungsparadigmas, in Planungsprozessen einen größtmöglichen Konsens zu erreichen, ist oftmals schwer einzulösen. Dies liegt darin begründet, dass Interessengegensätze und Machtungleichheiten zwischen Konfliktparteien oftmals nicht ausreichend thematisiert werden, was eine Schwächung marginalisierter Positionen zur Folge hat. In diesem Sinn wird auch der starke Fokus auf prozessuale Gerechtigkeit kritisiert, die zwar einen gerechten Prozess vorsieht, dabei aber dennoch kaum Entscheidungsmacht an die Beteiligten überträgt. Darin werden strukturelle Rahmenbedingungen vernachlässigt, die im Hinblick auf die Schaffung von gleichen Lebenschancen ausgesprochen ungerecht sein können. Im Zuge der Forderung nach einer gerechten Stadtentwicklung stellt sich die Frage, welche Formate hierfür geeignet sind und wie diese aus zivilgesellschaftlicher sowie aus professioneller Perspektive gefördert werden können.

4.3 Formate der partizipativen Stadtplanung

Auf einen Blick. In diesem Abschnitt wird gezeigt:
Ausgehend von den vorgestellten theoretischen Planungsansätzen werden vier praxisorientierte Ansätze der partizipativen Stadtplanung vorgestellt. Möglichkeiten der
Teilhabe an Beteiligungsformaten gibt es auf verschiedenen *Governance*-Ebenen, wobei
sich der Grad der Beteiligung stark unterscheiden kann. Es wird zwischen formellen
und informellen Beteiligungsverfahren differenziert.

Formelle und informelle Beteiligungsverfahren

Formelle Beteiligungsverfahren sind rechtlich normiert, d. h. es bestehen gesetzlich
geregelte Verpflichtungen zur Verfahrensdurchführung wie u. a. Fristen, Art und
Umfang der Beteiligung, Verbindlichkeitsgrad und Art der Berücksichtigung der
Ergebnisse. Ein Beispiel wäre die öffentliche Auslegung von Bebauungsplänen gemäß § 3 Absatz 2 Baugesetzbuch (BauGB) z. B. im Rahmen von Flächen-
umwidmungsverfahren. Hier erhalten Bürger*innen die Möglichkeit, eine schrift-
liche Stellungnahme einzubringen (SenStadt 2012, S. 23f.; Stadt Wien 2012, S. 13).

   Informelle Formen der Beteiligung weisen nur wenige bzw. keine Merkmale
rechtlicher Formalisierung auf. Dabei sind informelle Beteiligungsverfahren keineswegs weniger offiziell oder gar unverbindlich. Im Vergleich zu formellen Beteiligungsverfahren sind informelle Verfahren jedoch weniger durch starre Regeln von außen
eingeschränkt. Vielmehr sind sie durch die offenere und flexiblere inhaltliche sowie
methodische Gestaltung anpassungsfähiger an den jeweiligen Entscheidungsgegen-
stand und die Zielgruppen der Beteiligung. Häufig werden formelle und informelle
Beteiligungsverfahren miteinander kombiniert. So können z. B. vor formellen
Planungsverfahren *Online*-Dialoge oder Stadtspaziergänge zur Ideenfindung stattfinden (SenStadt 2012, S. 25).

Bereits seit den 1960er-Jahren gibt es die Forderung nach einer wirksamen Beteiligung von Bürger*innen an der Planung und Entwicklung von Städten und
Quartieren (Haumann 2018; Glaab 2016; Selle 2010). In den letzten Jahren stiegen
die Beteiligungsmöglichkeiten durch neue Formate und strukturelle Veränderungen,
wie z. B. die voranschreitende Digitalisierung. Trotz des breiteren gesellschaftlichen
sowie politischen Bekenntnisses zur Bürger*innenbeteiligung (Schubert 2015, S.
169ff.) zeigen die folgenden Ansätze der partizipativen Stadtplanung auch Problematiken und Grenzen von Beteiligung auf. Während Dialog- und Beteiligungsverfahren
sowie *Online*-Beteiligung stärker formalisiert sind und oftmals durch kommunale
Akteur*innen initiiert werden, zeigen die stärker handlungsorientierten Ansätze, inwiefern eine Beteiligung von unten zur Selbstbefähigung und Interessenartikulation
beteiligungsunerfahrener Gruppen beitragen kann.

4.3.1 Bürger*innenbeteiligung, Dialog- und Beteiligungsverfahren

Seit einigen Jahren wird in Politik, Gesellschaft und Wissenschaft zunehmend diskutiert, inwiefern partizipative Entscheidungsprozesse zu einer Stärkung von demokratischen Strukturen beitragen können (Glaab 2016). Auf lokaler Ebene nimmt hierbei die Bürger*innenbeteiligung eine zentrale Rolle ein (Selle 2015, S. 252; Bock 2013; Schnur et al. 2019). Durch eine frühzeitige Einbeziehung von Bürger*innen, die von stadtpolitischen Entscheidungen betroffen sind, sollen zivilgesellschaftliche Positionen und Belange gestärkt werden. Beteiligungsprozesse in der Stadtgestaltung sind heutzutage fester Bestandteil der kommunalen Agenda und erwecken den Eindruck, dass Bürger*innen sich wieder vermehrt als Mitgestalter*innen der Stadt verstehen. Nichtsdestotrotz führt der städtische Beteiligungs-Hype nicht automatisch zu einer gerechteren Stadt, denn Beteiligungsprozesse variieren in ihrer Qualität sowohl hinsichtlich der Offenheit des Prozesses als auch hinsichtlich ihrer transformativen Wirkung.

Aufgrund der großen Vielfalt an Beteiligungsinstrumenten, wie z. B. Petitionen, Bürger*innenbegehren, Bürger*innenentscheide, runden Tischen oder (*Online-*)Befragungen von Bewohner*innen, werden an dieser Stelle zunächst formelle Möglichkeiten der Partizipation vorgestellt. Diese orientieren sich an den Prämissen einer partizipativen Demokratie, die seit 2009 durch den Vertrag von Lissabon auf europäischer Ebene institutionell verankert sind (Leinen und Kreutz 2008; Jarré 2010). Ziel des EU-Reformvertrags war es, u. a. eine strukturelle Beteiligung, d. h. die Einbindung von Bürger*innen in politische Entscheidungsprozesse, stärker zu fördern. Bereits 2007 unterzeichneten die europäischen Minister*innen für Stadtentwicklung und Raumordnung die „Leipzig Charta für eine nachhaltige europäische Stadt", die 2020 in aktualisierter Fassung neu unterzeichnet wurde. Auch hier sind Ziele in Anlehnung an Prämissen einer gerechten Stadt verankert, die dazu beitragen sollen, städtisches Handeln stärker gemeinwohlorientiert auszurichten und Bürger*innen in ortsbezogene Handlungsansätze einzubeziehen (Gärtner et al. 2012). Auf globaler Ebene verabschiedeten die Mitgliedsstaaten der Vereinten Nationen im Jahr 2015 die Agenda 2030 für nachhaltige Entwicklung. Die 17 *Sustainable Development Goals* (*SDG*) decken unterschiedliche Themenfelder ab, die jedoch stark miteinander verknüpft sind (Koch und Krellenberg 2021, S. 8ff.). Im *SDG 11* sind Ziele für inklusive sowie nachhaltige Städte und Gemeinden festgelegt. So besagt Unterziel 11.3, dass die Kapazitäten für eine partizipatorische, integrierte und nachhaltige Siedlungsplanung und -steuerung in allen Ländern verstärkt werden sollen. Als Indikator zur Prüfung des Ziels dient eine „regelmäßig und demokratisch arbeitende[n] direkte[n] Beteiligungsstruktur der Zivilgesellschaft an der Stadtplanung und -verwaltung" (Koch und Krellenberg 2021, S. 10).

Nach Young (2002) bedarf es für eine kooperative und konsensorientierte Politik der Entwicklung eines inklusiven Politikmodells, das ungleiche Machtverhältnisse innerhalb von Aushandlungsprozessen berücksichtigt und gezielt nach Inklusion und politischer Gleichheit strebt (s. ▶ Abschn. 4.2.2). Dadurch, dass demokratisch gewählte Gremien nach wie vor überwiegend aus männlich gelesenen, *weißen* Menschen aus der höheren Mittelschicht bestehen, sind marginalisierte Bürger*innen unterrepräsentiert und ihre Lebensbelange werden zu wenig in öffentlichen, politischen Diskursen berücksichtigt (vgl. Mediendienst Integration 2017; Bailer et al.

2022; Friesecke 2017). Partizipative Beteiligungs- und Dialogverfahren haben daher den Anspruch, diesem Ungleichgewicht (Repräsentationsdefizit) entgegenzuwirken. Im Folgenden werden beispielhaft verschiedene Formate der Bürger*innenbeteiligung auf unterschiedlichen *Governance*-Ebenen vorgestellt:

Die *Europäische Bürgerinitiative* (EBI) eröffnet seit 2011 die Möglichkeit, Entscheidungsprozesse auf europäischer Ebene mitzugestalten. Hierbei handelt es sich um ein passives Format der Beteiligung, da Bürger*innen unterschiedlicher EU-Staaten ausschließlich Anregungen und Vorschläge für EU-Gesetzesvorhaben geben können, die – nach ausreichender Unterschriftensammlung – in der EU-Kommission diskutiert werden. Insgesamt sind die bürokratischen Hürden der EBI sehr hoch, sodass bislang lediglich fünf Initiativen erfolgreich waren. Es stellt sich daher die Frage, wie Bürger*innen ihre Ideen und Belange niedrigschwelliger in politische Entscheidungsprozesse einbringen können und auch, welches Gewicht die Ergebnisse zivilgesellschaftlicher Beteiligung schlussendlich in politischen Entscheidungsprozessen haben.

Kommunen und ihre Verwaltungen sind bestrebt, eine Nähe zu Bürger*innen herzustellen und einen Austausch zu fördern, um politische Entscheidungen nachhaltiger zu gestalten. Dies geschieht u. a., indem Mitsprache- und Entscheidungsrechte an Bürger*innen übertragen werden. *Dialogverfahren* zwischen betroffenen Bürger*innen, der Politik und Planung sollen zu einer konsensorientierten sowie nachhaltigen Stadtentwicklung beitragen.

Auch das sogenannte *Volksbegehren* oder *Bürger*innenbegehren* bietet die Möglichkeit der Teilhabe an wichtigen kommunalen Entscheidungsprozessen. Demnach können Bürger*innen einer Stadt einen Bürger*innenentscheid beantragen. In Berlin wurde so beispielsweise die Initiative „Deutsche Wohnen & Co enteignen" angestoßen, die vor dem Hintergrund steigender Miet- und Immobilienpreise sowie Wohnungsknappheit eine Vergesellschaftung der Bestände großer Immobilienkonzerne mit über 3000 Wohnungen in Berlin fordert. Das Verfahren des Volksentscheids ist mehrstufig gegliedert und bedarf daher einer langfristigen Kosten- sowie Zeitplanung (◘ Abb. 4.7 und 4.8).

Auf Quartiersebene gibt es zudem die Möglichkeit der Beteiligung an sogenannten *Verfügungsfonds* oder *Bürger*innenbudgets*. Institutionen wie z. B. Kommunen, Schulen oder Vereine nutzen *Bürger*innenhaushalte*, um Bürger*innen die Möglichkeit zu geben, mitentscheiden zu können, für welche Zwecke Teile des öffentlichen Haushalts genutzt werden sollen („*participatory budgeting*"). Das Verfahren wurde u. a. durch den Bürger*innenhaushalt der brasilianischen Stadt Porto Alegre bekannt. Der Bürger*innenhaushalt war Ergebnis einer Demokratisierung und sollte den Bürger*innen nicht nur mehr Mitspracherecht ermöglichen, sondern auch Korruption verhindern. Heute wird das Verfahren weltweit genutzt, um die Partizipation marginalisierter Gruppen zu fördern und Bürger*innen die Möglichkeit zu geben, eigene Ideen in konkreten Projekten basisdemokratisch umsetzen zu können (Sintomer et al. 2008).

Es wird deutlich, dass mit den hier vorgestellten Ansätzen und Formaten der Partizipation ganz unterschiedliche Erwartungen und Ziele verfolgt werden (s. oben „*ladder of participation*"). Wie Selle erläutert: „Beteiligung ist kein Allheilmittel, sondern ein Instrument, das vielen Zwecken nutzbar gemacht werden kann. Neue Verfahrensschritte führen nicht gleichsam von selbst zur Belebung der lokalen Demokratie" (Selle 2015, S. 252). So verdeckt der „Beteiligungs-Hype" (Selle 2015, S. 252) teilweise bestehende Probleme und Schieflagen innerhalb institutionalisierter Beteiligungsverfahren, wie z. B. die soziale Selektivität in Beteiligungsprozessen oder die fehlende Öffnung von öffentlichen Verwaltungen.

Nichtsdestotrotz versuchen Verfechter*innen der partizipativen Demokratie mit der Etablierung von Beteiligungsstrukturen bestehenden sozialen Ungerechtigkeiten entgegenzuwirken. Es lässt sich festhalten, dass es mittlerweile ein großes Angebot an formellen, basisdemokratischen Beteiligungsformaten gibt, die eine politische Teilhabe ermöglichen. Stadtentwicklung und -planung wird demnach zunehmend als eine gemeinschaftliche Aufgabe verstanden, die sich durch die kooperative Zusammenarbeit zwischen Stadtgesellschaft, Politik und Planung an einer gerechten und somit nachhaltigen Entwicklung von Städten orientiert.

4.3.2 Online-Partizipation in Stadtentwicklungsprozessen

Die fortschreitende Digitalisierung unserer Gesellschaft schafft neue Möglichkeiten der zivilgesellschaftlichen Partizipation (s. ▶ Kap. 10). Online-Beteiligungsformate von Stadtverwaltungen laden Bürger*innen dazu ein, über computergestützte Verfahren an stadtpolitischen Entscheidungsprozessen teilzunehmen. Diese Form der Beteiligung wird häufig als E-Partizipation oder auch *Online*-Partizipation bezeichnet und stellt eine Ergänzung zu klassischen analogen Beteiligungsformaten dar.

Zu diesem Zweck entwickeln immer mehr Städte und Kommunen digitale Planungstools (z. B. *Apps*), um Bedarfe und Wünsche von Bewohner*innen online abfragen zu können. Anders als bei formellen Beteiligungsformaten auf Länder- oder Bundesebene, wie z. B. dem Volksbegehren, können alle Einwohner*innen – unabhängig von ihrem Aufenthaltsstatus – online auf die Stadtentwicklung Einfluss nehmen. Hieraus ergeben sich positive Effekte für die Demokratie, denn onlinebasierte Partizipationsformen stellen für bestimmte Bevölkerungsgruppen, wie z. B. Jugendliche oder Alleinerziehende, eine barriereärmere Möglichkeit (u. a. durch geringeren zeitlichen Aufwand, größere Anonymität) der politischen Beteiligung dar.

Online-Beteiligungen werden ähnlich wie andere formelle Beteiligungsformate häufig von der Politik initiiert (s. ▶ Kap. 10) und durch die Kommunalverwaltung organisatorisch begleitet. Meist werden *online*-basierte Beteiligungsformate für konkrete Anliegen eingesetzt, z. B. eine Ideensammlung zur Umgestaltung eines Parks oder eine Abfrage von sicherheitsproblematischen Verkehrsorten für Radfahrer*innen innerhalb der Stadt. Die Entwicklung und Verbreitung sogenannter Bürger*innen-*Apps* werden zunehmend von Städten gefördert, damit Bewohner*innen die wahrgenommenen Probleme innerhalb ihrer Stadt (wie z. B. fehlende Müllentsorgungsmöglichkeiten, ausgefallene Ampeln oder Straßenlaternen sowie Flächennutzungskonflikte) per *App* an die Stadt senden können.

Verschiedene Studien kommen allerdings zu dem Ergebnis, dass das Format der E-Partizipation bislang nur wenig zur Aktivierung von benachteiligten Gruppen beigetragen hat (Marschall und Möltgen-Sicking 2019). Denn neben der digitalen Spaltung („*digital divide*"), also einer ungerechten Verteilung im Zugang und der Nutzung von Informations- und Kommunikationstechnologien, kommt auch hier die generelle Selektivität von Beteiligungsprozessen zum Tragen. Aus E-Partizipation kann somit eine doppelte Selektivität in Beteiligungsprozessen resultieren, wodurch sich die Kluft zwischen bereits Beteiligten und Nichtbeteiligten weiter vergrößert. Dennoch zeigt sich, dass insbesondere Jugendliche deutlich häufiger an stadtpolitischen Entscheidungen partizipieren, wenn die Formate *online* angeboten werden.

Daher wirkt das Format der E-Partizipation im Vergleich zu den bereits erläuterten Formaten anders selektiv, denn oftmals nehmen junge Menschen mit Migrationsbiographie und Mehrsprachigkeit eher an Online-Partizipationsverfahren teil als ältere Menschen ohne Migrationserfahrung. Eine Teilhabe an Entscheidungs- und Gestaltungsprozessen in der Stadtentwicklung und -planung ist *online* leichter möglich. Dies trifft insbesondere für Menschen mit stark eingeschränkten zeitlichen Ressourcen zu, wie z. B. Alleinerziehende oder auch für Menschen, die auf sprachliche Übersetzungen angewiesen sind. Gleichzeitig fällt es älteren Menschen häufig schwer, mit computergestützten Formaten umzugehen. Sie ziehen eine analoge Form der Beteiligung vor. Das Format der E-Partizipation benötigt demnach ergänzend auch lokale Möglichkeiten des Einbringens, damit auch Menschen ohne Internetzugang teilnehmen können (vgl. SenStadt 2012, S. 140, 2020).

4.3.3 Performative Planung

Der Ansatz der performativen Planung, der auf Patsy Healey (1997) zurückgeht, hat innerhalb der Stadtplanung wichtige Impulse für eine stärkere Einbindung von Bürger*innen gesetzt.

Hierbei handelt es sich um ein informelles Partizipationsinstrument, das Beteiligung nicht nur in Form eines kommunikativen Austauschs mit Bürger*innen, sondern auch in der Ausführung und Aufführung (Performanz) von Stadtgestaltungsideen versteht. Initiator*innen solcher Beteiligungsformate können selbstorganisierte Akteur*innen aus der Zivilgesellschaft sein oder auch Intermediäre, wie z. B. Quartiersbüros oder Stadtteilinitiativen. Es handelt sich also um einen aktionsorientierten Ansatz, bei dem das gestalterische Tun im Vordergrund der Beteiligung steht. Gemeinsam organisierte und durchgeführte Aktionen bringen Bürger*innen, Expert*innen und Stadtplaner*innen miteinander in einen Dialog. Performative Beteiligungen können aber auch genutzt werden, um z. B. (teil-) öffentliche Räume als Bühne für (spontane) soziale Interaktionen zu nutzen. Hierfür eignen sich insbesondere Freiräume, die aufgrund ihres offenen Charakters dazu einladen, über neue Nutzungen nachzudenken (s. ▶ Kap. 6). Je nach Art der Aktion können Bürger*innen auf ganz unterschiedliche Weise Freiräume experimentell nutzen und somit Räume aktiv nach ihren individuellen Bedürfnissen und Visionen mitgestalten.

▶ **Beispiel**

Als Beispiel lässt sich hier das Tempelhofer Feld nennen, das als urbaner Freizeit- und Naherholungsraum in Berlin dient. Durch sogenannte Pioniernutzungen und die Installation von Zwischennutzungen konnten verschiedene Nutzungen erprobt und im weiteren Planungsprozess umgesetzt werden. So entstand beispielsweise der Gemeinschaftsgarten Allmende-Kontor auf dem ehemaligen Flughafen Tempelhof (■ Abb. 4.6 und 4.9). Durch einen öffentlichen Aufruf im Frühling 2011 kamen Menschen zusammen, um die vom Allmende-Kontor bereitgestellten Hochbeete und Paletten zu bepflanzen. Innerhalb kürzester Zeit entstand eine kontinuierlich wachsende Anzahl von Beeten und ein Ort des politischen Gärtnerns und Zusammenkommens (vgl. Halder 2018). Die Praktiken der „aufständischen Partizipation" (Hilbrandt 2017, S. 538) waren entscheidend für eine Verknüpfung unterschiedlicher Interessen und die Formierung von Widerstand gegen die ursprüngliche Planungsidee. Zwischenzeitlich war vorgesehen, das ehemalige Flughafengelände für Wohnungsneubau sowie für technische und wissenschaftlichen Einrichtungen zu nutzen. ◄

■ **Abb. 4.6** Aufbau eines partizipativen Gartenprojekts auf dem ehemaligen Berliner Flughafen Tempelhof, 2011 (Halder 2018, S. 101; Foto: Iván Lompez Tomé)

■ **Abb. 4.7** Etappen des Volksentscheids „Deutsche Wohnen & Co enteignen" in Berlin (Initiative Deutsche Wohnen & Co enteignen)

◘ **Abb. 4.8**   Forderung „DW (Deutsche Wohnen) enteignen" (Antonie Schmiz)

◘ **Abb. 4.9**   Plenum im Gemeinschaftsgarten Allmende-Kontor, 2011 (Severin Halder)

Aktionsorientierte Ansätze eröffnen demnach die Chance des Stadt-Ermöglichens, d. h. einer niedrigschwelligen Ansprache zur aktiven Teilnahme und Teilhabe an der Stadtgestaltung. Es wird deutlich, dass der Grad der Mitgestaltung durch Bürger*innen je nach Format der Aktion stark variieren kann. Allerdings sind die Barrieren für die Beteiligung von Bürger*innen durch die Verlagerung von Aushandlungsprozessen in den öffentlichen Raum oftmals niedriger. Handlungs-orientierte Formate, wie z. B. gemeinschaftliches Gärtnern, laden eher zum Mit-machen ein als die Teilnahme an einer formellen, top-down initiierten Podiums-diskussion. Im Vergleich zu den kommunikativ geprägten Partizipationsmodellen hat der handlungsorientierte Ansatz den Vorteil, nicht über gemeinsame Sprache, sondern über gemeinsames Handeln eine Teilhabe an der Gestaltung von öffentli-chem Raum zu ermöglichen. Somit werden zum einen sprachliche Barrieren über-brückt, was insbesondere für migrantische Gruppen Zugänge eröffnet. Zum ande-ren kann urbaner Raum nicht nur materiell, sondern auch symbolisch – durch veränderte Bedeutungszuschreibungen der Partizipierenden – verändert werden.

4.3.4 Reallabore als Methode transdisziplinärer Planung

Reallabore sowie ihre internationalen Pendants der *Urban Labs* und *Living Labs* er-leben derzeit in der Stadtforschung eine Konjunktur. Historisch hat das Reallabor seine Wurzeln in der *Chicago School* der Stadtsoziologie, die Städte bereits in den 1920er-Jahren als Laboratorien verstand, in denen soziale Prozesse erforscht werden können. Aber auch die Aktions- und Partizipationsforschung (s. ▸ Abschn. 4.2.1) bildet eine wichtige konzeptionelle Grundlage für Reallabore. Im deutschsprachigen Raum werden Reallabor-basierte Forschungsprojekte seit 2012 gefördert und sind mittlerweile Bestandteil einer interdisziplinär geführten methodologischen Debatte.

Im Sinn der Nachhaltigkeitsforschung integrieren Reallabore sowohl ökologische als auch soziale Fragestellungen, die zum nachhaltigen Wandel von Städten beitragen sollen. In Reallaboren experimentieren Akteur*innen aus Wissenschaft und Gesell-schaft, um Transformationsprozesse anzustoßen (◗ Abb. 4.10 und 4.11). Damit sind sie darauf ausgelegt, theoretisches Wissen mit Stadtentwicklungspraxis zu verbinden und den Übergang von Wissen zu Handeln umzusetzen.

> **Was sind Reallabore? Eine Begriffsannäherung**
>
> „Ein Reallabor bezeichnet einen gesellschaftlichen Kontext, in dem Forscher*innen Interventionen im Sinne von ‚Realexperimenten' durchführen, um über soziale Dy-namiken und Prozesse zu lernen" (Schneidewind 2014, S. 3). Sie arbeiten mit trans-disziplinären Methoden der Wissensproduktion, d. h. neben Wissenschaftler*innen sind auch Vertreter*innen aus der Praxis – z. B. aus Politik, Verwaltung, Wirt-schaft – und der Zivilgesellschaft in den Forschungsprozess einbezogen. Reallabore knüpfen damit an die Tradition der Partizipations- und Aktionsforschung an.

◼ **Abb. 4.10** Partizipative Planung von Freiräumen im Reallabor des Forschungsprojekts KoopLab (planzwei)

■ **Abb. 4.11** Die „Lange Tafel" lädt zu Gesprächen zum Stadtteilleben zwischen Bewohner*innen, Wissenschaftler*innen und Akteur*innen der Stadt Hannover ein; Forschungsprojekt KoopLab (plan-zwei)

Reallabore sind gleichermaßen eine Antwort auf eine stärker praxisorientierte Wissenschaft wie auf den Bedarf einer stärkeren Stützung und Begleitung von Transformationsprozessen durch die Wissenschaft. Sie materialisieren sich an einem physischen Ort des Austauschs und Experimentierens und werden meist durch die Wissenschaft auf unterschiedlichen räumlichen Ebenen implementiert, z. B. einem Platz oder Park, einem Stadtteil oder der Gesamtstadt. Dabei ist es von besonderer Bedeutung, dass die Zivilgesellschaft von vornherein im Sinn eines Kodesigns in den Prozess eingebunden ist. Somit ist sie daran beteiligt, als Expert*innen für den eigenen Stadtteil forschungsrelevante Fragen zu formulieren und die Ergebnisse des Prozesses im Sinne einer Koproduktion mit allen Beteiligten gemeinsam umzusetzen. Darüber hinaus ist eine kontinuierliche methodische Reflexion mit allen Prozessbeteiligten und eine Koordination des Reallabors durch eine Institution erforderlich, die über Erfahrungen in transdisziplinären Forschungsprozessen verfügt (s. Reallabor KoopLab ▶ Abschn. 4.4.2).

Durch die gezielte Einbeziehung der Zivilgesellschaft erweitern Reallabore die Mitgestaltungsmöglichkeiten marginalisierter Personengruppen und ermöglichen neue lokalspezifische sowie situationsgebundene Lern- und Dialogformen, z. B. durch konkrete Veranstaltungen wie gemeinsames Gärtnern. Im Gegensatz zu anderen Beteiligungsverfahren bieten Reallabore den Spielraum, über einen längeren Zeitraum hinweg Vertrauen aufzubauen und sich von der Zivilgesellschaft formulierter Bedarfe in einem Stadtteil zu widmen. Kritische Auseinandersetzungen mit Reallaboren zeigen jedoch auf, dass diese meist von der Wissenschaft initiierten und koordinierten Formate sehr stark der Programmatik ihrer Mittelgeber*innen unterworfen sind (Räuchle und Schmiz 2020, S. 40). Oftmals bleiben Reallabore nur während der üblichen Förderlaufzeit von Forschungsprojekten von drei Jahren bestehen mit begrenzten Möglichkeiten der Verstetigung (Schecke et al. 2021). Daher entkommen sie auch nicht der Kritik der „Projektitis", einem kurzfristigen Engagement in oftmals überforschten Nachbarschaften.

Im Sinn einer reflexiven Wissensproduktion sind Ungleichheiten in der Produktion von Wissen in Reallaboren mitzudenken, da oftmals machtvolle Gruppen (z. B. gut ausgebildete Akademiker*innen) Wissen *über* marginalisierte Gruppen (z. B. marginalisierte Migrant*innen) produzieren. Dieses wird teils in anwendungsorientierten wissenschaftlichen Zeitschriften (z. B. Gaia) oder in anderen wissenschaftlichen Publikationsorganen veröffentlicht. Damit kommen Forschungsergebnisse nicht in erster Linie der betroffenen Bevölkerung, sondern der akademischen Wissensproduktion zugute. Auch wenn eine Zusammenarbeit auf Augenhöhe postuliert wird, kann diese aufgrund bestehender gesellschaftlicher Unterschiede zwischen den beteiligten Akteur*innen nicht erfüllt, sondern lediglich durch kritische Reflexion thematisiert werden (Räuchle und Schmiz 2020). Im Sinn einer reflexiven Wissensproduktion (Wer produziert aus welcher Position heraus Wissen über wen?) sollten bestehende Machtasymmetrien in Partizipationsprozessen stärker mitgedacht werden.

4.4 Praxisbeispiele

Auf einen Blick. In diesem Abschnitt wird gezeigt:
Das kommunal initiierte Dialogverfahren zur Umgestaltung des Preußenparks in Berlin zeigt die Schwierigkeit, in einem Beteiligungsprozess ein heterogenes Interessenfeld zusammenzubringen und dabei konsens- sowie ergebnisorientiert auf das gemeinschaftliche Ziel der Parkumgestaltung hinzuarbeiten. Im Prozess des Reallabors KoopLab sollen Wünsche und Bedarfe der Stadtteilbevölkerung experimentell umgesetzt und erprobt werden, um gemeinsam mit lokalen Akteur*innen auf eine kooperative Entwicklung von Freiräumen im Quartier hinzuwirken. Die Gegenüberstellung von zwei Praxisbeispielen zeigt, zu welchen unterschiedlichen Ergebnissen orts- und *governance*-spezifische Voraussetzungen der Teilhabe von eher beteiligungsunerfahrenen Gruppen an der Gestaltung von Städten in der Praxis führen können.

Anhand zweier konkreter Fallbeispiele wird gezeigt, welche Transformationspotenziale die bereits vorgestellten Partizipationsformate der formellen Bürger*innenbeteiligung (s. ▶ Abschn. 4.4.1) und des Reallabors (s. ▶ Abschn. 4.4.2) im Hinblick auf eine stärkere Beteiligung von marginalisierten, oftmals diskriminierten Bevölkerungsgruppen an Stadtentwicklungsprozessen bieten.

4

4.4.1 Partizipatives Dialogverfahren zur Neugestaltung des Preußenparks

Der Preußenpark im Berliner Bezirk Charlottenburg-Wilmersdorf dient vielen Nutzer*innen als Ort der Erholung und der sozialen Interaktion. Seit Mitte der 1990er-Jahre hat sich der öffentliche Park insbesondere zu einem wichtigen Treffpunkt von Berliner*innen mit südostasiatischer Migrationsgeschichte entwickelt. Auf einer Teilfläche des Parks verkaufen sie selbstgemachte thailändische Speisen und Getränke. Durch die steigenden Besuchszahlen des informellen Markts (u. a. durch Tourist*innen), rauchende Grills und große Mengen anfallenden Mülls fühlen sich Anwohner*innen belästigt und beschweren sich über die Übernutzung und Kommerzialisierung des öffentlichen Freiraums.

Als Antwort auf die auftretenden Nutzungskonflikte des Preußenparks beschloss das zuständige Bezirksamt im Jahr 2017 den Umbau des Preußenparks sowie die Formalisierung der sogenannten Thaiwiese. Das Bezirksamt initiierte einen Studierendenwettbewerb zur Erstellung von Gestaltungsplänen für den neuen Preußenpark, über die in einer öffentlichen Sitzung abgestimmt werden konnte. Die Planungsentwürfe der Studierenden berücksichtigen die divergierenden Interessen und Nutzungsansprüche an den Park. Außerdem wurde in den Plänen der Wunsch der Formalisierung des Markts, d. h. Kontrollierbarkeit durch gesetzliche Regelungen wie z. B. Beschränkung der Standanzahl oder Festlegung von Verkaufszeiten, vonseiten der Stadtverwaltung und der Anwohner*innen berücksichtigt.

Basierend auf den Studierendenentwürfen initiierte die Bezirksverwaltung anschließend ein Dialog- und Beteiligungsverfahren, um die unterschiedlichen Nutzer*innen des Preußenparks durch vielfältige und zielgruppengerechte Beteiligungsformate einzubinden. Aufgrund des hohen Organisations- und Verwaltungsaufwands beauftragte das Bezirksamt das Nexus Institut Berlin für die Ausarbeitung und Durchführung der Bürger*innenbeteiligung. In einem ersten Schritt wurde eine Bürger*innenversammlung durchgeführt, um über den Planungsprozess zu informieren (Information) und diesen mit den anwesenden Bürger*innen zu diskutieren. Zudem wurden Ideen und Anregungen der Bürger*innen über eine *Online*-Plattform gesammelt (Konsultation) und mobile Dialoginseln zur Diskussion unterschiedlicher Ideen für die Neugestaltung im Preußenpark eingerichtet (Konsultation; s. ▶ Abschn. 4.2.1).

Trotz der Offenheit des Prozesses auch für beteiligungsunerfahrene Bürger*innen verdeutlicht die Dokumentation des Prozesses, dass die Bedürfnisse der Marktverkäufer*innen kaum sichtbar werden und daher im Planungsprozess unterrepräsentiert sind (Nexus – Institut für Kooperationsmanagement und interdisziplinäre Forschung 2020a, b). Eine exklusive Beteiligung der thailändischen Nutzer*innen hätte jedoch dazu führen können, dass die Marktbetreibenden noch stärker zu den Verursachenden des Nutzungskonflikts gemacht werden, was eine zusätzliche Stigmatisierung bedeuten würde. Gleichzeitig wird deutlich, dass ein Reden *über* die migrantische Community als Marktbetreibende zu einer (Re-)Produktion von sozialer Ausgrenzung beiträgt. Damit werden Konfliktlinien kulturalisiert, was wenig förderlich für ein Miteinander im Stadtteil ist.

Als Antwort auf die oben beschriebenen Schwierigkeiten im Planungsprozess wurde in der Phase der Formalisierung des Markts das Integrationsbüro Charlottenburg-Wilmersdorf als Mediator zwischen dem Bezirksrat und den Marktverkäufer*innen in das Beteiligungsverfahren einbezogen. Das Integrationsbüro gewährleistet, dass eine Integration der thailändischen Community in den Planungsprozess stattfindet. Hierfür wurden Übersetzungen sowie Beratungen angeboten mit dem Ergebnis, dass der Thailändische Verein Berlin als neuer Marktbetreiber ausgewählt wurde. Damit wurde eine wichtige Voraussetzung dafür geschaffen, den Marktverkäufer*innen auch in Zukunft bei der Organisation und Durchführung des Marktgeschehens ein Mitspracherecht zu gewähren.

Die über Jahre wegschauende Haltung der Politik lässt sich einerseits als ein tolerantes *Laissez-faire* lesen. Andererseits lässt sie sich auch als Vermeidungsstrategie deuten, die eine unterbliebene Unterstützung für die entstandenen informellen Marktstrukturen der diasporischen Community seitens der Stadtpolitik und -planung zeigt. Es scheint, dass die Formate der Beteiligung insbesondere den Zweck hatten, Gegner*innen des informellen Markts zu beschwichtigen (*„placation"*) und den Markt kontrollierbar zu machen. Seitens der Bezirksverwaltung sind unterstützende Ressourcen vonnöten, wie z. B. die Schaffung von Infrastrukturen und eine finanzielle Förderung, um niedrigschwellige, familiengeführte *Food*-Unternehmen zu unterstützen und gleichzeitig den nachbarschaftlichen Charakter des Markts zu erhalten.

Das Fallbeispiel zeigt, dass der Beteiligungsprozess seitens der Stadtverwaltung formell und stark lösungsorientiert angelegt ist. Die entstandenen Nutzungskonflikte um den Preußenpark konnten durch die Planung einer Neugestaltung, die divergierende Nutzungsansprüche an den Freiraum inkludiert, beschwichtigt werden. Deutlich erkennbar wird aber auch, dass eine Beteiligung der Bürger*innen bislang lediglich auf konsultativer Ebene stattfand. Daher stellt sich die Frage, inwieweit das Beteiligungsverfahren zur Befriedigung der Bedürfnisse *aller* Interessensgruppen beitragen konnte.

4.4.2   Beteiligung durch ein Reallabor im Projekt „KoopLab"

Das transdisziplinäre Projekt „KoopLab" folgte dem Ansatz des Reallabors. Ziel des Projekts war es, Teilhabemöglichkeiten von marginalisierten Bevölkerungsgruppen zu fördern. Dies sollte durch die Erprobung verschiedener Formate und Methoden der kooperativen Freiraumentwicklung gelingen. Der räumliche Fokus des Projekts lag auf sogenannten Ankunftsquartieren, die in besonderer Weise von (temporärer) internationaler Migration, einer heterogenen Bewohner*innenschaft und sozialer Benachteiligung geprägt sind. Anhand einer Fallstudie in Hannover-Sahlkamp wurde analysiert, inwiefern das Beteiligungsformat des Reallabors die soziale Teilhabe marginalisierter Bewohner*innen befördern kann.

Im Sinn des Reallaboransatzes erfolgte die kooperative Entwicklung von Grün- und Freiräumen im Stadtteil gemeinsam mit zivilgesellschaftlichen und politisch-administrativen Akteur*innen. Dabei wurden Ideen und Bedürfnisse aller Beteiligten in die Entscheidungsfindung über zukünftige Nutzungen und Gestaltungen der Freiräume eingebracht (Kollaboration). Die gemeinschaftliche Entwicklung von Freiräumen sollte die Bewohner*innen des Sahlkamps dazu ermächtigen (*„empowerment"*), ihre Interessen und Bedürfnisse zu artikulieren und somit ihr Wohnumfeld mitgestalten zu können (Koproduktion).

Abb. 4.12 Der mobile KoopLab-Bauwagen als nachbarschaftlicher Treffpunkt in Sahlkamp-Mitte; Forschungsprojekt KoopLab (planzwei)

Zu Projektbeginn stand der Aufbau von Vertrauen im Beziehungsgefüge der Akteur*innen im Vordergrund, denn durch Vertrauen, gegenseitige Wertschätzung und eine explizite Ansprache der Bewohner*innen kann überhaupt erst die Bereitschaft zur Beteiligung entstehen. Im Fall segregierter Stadtteile resultiert die Stigmatisierung der Viertel und ihrer Bewohner*innen oftmals in einem Gefühl der Ohnmacht. Dies liegt oft in mangelnder Teilhabe und geringer Entscheidungsmacht begründet, sodass ihre Bewohner*innen in besonderem Maß abgeholt werden müssen. Um Beteiligung an der Freiraumentwicklung zu fördern, wurden verschiedene Aktionen durchgeführt (u. a. ein gemeinsames Picknick im Park, gemeinsames Gärtnern, Konzerte; ■ Abb. 4.12 und 4.13), bei denen Bedarfe der Bewohner*innen an Freiräume im Stadtteil abgefragt wurden. Durch die Aktionen entstanden Gesprächsanlässe, die die Bewohner*innen ermutigen, ihre Interessen zu artikulieren und Freiraumnutzungen zu erproben. Es ist wichtig zu betonen, dass die Aktionen in erster Linie einen Raum für alltagsorientierte Beteiligungsmöglichkeit für die Bewohner*innen schaffen sollten, um somit Interessen gemeinschaftlich entwickeln zu können.

Mithilfe eines mobilen Bauwagens konnten verschiedene Freiräume im Sahlkamp experimentell genutzt werden. Der Bauwagen diente hierbei als Treffpunkt zur Stärkung des nachbarschaftlichen Austauschs und als inspirierender Ausgangspunkt für zukünftige Gestaltungsideen des Freiraums (■ Abb. 4.12). Die Praxispartner*innen des Projekts „KoopLab" aus der Stadtplanung und der Sozialen Arbeit lieferten hierfür die nötige Infrastruktur und waren maßgeblich an der Organisation und Durchführung der Aktionen beteiligt. Die Forschungspartner*innen begleiteten das Reallabor wissenschaftlich. Im Lauf des Projekts wurden Verantwortlichkeiten stärker an die Bewohner*innen des Stadtteils abgegeben, damit erprobte Strukturen und Prozesse auch nach Ende der Projektlaufzeit bestehen bleiben können.

◻ **Abb. 4.13** Besucher*innen des Balkonkonzerts im internationalen Spessarthofgarten (Internationale StadtteilGärten Hannover e. V.) in Hannover-Sahlkamp; Forschungsprojekt KoopLab (planzwei)

4.4.3 Potenziale und Limitationen der Beteiligungsformate

Die vorgestellten Praxisbeispiele zeigen Unterschiede in der Beteiligung marginalisierter Gruppen, die im folgenden Abschnitt auf ihre Potenziale und Limitationen betrachtet und anhand einer vereinfachten Darstellung der Leiter der Partizipation eingeordnet werden sollen. Während der Reallaboransatz einen prozessorientierten Charakter hat und – indem er mit Interventionsformaten experimentiert – wirksame Methoden zur langfristigen Stärkung der Teilhabe entwickeln möchte, sind die von der Bezirksverwaltung Charlottenburg-Wilmersdorf Berlin initiierten Dialog- und Beteiligungsverfahren zur Umgestaltung des Preußenparks stark lösungs- und projektorientiert. Eine Anpassung der Planungen an die Bedürfnisse der marginalisierten Zielgruppe hat zwar im Verlauf des Beteiligungsprozesses stattgefunden, dennoch blieb die Beteiligung gemäß der Stufen Information und Konsultation beschränkt. Dies ist nicht zuletzt den festgelegten Fristen und Abläufen in kommunalen Beteiligungsverfahren geschuldet. Damit verbleibt das formelle Beteiligungsverfahren im Preußenpark in einem *Top-down*-Modus und kann damit als Scheinbeteiligung („*tokenism*", s. ▶ Abschn. 4.2.1) eingestuft werden. Gleichzeitig sind formelle Beteiligungsverfahren dem Allgemeinen Gleichstellungsgesetz unterstellt, sodass hier keine affirmativen Maßnahmen im Sinn eines Ausgleichs einer relativen Benachteiligung möglich sind (s. ▶ Abschn. 4.2.2). Wird dieses Beispiel auf die Marktverkäufer*innen und ihre Teilhabe am Neugestaltungsprozess des Preußenparks übertragen, könnten affirmative Maßnahmen z. B. darin bestehen, den Interessen der marginalisierten Community aus integrationspolitischen Gesichtspunkten ein stärkeres Gewicht zu geben, als sie formell in der Gemengelage der beteiligten Akteur*innen haben. Des Weiteren wäre es möglich, vor Beginn des Beteiligungsverfahrens einen fiktiven Beteiligungsprozess mit der betroffenen *Community* zu erproben. Somit könnte die marginalisierte Gruppe dazu befähigt werden, mit den gleichen Ausgangsmöglichkeiten teilzuhaben (*„equity"*).

Ein anderes Bild ergibt sich aus der Reflexion des Reallaborprozesses im Projekt „KoopLab". Eine längerfristige und intensivere Beteiligung, wie sie z. B. in einem dreijährigen Forschungsprojekt möglich ist, stärkt das gegenseitige Vertrauen zwischen den Initiator*innen des Prozesses und den Bewohner*innen und trägt somit zu einer Etablierung von Teilhabestrukturen bei (Kooperation und *Empowerment*; ◘ Abb. 4.14). Es stellt kontinuierlich Möglichkeiten der Beteiligung bereit, indem es diese in Interventionen erprobt, deren Ausgang offen ist. Die Erfahrung aus der mehr als dreijährigen Projektarbeit zeigt eine große Offenheit bezüglich der Beteiligung von Bewohner*innen, da die unterschiedlichen Interventionsformate immer wieder neue Interessens- und Zielgruppen ansprechen. Damit verbunden ist allerdings auch eine hohe Fluktuation der beteiligten Bewohner*innen und auch der im weiteren Kooperationsumfeld agierenden Praxispartner*innen. Damit geht einher, dass die Befähigung zur Beteiligung und der Aufbau von Vertrauen grundlegend für jegliche Intervention sind und die Zusammenarbeit im transdisziplinären Team immer wieder neu ausgehandelt werden muss.

Das Format des Reallabors bietet grundsätzlich die Möglichkeit, divergierende Interessen in einem Konflikt auszuhandeln (Agonismus). Dabei kann das Verhältnis zwischen den Beteiligten im Reallabor kooperativ sein, was durchaus Hierarchien zulässt, jedoch partnerschaftlich angelegt ist. Hingegen zielt eine kollaborative Aushandlung in Reallaboren auf eine Zusammenarbeit auf Augenhöhe ab, die bereits mit der gemeinsamen Entwicklung einer Forschungsfrage aller Beteiligten im Reallabor beginnt.

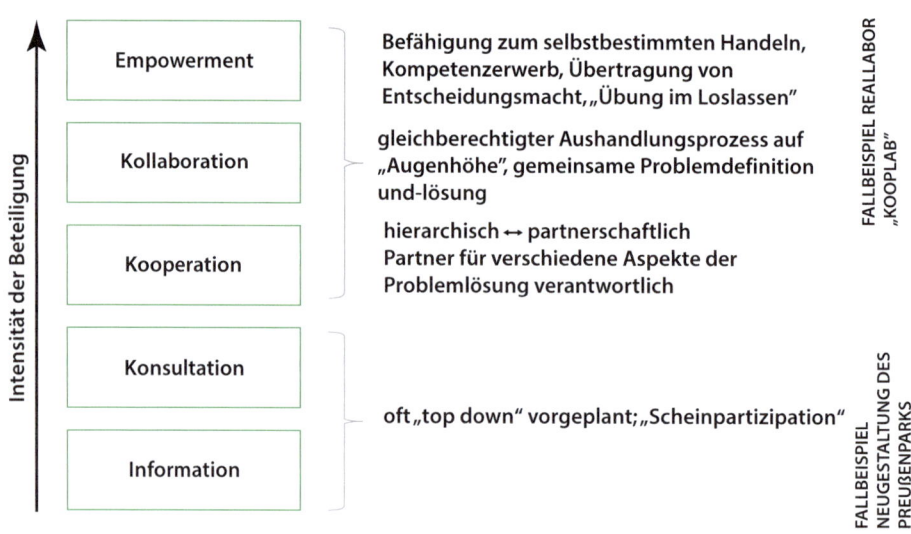

◘ **Abb. 4.14**   Grad der Beteiligung in den dargestellten Beispielen (in Anlehnung an Meyer-Soylu et al. 2016, S. 33)

Darunter sind auch die gemeinsame Festlegung eines Untersuchungsgebiets sowie die gemeinsame Planung von Interventionen subsumiert. Ob eine Zusammenarbeit auf Augenhöhe jedoch wirklich funktionieren kann, hängt sehr stark von der Fähigkeit eines Reallaborteams ab. Dessen Kompetenz sollte darin bestehen, die bestehenden Machtkonstellationen, die sich aus den beruflichen und gesellschaftlichen Positionen der Beteiligten heraus ergeben, kontinuierlich zu reflektieren und damit zum genuinen Bestandteil des Reallaborprozesses zu machen (vgl. Räuchle und Schmiz 2020).

4.5 Ausblick – Stadt ermöglichen

Die eröffneten theoretischen Zugänge verdeutlichen, dass Beteiligungsverfahren in sehr unterschiedlichen Planungstraditionen verortet sind und somit verschiedene Ziele verfolgen. Aus ihren Zielsetzungen ergibt sich ihr Potenzial, marginalisierte Gruppen in Beteiligungsprozesse einzugliedern.

Wie dieses Kapitel darlegt, führt die unterschiedliche Ausstattung mit partizipationsrelevanten Ressourcen dazu, dass marginalisierte Gruppen im Beteiligungsprozess unterrepräsentiert bleiben. Gleichzeitig unterscheiden sich Beteiligungsformate in ihren Möglichkeiten, marginalisierte Gruppen in Planung einzubeziehen. Aus dieser sozialen Selektivität von Beteiligungsprozessen ergibt sich die Frage, wie eine Partizipationsgerechtigkeit im Sinn der gerechten Stadt grundsätzlich gewährleistet werden kann. Hierfür bedarf es zunächst einer besseren Partizipationsinformationsinfrastruktur, sodass alle Menschen, die potenziell an einem Vorhaben Interesse haben, über ihre Möglichkeiten der Partizipation informiert werden. Zudem bedarf es einer höheren Transparenz und mehr (schulischen) Bildungsangeboten darüber, inwiefern Bürger*innen Einfluss auf Stadtgestaltungsprozesse nehmen können, welche juristischen Möglichkeiten sie haben und wie sie Einfluss auf städtische Transformationsprozesse nehmen können.

Daraus ergibt sich nicht nur ein höherer Bedarf an Information über Möglichkeiten der Beteiligung, sondern auch an einer aktiven Förderung von Beteiligung seitens der Politik und einer Implementierung in Verwaltungsstrukturen. Eine Veränderung der Partizipationskultur muss mit einer Öffnung von Verwaltungen gegenüber informellen Verfahren einhergehen. Eine kontinuierliche Fortbildung von Verwaltungsmitarbeiter*innen im Hinblick auf diversitätssensible Prozesse und Maßnahmen wäre zielführend, denn insbesondere beteiligungsunerfahrene Menschen benötigen fachliche und organisatorische Unterstützung, um ihre Bedürfnisse artikulieren zu können. Gleichzeitig wird deutlich, dass eine Partizipation von marginalisierten Gruppen dann am erfolgversprechendsten ist, wenn eine Verteilung von Macht auf alle im Prozess Beteiligten zum Ziel erklärt wird (Kooperation/Kollaboration) und der Beteiligungsprozess transparent ist.

Schlüsselwerke

Arnstein, Sherry R. 1969. A Ladder of Citizen Participation. Journal of the American Institute of Planners 35 (4): 216–224.

Fainstein, Susan. 2010. The Just City. Ithaca: Cornell University Press.

Forester, John. 1982. Planning in the Face of Power. Journal of the American Planning Association 48 (1): 67–80.

Healey, Patsy. 1992. Planning through Debate: The Communicative Turn in Planning Theory. The Town Planning Review 63, no. 2: 143–62.

Healey, Patsy. 1997. Collaborative Planning: Shaping Places in Fragmented Societies. Houndsmills, Basingstroke, Hampshire, London: Macmillan.

Lewin, Kurt. 1946. Action Research and Minority Problems. Journal of Social Issues 2 (4): 34–46.

Young, Iris M. 1990. Justice and the Politics of Difference. Princeton: Princeton University Press.

Young, Iris M. 2002. Inclusion and Democracy. Oxford: Oxford University Press.

4

Literatur

Arnstein, Sherry R. 1969. A Ladder of Citizen Participation. *Journal of the American Institute of Planners* 35(4): 216–224.

Bailer, Stefanie, Christian Breunig, Nathalie Giger, und Andreas M. Wüst. 2022. The Diminishing Value of Representing the Disadvantaged: Between Group Representation and Individual Career Paths. *British Journal of Political Science* 52(2): 535–552. https://doi.org/10.1017/S0007123420000642

Baugesetzbuch in der Fassung der Bekanntmachung vom 3. November 2017 (BGBl. I S. 3634), das zuletzt durch Artikel 9 des Gesetzes vom 10. September 2021 (BGBl. I S. 4147) geändert worden ist. https://www.gesetze-im-internet.de/bbaug/BauGB.pdf. Zugrgriffen am 18.03.2022.

Berlin Institut für Partizipation. 2021. Das Konzept der Partizipationsleiter. https://www.bipar.de/das--konzept-der-partizipationsleiter/. Zugegriffen am 22.09.2021.

Bock, Stephanie. 2013. Über Bürgerbeteiligung hinaus: Stadtentwicklung als Gemeinschaftsaufgabe? Analysen und Konzept. *Raumforschung und Raumordnung* 71(6): 511–512.

Böhnke, Petra. 2011. Ungleiche Verteilung politischer und zivilgesellschaftlicher Partizipation. *APuZ* 1–2: 18–25.

Brunold, Andreas, und Bernhard Ohlmeier. 2015. Stuttgart 21 als „Lehrstück" für politische Partizipation. In *Zeitalter der Partizipation: Paradigmenwechsel in Politik und politischer Bildung?* Hrsg. Lothar Harles und Dirk Lange, 191–198. Schwalbach/Ts.: Wochenschau.

Fainstein, Susan. 2010. *The Just City*. Ithaca: Cornell University Press.

Forester, John. 1982. Planning in the Face of Power. *Journal of the American Planning Association* 48(1): 67–80.

Fraser, Nancy. 1995. From Redistribution to Recognition? Dilemmas of Justice in a ‚Post-Socialist' Age. *New Left Review* 1(212): 68–93.

Friesecke, Frank. 2017. Aktivierung von beteiligungsschwachen Gruppen in der Stadt- und Quartiersentwicklung. In *Partizipation in der Bürgerkommune, KWI Schriften 10*, Hrsg. Helmut Bauer, Christiane Büchner, und Lydia Hajasch, 117–138. Potsdam: Universitätsverlag Potsdam.

Gärtner, Stefan, Kerstin Meyer, und Dajana Schlieter. 2012. *Produktive Stadt und Urbane Produktion: Ein Versuch der Verortung anhand der Neuen Leipzig-Charta*, Forschung Aktuell 04/2021. Gelsenkirchen: IAT (Institut Arbeit und Technik).

Glaab, Manuela, Hrsg. 2016. *Politik mit Bürgern – Politik für Bürger: Praxis und Perspektiven einer neuen Beteiligungskultur*. Wiesbaden: Springer Fachmedien Wiesbaden.

Gribat, Nina, Lutz, Manuel. 2018. Planung und Partizipation: Zwischen Emanzipation, Kollaboration und Vereinnahmung. In Raumproduktionen II: Theoretische Kontroversen und politische Auseinandersetzungen, Anne Vogelpohl, Boris Michel, Henrik Lebuhn, Johanna Hoerning, Bernd Belina, 81-99. Münster: Westfälisches Dampfboot.

Großmann, Katrin. 2018. Just City. In *Handbuch Stadtkonzepte: Analysen, Diagnosen, Kritiken und Visionen*, Hrsg. Dieter Rink und Annegret Haase, 169–191. Opladen/Toronto: Barbara Budrich.

Halder, Severin. 2018. *Gemeinsam die Hände dreckig machen: Aktionsforschungen im aktivistischen Kontext urbaner Gärten und kollektiver Kartierungen*. Bielefeld: Transcript.

Halder, Severin, und Paul Schweizer. 2020. Von Aktivismus, Geographien und dem Dazwischen – Überlegungen anhand der Praxis von *Kollektiv Orangotango. Standort* 44: 255–261.

Harvey, David. 1973. *Social Justice and the City*. London: Arnold.

Haumann, Sebastian. 2018. Partizipation als Konsens: Die ‚68er'-Bewegung und der Paradigmenwechsel in der Stadtplanung. sub\urban. zeitschrift für kritische stadtforschung 6(2–3): 189–195.

Healey, Patsy. 1992. Planning through Debate: The Communicative Turn in Planning Theory. The Town Planning Review 63(2): 143–162.

Healey, Patsy. 1997. Collaborative Planning: Shaping Places in Fragmented Societies. Houndsmills/Basingstroke/Hampshire/London: Macmillan.

Hilbrandt, Hanna. 2017. Insurgent Participation: Consensus and Contestation in Planning the Redevelopment of Berlin-Tempelhof Airport. Urban Geography 38(4): 537–556.

Huning, Sandra. 2014. Wer plant für wen? Partizipation im Kontext gesellschaftlicher Differenzierung. In Raumentwicklung 3.0 – Gemeinsam die Zukunft der räumlichen Planung gestalten. Arbeitsberichte der ARL, Nr. 8, Hrsg. Patrick Küpper, Meike Levin-Keitel, Friederike Maus, Peter Müller, Sara Reimann, Martin Sondermann, Katja Stock, und Timm Wiegand, 33–43. Hannover: Akademie für Raumforschung und Landesplanung.

Jarré, Dirk. 2010. Partizipative Elemente im Lissabon-Vertrag: Neue Impulse für den zivilen Dialog und bürgergesellschaftliche Teilhabe in Europa? Hrsg. Institut für Sozial- und Wirtschaftswissenschaften (ISW), Universität Linz. Wirtschafts- und Sozialpolitische Zeitschrift (WISO) 33(4): 150–163.

Kabis-Staubach, Tülin, und Rainer Staubach. 2017. Beteiligung und Aktivierung im Stadtteil. Wissenschaftliche Betrachtungen und praktische Erfahrungen aus dem Planerladen in der Dortmunder Nordstadt. Netzwerk Bürgerbeteiligung. https://www.planerladen.de/uploads/media/Beteiligung_im_Stadtteil_nbb.pdf. Zugegriffen am 22.09.2021.

Koch, Florian, und Kerstin Krellenberg. 2021. Die Agenda 2030 und die Sustainable Development Goals. In Nachhaltige Stadtentwicklung: Die Umsetzung der Sustainable Development Goals auf kommunaler Ebene, Hrsg. Florian Koch und Kerstin Krellenberg, 5–18. Wiesbaden: Springer Fachmedien Wiesbaden.

Laumer, David. 2018. Partizipation als Klassenfrage: Zur sozialen Ungerechtigkeit und Selektivität von Beteiligungsprozessen am Beispiel der Raumordnung. Momentum 18. https://www.momentum-kongress.org/system/files/congress_files/2020/8_p_laumer.pdf. Zugegriffen am 22.09.2021.

Lefebvre, Henri. 2016[1968]. Das Recht auf Stadt. Hamburg: Edition Nautilus.

Leinen, Jo, und Jan Kreutz. 2008. Herausforderung partizipative europäische Demokratie: Zivilgesellschaft und direkte Demokratie im Vertrag von Lissabon. Integration 31(3): 241–253.

Lewin, Kurt. 1946. Action Research and Minority Problems. Journal of Social Issues 2(4): 34–46.

Marschall, Stefan, und Katrin Möltgen-Sicking. 2019. Online-Partizipation von Bürgerinnen und Bürgern. In Handbuch Digitalisierung in Staat und Verwaltung, Hrsg. Tanja Klenk, Frank Nullmeier, und Göttrik Wewer, 1–11. Wiesbaden: Springer Fachmedien Wiesbaden.

Mediendienst Integration. 2017. Politische Teilhabe: Abgeordnete mit Migrationshintergrund im Deutschen Bundestag. https://mediendienst-integration.de/integration/politik.html. Zugegriffen am 22.09.2021.

Meyer-Soylu, Sarah, Oliver Parodi, Helena Trenks, und Andreas Seebacher. 2016. Das Reallabor als Partizipationskontinuum. Erfahrungen aus dem Quartier Zukunft und Reallabor 131 in Karlsruhe. Technikfolgenabschätzung – Theorie und Praxis 25(3): 31–40.

Nexus Institut. 2020a. Beteiligungsverfahren zur Neugestaltung des Preußenparks. Status-Quo-Bericht vom 15.12.2020. https://cloud.nexusinstitut.de/s/Ss2fcMo8KLGRbjF#pdfviewer. Zugegriffen am 28.09.2021.

Nexus Institut. 2020b. Ergebnisdokumentation. Bürgerversammlung zur Beteiligung an der Neugestaltung des Preußenparks. Protokoll vom 28.02.2020. https://cloud.nexusinstitut.de/s/ML8s9xCjkd4Zjg4#pdfviewe. Zugegriffen am 28.09.2021.

Räuchle, Charlotte, und Antonie Schmiz. 2020. Wissen Macht Stadt: Wie in Reallaboren Stadt verhandelt und Wissen produziert wird. sub\urban. Zeitschrift für Kritische Stadtforschung 8(3): 31–52.

Roskamm, Nikolai. 2015. On the Other Side of „Agonism": „The Enemy", „the Outside", and the Role of Antagonism. Planing Theory 14(4): 384–403.

Rosol, Marit, und Iris Dzudzek. 2014. Partizipative Planung. In Handbuch kritische Stadtgeographie, Hrsg. Bernd Belina, Matthias Naumann, und Anke Strüver, 212–217. Münster: Westfälisches Dampfboot.

Schecke, Nora, Abeer Abdulnabi Ali, Anna Bönisch und Stefan Schweiger. 2021. Die Verstetigung von urbanen Reallaboren im Spannungsfeld theoretischer Konzeption und praktischer Umsetzung – eine empirische Untersuchung. Raumforschung und Raumordnung 79(4): 411–423.

4

Schneidewind, Uwe. 2014. Urbane Reallabore – ein Blick in die aktuelle Forschungswerkstadt. *pnd/online (Planung neu denken)* III: 1–7.

Schnur, Olaf, Matthias Drilling, und Oliver Niermann. 2019. *Quartier und Demokratie: Theorie und Praxis lokaler Partizipation zwischen Fremdbestimmung und Grassroots.* Wiesbaden: Springer VS.

Schubert, Dirk. 2015. Stadtplanung – Wandlungen einer Disziplin und zukünftige Herausforderungen. In *Stadt und Gesellschaft im Fokus aktueller Stadtforschung: Konzepte-Herausforderungen-Perspektiven*, Hrsg. Antje Flade, 121–176. Wiesbaden: Springer Fachmedien Wiesbaden.

Selle, Klaus. 2000. *Was? Wer? Wie? Warum? Voraussetzungen und Möglichkeiten einer nachhaltigen Kommunikation: Arbeitsmaterialien für Studium und Praxis. Kommunikation im Planungsprozess*, Bd. 2. Dortmund: Dortmunder Vertrieb für Bau- und Planungsliteratur.

Selle, Klaus. 2010. Stadtentwicklung, Zivilgesellschaft und bürgerschaftliches Engagement. *Raumforschung und Raumordnung* 68(6): 519–521.

Selle, Klaus. 2015. „An Fortschritt glauben, heißt nicht glauben, dass ein Fortschritt schon geschehen ist": Anmerkungen zur Zukunft der Bürgerbeteiligung. In *Gleisdeieck/Parklife Berlin*, Hrsg. Andra Lichtenstein und Flavia Alice Mameli, 250–261. Bielefeld: Transcript.

Senatsverwaltung für Stadtentwicklung und Wohnen Berlin (SenStadt). 2012. Handbuch zur Partizipation. https://www.stadtentwicklung.berlin.de/soziale_stadt/partizipation/download/Handbuch_Partizipation.pdf. Zugegriffen am 22.09.2021.

Senatsverwaltung für Stadtentwicklung und Wohnen Berlin (SenStadt). 2020. Partizipation und Pandemie. Handreichung zu kontaktlosen Beteiligungsmethoden. https://www.stadtentwicklung.berlin.de/planen/leitlinien-buergerbeteiligung/download/Handreichung_Partizipation_und_Pandemie.pdf. Zugriffen am 28.03.2022.

Sintomer, Yves, Carsten Herzberg, und Anja Röcke. 2008. Participatory Budgeting in Europe: Potentials and Challenges. *International Journal of Urban and Regional Research* 32: 164–178.

Stadt Wien. 2012. Magistratsabteilung 18 – Stadtentwicklung und Stadtplanung. 2012. Praxisbuch Partizipation – Gemeinsam die Stadt entwickeln. Werkstattberichte der Stadtentwicklung Wien, 127. https://www.wien.gv.at/stadtentwicklung/studien/b008273.html. Zugriffen am 27.03.2022.

Von Unger, Hella. 2014. *Partizipative Forschung: Einführung in die Forschungspraxis*. Wiesbaden: Springer VS.

Young, Iris M. 1990. *Justice and the Politics of Difference*. Princeton: Princeton University Press.

Young, Iris M. 2002. *Inclusion and Democracy*. Oxford: Oxford University Press.

Infrastrukturen

Inhaltsverzeichnis

Stadt bewohnen – Wohnungspolitik und soziale Frage

Susanne Heeg

Inhaltsverzeichnis

© Der/die Autor(en), exklusiv lizenziert an Springer-Verlag GmbH, DE,
ein Teil von Springer Nature 2022
Y. Franz, A. Strüver (Hrsg.), *Stadtgeographie*, https://doi.org/10.1007/978-3-662-65382-1_5

Dieses Kapitel folgt der Entwicklung des städtischen Wohnens von der Industrialisierung bis in die Gegenwart. Es beginnt mit einem Blick ins vorletzte Jahrhundert, als viele der explosionsartig wachsenden Industriestädte von Wohnungsnot geprägt waren. Ausdruck dafür waren überteuerte und überbelegte Mietskasernen und unhygienische Zustände. Wohnungsnot ist aber nicht nur ein Problem der Industrialisierung und der Industriestadt, sondern wird als ein Problem der kapitalistischen Stadt diskutiert, das uns bis in die heutige Zeit begleitet. Mit den Stadtmodellen der Chicagoer Schule und dem Ansatz zu segmentierten Wohnungsmärkten werden zwei Erklärungen für den Zusammenhang von Segregation und städtischen Wohnungsmärkten gegeben. Mit der *Filtering*-Theorie und der marxistischen Rententheorie werden zwei kontrastierende politökonomische Theorien vorgestellt, die den Anspruch haben zu erklären, wie Wohnungsmärkte funktionieren. Auf dieser Basis wird dann die Entwicklung der deutschen Wohnungspolitik analysiert, d. h. wie Wohnungspolitik konkret auf verschiedenen Ebenen ausformuliert wird und von welchen theoretischen Annahmen sie geleitet wird. Abschließend werden aktuelle Tendenzen mit hoher Relevanz für städtische Wohnungsmärkte, wie die Finanzialisierung des Wohnens (d. h. Wohnen als Anlageform), *Gentrification* und *Touristification* dargestellt.

Zum Kapiteleröffnungsbild: Gehobenes Wohnungsbauprojekt am zentralen Platz Alameda in Mexico City

Das Wohnen gehört zu den menschlichen Grundbedürfnissen, auf das nicht einfach verzichtet werden kann. Das Dach über dem Kopf stellt idealerweise einen Schutz vor Hitze, Kälte, Stürmen und Regen dar. Darüber hinaus ist die Wohnung für jede und jeden ein Rückzugsort zur Erholung, Reproduktion, Lernen und Entwicklung individueller und gemeinschaftlicher Fähigkeiten. Auch wenn es schier unmöglich ist, einen einzigen weltweit gültigen Standard für eine angemessene oder gar ideale Wohnung hinsichtlich der verwendeten Materialien, Dauerhaftigkeit, Größe, Stabilität, Preis etc. festzulegen, so gilt, dass alle Menschen zum Leben auf befestigte Räume angewiesen sind. Aus diesen Gründen kommt es immer wieder zu Protesten, die damit einhergehen, dass ein Recht bzw. Grundrecht auf Wohnen eingeklagt wird (Office of the High Commissioner 2019). Dies wird aber selten in den Verfassungen von Ländern als substanzielles Recht verankert.

Da Wohnen ein Grundbedürfnis ist, ist es problematisch, die Verteilung über Marktprinzipien zu organisieren. Analytisch gesehen birgt die Anwendung von Marktprinzipien Herausforderungen, da sich das Gut Wohnen in verschiedener Hinsicht von anderen Konsumgütern unterscheidet (Kühne-Büning 2005):

- Wohnungen bzw. Wohngebäude zeichnen sich durch eine hohe Heterogenität aus, d. h. es bestehen Unterschiede nach Lage (z. B. zentral, peripher), Wohnform (z. B. Loftwohnen, Mehrfamilienhaus, Eigenheim, Altbau), Ausstattung (z. B. technischer und sanitärer Standard, Aufzug, Balkon), Umfeld (z. B. Wohn-, Mischgebiet, infrastrukturelle Anbindung, Angebote der Nahversorgung), Alter (Alt-/Neubau), Preis (unterschiedlich nach Lage, Ausstattung, Anbindung, regionalwirtschaftlicher Dynamik). Dies verweist auf eine Vielzahl von sachlichen, standörtlichen und preisbezogenen Wohnungsteilmärkten. In dieser Ausdifferenzierung ist dies ein Kennzeichen städtischer Wohnungsmärkte.
- Wohnungen sind in ihrer Nutzung nur bedingt teil- und erweiterbar, d. h. bei einer Vergrößerung bzw. Verkleinerung von Haushalten oder bei einer Änderung von Nutzungen ist der Veränderung von Wohnungen Grenzen gesetzt, sodass möglicherweise ein Umzug nötig wird.
- Wohnungen bzw. Wohngebäude haben häufig eine lange Produktionsdauer. Von ersten Planungen bis zur Realisierung kann das mehrere Jahre dauern. Die hohen Investitionen, die notwendig sind, realisieren sich nur über kontinuierliche Mietzahlungen (und kalkulatorische Mietzahlungen im Eigentum) über einen langen Zeitraum, wobei das Risiko der Fehlkalkulation steigt, je länger der Rückzahlungszeitraum ist. Die lange Produktionsdauer begünstigt zudem lange Reaktionszeiten auf potenzielle Nachfrage- und Angebotsüberhänge.
- Immobilien sind, wie das Wort sagt, immobil, d. h. am Standort gebunden. Das Gut Wohnung kann nur an einem Ort genutzt werden und es ist nicht vervielfältigbar, da der Boden, auf dem sich eine Wohnung befindet, nur einmal vorhanden ist. Aber selbst am gleichen Standort unterscheiden sich Wohnungen, je nachdem wo sie sich im Gebäude befinden.
- Wohnungen bzw. Wohngebäude zeichnen sich zudem durch ihre Langlebigkeit aus. Es wird von einer Nutzungsdauer bis zu 100 Jahren ausgegangen. In dieser Zeit können standort- und ausstattungsbezogen viele Veränderungen bzw. Neuerungen erfolgen, sodass eine stabile, sichere Kalkulation der Wohnung als Anlage schwierig ist.

Grundrecht auf Wohnen

Juristisch gesehen kennt weder die Charta der Grundrechte der Europäischen Union (EUGRCh) noch das deutsche Bundesgesetz ein allgemeines Recht auf Wohnen. Zugeständnisse werden nur in Bezug auf die Sicherung des Existenzminimums bei

Hilfsbedürftigkeit und damit zusammenhängenden Zahlungsschwierigkeiten gewährt. Wohnen als Grundrecht kommt hier also allenfalls implizit zum Tragen in Form einer Absichtserklärung zur Gewährleistung eines menschenwürdigen Existenzminiums. Ähnliches gilt für das Recht auf Wohnen in der Afrikanischen Charta der Menschenrechte und der Rechte der Völker. Sehr viel expliziter wird diese Thematik in der belgischen, spanischen und portugiesischen Verfassung verhandelt, in denen ein Recht auf eine angemessene bzw. würdige Wohnung formuliert wird. Das Recht wird hier als subjektives Recht formuliert, das aber keinen Status eines einklagbaren Rechts hat. Sehr häufig hat Wohnen den Stellenwert eines allgemeinen Staatsziels, wie z. B. in Finnland, Griechenland, Polen, Schweden. Wie dieses Staatsziel verstanden wird, hängt von den jeweiligen sozialen und politischen Auseinandersetzungen ab. Eine Ausnahme stellt Frankreich dar, wo nach Protesten im März 2007 ein Gesetz erlassen wurde, das ein einklagbares Recht auf Wohnen zugunsten von Obdachlosen und Menschen in schlechten Wohnverhältnissen begründet (Deutscher Bundestag 2019).

5.1 Städtische Wohnungs(teil)märkte: Zwischen Wohnungsnot und Aufwertungsprozessen

Auf einen Blick. In diesem Abschnitt wird gezeigt,
- dass Wohnungsnot seit der Industrialisierung eine ständige Begleiterscheinung städtischer Entwicklung ist. Mit historischen Beispielen wird illustriert, was Wohnungsnot bedeutet.
- welche Lösungsversuche es von bürgerlichen, wirtschaftsliberalen und reformistischen Kräften gab – und warum marxistische Theoretiker*innen diese Ansätze als Augenwischerei bezeichnen.

Aus den Besonderheiten des Wohnens ergibt sich die Frage, ob und unter welchen Bedingungen es angemessen ist, einen preisgetriebenen Verteilmechanismus von Angebot und Nachfrage anzuwenden. Dies soll zunächst aus einer historischen Perspektive mit Blick auf die Wohnungsfrage in der Industriestadt thematisiert werden, um anschließend die Reformdebatten zur Lösung der Wohnungsnot darzustellen.

Seit der Industrialisierung bis in die heutigen Tage begleitet die Wohnungsfrage die Stadtentwicklung. Mit der allmählichen Befreiung der Städte aus der Feudalherrschaft wurden die Wachstumsbeschränkungen der mittelalterlichen Städte aufgebrochen sowie eine Vielzahl neuer Industriestädte gegründet, die zu Orten der Konzentration von Arbeiter*innen wurden (Benevolo 2000; Braudel 1997). Die zyklisch starke Nachfrage nach Arbeitskräften in diesen Städten war der Anlass für die Zuwanderung von Menschen, die als Arbeitskräfte auf dem Land überflüssig geworden waren. Bereits 1845 beschrieb Friedrich Engels das Elend dieser Menschen in den explosionsartig wachsenden englischen Industriestädten (Engels 1962). Demnach waren Arbeiter*innen aufgrund ihrer geringen Löhne gezwungen, in schlechten Vierteln zu leben, wo sie dicht gedrängt ausbeuterische Wohnverhältnisse ertragen mussten.

Engels beschreibt eine Wohnungsnot, die sich nicht nur durch einen Mangel bzw. Fehlen an Wohnraum, sondern auch durch gesundheitsschädliche Wohnverhältnisse auszeichnet. Das damit verbundene massive Elend der Arbeiter*innen war Anlass für das Aufkommen der Wohnungsfrage (Engels 1973). Allerdings ist Wohnungsnot nicht nur ein historisches Übergangsphänomen, das lediglich die Phase der Industrialisierung kennzeichnet, sondern begleitet Stadtentwicklung seitdem. Sie ist ein Ergebnis kapitalistischer Produktionsweisen sowie der privaten Verfügung über Grund und Boden (Schönig 2017; Wawrzyn 1974). Die Wohnungsfrage erschüttert immer wieder städtische Entwicklungen, weil Menschen beengt wohnen müssen, gezwungen sind, schlechte Wohnverhältnisse zu akzeptieren, keine Wohnung finden oder unter der Entwicklung der Wohnkosten leiden.

Friedrich Engels leistet in der ersten Hälfte des 18. Jahrhunderts eine sehr dichte Beschreibung der skandalösen Lebensverhältnisse und Wohnbedingungen in den Industriestädten (◘ Abb. 5.1). Er beschreibt ein Arbeiter*innenviertel in Manchester: *„[…] daß in jedem dieser Häuschen, das allerhöchstens zwei Zimmer und den Dachraum, vielleicht noch einen Keller hat, durchschnittlich zwanzig Menschen wohnen, daß in dem ganzen Bezirk nur auf etwa 120 Menschen ein – natürlich meist ganz unzugänglicher – Abtritt kommt […]. Dr. Kay erzählt, daß nicht nur die Keller, sondern sogar die Erdgeschosse aller Häuser in diesem Bezirk feucht seien; daß früher eine Anzahl Keller mit Erde aufgefüllt worden, allmählich aber wieder ausgeleert und jetzt von Irländern bewohnt würden […]"* (Engels 1962, S. 292).

◘ **Abb. 5.1**   Arbeiter*innenviertel in London (Stich von Gustave Doré 1872; Benevolo 2000, S. 792)

Lienhard Wawrzyn und Dieter Kramer skandalisieren 130 Jahre später die speku-
lative Verwertung des Westends in Frankfurt Ende der 1960er-Jahre (Wawrzyn 1974,
S. 120): *„Hunderte von Häusern wurden in den Jahren nach 1965 von ihren bürgerlichen
Besitzern an die gutzahlenden Spekulanten verkauft. Diese trieben mit gutem Zureden,
Abfindungen oder einfachen Räumungsbefehlen die ehemaligen Bewohner aus den Häusern. Die leergewordenen Wohnungen wurden meist zu Wuchermieten an ausländische
Arbeiter vermietet. [...] Den Ausländern gab man nur kurzfristige oder gar keine Miet-
verträge [...]. Die nunmehr überfüllten Häuser wurden durch ihre Überbelegung und
durch strikte Vermeidung jeglicher Renovierung dem systematischen Verfall anheim-
gegeben."*

Das Wohnungselend der Arbeiter*innen und sonstiger ausgegrenzter Gruppen
ging historisch gesehen immer wieder mit einer Skandalisierung der Situation einher
und wurde begleitet von hitzigen Debatten, wie das Problem zu lösen sei. Die Antworten darauf haben sich in ihren Grundzügen bis heute nicht verändert.

5.1.1 Die Wohnungsfrage und Lösungsversuche

Nicht nur sozialistische bzw. marxistische Stimmen beklagten im 19. Jahrhundert so
wie Friedrich Engels die große Wohnungsnot und das sich daraus ergebende Elend
der Arbeiter*innenschaft, sondern auch bürgerliche Stimmen. Christlich-konservative
und philanthropische Wohnungsreformer*innen zielten auf eine Verbesserung der
Wohnbedingungen durch einen quantitativ und qualitativ ausgedehnten Kleinwohnungsbau und eine kommunale Bodenpolitik, um langfristig die Arbeiter*innenschaft politisch und sozial in die bürgerliche Gesellschaft zu integrieren. Es bestanden
insofern nicht nur Unterschiede zwischen sozialistischen Kritiker*innen und bürgerlichen Reformer*innen, sondern auch innerhalb des Reformlagers gab es trotz einer
gemeinsamen Schnittmenge unterschiedliche Lösungsvorschläge.

Das bürgerliche Lager
Unterschiede innerhalb des bürgerlichen Lagers bestanden dahingehend, ob
    Lösungen mit einer Intervention des Staats, der Kommunen bzw. gemeinnütziger Initiativen in das
Wohnungsfeld einhergehen sollten oder ob dies den Marktakteur*innen überlassen bleiben sollte. Von
Marktakteur*innen wie Wohnungsbauunternehmen oder Grundbesitzer*innen wurden Forderungen for-
muliert, nicht in ihre privaten Verfügungsrechte einzugreifen, sondern marktflankierend tätig zu werden.
Gemeinnützige Initiativen und auch kommunale Akteur*innen zielten auf den Aufbau eines alternativen
Wohnungssektors, um Marktgesetzlichkeiten im Wohnungsbereich einzuschränken. Aber beide Richtun-
gen argumentierten, dass es mit marktnahen bzw. marktregulierenden Maßnahmen möglich sei, günsti-
gere Wohnungen zu realisieren.
    der Wohnungsbau zur Miete oder zur Eigentumsbildung erfolgen sollte. Während kommunale und
gemeinnützige Initiativen eher auf den Kleinwohnungsbau zur Miete zielten, setzten konservative Akteur*innen auf Eigentumsbildung. Die Überzeugung dahinter war, dass Eigentum sowohl gegen Markt-
zyklen absichern als auch gegen sozialistische Ideen immunisieren würde. Um also Arbeiter*innen in die
Gesellschaft zu integrieren, sei es notwendig, sie – im Fall des Falles mit finanzieller Unterstützung – zu
Eigentümer*innen zu machen.

Grundsätzlich zielten reformorientierte Ansätze entweder direkt oder indirekt auf
die erzieherische Wirkung des abgeschlossenen Familienhaushalts. Egal ob zur Miete
oder im Eigentum – die Wohnung sollte einerseits Probleme des Alkoholmissbrauchs,
Schlafgänger*innentums und der ungeregelten und unsittlichen Lebensführung be-

heben und andererseits bürgerliche Tugenden wie Wirtschaftlichkeit, Häuslichkeit, Sittsamkeit, Reinlichkeit, Ordnung, Fleiß, Sparsamkeit, Selbstdisziplin etc. vermitteln. Ziel war es, mit der Wohnung zu einer geordneten Lebensführung beizutragen. Die Wohnungsfrage und ihre Lösung wurden damit vor allem als eine Frage der sozialen Befriedung und als Leistungsanreiz gesehen.

Ganz anders wurde in der marxistischen Kritik argumentiert. Die Kritik zielte darauf, dass in der bürgerlichen Diskussion das Wohnungsproblem analytisch als eine Frage der Lebensführung isoliert und verkürzt werde. Engels (1973) als prominenter Vertreter der marxistischen Kritik argumentiert demgegenüber, dass die Ursache der Wohnungsnot und der Verelendung in den großen Städten nicht nur im Fehlen eines angemessenen Wohnungsangebots, bürgerlicher Lebensweisen oder gar von Eigentumsbildungsmaßnahmen bestünde, sondern in der kapitalistischen Produktionsweise begründet läge. Zwar sei das Ausbeutungsverhältnis zwischen Arbeiter*innen und Kapitalist*innen nicht gleichzusetzen mit dem Verhältnis zwischen Mieter*innen und Vermieter*innen, aber das ausbeuterische Verhältnis setze sich im Mietverhältnis fort.

Demnach versetzt die kapitalistische Gesellschaftsordnung Kapitalist*innen einerseits in die Lage, die Arbeitskraft der Arbeiterin bzw. des Arbeiters zu einem bestimmten Wert zu kaufen und andererseits Arbeitskraft als austauschbare Ware zu nutzen. Dies führe zu instabilen Arbeitsverhältnissen und bedrohe damit soziale Existenzen. Im Mietverhältnis müssen Mieter*innen mit ihrem Lohn den Gebrauch der Wohnung bei Hauseigentümer*innen kaufen. Damit sei das Mietverhältnis – und auch der Kauf einer Wohnung oder eines Hauses – vom Lohnarbeitsverhältnis bzw. der kapitalistischen Produktionsweise unterschieden, aber davon abhängig. Da aber die wichtigen Industrien dieser Zeit, wie die Textil-, Montan- und Maschinenbauindustrien, aus unterschiedlichsten Gründen immer wieder von heftigen und regelmäßig wiederkehrenden Schwankungen erfasst werden würden, könnten die Arbeiter*innen in der Regel über kein stabiles Einkommen verfügen. Dies führt in den Worten von Engels dazu, dass *„Arbeiter massenhaft in den großen Städten zusammengedrängt werden, und zwar rascher, als unter den bestehenden Verhältnissen Wohnungen für sie entstehn, in der also für die infamsten Schweineställe sich immer Mieter finden müssen […]. In einer solchen Gesellschaft ist die Wohnungsnot kein Zufall, sie ist eine notwendige Institution, sie kann mitsamt ihren Rückwirkungen auf die Gesundheit usw. nur beseitigt werden, wenn die ganze Gesellschaftsordnung, der sie entspringt, von Grund auf umgewälzt wird"* (Engels 1973, S. 236). In Zeiten des Wachstums müssten Arbeiter*innen hohe Mieten und schlechte Wohnverhältnisse ertragen; in Zeiten der Krise könnten sie mit dem Verlust der Arbeit auch die Wohnung verlieren. In dieser Situation sei Eigentum keine Lösung, denn lohnabhängig beschäftigte Hauseigentümer*innen seien in der Krise noch stärker der Bourgeoisie ausgeliefert, da sie bei Arbeitslosigkeit nicht einfach an einem anderen Ort neue Arbeit suchen könnten, aber zwangsweise müssten (Engels 1973, S. 224).

Es sei also Augenwischerei, wenn man davon ausgehe, dass sich durch die Umwandlung von Arbeiter*innen in Hauseigentümer*innen die soziale und Wohnungsfrage erledigen würde (Herring und Roseman 2016). Vielmehr ist die Wohnungsfrage nicht von der sozialen Frage, d. h. von der Stellung der Lohnarbeiterin und des Lohnarbeiters in der kapitalistischen Gesellschaftsordnung zu trennen. In der Tat ähneln sich Wohnungsproblematik und Lösungsvorschläge seit dem 19. Jahrhunderts. Es werden bis in die Gegenwart immer wieder ähnliche Erklärungen und Antworten gegeben.

5.2   Stadtmodelle und Wohnungsmarkttheorien

5

> **Auf einen Blick: In diesem Abschnitt wird gezeigt,**
> ▬ wie in den Modellen der Chicagoer Schule der Sozialökologie und dem Segmentationsansatz der Zusammenhang von Wohnungsmarkt und städtischer Form diskutiert wird.
> ▬ welche Faktoren demnach städtische Wohnungsmärkte strukturieren und welche Formen der Segregation sich daraus ergeben.
> ▬ wie in der *Filtering*-Theorie und der marxistischen Rententheorie als zwei gegensätzlichen Erklärungen ökonomische Funktionsweisen von Wohnungsmärkten begründet werden.

In der Stadtgeographie gibt es eine Vielzahl von Stadtmodellen, die versuchen, Städte zu erklären. Dabei werden entweder explizit oder implizit Wohnungsmarktprozesse als Ursache für unterschiedliche teilräumliche Entwicklungen in Städten angeführt: Während das Modell der Chicagoer Schule der Sozialökologie Segregation als ein Ergebnis ökologischer und kultureller Prinzipien versteht, wird in der Analyse segmentierter Wohnungsmärkte davon ausgegangen, dass zwischen einzelnen Wohnungsteilmärkten Zugangsbarrieren existieren, die auf kulturellen, wirtschaftlichen und politischen Ausschlussmechanismen basieren. Erklärungsansätze wie die *Filtering*- und Rententheorie heben demgegenüber ökonomische und politische Faktoren zur Erklärung von Wohnungsmärkten hervor.

5.2.1   Chicagoer Schule der Sozialökologie

Die Chicagoer Schule war ein Forschungszusammenhang, der sich zu Beginn des 20. Jahrhunderts an der Universität von Chicago konstituierte und den Einfluss von Industrialisierung und Zuwanderung auf teilräumliche Entwicklungen in Chicago untersuchte. Dabei lag der Fokus auf Segregationsprozessen, die sich aus der Verteilung von Bevölkerungsgruppen und Nutzungsweisen im städtischen Raum ergaben (Park 1968). Der Anlass für Segregationsprozesse wurde in sozialökologischen Prinzipien gesehen, die menschliches Verhalten in Gruppen und im städtischen Raum beeinflussen würden. Demnach bestehen Verteilungskämpfe zwischen verschiedenen Gruppen um und im städtischen Raum (Heeg 2014, S. 75). Die Gruppen, die sich im Kampf um Positionen im Raum durchsetzen können, sind jene, die entweder über ein entsprechendes Einkommen verfügen oder die zahlenmäßig dominieren. Indikatoren zur Messung der Segregation sind soziale (z. B. Einkommen) und ethnische (Herkunft, Hautfarbe) Merkmale. Die Verteilung der Nutzungen und Gruppen im städtischen Raum unterliegt dabei dem Bestreben, ökologische Distanz herzustellen, d. h. Abstand zwischen verschiedenen ethnischen und sozialen Gruppen zu gewährleisten (◻ Abb. 5.2).

Dabei kommt es auf der Basis von ethnischen und sozialen Kriterien zur Bildung von homogenen Teilräumen. Es gilt: Gleiches sucht Gleiches. Was das Gleiche von Gruppen ist, wird aber nicht erklärt, sondern empirisch ex post festgestellt (s. auch ► Kap. 3). Kritik entzündet sich vor allem an der kulturalistischen und bio-

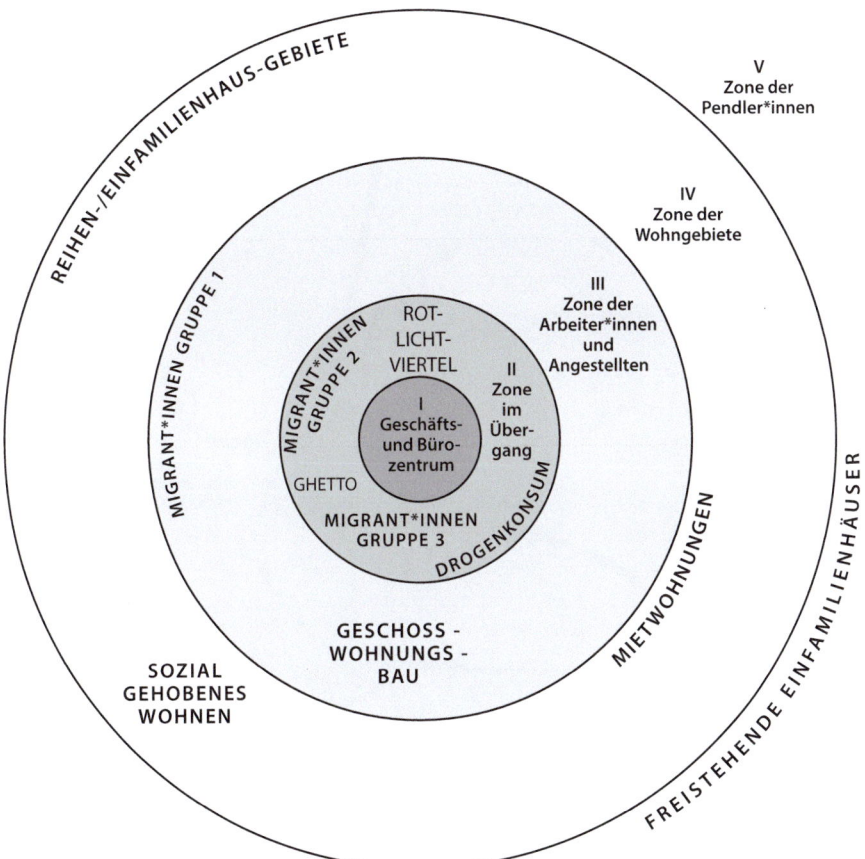

■ **Abb. 5.2** Burgess' Stadtmodell: Wachstum, Wohnen und die Gliederung des Stadtraums. Nachzeichnung und Übersetzung der ursprünglichen Abbildung

logistischen Fundierung von Segregationsprozessen und Wohnungsmärkten (Saunders 2001). Außerdem wird die Annahme einer biologisch-natürlichen wohnungsmarktbezogenen Segregation mit dem Hinweis auf Städte als Orte politischer bzw. staatlicher Interventionen und Auseinandersetzungen infrage gestellt.

5.2.2 Segmentierte Wohnungsmärkte

Eine andere Erklärung von wohnungsmarktbezogenen Segregationsprozessen liefern Ansätze, die Wohnungsmärkte als grundsätzlich segmentiert verstehen. Demnach besteht der Wohnungsmarkt aus zahlreichen Teilmärkten, „die in sich relativ geschlossen sind, möglicherweise unregelmäßig über das Stadtgebiet verstreut liegen und zwischen denen in räumlicher, wertmäßiger und sozialpsychologischer Hinsicht Barrieren bestehen" (Westphal 1979, S. 80f.; ■ Abb. 5.3).

In sachlicher Hinsicht unterscheiden sich Wohnungsmärkte in Bezug auf das konkrete Wohnungsprodukt (z. B. Wohnen im Hochhaus, Einfamilienhaus, Geschoss-

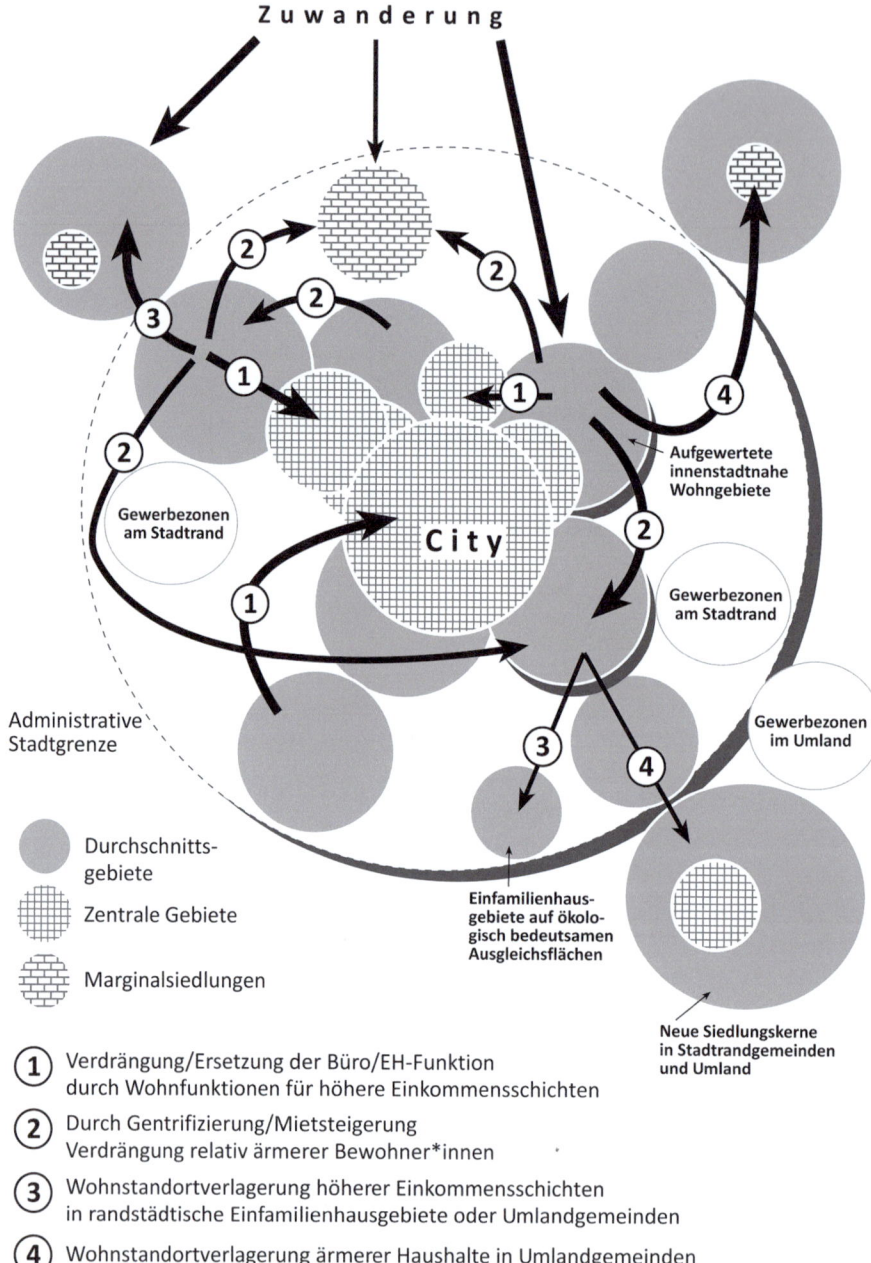

Zuwanderung

Gewerbezonen
am Stadtrand

City

Aufgewertete
innenstadtnahe
Wohngebiete

Gewerbezonen
am Stadtrand

Administrative
Stadtgrenze

Gewerbezonen
im Umland

Durchschnitts-
gebiete

Zentrale Gebiete

Marginalsiedlungen

Einfamilienhaus-
gebiete auf ökolo-
gisch bedeutsamen
Ausgleichsflächen

Neue Siedlungskerne
in Stadtrandgemeinden
und Umland

(1) Verdrängung/Ersetzung der Büro/EH-Funktion
durch Wohnfunktionen für höhere Einkommensschichten

(2) Durch Gentrifizierung/Mietsteigerung
Verdrängung relativ ärmerer Bewohner*innen

(3) Wohnstandortverlagerung höherer Einkommensschichten
in randstädtische Einfamilienhausgebiete oder Umlandgemeinden

(4) Wohnstandortverlagerung ärmerer Haushalte in Umlandgemeinden

◼ **Abb. 5.3**   Segmentierter Wohnungsmarkt in Städten (überarbeitete und aktualisierte Abbildung von Krätke 1995, S. 208)

wohnungsbau, Neubau- bzw. Bestandswohnungen etc.) und in welchem räumlichen Teilmarkt die Wohnung zu finden ist (z. B. innerstädtischer, randstädtischer, suburbaner Raum, Wachstums- oder Schrumpfungsregion etc.). Diese Komplexität des Wohnungsmarkts macht es schwer, einen städtischen Wohnungsmarkt zu überblicken. In der Regel erfordert dies von Wohnungssuchenden bzw. Investor*innen eine zeitintensive Informationsbeschaffung (Studium von Annoncen, von Internetportalen, Besichtigungen etc.) und das Abwägen von Standort und Qualität (Schmoll 2016, S. 1382). Dabei ist zu beachten, dass eine hohe teilräumliche Nachfrage nicht durch das Angebot andernorts leerstehender Wohnungen kompensiert werden kann. Sowohl innerhalb von Städten als auch zwischen Städten sind dem Austausch von Wohnungen Grenzen gesetzt, da nicht alle sozialräumlichen Bezüge wie Arbeitsplatz, Familienmitglieder, Freundschaften und soziale Dienstleistungen umstandslos mit umziehen können. Wichtig ist zudem, dass der Wohnungsmarkt sozial überformt ist. So gibt es einen positiven Zusammenhang zwischen der Höhe des Einkommens und der Möglichkeit, zwischen verschiedenen Wohnungsprodukten und räumlichen Teilmärkten zu wählen. Die Höhe des Einkommens kann auch Einfluss darauf haben, ob zur Miete oder im Eigentum gewohnt wird (soziale Blindheit des Markts). Weiterhin können sich Rassismus und sonstige Formen der Diskriminierung negativ auf Wahlmöglichkeiten auswirken, weil Hauseigentümer*innen bzw. Banken bestimmte Gruppen ungern als Mieter*innen bzw. Kreditnehmer*innen (für ein Eigenheim) akzeptieren (Antidiskriminierungsstelle des Bundes 2020).

Die Fragen, die sich daraus ergeben, lauten: Wie funktionieren Wohnungsmärkte in ökonomischer und politischer Hinsicht? Welche Erklärungen werden für den hochgradig sozial, sektoral und räumlich segmentierten Wohnungsmarkt gegeben? Die Antworten darauf sind unterschiedlich und werden anhand von zwei zentralen Theorien dargestellt.

5.2.3 Filtering-Theorie

Trotz der Besonderheiten des Guts Wohnen wird in der der *Filtering*-Theorie davon ausgegangen, dass ein ausgeglichener Wohnungsmarkt prinzipiell möglich sei. Zentrale Gedankenfigur ist dabei die Idee von Umzugsketten infolge von Neubau, sodass alle in der Kette – von den besserverdienenden bis zu den ärmsten Haushalten – ihre Wohnsituation verbessern können.

Setzungen der Theorie
- Es gibt ein einheitlich abgestuftes Wohnungsangebot und eine gleichmäßig abgestufte Einkommensverteilung.
- Es besteht ein Zusammenhang zwischen dem Preis und der Qualität von Wohnungen, d. h. Wohnungen besserer Qualität sind teurer, mit sinkender Qualität werden sie günstiger.
- Der Preis sinkt schneller als die Qualität.
- Es gibt ein freies Spiel von Angebot und Nachfrage, sodass sich ein Marktgleichgewicht einstellen kann.
- Es herrscht vollkommene Markttransparenz (d. h. es gibt einen kompletten Überblick über den städtischen Wohnungsmarkt) und uneingeschränkte Mobilität (d. h. jederzeige Bereitschaft und Möglichkeit zum Umzug) von Haushalten.

Weitere Literatur zum Thema *Filtering*:

Boddy, Martin, und Fred Gray. 1979. Filtering Theory, Housing Policy and the Legitimation of Inequality. *Policy & Politics* 7(1): 39–54.

Harris, Richard. 2012. „Ragged urchins play on marquetry floors": The discourse of filtering is reconstructed, 1920s–1950s. *Housing Policy Debate* 22(3): 463–482.

Skaburskis, Andrejs. 2006. Filtering, City Change and the Supply of Low-priced Housing in Canada. *Urban Studies* 43(3): 533–558.

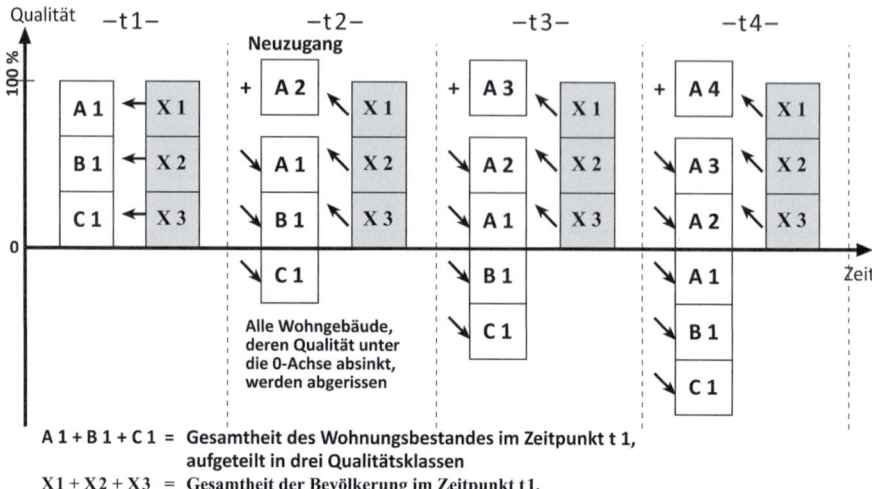

Abb. 5.4 Das *Filtering*-Modell (überarbeitete und nachgezeichnete Abbildung in Westphal 1978, S. 540)

Demnach bedeutet jeder Wohnungsneubau, dass Umzugsketten in einer Gebietseinheit in Gang gesetzt werden (■ Abb. 5.4). Der Prozess beginnt damit, dass hohe Einkommensgruppen in einen Neubau ziehen, da dieser eine höhere Qualität habe und deswegen präferiert werden würde. In die dabei frei gewordenen Wohnungen können nun Haushalte ziehen, die sich ebenfalls verbessern möchten, aber den Neubau nicht bezahlen können. Da der Preis einer Wohnung in der Zeit schneller sinkt als ihre Qualität, bedeutet der Umzug eine Verbesserung der Wohnsituation für alle, die aufrücken. Letztendlich tragen diese Umzugsketten zur Entspannung auf dem Wohnungsmarkt und zur Verbesserung der Wohnsituation armer Haushalte bei. Es findet also ein Herauffiltern von Haushalten und Herabfiltern von Wohnungen statt, wobei Wohnungen am Ende der Kette aus dem Wohnungsmarkt fallen. Das Herausfallen aus dem Wohnungsmarkt bedeutet, dass Wohnungen nicht mehr genutzt werden und die Möglichkeit einer Neubebauung besteht. Damit erfolgt – der Theorie nach – eine ständige Erneuerung und Verbesserung des Wohnungsbestands. Das Herauf- und Herabfiltern wird als Sickereffekt beschrieben, der für alle zu einer Verbesserung der Situation führt (Harris 2012).

Die Wohnungsbaupolitik in vielen Ländern und Regionen folgt diesem Argument und fördert Wohnungsneubau und den Erwerb von Eigentum. Demnach ist es sinnvoll, besser gestellte Haushalte zu unterstützen, da die Verwirklichung von deren Wohnträumen zu einer Verbesserung der Wohnsituation aller Haushalte und Bevölkerungsgruppen führt (Boddy und Gray 1979). Kritiker*innen argumentieren jedoch, dass die Theorie von unrealistischen Annahmen ausgeht. So sei der Wohnungsmarkt nicht transparent, da nie alle Informationen zu Baujahr, Größe, Lage, Preis, Zustand, Zuschnitt, Produkt etc. verfügbar sind. Weiterhin wird in der Theorie von abgrenzbaren Raumeinheiten ausgegangen. Damit wird die Wirkung von Zuwanderung ausgeblendet, die den Sickereffekt still stellen kann. Tatsächlich ist es eine großstädtische Realität, dass freigezogene Wohnungen im Gefolge von Umzugsketten nicht günstiger werden.

5.2.4 Marxistische Rententheorie

In der marxistischen Rententheorie stehen nicht Umzugsketten im Zentrum des Interesses, sondern die Rente als eine Ertragsform, die aufgrund von privaten Eigentumsverhältnissen für das Recht auf die Nutzung von Land oder Gebäuden gezahlt wird. Diese Eigentumstitel erlauben es Grundeigentümer*innen über „bestimmte Portionen des Erdkörpers als ausschließliche Sphären ihres Privatwillens mit Ausschluß aller andern zu verfügen" (Marx 1983, S. 628). Ökonomisch relevant wird dieses Recht der Verwertung von Eigentum allerdings erst dann, wenn die ökonomischen Bedingungen gegeben sind, dass die Renten in bestimmten Lagen bzw. an bestimmten Standorten hoch ausfallen können.

In marxistischen Theorien wird argumentiert, dass es eine Tendenz gibt, eher in den ersten Kapitalkreislauf, d. h. die Produktion, zu investieren als in den Bereich der gebauten Umwelt, da die Verwertungsbedingungen im ersten Kapitalkreislauf unter normalen wirtschaftlichen Bedingungen besser sind. Wenn sich allerdings Gewinnaussichten im ersten Kapitalkreislauf aufgrund von Krisentendenzen eintrüben, dann erfolgt eine Verschiebung in die gebaute Umwelt, d. h. in den sogenannten sekundären Kapitalkreislauf (Harvey 1985; s. ▶ Kap. 8). Ziel ist es, dort von den besseren Gewinnmöglichkeiten zu profitieren. Dabei gilt zu beachten, dass in dieser Situation Städten und den privaten Eigentumstiteln besondere Bedeutung zukommt: Eigentumstitel auf ein Fleckchen Wald oder Wiese erbringen mit hoher Wahrscheinlichkeit einen geringeren Ertrag, da die damit verbundenen landwirtschaftlichen Nutzungen in der Regel weniger ertragreich sind und insofern weniger für das Land bezahlt wird. Die Bereitschaft, dort zu investieren, wird geringer ausfallen.

Demgegenüber birgt die Investition des frei verfügbaren Kapitals in die gebaute städtische Umwelt die positive Aussicht einer höheren Verzinsung des Kapitals, sodass es zur Verschiebung in diesen Bereich kommt. Nach Brede et al. (1975, S. 24ff.) liegt dem Haus- und Bodeneigentum in Städten eine Logik zugrunde, wonach es eine möglichst hohe Verzinsung des langfristig investierten Kapitals erbringen muss, um als Anlagekategorie attraktiv zu sein. Das heißt, erst dann, wenn eine im Verhältnis zumindest durchschnittliche Verwertung gewährleistet werden kann, erfolgen Investitionen in einem größeren Maßstab in die gebaute Umwelt. Diese Verwertung ergibt sich durch die Höhe der Miete bzw. des Kaufpreises für Wohngebäude. Das Vermieten eines Hauses bzw. einer Wohnung wird dabei als eine Form des Verleihens von Kapital bestimmt (d. h. das Haus bzw. die Wohnung als zinstragendes Kapital). Das verausgabte Kapital für den Bau oder den Kauf von Wohnungen bzw. Wohngebäuden soll möglichst rasch wieder zurückkommen und sich möglichst hoch verzinsen. Die Miete muss also diese Verzinsung garantieren inklusive der Abschreibung, den laufenden Kosten für Instandhaltung und Betrieb sowie einer Rente für den zur Verfügung gestellten Grund und Boden. Der quantitativ wichtigste Bestandteil der Miete ist der Zins auf das vorgeschossene Kapital. Es ist die Verwertung durch die Verzinsung, die sich Hauseigentümer*innen von der Wohnungsvermietung erhoffen, und die deshalb einen Ausschlag zum Bau oder Kauf eines Hauses gibt.

Schlussendlich müssen die Mieter*innen die Verwertungsaussichten der Eigentümer*innen bedienen, damit weiter Wohnungsbau erfolgt. Die Höhe der von Mieter*innen aufzubringenden Miete hängt insofern von der Größe des vorgeschossenen Kapitals und vom darauf bezogenen Zinssatz ab. Der Zinssatz für das in Mietwohnungen angelegte Kapital ist dabei keine isolierte Größe; denn diese Sphäre der Investition steht mit anderen Anlagesphären in Konkurrenz. Wenn der aus Wohnungen zu ziehende Zinssatz also im Vergleich zum marktüblichen Zinssatz niedriger ist, dann erlahmt das Interesse am Wohnungsbau. *„Denn unterschreitet er langfristig den in vergleichbaren Anlagesphären zu realisierenden Zinssatz, so wird die Wohnungsvermietung relativ unrentabel und der Wohnungsbau reduziert oder eingestellt. Überschreitet er den ‚marktüblichen' Zinssatz, wird anlagesuchendes Kapital so lange in den Wohnungsbau und die Wohnungsvermietung fließen, bis sich tendenziell das Zinsniveau, hier wieder dem in anderen Anlagesphären angleicht"* (Brede et al. 1975, S. 33).

Der Ort entsprechender Investitionen sind vor allem wirtschafts- und bevölkerungsstarke Städte, denn dort gibt es mit hoher Wahrscheinlichkeit ausreichend Nachfrager*innen, die ein hohes Mietpreisniveau garantieren. Insbesondere wenn – wie häufig – Wohnraum knapp ist, neigen Nachfrager*innen dazu, überhöhte Mieten zu akzeptieren, sodass es interessant ist, in den Wohnungsbau bzw. -kauf zu investieren. Es werden sich schon Mieter*innen bzw. Käufer*innen finden, die die Bereitschaft und die finanziellen Fähigkeiten mitbringen, um entsprechende Mieten bzw. Preise zu bezahlen. Oder anders gesagt: Wenn das verfügbare Einkommen potenzieller Mieter*innen bzw. Käufer*innen nicht ausreicht, um die Zinserwartungen von Hauseigentümer*innen zu bedienen, wird es keinen Wohnungsbau geben. Der kapitalistische Wohnungsmarkt hat keinen Platz für „Hungerleider*innen" (Haila 1988).

Anders als in der *Filtering*-Theorie fällt das Interesse am Wohnungsbau in der marxistischen Rententheorie nicht einfach vom Himmel, sondern ergibt sich aus durchschnittlichem Zinssatz, volkswirtschaftlichen Bedingungen und dem Anteil der zahlungsfähigen Bevölkerung in Städten. Sobald die Verwertungsbedingungen nicht mehr stimmen, d. h. wenn Haushalte mit geringen Einkommen als Nachfrager*innen überwiegen, erlahmt das Interesse und es kommt dazu, dass Kapital in andere Bereiche umgelenkt wird (Belina 2010). In der Konsequenz ist die Vorstellung eines längerfristig ausgeglichenen Wohnungsmarkts illusionär, da dies von zu vielen unkalkulierbaren Bedingungen (wie Zinssatz, Wirtschaftsdynamik) abhängt und zum anderen nicht im Interesse der Allianz von Bauwirtschaft und Eigentümer*innen liegt. Der kapitalistische Wohnungsmarkt hat kein Interesse an einer breiten Versorgung mit günstigem Wohnraum und gleicht eher in stadträumlicher Hinsicht dem Modell des segregierten Wohnungsmarkts.

5.3 Wohnungspolitik in Deutschland

Auf einen Blick: In diesem Abschnitt wird gezeigt,
- welche Ausrichtung die Wohnungspolitik in der Nachkriegszeit nahm.
- wie in den 1980er-Jahren der Wohnungsmarkt liberalisiert und staatliche Eingriffe zurückgenommen wurden.
- wie und warum sich der Bestand an öffentlichen und Sozialwohnungen entwickelte.

Der Umstand, dass der Wohnungsbau sehr zyklisch ist und dass es immer wieder zu Engpässen auf dem Wohnungsmarkt kommt, hat die Notwendigkeit einer Wohnungspolitik begründet. Im Folgenden wird am Beispiel von Deutschland dargestellt, wie die Wohnungspolitik zwischen dem Ermöglichen und Eröffnen – von Verwertungsmöglichkeiten für Immobilienakteur*innen – und dem Beschränken von spekulativen und preislichen Auswüchsen auf dem Wohnungsmarkt oszilliert. Insgesamt changiert Wohnungspolitik zwischen ein wenig mehr Regulierung in Zeiten von Wohnungsnot und ein wenig weniger Regulierung in Zeiten, in denen breite Teile der Bevölkerung versorgt scheinen. Das Feld der Wohnungspolitik ist sehr umkämpft, was sich einerseits in Versuchen der Immobilienwirtschaft zeigt, die Politik zu beeinflussen (Deutscher Bundestag 2018) und andererseits an lautstarken Protesten von Mieter*innen ablesen lässt (AG Starthilfe 2019; Peiteado Fernández 2020).

5.3.1 Wohnungspolitik in der Nachkriegszeit

In der Nachkriegszeit bestand das vordringliche Ziel der Wohnungsbaupolitik in Deutschland in der Beseitigung der drängenden Wohnungsnot, da aufgrund von Kriegszerstörungen sowie der Zuwanderung von Vertriebenen großer Wohnungsmangel herrschte. Als langfristiges Ziel wurde im Zweiten Wohnungsbaugesetz von 1956 im § 1 die Unterstützung weiter Kreise der Bevölkerung bei der Schaffung von Eigentum benannt. In diesem Sinn drehten sich große Teile des Gesetzes um eine geordnete Erstellung von Wohnungen bzw. Häusern im Eigentum, aber tatsächlich war in der langen Zeit bis 2002 – als das Gesetz offiziell außer Kraft trat – der Bau von steuerlich geförderten Mietwohnungen deutlich wichtiger. Der zentrale Pfeiler einer sozialorientierten, aber umkämpften Wohnungsversorgung stellte der soziale Wohnungsbau in Kombination mit dem gemeinnützigen Wohnungssektors dar (Holm et al. 2017). Unterstützt mit zinslosen Darlehen, steuerlichen Vorteilen und staatlichen Zuschüssen errichteten vor allem öffentliche und gemeinnützige Wohnungsbauunternehmen von 1950 bis 1960 in Großstädten 3,3 Mio. von insgesamt 6 Mio. Wohnungen (Egner 2014, S. 13; ◻ Abb. 5.5).

Damit bewies die Politik in Zeiten der Not ein entschiedenes wohnungspolitisches Engagement, das aber trotzdem dem ideologischen Fundament der Eigentumsförderung verpflichtet war (Becker 1981). Dies gilt auch für andere europäische Länder, die aber aufgrund von anderen historischen Bedingungen – kaum Kriegszerstörung – weniger unter dem Druck standen, in möglichst kurzer Zeit möglichst viele Wohnungen zu errichten. Der Eigentumsgedanke in der deutschen Wohnungspolitik zeigt sich daran, dass Mietwohnungen so gebaut werden sollten, dass eine spätere Überlassung als Eigenheime möglich war. Ziele bestanden zum einen darin, eine gesunde Entfaltung des Familienlebens zu ermöglichen und zum anderen, den Sparwillen und die Bereitschaft zur Selbsthilfe in der Bevölkerung zu fördern (Bundesgesetzblatt, Jahrgang 1956, Teil I, S. 523ff.). Um dieses Ziel zu unterstützen, unterlag die Sozialbindung im sozialen Wohnungsbau einer zeitlichen Beschränkung (Becker 1978, S. 53). Ein weiterer Schwerpunkt der Förderung war die Wohneigentumsförderung, die die Mittelschicht mit staatlicher Unterstützung in die Lage versetzen sollte, ein Eigenheim zu bauen oder zu kaufen.

■ **Abb. 5.5**   Wohnungsbau in der Stadt Coswig 1981 (Foto: Albert Gößwein)

Schon mit den ersten zarten Anzeichen einer Entspannung auf dem Wohnungsmarkt in den 1960er- und 1970er-Jahren zielten marktliberale Argumente darauf, öffentliche Wohnungsunternehmen und die Objektförderung in Form der Gemeinnützigkeit und des sozialen Wohnungsbaus in Deutschland abzuschaffen. Diese würden den Markt verzerren (Frankfurter Institut für wirtschaftspolitische Forschung 1986). Argumente waren, dass die steuerliche Begünstigung gemeinnütziger Unternehmen die privatwirtschaftlichen benachteiligen würde und dass viele Wohnungen im sozialen Wohnungsbau mit Bewohner*innen fehlbelegt seien, deren Einkommen über der Bemessungsgrenze lägen. Trotz dieser Argumente hielt sich der gemeinnützige Wohnungssektor, bis ein Skandal beim Wohnungsunternehmen Neue Heimat in den 1980er-Jahren zum Anlass genommen wurde, bei allen gemeinnützigen Unternehmen Probleme in der Kontrolle und Prüfung zu vermuten. Es wurde argumentiert, dass es in diesem Sektor zu wenige Mechanismen gäbe, um Korruption und persönlicher Vorteilsnahme vorzubeugen (Holm et al. 2017, S. 32).

5.3.2   Verstärkte Marktorientierung seit den 1980er-Jahren

Zur Reorientierung in der Wohnungspolitik trug aber auch bei, dass der öffentliche Wohnungsbau insbesondere in Form von Hochhaussiedlungen einer Stigmatisierung unterlag (Apel und Becker 1977; Gründler und Walcha 1986). Da der Wohnungsmarkt außerdem großräumig ausgeglichen sei und die konkrete bauliche Umsetzung soziale Brennpunkte geschaffen habe, wurde argumentiert, dass es nicht mehr notwendig bzw. sogar schädlich sei, sozialpolitisch in den Wohnungsmarkt zu intervenieren.

Wohnungsgemeinnützigkeit als gesetzliche und institutionelle Rahmung der staatlichen Intervention in den Wohnungsbau wurde in Deutschland in der Konsequenz zum 01.01.1990 abgeschafft (Holm et al. 2017). In der Folge erfanden sich einerseits öffentliche und gemeinnützige Wohnungsunternehmen als Marktplayer neu und andererseits wurden städtische Wohnungsunternehmen und/oder deren Wohnungsbestand privatisiert. Anlass hierfür war auch, dass viele Städte – vor allem in Ostdeutschland – versuchten, mit dem Erlös aus dem Verkauf Schulden abzubauen. Ehemals öffentlicher Wohnungsbestand wurde in der Folge vor allem an Finanzmarktakteur*innen verkauft und von diesen bzw. ihren Nachfolger*innen nach Marktprinzipien umgebaut. Inzwischen erfolgt das notwendige Wachstum dieser Unternehmen nicht mehr durch weitere Aufkäufe großer öffentlicher Wohnungsbestände, sondern durch Übernahmen und Fusionen zwischen den Unternehmen (◙ Abb. 5.6). Ein aktuelles Beispiel dafür ist die nach mehreren Anläufen Anfang Oktober 2021 besiegelte Übernahme der Deutschen Wohnen zum Preis von rund 19 Mrd. € durch die Vonovia SE (Tagesschau 2021). Damit ist der größte börsennotierte Wohnungskonzern Europas mit mehr als 550.000 Wohnungen entstanden. Für die Mieter*innen gehen diese Entwicklungen mit Problemen wie sinkendem Service, fehlenden Instandhaltungen und Mieterhöhungen einher (Unger 2018).

Öffentliche Wohnungspolitik in Deutschland zielt inzwischen weniger auf die Finanzierung von Sozialwohnungen, sondern auf die Implementierung eines marktkompatiblen Instrumentariums, das die Auszahlung von öffentlichen Geldern als

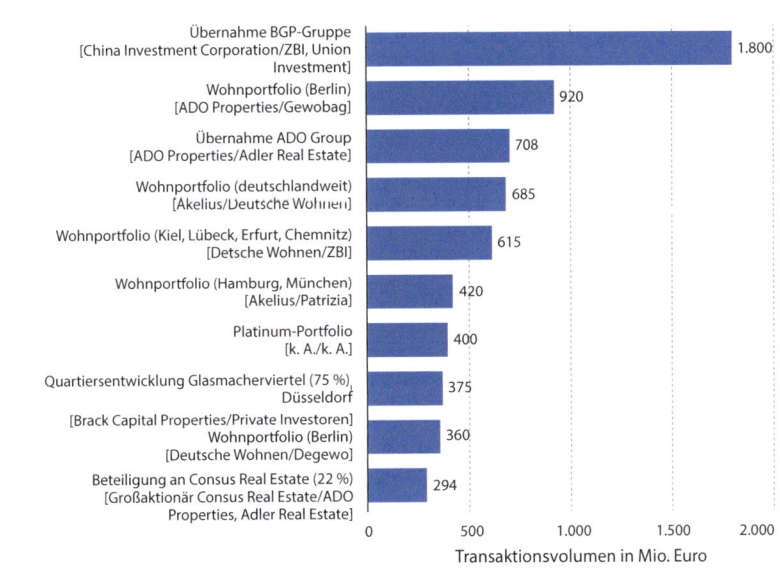

Größte deutsche Wohnimmobiliendeals im Jahr 2019 nach Transaktionsvolumen (in Millionen Euro)

Weitere Informationen:
Deutschland

◙ **Abb. 5.6** Größte deutsche Wohnimmobiliendeals im Jahr 2019 nach Transaktionsvolumen (Ernst & Young Real Estate 2020, zitiert nach ▸ de.statista.com, ▸ de.statista.com/statistik/daten/studie/501939/umfrage/wohnimmobiliendeals-in-deutschland-nach-transaktionsvolumen/. Zugriff: 23. August 2021)

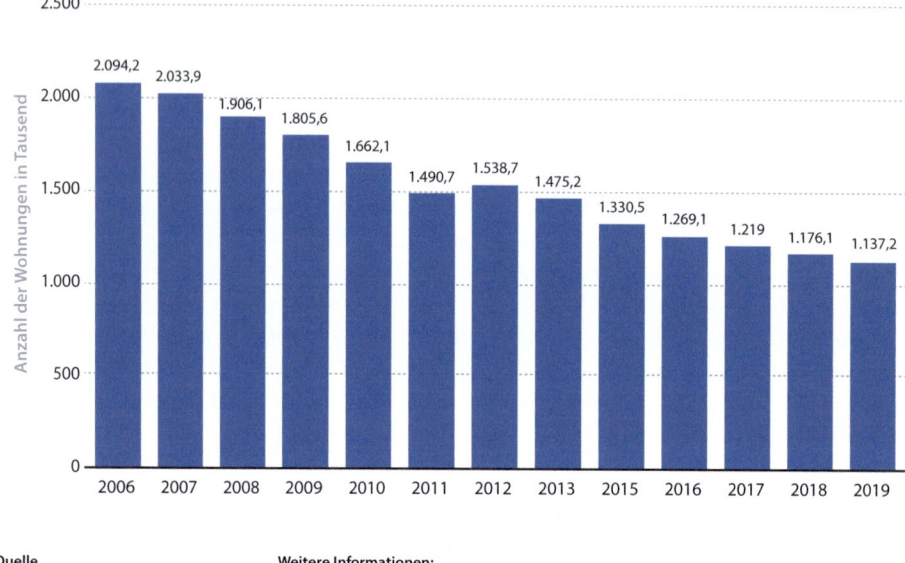

Bestand der Sozialmietwohnungen in Deutschland in den Jahren von 2006 bis 2019 (in 1.000)

Quelle
Deutscher Bundestag
© Statista 2021

Weitere Informationen:
Deutschland

⬛ **Abb. 5.7** Abnahme von Sozialwohnungen (Statista 2021, ▶ de.statista.com/statistik/daten/studie/892789/umfrage/sozialwohnungen-in-deutschland/. Zugriff: 23. August 2021)

Zuschuss, Steuererlass oder über Mietzahlungen an private Eigentümer*innen („Subjektförderung") umfasst. Es wurden Abschreibungsprivilegien für Bauinvestitionen eingeführt und verschiedene Hilfen für die Käufer*innen von Eigentum eingeführt (Holm 2017, S. 142). Deutlicher Ausdruck hierfür ist die Abnahme der Sozialwohnungen (⬛ Abb. 5.7)

Die beschriebenen Veränderungen haben sehr sichtbare und fühlbare Folgen in Städten (nicht nur in Deutschland), da insbesondere in Groß- und Universitätsstädten die Kosten im Zusammenhang mit Wohnen seit 2010 enorm gestiegen sind. Dies hängt mit einer verstärkten Zuwanderung, aber vor allem mit der Privatisierung des Wohnungsbestands in den Händen von Finanzmarktakteur*innen, der Reorientierung von vorher sozial gebundenen Wohnungsunternehmen und dem abnehmenden Sozialwohnungsbestand zusammen. Geringverdienende Haushalte stehen inzwischen vor der Herausforderung, dass das geschützte Wohnungssegment abnimmt, der Eigentumserwerb eine große finanzielle Belastung darstellt und zugleich die Anzahl von Mietwohnungen nicht mit dem Bedarf Schritt hält.

5.4 Wohnen und Finanzmarkt

> **Auf einen Blick: In diesem Abschnitt wird gezeigt,**
> — welche Finanzprodukte im Kontext von Deregulierung und Liberalisierung im Bereich des Wohnens seit den 1990er-Jahren geschaffen wurden.
> — wie Wohnen einer Finanzialisierung unterlag und welche Praktiken damit einhergehen.
> — in welche Städte bevorzugt investiert wird.

5.4.1 Deregulierungen auf dem Finanzmarkt

Weitreichende Folgen für den Wohnungssektor hatten außerdem verschiedene Maßnahmen auf einem anderen Politikfeld, nämlich dem des Finanzmarkt. In der Nachkriegszeit bewirkte die starke Regulierung der Finanzmärkte, dass der Handel mit Wohnungen als Finanzprodukt eingeschränkt wurde. Dies änderte sich ab den 1980er-Jahren, als viele Länder die Kontrolle der Kapitalbewegungen zugunsten eines marktregulierten Systems aufgaben – so auch Deutschland (Lütz 2008).

Zwischen 1990 und 2002 wurden in Deutschland mit vier Finanzmarktförderungsgesetzen Maßnahmen zur Förderung und Dynamisierung des heimischen Kapitalmarkts verabschiedet, um die Rahmenbedingungen für deutsche Akteur*innen auf globalen Finanzmärkten und für internationale Akteur*innen auf dem deutschen Finanzmarkt zu verbessern. So wurden für Immobilienfonds Investitionsmöglichkeiten räumlich innerhalb des Europäischen Wirtschaftsraums und später im globalen Maßstab ausgedehnt. Im Zuge dessen wurde es auch möglich, Wohnungsunternehmen bzw. deren Aktien an der Börse zu handeln (◘ Abb. 5.8).

◘ **Abb. 5.8** Bulle-und-Bär-Skulptur an der Frankfurter Börse als Symbol der Börsenkursentwicklungen. Aktien von Wohnungsunternehmen wie Vonovia SE, Akelius AG oder der LEG Immobilien SE werden dort gehandelt (Foto: Mickabaw, 2. April 2008)

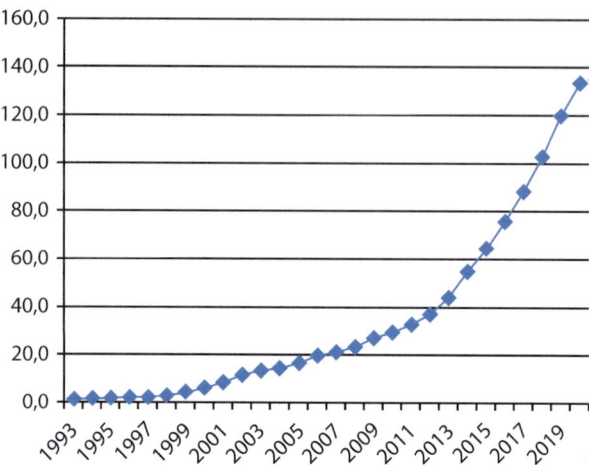

◻ Abb. 5.9 Fondsvermögen in Milliarden Euro der Immobilienspezialfonds in Deutschland (eigene Auswertung auf Basis der Kapitalmarktstatistiken der Deutschen Bundesbank 1993–2020, S. 47 bzw. 59, Statistisches Beiheft 2 zum Monatsbericht)

Im Zuge dieser Deregulierungen wurde eine Vielzahl von finanzmarktbasierten Anlagemöglichkeiten in Immobilien wichtig. Dazu gehören Real Estate Investment Trusts, Immobilien-AG, Real Estate Private Equity Fonds, Immobilienspezialfonds sowie offene und geschlossene Immobilienfonds, die aufgrund unterschiedlicher Risiko-, Steuer-, Gewinn- und Rückgabemöglichkeiten ein breites Feld von Anlagebedürfnissen und -wünschen bedienen (Heeg 2004). Erstmals wurden in Deutschland Hedgefonds erlaubt. Insbesondere US-amerikanische Hedge- (aber auch Private-Equity-)Fonds erwarben um die Jahrtausendwende öffentliche Wohnungsbestände, die im großen Maßstab von Städten und Kommunen verkauft wurden. Insgesamt wurde mit dem breiten und vielfältigen Angebot an finanzmarktbasierten Anlagemöglichkeiten das verfügbare Investitionskapital für Immobilien erhöht. Auch wenn einzelne Instrumente, wie offene Fonds, bereits vorher bestanden, so stellten sie aufgrund der Beschränkungen, die ihnen in ihren Aktivitäten auferlegt wurden, keine attraktive Anlage dar. Große institutionelle Anleger*innen, wie Versicherungen, Pensionskassen, Vermögensverwaltungen, Stiftungen, Banken etc., nutzten die neuen Finanzierungsinstrumente, um vor allem indirekt in Immobilien zu investieren und von Immobilieninvestments zu profitieren, ohne eigenes Immobilien-Know-how aufbauen zu müssen (vgl. die Entwicklung der Immobilienspezialfonds in ◻ Abb. 5.9).

Die verschiedenen Instrumente, wie Immobilienspezialfonds, Aktiengesellschaften etc., stellen eine Art dar, Geld für Immobilieninvestitionen zu sammeln. Eine Bedingung für deren Erfolg ist, dass sich Investments für die Anleger*innen rentieren, sodass keine Umschichtung zugunsten anderer Anlagen stattfindet. Aus diesen Gründen wenden die neuen Wohnungsakteur*innen ein Management an, das auf das Ausreizen von Gewinnen setzt (Unger 2018). Was demnach für Anleger*innen Vorteile hat, birgt für Mieter*innen Nachteile, da Mieten, aber auch Kaufen in diesem Prozess teurer wird und sich vom Sachwert der Wohnung entkoppelt, da Investor*innen bzw. *Shareholder* stetig steigende Gewinne erwarten.

5.4.2 Wohnen als Anlageform

Die vorher beschriebenen Veränderungen haben dazu beigetragen, dass Wohnungen eine begehrte Anlage und ein knappes Gut sind. In diesem Zusammenhang wird in der Wissenschaft eine Finanzialisierung von Wohnungen konstatiert (Aalbers 2016; Heeg 2017). Mit Finanzialisierung wird eine zunehmende Bedeutung von Finanzmärkten, -motiven, -institutionen, -eliten und -kennzahlen bei der Organisation eines Gegenstandsbereichs bezeichnet (Calbet Elias 2019, S. 14ff.). Wohnungen in der Hand von Finanzmarktakteur*innen unterliegen in diesem Zusammenhang kalkulativen Praktiken (s. Box „Kalkulative Praktiken"), mit denen die langfristige Steigerung der Gewinne prognostiziert und in die Zukunft projiziert werden soll. Damit werden Erwartungen geformt und Investitionen ausgerichtet.

Kalkulative Praktiken von Finanzinvestor*innen
Kapitalverwaltungsgesellschaften sind häufig die zentralen Akteur*nnen beim Management von Investitionsprozessen für institutionelle Anleger*innen. Sie tragen dazu bei, dass Wohnungen über verschiedene Stufen hinweg zu Finanzprodukten werden. Während im Fondsmanagement Anlagestrategien und -entscheidungen getroffen werden, z. B. den Standort und die Wohnungskategorie betreffend, befasst sich das Risikocontrolling mit der Messung und Überwachung der Risikopositionen und der Finanzanalyse des mit Wohnungen verbundenen Verlustpotenzials. Der Vertrieb übernimmt den Verkauf von Investmentzertifikaten und das Asset und Property Management sorgt für die Ausführung der administrativen Aufgaben der Gesellschaft (u. a. Facility Management). Zusammengefasst geht es darum, Immobilien zahlengesteuert in die Bewertungsmatrix der Finanzmärkte einzupassen.
Zentrale Literatur:
Bläser, Kerstin. 2017. Ermessensraum. *Zur kalkulativen Hervorbringung von Investitionsobjekten im Immobilieninvestmentgeschäft.* Bielefeld: Transcript
Botzem, Sebastian, und Leonhard Dobusch. 2017. Financialization as strategy: Accounting for inter-organizational value creation in the European real estate industry. In: *Accounting, Organizations and Society* 59: 31–43.
Langley, Paul. 2006. Securitising Suburbia: The Transformation of Anglo-American Mortgage Finance. *Competition & Change* 10(3): 283–299.

Grundsätzlich führt dies dazu, den Tauschwert einer Wohnung im Vergleich zum Gebrauchswert höher zu bewerten. Der Begriff Gebrauchswert bezieht sich auf den gesellschaftlichen oder individuellen Nutzen einer Sache. Er kann sich von Wohnung zu Wohnung unterscheiden, da sich wohnungsbezogene Eigenschaften zur Befriedigung von Bedürfnissen unterscheiden. Der Tauschwert einer Wohnung hängt aber nicht notwendigerweise von ihrem Gebrauchswert ab, sondern steht zum einen mit der in sie investierten Arbeitszeit und zum anderen mit den Preisen im Zusammenhang, die dafür auf dem Markt geboten werden. Nur Wohnungen – so wie andere Waren auch (Marx 2012, S. 38ff.) –, die einen Gebrauchswert haben, können auch einen Tauschwert haben. Aber für die Verkäufer*innen bzw. Manger*innen stellen Wohnungen in erster Linie Tauschwertträger dar und müssen diesbezüglich optimiert werden. Wohnungen, die diesen Ansprüchen genügen, befinden sich vor allem in verstädterten Großräumen, Metropolregionen und Großstädten (◘ Abb. 5.10).

Hier werden auch neue Anlageformen wie z. B. Studierendenwohnheime entwickelt und in Fonds integriert. Nicht selten werden diese Studierendenwohnheime aber auch als *„serviced apartments"*, Mikroapartments, Residenzwohnen oder einfach als möbliertes Wohnen vermarktet und verweisen damit darauf, dass es tatsächlich nicht darum geht, Studierenden günstigen Wohnraum zu bieten, als vielmehr ein

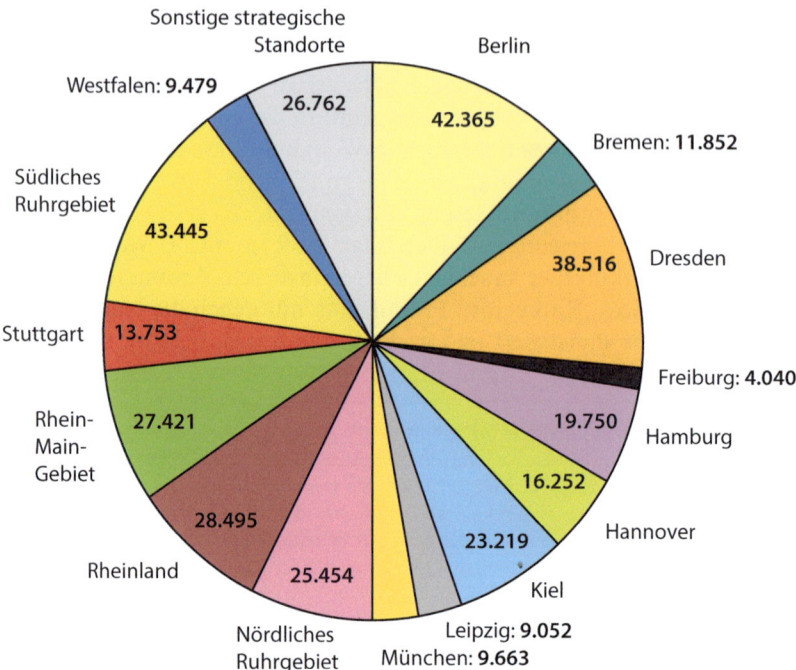

◘ Abb. 5.10 Verteilung des Wohnungsbestands der Vonovia SE nach Regionalmärkten (Nachzeichnung auf der Basis von Vonovia SE 2020, S. 62)

Angebot an jene zu machen, die aufgrund von Ausbildung, Job oder Studium häufig wechseln müssen oder wollen.

Der finanzialisierte Wohnungsbestand findet sich vor allem in größeren Städten: Dort besteht eine stabile Nachfrage nach Wohnungen, sodass die Wahrscheinlichkeit hoch ist, dass Wohnungen vermietet werden können. Darüber hinaus ermöglichen die größeren, räumlich zusammenhängenden Bestände eine Standardisierung und Automatisierung der Verwaltung. Dies gilt vor allem für Immobilien-Aktiengesellschaften wie die Vonovia SE, das größte Wohnungsunternehmen Deutschlands.

Mit der zunehmenden Bedeutung von Finanzmarktakteur*innen lässt sich feststellen, dass die Bedeutung des Tauschwerts von Wohnungen wichtiger geworden ist. Während die Vermarktlichung bzw. Verwertung von Wohnungen in der Nachkriegszeit durch verschiedene Regulierungen (z. B. Wohnungsgemeinnützigkeit) eingeschränkt wurde, so erhält seit mehr als 20 Jahren eine Finanzmarktlogik im Feld des Wohnens mehr Raum in Deutschland. Dies führt dazu, dass die finanzielle Optimierung, d. h. Senkung von Bewirtschaftungskosten, Erhöhung der Mieten, Standardisierung der Abläufe etc., ein hohes Gewicht hat. Wohnen droht damit zum teuren und umkämpften Gut für viele Mieter*innen zu werden.

5.5 Aktuelle städtische Tendenzen: Gentrification und Touristification

> **Auf einen Blick: In diesem Abschnitt wird gezeigt**
> ▬ wie *Gentrification*, d. h. Aufwertung von Wohnungsbestand und Vertreibung von Mieter*innen, erklärt wird.
> ▬ was *Touristification* bedeutet und warum Wohnungsvermittlungsplattformen wie AirBnB ein großes Problem für touristische Hotspot-Städte sind.
> ▬ warum *Gentrification* und *Touristification* mit Protestbewegungen einhergehen.

Städte unterliegen inzwischen in einem globalen Maßstab einer Aufwertung durch *Gentrification* und *Touristification*. Beides sind aktuell wirksame Prozesse in der Stadtentwicklung mit weitreichenden Auswirkungen auf den lokalen Wohnungsbestand. Damit ist sowohl der Zuzug neuer Bewohner*innen als auch von temporären Besucher*innen verbunden; im Zuge dessen fragen Bewohner*innen häufig danach – wie hier in Berlin – wem die Stadt gehört (◘ Abb. 5.11).

◘ **Abb. 5.11** Wem gehört Kreuzberg (Foto: Matthias Ripp)

5.5.1   Gentrification

Gentrification wird in der Stadtforschung schon seit mehreren Jahrzehnten diskutiert. Bereits in den 1980er-Jahren analysierte Neil Smith die Aufwertung in Wohngebieten von New York City (Smith 1987). Die aber wohl erste Erwähnung des Begriffs erfolgte in einer Veröffentlichung von Ruth Glass, die 1964 auf die von der Mittelschicht getragenen Reinvestments in mehreren vernachlässigten Londoner Stadtteilen verwies.

» „One by one, many of the working class quarters of London have been invaded by the middle classes – upper and lower. Shabby, modest mews and cottages – two rooms up and two down – have been taken over, when their leases have expired, and have become elegant, expensive residences. Larger Victorian houses, downgraded in an earlier or recent period – which were used as lodging houses or were otherwise in multiple occupation – have been upgraded once again. […] Once this process of ‚gentrification' starts in a district it goes on rapidly until all or most of the original working class occupiers are displaced and the whole social character of the district is changed." (Glass 1964, S. xviii)

Bereits von Glass wird die Verdrängung thematisiert, wonach eine neue Bewohner*innenschaft sich innerstädtische Viertel zu eigen macht. Sie bezeichnet diese neuen Akteur*innen als *„gentry"*, was in einem Rückgriff auf einen Begriff für den niederen englischen Landadel den Charakter der Veränderung bezeichnen soll. Demnach erobert eine urbane *„gentry"* London und trägt zur sozialen und baulichen Aufwertung bei. Weite Teile der Forschung aus den 1980er-Jahren thematisieren die Veränderung noch mit Begriffen der Durchsetzung neuer Lebensstile. Demnach werden innenstadtnahe Viertel mit einem niedrigen Mietpreisniveau von sogenannten Pionier*innen entdeckt, die die Möglichkeit nutzen, sich ein Viertel, das als vernachlässigt gilt und keine hohe Wertschätzung genießt, anzueignen (● Abb. 5.12).

Diese erste Welle der Invasion von Künstler*innen, Kreativen, Studierenden und Menschen mit wenig materiellen, aber vielen kulturellen Ressourcen verdrängt an-

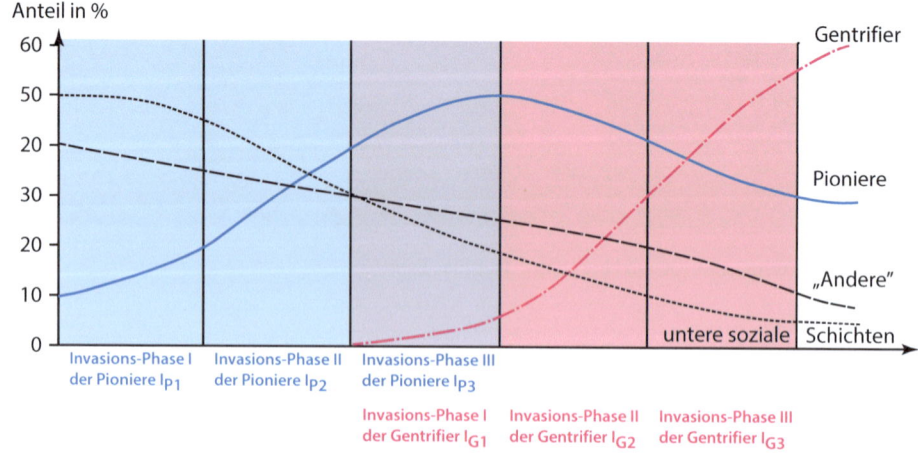

● **Abb. 5.12**   Modell des Verlaufs der *Gentrification* (Nachzeichnung nach Dangschat 1988, S. 281)

fänglich die (noch) dort lebenden Bewohner*innen nicht. Sobald aber der Nachzug weiterer Pionier*innen erfolgt, geht damit eine Verdrängung der alten Bewohner*innen einher (Sukzession). Im Anschluss setzt eine zweite Welle der Invasion-Sukzession ein, in der *Gentrifier* zuziehen, wenn sich der Ruf des Viertels von einem anrüchigen zu einem interessanten Viertel verschoben hat. In einem letzten Schritt ziehen *Gentrifier* mit einem hohen Einkommen und hohen Ansprüchen an ihre Wohnumgebung nach. Spätestens dann ist der sogenannte doppelte Invasion-Sukzession-Zyklus abgeschlossen, d. h. das Viertel ist gentrifiziert (Dangschat 1988).

Für die *Gentrification* **gibt es drei Erklärungen (Glatter 2006)**

Die erste Erklärung geht vom Zuzug neuer Bewohner*innen mit viel kulturellem, aber wenig ökonomischem Kapital aus. Infolge der neuen Bewohner*innen entstehen Cafés, Bars, neue Läden und Konsummöglichkeiten, die die Attraktivität von Räumen steigern und auch vermögende Bewohner*innen anziehen.

In der zweiten Erklärung wird darüber hinaus von Immobilieninvestitionen als Motor der *Gentrification* ausgegangen. Ziel ist es, die gestiegene Attraktivität einer Lage zu Geld zu machen (Smith 1996a). Es wird versucht, eine Ertragslücke auszuschöpfen, d. h. mit neuen Bewohner*innen, neuen Nutzungen und einer verdichteten bzw. veränderten Bauweise die Miete bzw. den Gewinn für einen bestehenden Raumausschnitt zu steigern.

Eine dritte Erklärung betont die Interventionen von Stadtplaner*innen in den Raum, um Voraussetzungen für *Gentrification* zu schaffen (Zukin 1987).

Neil Smith hat eine andere – die zweite – Erklärung für *Gentrification* gegeben, die stärker mit politischen und sozioökonomischen Veränderungen kapitalistischer Gesellschaften in Verbindung gebracht wurde (Smith 1996b). Demnach erlebten viele europäische und nordamerikanische Städte einen Niedergang der innerstädtischen Gebiete, die mit der nach 1945 erfolgenden Suburbanisierung in Verbindung stand. Diese hängt mit drei Phänomenen zusammen, ohne die sie nicht denkbar gewesen wäre:

- Umfangreiche öffentliche Investitionen in die verkehrliche Anbindung suburbaner Gebiete
- Abwanderung in das Stadtumland: Jene, die es sich leisten konnten, versuchten sich aus verdichteten Arbeiter*innenquartieren und der Industrie in neu entwickelte, suburbane Wohngebiete abzusetzen
- Staatliche Unterstützung zum Kauf oder Bau eines Eigenheims: Im suburbanen Umland, wo es Land zur Entwicklung von großen Wohnprojekten gab, wurde von Projektentwicklern der Eigenheimtraum in Form von seriellen Reihenhäusern realisiert

Diese Entwicklung trug dazu bei, dass der Preis innerstädtischen Bodens relativ zum Anstieg suburbaner Bodenpreise fiel. In der Folge unterblieben Instandhaltung und Sanierung des innerstädtischen Gebäudebestands. Damit eröffnete sich eine Lücke zwischen der realisierten und dem potenziellen Ertrag eines Grundstücks bzw. einer darauf stehenden Immobilie. Diese sogenannte *„rent gap"*, d. h. Mietertragslücke, entstand vor allem in den innerstädtischen Wohngebieten, wo die Diskrepanz zwischen dem, was tatsächlich erzielt wurde, und dem, was sich nach einer Neuentwicklung potenziell erzielen ließ, besonders groß war.

Das Ausschöpfen bzw. Schließen der Mietertragslücke wurde im Zusammenhang mit der Deindustrialisierung und gleichzeitigen Tertiärisierung der städtischen Wirtschaftsstruktur realistisch. Aufgewertete Wohngebäude und modernisierte Wohnungen wurden von den Arbeitskräften, die für die aufstrebenden Dienstleistungsunternehmen arbeiteten, nachgefragt. So wurde es möglich, in den aufgewerteten Wohnungen Mietpreise in einer Höhe zu nehmen, mit der die Mietertragslücke geschlossen werden konnte. Diese reale Aussicht zur Kapitalisierung der Lücke ermutigt nach Smith weitere Investor*innen, im Bestand aktiv zu werden mit der Erwartung, hohe Renditen erzielen zu können (Smith 1996a, S. 346).

In dieser Erklärung sind es weniger neue Lebensstile als vielmehr Profiterwartungen, die den Anlass geben, in den mehr oder weniger maroden innerstädtischen Wohnungsbestand zu investieren. Diese Aufwertungsstrategien geben dann den Ausschlag dafür, dass es Nachfrage bzw. interessierte Mieter*innen gibt. Nach Smith sind es aber auch öffentliche Interventionen in die innerstädtischen Gebiete in der Form von Subventionen und Sicherheitsstrategien, die dazu beitrugen, dass sich Gewinnerwartungen für Investor*innen stabilisierten und dass die Wohngebiete von problematischen Bevölkerungsgruppen wie Obdachlosen oder Drogenkonsument*innen zugunsten der neuen Bewohner*innen „befreit" wurden (d. h. die dritte Erklärung). Nach Smith beinhaltet die Aufwertung aktive Maßnahmen der Zurückeroberung dieser Gebiete. Öffentliche Interventionen tragen demnach Züge, eine „revanchist city" zu begründen, d. h. gegen die vorherigen armen Bewohner*innen vorzugehen (Smith 1996b, S. 206ff.).

Grundlegend für alle Erklärungen der *Gentrification* ist, dass sie eine Verdrängung alteingesessener Bewohner*innen bewirkt (Holm 2010). Wie die Verdrängung allerdings erklärt wird, weicht voneinander ab. Im doppelten Invasion-Sukzession-Zyklus passiert Verdrängung nicht aktiv, sondern quasi nebenbei. Bei Smith ist die Verdrängung über die „rent gap" der Kern der Argumentation. Ohne Verdrängung kann die Mietrentenlücke nicht geschlossen werden. Auch lokalpolitische, öffentliche Interventionen tragen zur Verdrängung bei (▶ Kap. 3 und 8).

Während in den 1980er- bzw. 1990er-Jahren *Gentrification* noch als ein inselhaftes Phänomen in den Städten diskutiert wurde, sind im neuen Jahrhundert eine Mehrheit der europäischen und außereuropäischen Städte von dieser Entwicklung erfasst (Atkinson 2005). *Gentrification* weist für die städtische Entwicklung zwei wichtige Dimensionen auf, die sich gegenseitig ergänzen: Sie bedeutet zum einen eine Verdrängung bisheriger Bewohner*innen und zum anderen die Durchsetzung von exklusiven Gebieten in den innerstädtischen Arealen. Neue Preis- und Angebotsstrukturen führen dazu, dass bestimmte Menschengruppen ausgegrenzt werden. Auch Bereiche, die bislang als nichtgentrifizierbar bewertet wurden (etwa, weil dort zu viel Industrie bzw. zu viel Durchgangsverkehr sei), sind inzwischen vom Gentrifizierungsfieber erfasst (Mösgen und Schipper 2017).

5.5.2 Touristification

Neuere Forschungen weisen darauf hin, dass inzwischen auch eine sogenannte *Touristification* (Kritische Geographie Berlin 2018) in Städten greift, die deutliche Auswirkungen auf Mietpreise und Nutzungen im Wohnungsbestand hat. *Touristification* beschreibt demnach einen Prozess, in dem – meist bereits gentrifizierte – Stadtteile von Tourist*innen entdeckt und für ihre Bedürfnisse erschlossen werden. Diese Tourist*innen lassen sich nur schwer kategorisieren: Handelte es sich anfangs eher um *Low-cost*- bzw. Rucksacktourist*innen, auf die das Angebot vor Ort abgestellt wurde, so sind es inzwischen auch auswärtige Tagesgäste, Kreuzfahrttourist*innen und normale Städtereisende, die zu einer *Touristification* beitragen. Zentral ist, dass die Stadtteile für den Tourismus erschlossen werden mit Angeboten wie Souvenirshops, kleinen Supermärkten, Bars, Cafés etc., die eher weniger an den Alltagsbedürfnissen der dortigen Bewohner*innen ausgerichtet sind als an erlebnishungrige Tourist*innen.

Dabei spielt die Wohnungsvermittlungsplattform AirBnB eine große Rolle (s. ▶ Kap. 10). Zugunsten kurzfristiger Mietverhältnisse erfolgt in vielen Städten in attraktiven Vierteln eine informelle Umwandlung von Mietwohnungen in Kurzzeitunterkünfte. Diese Mietverhältnisse ermöglichen es Vermieter*innen, deutlich höhere Einnahmen als mit regulären Mietverhältnissen zu erzielen. Tatsächlich wurde diesen Umwandlungen lange Zeit keine große Aufmerksamkeit gewidmet bzw. sie wurden aufgrund ihres Beitrags zur ökonomischen und kulturellen Aufwertung von innerstädtischen Gebieten positiv bewertet (Brandt et al. 2019). Es zeigte sich aber, dass dieser Prozess der „AirBnBisierung" weitreichende Auswirkungen hat, da die dahinterstehenden Verwertungsabsichten zum einen den langfristig mietbaren Wohnungsbestand in einem Viertel reduziert und zum anderen die Mietpreise explodieren lässt (Kritische Geographie Berlin 2018).

Eine Folge ist, dass nicht nur im jeweiligen Haus, sondern auch in angrenzenden Lagen in der Regel die Mietpreise steigen, da auch andere Vermieter*innen von der Entwicklung profitieren wollen. In der Konsequenz wird damit eine Verdrängung von bisherigen Bewohner*innen befördert und die Infrastruktur auf touristische Nutzungen verengt (Sequera und Nofre 2018).

In vielen Städten wurden Umwandlungen von Mietwohnungen in AirBnB-Unterkünfte lange Zeit geduldet. Dies änderte sich mit zunehmenden Protesten von Mieter*innen, die entweder Angst vor Verdrängung hatten oder die nicht bereit waren, die mit der Partykultur von Tourist*innen und den damit einhergehenden Beeinträchtigungen klaglos hinzunehmen (◘ Abb. 5.13). In Frankfurt – genauso wie in Berlin, Hamburg, Mexiko City, New York, San Francisco, Barcelona und vielen weiteren Städten – führte dies zu heftigen öffentlichen Debatten zwischen jenen, die eine Kontrolle dieses Sektors einforderten, und jenen, die ihr Geschäft bedroht sahen. Der Planungsdezernent Mike Josef kam in Frankfurt aber zu der Einschätzung, dass Wohnungen kein Hotelersatz seien und die Wohnungsknappheit in Frankfurt eine

5

🔲 **Abb. 5.13** *„Prioritize Tenants, not Tourists!"* Protest vor dem Hauptquartier von AirBnB in San Fransisco, 2.11.2015 (Foto: Steve Rhodes, Ausschnitt)

Einschränkung dieses Sektors rechtfertige. Allein im Jahr 2017 hätten Kontrolleure der Bauaufsicht „bei 1400 Wohnungen die illegale Nutzung beendet" (Göpfert 2018). So wie in Frankfurt versuchen inzwischen viele europäische und nordamerikanische Städte die Umnutzung von Mietwohnungen für AirBnB zu begrenzen – allerdings setzt dies arbeitsintensive Kontrollen voraus, die sich viele Städte nicht leisten können oder wollen.

Dies zeigt, dass die Entwicklung des Wohnungsmarkts heftig umkämpft ist. Bewertungen von Prozessen wie *Touristification* oder *Gentrification* sind stark interessensgesteuert. Während AirBnB für Tourist*innen eine Möglichkeit darstellt, in die Städte einzutauchen, während Vermieter*innen hohe und schnelle Einnahmen realisieren können, haben Stadtbewohner*innen, insbesondere Mieter*innen, das Nachsehen. Städte und ihre Wohnungsmärkte sind umkämpfte Orte!

5.6 Ausblick – Stadt bewohnen

Städtisches Wohnen wird von zwei Prozessen gerahmt. Auf der einen Seite scheint sich immer wieder eine neue Wohnungsnot Bahn zu brechen, ohne dass es zu grundlegenden Reformen kommt. Auf der anderen Seite wird das städtische Phänomen Wohnungsnot überlagert von aktuellen Tendenzen wie Finanzialisierung (Wohnen als Anlageform), *Touristification* und *Gentrification*. Hedin et al. (2012) argumentieren am Beispiel städtischer Wohnungsmärkte in Schweden, dass Prozesse des Wohnens einer Neoliberalisierung unterliegen. Das bedeutet, dass die Ermöglichung von privatwirtschaftlichen Gewinnen im Feld des Wohnens immer wieder zur Vertreibung von Bewohner*innen aus ihrem Wohnumfeld führt und die Verwertung von Wohnungen begünstigt.

Neben diesen aktuellen Prozessen muss aber auch festgestellt werden, dass sich das Verständnis zu Wohnen und Wohnungspolitik im Zeitverlauf verändert. Auch wenn Städte immer wieder von Wohnungsnot geprägt sind – immer wieder *„the same old story"* –, so variieren die politisch-planerischen Antworten darauf. Zwar wird ein marktwirtschaftlicher Wohnungsmarkt selten grundlegend infrage gestellt, aber im historischen Ablauf zeigen sich immer neue Versuche, die schlimmsten Exzesse einzudämmen. Diese Regulierungsversuche hängen in der Regel immer wieder mit aufflammenden Protesten zusammen. Die „bewohnte Stadt" ist insofern eine sehr unruhige Stadt: Wie Wellen rollen Prozesse der Verwertung und Entwertung über städtische Gebiete hinweg.

Schlüsselwerke

Aalbers, Manuel. 2016. The Financialization of Housing. A political economy approach. Albingdon, New York: Routledge.

Brede, Helmuth, Barbara Dietrich, und Bernhard Kohaupt. 1976. Politische Ökonomie des Bodens und der Wohnungsfrage. Frankfurt: Suhrkamp.

Fainstein, Susan. 2001. The City Builders. Property development in New York and London, 1980–2000. Lawrence: University Press of Kansas.

Heeg, Susanne. 2021. Ökonomie des Wohnens. In Handbuch Wohnsoziologie, Hrsg. Frank Eckardt, und Sabine Meier, 1–20. Heidelberg: Springer.

Literatur

Aalbers, Manuel. 2016. *The financialization of housing. A political economy approach.* Albingdon/New York: Routledge.

AG Starthilfe. 2019. Zusammen tun! Wie wir uns gemeinsam gegen den Mietenwahnsinn wehren können. http://deutsche-wohnen-protest.de/wp-content/uploads/2019/02/mieterinnen_protest_deutsche_wohnen_broschuere_zusammentun_2019.pdf. Zugegriffen am 03.03.2019.

Antidiskriminierungsstelle des Bundes. 2020. Rassistische Diskriminierung auf dem Wohnungsmarkt. Ergebnisse einer repräsentativen Umfrage. https://www.antidiskriminierungsstelle.de/SharedDocs/Downloads/DE/publikationen/Umfragen/umfrage_rass_diskr_auf_dem_wohnungsmarkt.pdf?__blob=publicationFile&v=10. Zugegriffen am 03.01.2021.

Apel, Dieter, und Heidede Becker, Hrsg. 1977. *Gropiusstadt: Soziale Verhältnisse am Stadtrand: Soziologische Untersuchung einer Berliner Großsiedlung.* Stuttgart: Kohlhammer.

Atkinson, Rowland, Hrsg. 2005. *Gentrification in a global context: The new urban colonialism.* London: Routledge.

Becker, Ruth. 1978. Wer finanziert den sozialen Wohnungsbau? Das „Umverteilungsmodell" im sozialen Wohnungsbau: Wie der Mieter dem Vermieter bei der Vermögensbildung hilft. arch+ 39: 53–58.

Becker, Ruth. 1981. Grundzüge der Wohnungspolitik in der BRD seit 1949. arch+ 57(58): 64–68.

Belina, Bernd. 2010. Krise und gebaute Umwelt: Zum Begriff des „sekundären Kapitalkreislaufs" und zur Zirkulation des fixen Kapitals. *Zeitschrift für marxistische Erneuerung* 83: 8–19.

Benevolo, Leonardo. 2000. *Die Geschichte der Stadt,* 8. Aufl. Frankfurt/Main: Campus.

BGBl. I – Bundesgesetzblatt Teil I. 1956. Nr. 30 Zweites Wohnungsbaugesetz. https://www.bgbl.de

Boddy, Martin, und Fred Gray. 1979. Filtering theory, housing policy and the legitimation of inequality. *Policy & Politics* 7(1): 39–54.

Brandt, Stephan, Claus Müller, und Anna Laura Raschke. 2019. Nuisance or economic salvation – The role of new urban tourism in today's Berlin. In *Three decades of post-socialist transition*, Hrsg. Nebojša Camprag und Anshika Suri. Darmstadt: tuprints.

Braudel, Fernand. 1997. *Die Dynamik des Kapitalismus*. Stuttgart: Klett-Cotta.

Brede, Helmut, Bernhard Kohaupt, und Hans-Joachim Kujath. 1975. *Ökonomische und politische Determinanten der Wohnungsversorgung*. Frankfurt am Main: Suhrkamp.

Brede, Helmuth, Barbara Dietrich, und Bernhard Kohaupt. 1976. *Politische Ökonomie des Bodens und der Wohnungsfrage*. Frankfurt: Suhrkamp.

Calbet Elias, Laura. 2019. *Spekulative Stadtproduktion. Finanzialisierung des Wohnungsneubaus im innerstädtischen Berlin*. Dissertation an der TU Berlin, Berlin.

Dangschat, Jens S. 1988. Gentrification: Der Wandel innenstadtnaher Wohnviertel. *Kölner Zeitschrift für Soziologie und Sozialpsychologie* 29: 272–292.

Deutscher Bundestag. 2018. *Antwort der Bundesregierung auf die kleine Anfrage der Abgeordneten Caren Lay, Lorenz Gösta Beutin, Heidrun Bluhm u. a.: Einfluss der Wohnungsbau- und Immobilien-Lobby auf die Bundesregierung*. Berlin: Bundesanzeiger.

Deutscher Bundestag. 2019. Recht auf Wohnen. Ausgestaltung und Rechtswirkung in den Verfassungen der Bundesländer und der EU-Mitgliedstaaten (WD 3–3000–120/19). https://www.bundestag.de/resource/blob/651544/50f6cb8ef28a8b472f0fa00add53d78a/WD-3-120-19-pdf-data.pdf.   Zugegriffen am 03.08.2021.

Egner, Björn. 2014. Wohnungspolitik seit 1945. *Aus Politik und Zeitgeschichte* 64(20-21): 13–19.

Engels, Friedrich. 1962. Lage der arbeitenden Klasse in England. Die großen Städte. In *Marx-Engels-Werke*, Hrsg. Karl Marx und Friedrich Engels, Bd. 2, 256–305. Berlin: Dietz.

Engels, Friedrich. 1973. Zur Wohnungsfrage. In *Karl Marx/Friedrich Engels – Werke*, Hrsg. Karl Marx und Friedrich Engels, 5. Aufl., 209–287. Berlin: Dietz.

Ernst & Young Real Estate, Hrsg. 2020. Trendbarometer Immobilien-Investmentmarkt 2020. https://assets.ey.com/content/dam/ey-sites/ey-com/de_de/news/2020/01/ey-immobilien-trendbarometer-2020.pdf?download. Zugegriffen am 23.08.2021.

Fainstein, Susan. 2001. *The city builders. Property development in New York and London, 1980–2000*. Lawrence: University Press of Kansas.

Frankfurter Institut für wirtschaftspolitische Forschung, Hrsg. 1986. Wohnungsmarkt: Gemeinnützigkeit auf dem Prüfstand. Argumente zur Wirtschaftspolitik 5. https://www.econstor.eu/bitstream/10419/99786/1/790701928.pdf. Zugegriffen am 15.05.2018.

Glass, Ruth. 1964. *London: Aspects of change. Centre for urban studies*. London: MacGibbon and Kee.

Glatter, Jan. 2006. News from the blinde men and the elephant? Welche neuen Erkenntnisse bietet die jüngere Gentrificationforschung? *Europa Regional* 14(4): 156–166.

Göpfert, Claus J. 2018. AirBnB & Co: Neue Regeln für Ferienwohnungen in Frankfurt. *Frankfurter Rundschau* 23. Januar

Gründler, Ursula, und Henning Walcha. 1986. *Stadt und Trabantenstadt: Offene u. latente Probleme im Wohnungsbestand; zur Diskussion von Aufgaben u. Lösungsansätzen in ausgew. Gebietstypen*. Recklinghausen: Kommunal-Verl.

Haila, Anne. 1988. Land as a financial asset: The theory of urban rent as a mirror of economic transformation. *Antipode* 20(2): 79–101.

Harris, Richard. 2012. Ragged urchins play on marquetry floors: The discourse of filtering is reconstructed, 1920s-1950s. *Housing Policy Debate* 22(3): 463–482.

Harvey, David. 1985. *The urbanization of capital: Studies in the history and theory of capitalist urbanization*. Baltimore: Johns Hopkins University Press.

Hedin, Karin, Eric Clark, Emma Lundholm, und Gunnar Malmberg. 2012. Neoliberalization of housing in Sweden: Gentrification, filtering, and social polarization. *Annals of the Association of American Geographers* 102(2): 443–463.

Heeg, Susanne. 2004. Mobiler Immobilienmarkt? Finanzmarkt und Immobilienökonomie. *Zeitschrift für Wirtschaftsgeographie* 48(2): 124–137.

Heeg, Susanne. 2014. Fragmentierung. In *Schlüsselbegriffe der Kultur- und Sozialgeographie*, Hrsg. Julia Lossau, Tim Freytag, und Roland Lippuner, 67–80. Stuttgart: Eugen Ulmer.

Heeg, Susanne. 2017. Finanzialisierung und Responsibilisierung: Zur Vermarktlichung der Stadtentwicklung. In *Wohnraum für Alle?!: Perspektiven auf Planung, Politik und Architektur*, Hrsg. Barbara Schönig, Justin Kadi, und Sebastian Schipper, 47–60. Bielefeld: transcript.

Heeg, Susanne. 2021. Ökonomie des Wohnens. In *Handbuch Wohnsoziologie*, Hrsg. Frank Eckardt und Sabine Meier, 1–20. Heidelberg: Springer.

Herring, Chris, und Emily Roseman. 2016. Engels in the Cresent City: Revisting the housing question in post-Katrina New Orleans. *ACME* 3(15): 616–638.

Holm, Andrej. 2010. *Wir bleiben alle!: Gentrifizierung – städtische Konflikte um Aufwertung und Verdrängung*. Münster: Unrast.

Holm, Andrej. 2017. „Neue Gemeinnützigkeit" und soziale Wohnraumversorgung. In *Wohnraum für Alle?!: Perspektiven auf Planung, Politik und Architektur*, Hrsg. Barbara Schönig, Justin Kadi, und Sebastian Schipper, 135–151. Bielefeld: transcript.

Holm, Andrej, Sabine Horlitz, und Inga Jensen. 2017. *Neue Wohnungsgemeinnützigkeit: Voraussetzungen, Modelle und erwartete Effekte*. Berlin: Rosa-Luxemburg-Stiftung.

Krätke, Stefan. 1995. *Stadt, Raum, Ökonomie: Einführung in aktuelle Problemfelder der Stadtökonomie und Wirtschaftsgeographie*. Basel, Boston: Birkhäuser.

Kritische Geographie Berlin. 2018. Tourismus. In *Handbuch kritische Stadtgeographie*, Hrsg. Bernd Belina, Matthias Naumann, und Anke Strüver, 3. Aufl., 312–317. Münster: Westfälisches Dampfboot.

Kühne-Büning, Lidwina. 2005. Besonderheiten des Wirtschaftsgutes Wohnung und seiner Nutzungleistungen. In *Grundlagen der Wohnungs- und Immobilienwirtschaft*, Hrsg. Lidwina Kühne-Büning, Volker Nordalm, und Lieselotte Steveling, 4. Aufl., 7–17. Frankfurt: Fritz Knapp.

Lütz, Susanne. 2008. Finanzmärkte. In *Handbuch der Wirtschaftssoziologie*, Hrsg. Andrea Maurer, 342–360. Wiesbaden: VS.

Marx, Karl. 1983. *Ökonomische Manuskripte 1857/1858: Grundrisse der politischen Ökonomie*. Berlin: Dietz.

Marx, Karl. 2012. *Das Kapital. Kritik der politischen Ökonomie: Buch 1: Der Produktionsprozeß des Kapitals*. Berlin: Dietz.

Mösgen, Andrea, und Sebastian Schipper. 2017. Gentrifizierungsprozesse im Frankfurter Ostend. Stadtpolitische Aufwertungsstrategien und Zuzug der Europäischen Zentralbank. *Raumforschung und Raumordnung|Spatial Research and Planning* 75(2): 125–141.

Office of the High Commissioner. 2019. Housing is a human right, not just a commodity. https://www.ohchr.org/EN/NewsEvents/Pages/AdequateHousing.aspx. Zugegriffen am 01.02.2021.

Park, Robert Erza. 1968. *Human communities: The city and human ecology*. New York: Free Press.

Peiteado Fernández, Vitor. 2020. *Producing alternative urban spaces: Social mobilisation and new forms of agency in the Spanish housing crisis*. Malmö: Malmö University.

Saunders, Peter. 2001. Urban ecology. In *Handbook of urban studies*, Hrsg. Ronan Paddison, 36–51. London/Thousand Oaks/Calif: Sage.

Schmoll, Fritz. 2016. Staat und Markt – die volkswirtschaftliche Perspektive. In *Basiswissen Immobilienwirtschaft: Vermietung und Verwaltung, Marketing und Maklerrecht, Grundstück und Grundstückskauf, Wertermittlung, Immobilieninvestition, Immobilienfinanzierung, Immobilienbesteuerung, Planungs- und Baurecht, Grundlagen der Bautechnik, Projektentwicklung, Unternehmensführung, Staat und Markt*, Hrsg. Fritz Schmoll, 3. Aufl., 1328–1454. Berlin-Reinickendorf: Grundeigentum.

Schönig, Barbara. 2017. Sechs Thesen zur – wieder mal – ‚neuen' Wohnungsfrage: Ein Plädoyer für ein interdisziplinäres Gespräch. In *Wohnraum für Alle?!: Perspektiven auf Planung, Politik und Architektur*, Hrsg. Barbara Schönig, Justin Kadi, und Sebastian Schipper, 11–26. Bielefeld: transcript.

Sequera, Jorge, und Jordi Nofre. 2018. Shaken, not stirred: New debates on touristification and the limits of gentrification. *City* 22(5-6): 843–855.

Smith, Neil. 1987. Of yuppies and housing: Gentrification, social restructuring, and the urban dream. *Environment and Planning D: Society and Space* 5(2): 151–172.

Smith, Neil. 1996a. Gentrification, the frontier, and the restructuring of urban space. In *Readings in urban theory*, Hrsg. Susan S. Fainstein und Scott Campbell, 338–358. Malden/Oxford, UK: Blackwell.

Smith, Neil. 1996b. *The new urban frontier: Gentrification and the revanchist city*. London/New York: Routledge.

Tagesschau. 2021. Vonovia hält jetzt 60 Prozent. Übernahme von Deutsche Wohnen gesichert. Stand 7.10.2021. https://www.tagesschau.de/wirtschaft/unternehmen/vonovia-deutsche-wohnen-103.html. Zugegriffen am 11.10.2021.

Unger, Knut. 2018. Mieterhöhungsmaschinen: Zur Finanzialisierung und Industrialisierung der unternehmerischen Wohnungswirtschaft. *PROKLA. Zeitschrift für kritische Sozialwissenschaften* 48(2): 205–225.

Vonovia SE, Hrsg. 2020. Halbjahresbericht 2020 H1. https://reports.vonovia.de/2020/q2/de/informationen/bestandsinformationen.html. Zugegriffen am 16.05.2021.

Wawrzyn, Lienhard, Hrsg. 1974. *Wohnen darf nicht länger Ware sein.* Darmstadt: Luchterhand.

Westphal, Helmut. 1978. Die Filtering-Theorie des Wohnungsmarktes und aktuelle Probleme der Wohnungsmarktpolitik. *Leviathan* 6(4): 536–557.

Westphal, Helmut. 1979. *Wachstum und Verfall der Städte: Ansätze einer Theorie der Stadtsanierung.* Frankfurt/Main/New York: Campus.

Zukin, Sharon. 1987. Gentrification: Culture and capital in the urban core. *Annual Review of Sociology* 13: 129–147.

5

Stadt begrünen – Grün- und Freiräume

Dagmar Haase

Inhaltsverzeichnis

6

Mehr als die Hälfte der Menschen weltweit lebt in Städten und täglich werden es mehr. Städte sind attraktive Orte für Arbeit und Bildung, für gute Vernetzung und kulturelles Leben. Gleichzeitig sind Städte auch Orte, die teils von extremer Luftverschmutzung, Lärm und Hitze geprägt sind. Dennoch werden Städte vermehrt Rückzugsorte für Biodiversität, welche sich aus der industriellen Landwirtschaft zurückzieht. Daher sind Freiräume in der Stadt von heute und morgen essenziell für das Wohlbefinden und die Gesundheit von Bewohner*innen, aber auch von Stadtökosystemen. Zu urbanen Freiräumen zählen vor allem Grünflächen und Gewässer, Wälder, Parks, Kleingärten und Brachen ebenso wie Flüsse, Seen oder Feuchtgebiete. Freiräume haben große Potenziale, die Umweltbedingungen in Städten zu moderieren und zu verbessern: Sie kühlen die Luft, reichern sie mit Sauerstoff an, sie puffern Lärm und bieten Orte der physischen und mentalen Erholung. Zudem sind Freiräume beliebte Orte für soziales Leben, Kommunikation und Freizeit. Dies gilt allerdings nicht für alle Freiräume, denn die Aufenthaltsqualität ist sehr abhängig von ihrem Zustand. Daher thematisiert dieses Kapitel verschiedene Filter zum Zugang zu Grün- und Freiräumen, Konzepte der Erreichbarkeit und Qualität, grundsätzliche Fragen der Umweltgerechtigkeit bezüglich urbaner Freiräume sowie aktuelle Fallbeispiele.

Zum Kapiteleröffnungsbild: Johanna-Park in Leipzig am Ende des Shutdowns wegen der Coronapandemie im Frühjahr 2020 (Foto: Annegret Haase)

> **Auf einen Blick. In diesem Kapitel wird gezeigt:**
> - Stand der Forschung und vor allem Konzepte der grünen Infrastruktur als auch der Grün- und Freiräume in Städten. Ergänzend werden Fallbeispiele aus verschiedenen europäischen Großstädten gezeigt
> - Das Konzept der Filter zur Bewertung des Zugangs und der Verfügbarkeit von Grün- und Freiräumen in Städten. Es zeigt, welche Ökosystemleistungen urbane Ökosysteme zur Verfügung stellen können und wie diese bei Stadtbewohner*innen ankommen oder eben nicht.
> - Grünräume und deren Beitrag zu Erholung und Gesundheit sowie als Orte der Naturerfahrung und Co-Habitation von Menschen, Pflanzen und Tieren
> - Schlussfolgerungen zeigen die Zukunft von Grün- und Freiräumen, integrative Planungs- und Entwicklungsansätze, den Einsatz von Fernerkundung, *Social Media* und *Big Data* für eine pragmatische und gleichzeitig partizipative Weiterentwicklung und Erhaltung dieser Räume auf

6.1 Grün- und Freiräume in der Stadt

> **Auf einen Blick. In diesem Abschnitt werden Grün- und Freiräume in der Stadt vorgestellt in Bezug auf**
> - ihr Design und ihre Typologie;
> - die vielfältigen Funktionen, die sie leisten sowie
> - die Einbettung von Grün- und Freiräumen in das komplexe sozial-ökologisch-technische System Stadt.

Zu urbanen Freiräumen gehören grüne, blaue und graue Räume oder Flächen in der Stadt. In wachsenden Städten stehen urbane Freiräume in einem Spannungsfeld zwischen Wohnungsdruck, Neubautätigkeiten, verschiedenen Nutzungsansprüchen und diversen, teils konfligierenden Nutzer*inneninteressen. Das Spannungsfeld wird komplettiert durch Aspekte der ökologischen Wirksamkeit und dem Anspruch, durch ein Mehr an Grün und ein ansprechendes Design einen Beitrag zur Anpassung der Städte und ihrer Bewohner*innen an den Klimawandel sowie zu deren Resilienz zu leisten (Pauleit et al. 2019a, b). Aufgrund dieser Vielfalt an Bedürfnissen, aber auch bezüglich ihrer Entstehungsgeschichte (Haase und Gläser 2009) weisen urbane Frei- und Grünräume eine typologische Vielfalt in Bezug auf Qualitäten und Merkmale auf (Haase 2017; Abb. 6.1).

》 *„Green infrastructure is a strategically planned network of natural and semi-natural areas with other environmental features designed and managed to deliver a wide range of ecosystem services such as water purification, air quality, space for recreation and climate mitigation and adaptation. This network of green (land) and blue (water) spaces can improve environmental conditions and therefore citizens' health and quality of life. It also supports a green economy, creates job opportunities and enhances biodiversity."* (Europäische Kommission 2020)

■ **Abb. 6.1** Vielfältige Ausprägung und Funktionalität urbaner Frei- und Grünräume in der Großstadt; oben links: gründerzeitlicher Stadtpark; unten links: Kleingartenanlage im städtischen Gründer-
zeitring; unten rechts: revitalisierter Industriekanal; oben rechts: revitalisierte Hochbahntrasse „Highl-
ine" (Fotos: Dagmar und Annegret Haase)

Zur Frei- und Grünraumtypologie zählen sowohl grundstücks- und wohnungsbezogene Freiräume (z. B. Innenhöfe, [Vor-]Gärten, Dach- oder Fassadengrün) als
auch quartiersbezogene Grün- und Freiräume (z. B. Stadtparks, Straßenräume, öffentliche Plätze, Haus- und Nachbarschaftsgärten), die charakteristisch für die innere historisch gewachsene Stadt sind. Hinzu kommen Grün- und Freiräume, die
aufgrund ihrer Größe und ihrer Lage innere und äußere Stadtränder bzw. Achsen
bilden (Pauleit et al. 2019a). Dazu zählen z. B. große öffentliche Parks, Kleingarten-
anlagen, Stadtwälder oder urbane Landwirtschaftsflächen sowie größere, noch un-
bestimmte Freiräume wie verfügbares Bauland, Brach- und Sukzessionsflächen. Brachen gibt es in zentralen sowie in Lagen am Stadtrand (Püffel et al. 2018; Rall und
Haase 2011). Säume oder Begleiträume entlang von Verkehrsinfrastruktur (z. B. Straßen, Straßenbahn, S-Bahn) und Flüssen, Lagerflächen, Stellplatzanlagen sowie Flächen der kommunalen Ver- und Entsorgung besitzen durchaus Nutzungspotenzial,
wenn sie im Sinn der biogeochemischen Multifunktionalität (gleichzeitige Erfüllung
von z. B. Luftfilterungs- und Luftkühlungsfunktion sowie Hochwasserrückhalt) und
Habitateignung zumindest temporär als urbane Freiräume nutzbar gemacht werden
(können).

> **Grüne Infrastruktur: Annäherung an ein *Buzzword* der aktuellen internationalen Mensch-Umwelt-Diskussion in Städten**
>
> Grüne Infrastruktur umfasst ein strategisch geplantes Netzwerk natürlicher und naturnaher Flächen mit unterschiedlicher naturräumlicher Ausstattung auf verschiedenen Skalenebenen (Ahern 2007). Der Begriff stammt ursprünglich aus den USA, gehört aber seit Jahren auch zu den Kernkonzepten der Umwelt-Division der Europäischen Union (Pauleit et al. 2019a, b). Das Konzept soll die Bedeutung und Nutzbarmachung von Stadtnatur stärken und war als eine Antwort auf *Urban Sprawl* und Nachverdichtung in und um Städte gedacht (Breuste et al. 2014). Allerdings wurde es in den letzten zwei Dekaden auch sehr innovativ in schrumpfenden Städten angewendet (Haase et al. 2014a). Die grüne Infrastruktur stellt insofern einen neuen Planungsansatz für Stadtplaner*innen dar, als dass ihm eine umfassende und nachhaltige Sicht auf Natur und Landschaft zugrunde liegt. Neben ökologischen, sozialen, kulturellen, ästhetischen und ökonomischen Aspekten werden vielfältige gesellschaftspolitische Ziele wie Klimawandel, Biodiversität (definiert als die Vielfalt des Lebens und die Gesamtheit aller auf der Erde nachweisbaren Organismen) aller Ökosysteme und der darin wirkenden biologischen Prozesse sowie sozialer Zusammenhalt in das Konzept integriert. Durch grüne Infrastruktur soll zum einen der Erhalt der Biodiversität und zum anderen die Stärkung und Regenerationsfähigkeit von Ökosystemen und deren Leistungen wie Luftkühlung oder Lärmpufferung erreicht werden (Schwarz et al. 2011). Grüne Infrastruktur ist konzeptionell komplementär zu grauer, blauer und brauner Infrastruktur, da sie durch ihre Multifunktionalität und Resilienz eine nachhaltige Alternative für viele Daseinsfunktionen in der Stadt bietet. Da die Gefahr des Biodiversitätsverlusts in Europa aufgrund der intensiven agrarwirtschaftlichen Landnutzung und der starken Fragmentierung besonders stark ist (Wolff und Haase 2019), wird das Konzept der grünen Infrastruktur von der EU zunehmend gefördert. Die Betonung der gestalteten Natur setzt allerdings einer natürlichen, sukzessiven Entwicklung von Stadtbiotopen und einer entsprechenden reichen Biodiversität sowie den Ökosystemleistungen, die von der grünen Infrastruktur produziert werden, deutliche Grenzen (McDonald et al. 2019). Ökosystemleistungen werden als die Funktionen und Produkte von Ökosystemen verstanden, die Menschen im weitesten Sinn für ihr Wohlbefinden nutzen können.

Urbane Freiräume in ihrer grünen, blauen oder grauen Ausprägung sind Multitalente: Sie bieten eine große Vielfalt an Nutzungsmöglichkeiten und Ökosystemleistungen für die Stadtbewohner*innen (Haase et al. 2014a). Sie sind divers in Bezug auf ihre Größe, Form, den Baumbestand und auch auf ihre Ausstattung (auch strukturelle Diversität nach Voigt et al. 2014; Abb. 6.2). Urbane Freiräume finden sich entlang des urban-ruralen Gradienten in allen Bereichen der Stadt (Haase und Nuissl 2010); aktuelle Nachverdichtung und Lückenschließungen lassen sie in Menge und Größe aber signifikant schrumpfen (Wolff et al. 2016) und damit auch ihre Wohlfahrtswirkungen (Kabisch et al. 2017a).

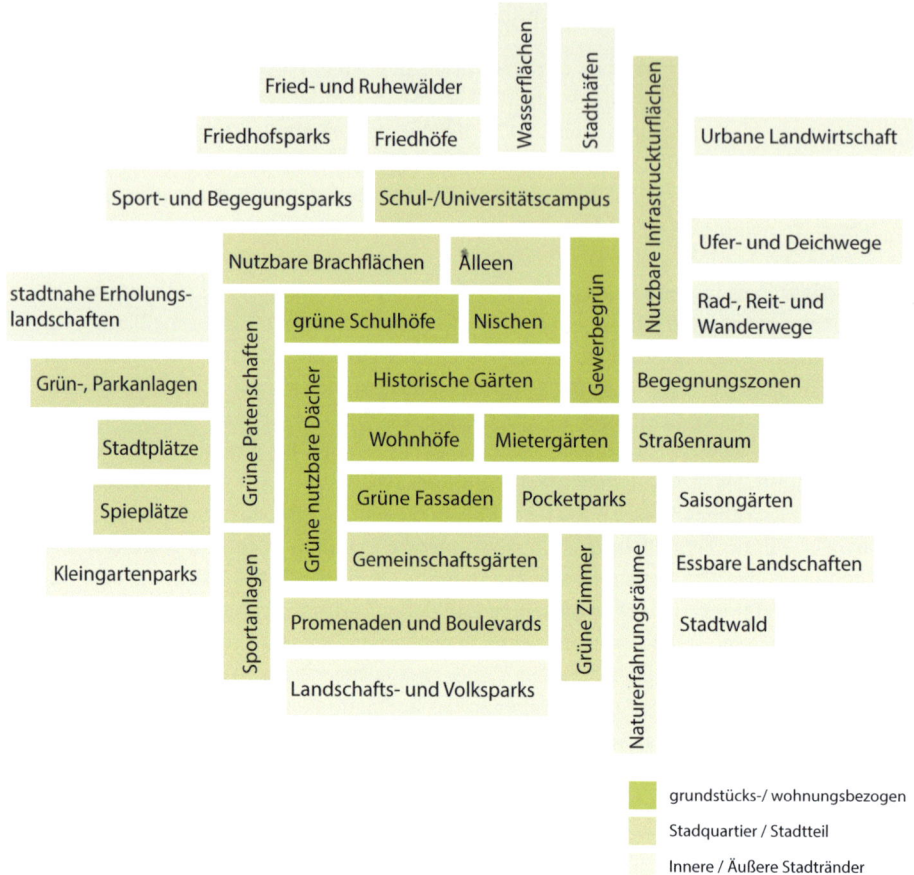

● **Abb. 6.2**   Vielfalt der Typen von urbanen Freiräumen (bgmr Landschaftsarchitekten GmbH/HCU)

Urbane Frei- und Grünräume bieten (prinzipiell) allen Stadtbewohner*innen Raum für Freizeit, Erholung und Erfahrungen mit Stadtnatur (Breuste et al. 2014). Die meisten sind (theoretisch) gut zugänglich, erreichbar und auch gemeinschaftlich nutzbar. Dabei wird nur ein Teil der urbanen Freiräume nach dem Prinzip der grünen Infrastruktur gestaltet und gepflegt (Pauleit et al. 2019a). Es handelt sich zumeist um öffentliche Freiflächen, die in den Stadtraum und das Wohn- und Arbeitsumfeld integriert sind und ein räumliches und funktionales Gesamtsystem bilden. Es gibt zudem noch private Freiräume, die exklusiv zugänglich sind und aktuell in Flächenanteil und Häufigkeit zunehmen (Haase et al. 2017).

Urbane Frei- und Grünräume sind lokale Hotspots von Biodiversität und Ökosystemleistungen: Grüne oder begrünte Flächen in Städten zeichnen sich oft durch eine lokal angepasste Flora aus (teils gepflanzten) einheimischen Arten aus (Breuste et al. 2014). Allerdings sind Städte zugleich Habitat für viele invasive, nichteinheimische Arten geworden, z. B. Götterbaum, Riesenbärenklau, Drüsiges Springkraut, Ambrosia ebenso wie Marderhund, Hirtenstar, Nilgänse oder Waschbär (McDonald et al. 2019). Gerade für Bestäuber, Schmetterlinge und viele heimische Vogelarten bieten städtische Grün- und Freiräume geeignete Habitate und Schutz vor ihrer Vernichtung in vielen Agrarräumen, die um Städten herum liegen (Bundesamt für Naturschutz unter ▶ www.bfn.de). Biodiversität steigert den Wert des Naturerlebens für die Stadtbewohner*innen, gerade für Kinder, sowie auch deren Gesundheit (Fischer et al. 2018) sowie die Resilienz der Städte gegenüber den Folgen des Klimawandels (Kabisch et al. 2017b).

Urbane Freiräume können vielfältige Funktionen im Stadtraum haben, denn sie sind multifunktional (Andersson et al. 2019). Sie sind einerseits Habitat für Flora und Fauna; sie dienen der Kühlung von Luft und Umgebung; sie mindern Verkehrslärm und sie produzieren Sauerstoff und Feuchtigkeit für Menschen und Tiere. Gleichzeitig erfüllen sie soziale, kulturelle und identitätsstiftende Funktionen als mehrdimensionale Erfahrungs- und Handlungsräume (s. ▶ Kap. 3 und 4) sowie als Lernorte (Elands et al. 2018; Vierikko et al. 2020; s. ▶ Kap. 9). In der multikulturellen Stadtkultur von heute bieten Frei- und Grünräume Möglichkeitsräume für neue informelle Nutzungen und Naturaneignung: Urbane Gärten als ein Ausdruck der urbanen *„commons"* und des aktiven Lernens (Dankowska et al. 2017) oder Brachen sind eher unkonventionelle Orte urbaner Begegnungen (Püffel et al. 2018). *„Urban commons"* sind Ressourcen in der Stadt, die gemeinschaftlich gestaltet oder genutzt werden, die die Gemeinschaft der Menschen, die *„commons"* herstellen, erhalten und nutzen sowie deren Selbstorganisation stärken.

In sich immer weiter nach innen verdichtenden (Wolff et al. 2018) und nach außen wachsenden Städten (Nuissl et al. 2009) sind urbane Freiräume, zu denen die Grünräume gehören, gleichzeitig hohem Bebauungsdruck, hohen Belastungen von Luft, Wasser, Hitze, Trockenheit und Lärm (Weber et al. 2014a, b) sowie enormer Nutzungsdichte und -frequenz von Besucher*innen ausgesetzt (Vierikko et al. 2020). Sie können dieser Belastung nur durch eine anspruchsvolle Gestaltung, eine nachhaltige Pflege und Bewässerung widerstehen. Das bedeutet heute aufgrund des immer deutlicher zutage tretenden Klimawandels vielerorts intensive Bewässerung (Kabisch et al. 2017b), das ökologischen Aspekten widerspricht.

Integrative Ansätze der Stadtökologie beziehen neben den grünen und blauen auch die grauen Infrastrukturen (auch technologische Infrastruktur genannt) mit ein, wie z. B. Verkehrstrassen, Gebäudeoberflächen oder Kommunikationsnetze (McPhearson et al. 2016). Diese *„social-ecological-technological systems"* (SET) zeichnen sich durch grüne und blaue Gestaltungselemente aus, um die ästhetische Vielfalt, die Leistungsfähigkeit für den Naturhaushalt und den Grad der Biodiversität so weit wie möglich zu steigern und zu erhalten. Limitierte Flächen müssen in der Stadt mehrfach genutzt und häufig müssen private Eigentümer*innen integriert werden (Breuste et al. 2014). Hochbau, Wand- und Dachbegrünung sowie Revitalisierung ehemaliger Trassen sind aktuell Fluchtorte der grünen Infrastruktur und Hoffnungen für die Klimaanpassung dichter Innenstädte (Egerer et al. 2021; Knaus und Haase 2020).

Als ein Zwischenfazit kann man sagen: Urbane Freiräume sind hoch integrativ und multiintegriert, müssen aber auch ganz praktisch die Chance im städtischen Alltag erhalten, es tatsächlich zu sein.

Zur geographischen Verbreitung grüner und weniger grüner Städte in Europa sei ein Blick auf ◘ Abb. 6.3 geworfen: Sie zeigt das Verhältnis zwischen Angebot und Nachfrage (pro Einwohner*in) an Grünräumen für große europäische Städte (Berechnung s. Wolff und Haase 2019). Es ist klar erkennbar, dass viele Großstädte im nördlichen und Mitteleuropa gut mit Grünräumen ausgestattet sind, wenn die loka-

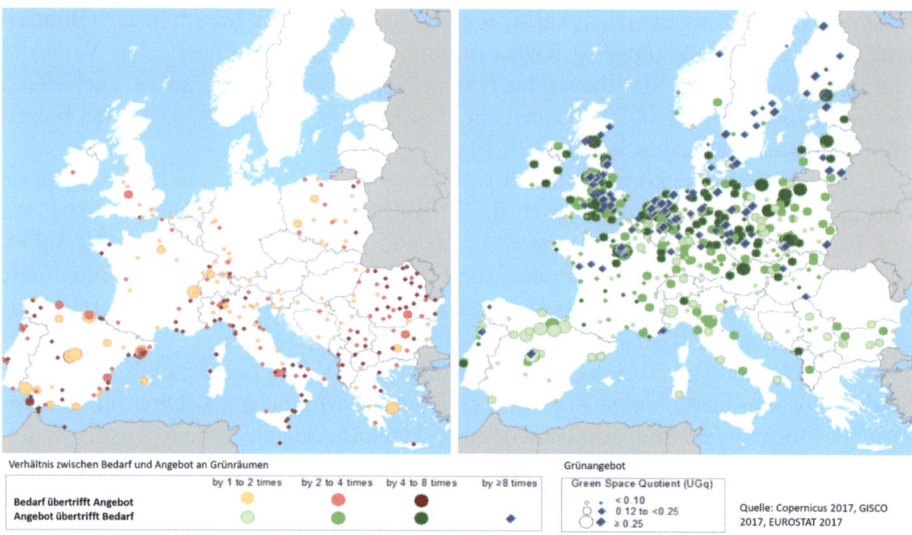

Quelle: Copernicus 2017, GISCO 2017, EUROSTAT 2017

◘ **Abb. 6.3** Verhältnis zwischen Angebot und Nachfrage (pro Kopf) an Grünräumen für große europäische Städte (eigene Darstellung in Anlehnung an Wolff und Haase 2019)

len Pro-Kopf-Richtwerte zugrunde gelegt werden. Nachfragedruck besteht vor allem im Süden und Südosten des europäischen Kontinents – gerade in den Regionen, wo die Effekte eines beschleunigten Klimawandels mit Hitzewellen und Trockenheit am ehesten zu Gesundheitsrisiken werden (oder es bereits sind). Hier ist eine Begrünung sehr wichtig und gleichzeitig limitiert, da die begrenzte Verfügbarkeit von Wasser einen Konflikt zwischen Menschen und gepflanzter bzw. spontaner Natur darstellt und alle naturbasierten Lösungen als lebende Systeme Wasser benötigen (Kabisch et al. 2017b).

6.2 Gefilterter Zugang zu Grün- und Freiräumen

Auf einen Blick. In diesem Abschnitt wird gezeigt:
- Der Zugang zu Grün- und Freiräumen in der Stadt
- Neue Konzepte und Ideen zu verschiedenen Filtern, die den Zugang determinieren
- Eigenschaften der Grün- und Freiräume für ihre spezifische Eignung oder Nichteignung zur Erholung.

Begrünte Städte sind essenziell für eine gute urbane Lebensqualität. Dieses Wissen ist auch Teil des gängigen Planungswissens in vielen Stadtverwaltungen (Weißbuch Stadtgrün, BMUB 2017). Und doch kommt die Wohlfahrtswirkung von Grün, also die Ökosystemleistungen wie Frischluft, Kühlung, Stressabbau oder Naturerfahrung, die auf und durch Grün- und Freiräume produziert werden, nicht bei allen Stadtbewohner*innen an (Haase et al. 2017; Andersson et al. 2019). Es gibt verschiedene Barrieren in der Stadt von heute, die selbiges verhindern, gleichzeitig aber auch als Filter für einen besseren (oder auch schlechteren) Zugang zu den oben genannten

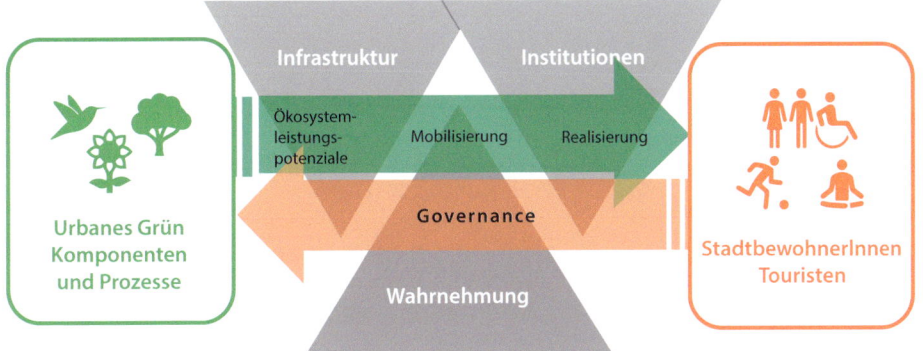

◘ **Abb. 6.4** Bereitstellung von Ökosystemleistungen von urbanen Grünräumen und Realisierung durch die Stadtbewohner*innen – ein komplexes System mit verschiedenen Filtern (graue Dreiecke: Infrastruktur, Institutionen und Wahrnehmung, wobei Infrastruktur und Institutionen eher top-down und die Wahrnehmung als individuelle Eigenschaft eher bottom-up agieren), die den Zugang zu den Ökosystemleistungen begünstigen oder Barrieren im Zugang zu öffentlichem und semiöffentlichem Grün in der Stadt darstellen können. Die Steuerung der Filter und die Moderation der Ökosystemleistungen für die Bevölkerung ist Kernaufgabe und Kernanliegen der urbanen *Governance* (in Anlehnung an Andersson et al. 2021)

grünen Wohlfahrtswirkungen agieren können: Die Infrastruktur einer Stadt, sei sie grün, blau oder grau (gebaut), die Institutionenlandschaft einer Stadt, sei sie kommunal wie die Stadtverwaltung, staatlich wie Umweltgesetzgebung oder privat wie NGO oder Bürgerinitiativen, und nicht zuletzt die Stadtgesellschaft und deren Wahrnehmung von Grün selbst (Andersson et al. 2021; Abb. 6.4; ◘ Tab. 6.1).

Das gemeinsame Wirken dieser drei Filter entscheidet über die Art und die Effektivität der Stadtbegrünung in Bezug darauf, wie ökologisch wirksam, aber auch wie fair die begrünte Stadt ist: Können den neuen Park auf der ehemaligen Verkehrsbrache viele Stadtbewohner*innen erreichen? Profitieren auch unterprivilegierte Haushalte oder müssen sie Extrakosten aufwenden (ÖPNV, Zeit), um den Park zu besuchen? Ist der Park auch für ältere und für Menschen mit besonderen Bedürfnissen ausgestattet, sodass diese den Freiraum selbstständig aufsuchen und nutzen können? Ist der Park mit Bäumen für kühlenden Schatten ausgestattet, die gleichzeitig Wohn- und Nahrungsraum für Insekten bieten? Überstehen diese Parkbäume auch längere Trockenphasen, wie sie aufgrund des Klimawandels auftreten werden? Gibt es soziale oder kulturelle Konflikte unter den verschiedenen Parknutzer*innen? Werden diese erkannt und moderiert von der Stadtverwaltung oder dem Parkmanagement? Werden (Nutzungs-)Konflikte von allen Besucher*innen gleich wahrgenommen?

Dies sind viele Fragen an das Grün einer Stadt, die zeigen, dass Stadtgrün in und auf Freiräumen keine mono-, sondern eine interdisziplinäre Angelegenheit ist. Es braucht eine *Good Mosaic Governance* (Buijs et al. 2016; van der Jagt et al. 2018), um Barrieren zu oder auf den Flächen des Stadtgrüns zu senken. Es geht somit darum, dass die begrünte Stadt verfügbar („*availability*"), erreichbar („*accessibility*") und attraktiv („*attractiveness*") ist (Biernacka und Kronenberg 2018; ◘ Tab. 6.1).

Bisher fokussiert die Analyse von Institutionen, die die Stadt begrünen, vor allem auf jenen, die das Grün zur Verfügung stellen (Young und McPherson 2013), bzw. entsprechenden Studien zu einer inadäquaten und zu geringen Stadtbegrünung (Bat-

6

◼ **Tab. 6.1** Typische Eigenschaften von Filtern (im Sinn von Optionen und Barrieren) im Zugang zu öffentlichem und semiöffentlichem Grün in der Stadt. Sie können als Mobilisierungsfaktoren sowie als Barrieren auftreten (in Anlehnung an das AAA-Modell von Biernacka und Kronenberg 2018: *Availability, Accessibility, Attractiveness*)

Dimension	Kategorie	Beispiele*	Planungsakteur*innen und Instrumente*	Grüne Infrastruktur*
Verfügbarkeit	Investment, Neubau und Verschwinden von Grün	Shopping-Center, Neues Wohnen, Straßen	Raumordnung, Planungsrecht, Flächennutzungsplan, B-Planung, Umweltrecht, strategische Umweltprüfung	Brachflächen, Offenland, Kleingärten, Straßengrün, Sukzessionsflächen, aufgelassene Friedhöfe
	Legale Unklarheiten	Unklarer Status, fehlende Mittel		
	Planungsversagen	Grün fehlt in Zonierung und Vorrangplanung	Flächennutzungsplan, Baurecht, Umweltziele	
	Fehlende Lobby von Grün	fehlende Reputation von Grün	Parlament, Stadtrat, Nichtregierungsorganisationen, Stiftungen	Brachflächen, Community-Gärten
Zugang	Physische Barrieren	Zäune, Mauern, Straßen Öffnungszeiten, Eintrittsgeld	Stadtplanung, Ordnungsrecht, Stadtbauamt, Eigentümer	Stadtparks, urbane Wälder, Kleingärten
	Mentale Barrieren, Wahrnehmung	Verwahrlosung, Müll, Diskriminierung, Angst vor Dunkelheit	Zivilgesellschaft, Ordnungskräfte, Stadtplanung	Stadtparks, urbane Wälder, Kleingärten, Community-Gärten
Attraktivität, Qualität	(Fehlende) Ausstattung	Toiletten, Bänke, Spielplätze	Stadt- und Grünflächenamt	Stadtparks, Plätze, Straßengrün
	Missmanagement	Müll, Hundekot		
	Nutzerdichte	Stau, Unwohlsein, Panik, Angst	Stadt- und Verkehrsplanung	Stadtparks
	Exklusion, fehlende Legitimation	Ablehnung, Anmache, Beleidigung	Zivilgesellschaft, Bürgerschaft, Nichtregierungsorganisationen, Stadtpolitik	Stadtparks, urbane Wälder, Kleingärten, Community-Gärten
	Lärm	Autos, Staus, Streit, Musik	Stadt- und Verkehrsplanung	Straßengrün, Stadtparks

[a] Auswahl

taglia et al. 2014; Kronenberg 2015). Dass es für eine begrünte Stadt einer vielfältigen *Governance*-Struktur bedarf, die Zugang, wie oben beschrieben, im weiteren Sinn ermöglichen und gleichzeitig Barrieren senken kann, ist die Erkenntnis aktuellerer Forschungen zu grüner Infrastruktur in Städten (Ernstson et al. 2008, 2010; Colding und Barthel 2013).

Auf dieser Basis haben Biernacka und Kronenberg (2018), ausgehend vom polnischen Lódz, das AAA-Modell für die begrünte Stadt entwickelt: A steht für Verfügbarkeit (*„availability"*), A steht zudem für Erreichbarkeit oder Zugang (*„accessibility"*) und schließlich steht A auch für Attraktivität und Qualität (*„attractiveness"*; ◘ Tab. 6.1; ◘ Abb. 6.5). Die drei A-Dimensionen fragen explizit danach, ob die jeweiligen *Governance*-Akteur*innen (z. B. Planer*innen, Stadtförster*innen, Kleingartenverein, Community-Garten-Initiative etc.) einen Einfluss auf Existenz und Größe von Stadtgrün haben, ob die *Governance*-Akteur*innen den Zugang zu Grün limitieren oder gestatten können, indem urbanes Grün einem Marktpreis (Eintrittsgeldern) oder Öffnungszeiten unterworfen werden. Und schließlich, ob die Akteur*innen die Qualität und den Zustand der Grünräume beeinflussen (Biernacka und Kronenberg 2018). Freiräume wie Brachen oder Plätze schließt das AAA-Modell nicht explizit aus, macht aber keine speziellen Ausführungen zu diesen potenziell begrünbaren Flächen.

◘ **Abb. 6.5**   Typische Barrieren im Zugang zu öffentlichem und semiöffentlichen Grün in der Stadt: physische Barrieren wie Zäune, Mauern oder nicht begehbare Wege (oben rechts), Verbote, Gebote, Öffnungszeiten oder Eigentumsfragen (unten rechts) sowie Wahrnehmung von Privilegien oder Deprivation und Zurückweisung (links das viel diskutierte Beispiel von grüner Gentrifizierung. Gentrifizierung bezeichnet den sozialen und ökonomischen Strukturwandel großstädtischer Viertel durch eine Attraktivitätssteigerung [s. ► Kap. 5], unter anderem eben Begrünung, zugunsten zahlungskräftiger Eigentümer*innen und Mieter*innen und den Wegzug einkommensschwächerer Haushalte (s. auch Helbrecht 2016 und Holm 2006 und 2010 für Berlin; Haase et al. 2017)

Die ◘ Tab. 6.1 ordnet verschiedene Barrieren und Optionen in Bezug auf das urbane Grün im AAA-Modell und macht deutlich, dass es sehr verschiedene Formen der begrünten Stadt gibt, wie im ersten Teil des Beitrags erläutert und in ◘ Abb. 6.2 zusammengestellt. Die ◘ Tab. 6.1 zeigt zudem die Vielfalt an Kategorien und Akteur*innen, die bezüglich urbanen Grüns in einer Großstadt agieren, sowie die Diversität an rechtlichen, planerischen, marktbezogenen, aber auch individuellen und wahrnehmungsbezogenen Dimensionen, die den Zugang zur begrünten Stadt ermöglichen oder limitieren. Stadtplanung ist sicher eine entscheidende, aber nicht die alleinige Stellschraube beim Ermöglichen von besserem Zugang zu Stadtgrün, bei der Begrünung von Freiräumen und bei einer Akteur*innen-übergreifenden Gestaltung. Andere Stellschrauben sind die Stadtzivilgesellschaft, aber auch ökonomische Akteur*innen, z. B. Investor*innen.

Die ökologische Dimension urbaner Grünflächen, also das Funktionieren der biophysikalischen Prozesse des Ökosystems und der Biozönosen (Lebensgemeinschaft von Organismen verschiedener Tier-, Pflanzen- und Pilzarten), der Nahrungsketten oder der Biodiversität, werden vom AAA-Modell als mögliche Barrieren weniger abgebildet. Hier kann ein neuer Ansatz, die *„plant traits"* helfen, der sich den allgemeinen Merkmalen der Pflanze zuwendet: Form, Größe, Blatteigenschaften, Vitalität oder krankheitsbedingte Merkmale sowie deren Erfassung und Interpretation (Andersson et al. 2021). Da *„traits"* auch explizit Eigenschaften von Pflanzen betreffen, die Menschen wahrnehmen und (be)werten können (Kendal et al. 2012; Goodness et al. 2016), ist das *Trait*-Modell eine geeignete, weil komplementäre Entwicklung und Ergänzung zum AAA-Modell für urbane Grün- und Freiräume.

Urbane Brachen: Orte zum Abhängen?

Brachen sind besondere Orte in Städten – sie werden offiziell nicht genutzt, scheinen kaum von Interesse und können morgen bereits verschwunden sein, indem sie bebaut oder zum Spekulationsobjekt mit Zäunen abgegrenzt werden. Gleichzeitig verkörpern Brachen Orte der Freiheit und der Ungezwungenheit in dichten und hoch reglementierten Großstädten, wo jeder Quadratmeter zumeist mehrfach genutzt und mit Restriktionen belegt ist. Brachen sind Orte der Natur in der Stadt, wo sich Ökosysteme den Raum wiederholen und sich Pflanzen- und Tiergemeinschaften auf Sekundärbiotopen entwickeln, manchmal ja sogar tummeln. Sind Brachen Orte, wo gestresste Stadtbewohner*innen Ökosystemleistungen genießen können? Dieser Frage sind die Humboldt Universität zu Berlin und das Helmholtz-Zentrum für Umweltforschung (UFZ) Leipzig nachgegangen (Püffel et al. 2018; Rall und Haase 2011). Verschiedene Brachen in der Großstadt Leipzig wurden untersucht, ihre Grünausstattung aufgenommen und die Nutzungspraktiken von Menschen auf den Brachen analysiert, um die Rolle der Stadtbrachen zu bewerten. Zur Analyse wurde die App *MapNat* genutzt, außerdem wurden die Brachen und deren Umgebungen teilnehmend beobachtet. Der Methodenmix wurde um städtische Statistiken ergänzt.

Im Ergebnis stellen wir fest, dass sich die Brachen stark in Größe, Oberflächenbewuchs und Lage sowie in Bezug auf Aufenthaltszeiten und -häufigkeiten unterscheiden. Ihre Inanspruchnahme und Wahrnehmung von Nutzer*innen sind durchaus speziell, sodass man nicht einfach von „den" Brachen in einer Großstadt sprechen kann. Alle Untersuchungsobjekte unserer Studie lagen in inneren Stadtlagen.Die Nutzung der Brachen variiert deutlich von der Nutzung von Parks oder Gärten, die auch frei und für jedermann zugänglich sind. Weniger zugängliche Brachen werden z. B. von Hundebesitzer*innen für ein tägliches Gassigehen sehr geschätzt, da sie im Vergleich zu Parks keine Freilaufrestriktionen aufweisen. Besser erreichbare und einsehbare Brachen werden als Orte des „Abhängens" genutzt, also für sehr informelle Erholungspraktiken, da verursachter Lärm zu weniger Nutzungskonflikten führt. Ebenso werden Brachen sehr pragmatisch als Durchgangswege durch die Stadt genutzt, wobei dabei die Flächen und ihre Natur nicht von großer Bedeutung sind. Aber auch die Wildnis der Brachen wird von Besucher*innen erkannt und als eine urbane Natur geschätzt, die sich deutlich von gepflanzter und designter Natur anderer öffentlicher Grünflächen unterscheidet. Die Ergebnisse der Studien von Püffel et al. (2018) sowie Rall und Haase (2011) zeigen, dass Brachen wichtig und einzigartig in Großstädten sind und gerade dafür von Nutzer*innen geschätzt und aufgesucht werden. Sie können als Bereitsteller von Ökosystemleistungen einen wichtigen Beitrag in der komplexen Stadtlandschaft leisten und sind weit mehr als Platzhalter für Bebauung. Eine Stadt braucht Brachen!

6.3 Gerecht verteilt? Die begrünte Stadt erfahren können

Auf einen Blick: In diesem Abschnitt geht es um
Fragen der Umweltgerechtigkeit in Bezug auf urbane Grün- und Freiräume. Der Denkansatz von Setha Low wird hier als ein integratives, partizipatives sowie distributives Modell in den Mittelpunkt gestellt.

Wie stellt sich der Zugang zur begrünten Stadt für die Bevölkerung dar? Welche Muster von Nähe, Ferne und Qualität des Grüns gibt es in verschiedenen Teilen einer Stadt? Sind der Zugang zu Grün, gesunder Umgebung, gesunder Ernährung und einem attraktiven Wohngebiet reiner Luxus in unseren immer dichter werdenden Städten (s. Wolff und Haase 2019 für über 900 europäische Städte)? Können sich bald nur noch Haushalte mit höherem oder hohem Einkommen Wohnstandorte in der Nähe zu qualitativ hochwertigem Grün leisten? Und reicht „einfach grün" („*just green*") für alle anderen Einkommensschichten (wie in einem provokanten Beitrag von Curran und Hamilton 2012 vorgeschlagen)?

Solche Fragen nach der räumlichen Ungleichverteilung von Umweltnutzen und Umweltbelastungen in Städten werden in den Vereinigten Staaten seit den 1980er-Jahren unter dem Begriff *Environmental Justice* diskutiert (Low 2013, 2016; Maschewsky 2001). Die räumliche Ungleichverteilung ist dabei auch eine soziale und politische Frage, wenn man die grundlegenden Pfade der Herausbildung und Manifestation von Einkommens- und Bildungsungerechtigkeit in Städten weltweit offenlegt. Städtisches Grün wie oben diskutiert ist von dieser Ungerechtigkeit nicht frei. Neuere Arbeiten sprechen von „*green gentrification*" oder „*ecogenetrification*", um den unfairen Zugang oder besser Nichtzugang zu öffentlichem aber auch nichtöffentlichem Grün in Städten zu thematisieren (Kremer et al. 2019; Haase et al. 2017).

In Europa wird seit etwa 30 Jahren, also deutlich später als in den USA, der Nexus zwischen Biodiversität, urbaner Lebensqualität, sozialer Gerechtigkeit sowie gesundheitlicher Chancengleichheit unter dem Begriff Umweltgerechtigkeit definiert (Maschewsky 2001; Hornberg et al. 2011). Bezogen auf die begrünte Stadt sowie Freiräume mit ökologischer Qualität beinhaltet Umweltgerechtigkeit die Suche nach Antworten auf Fragen wie diese: Auf welche Weise sollen die Stadtbewohner*innen Natur erleben, wenn das unmittelbare Wohnumfeld stark versiegelt und das einzige verfügbare Grün das Abstandsgrün zwischen stark verdichteter Wohnblocks ist? Wie kann man die Versorgung mit hochwertigem Grünraum gewährleisten, wenn Nachverdichtung und Lückenschluss fast ausschließlich im höherpreisigen Segment des städtischen Wohnungsmarkts stattfinden und es zur Verdrängung von einkommensschwächeren Haushalten aus ihrer Nachbarschaft kommt (s. Holm 2006, 2010; s. ▶ Kap. 5)?

In der Großstadt und noch mehr in der Megacity sind die Menschen auf öffentliche Parks, Gärten verschiedener Art, Stadtwälder, Straßenbäume oder eben auch Brachen angewiesen, da die wenigsten über einen privaten Garten verfügen. Haushalte mit geringen Einkommen haben jedoch häufig keinen (einfachen) Zugang zu wohnungsnahen und attraktiven Grünflächen oder anderen Freiräumen (Kremer et al. 2019). Urbane Natur erbringt vielfältige Ökosystemleistungen (Haase et al. 2014b für einen Überblick): Chlorophyllhaltige Pflanzen verbessern das städtische Mikroklima durch Verdunstung, Schadstofffilterung, Lärmminderung und Beschattung (Weber et al. 2014a, b); aber eben nur für jene Stadtbewohner*innen, die die Grünflächen erreichen und sich dort aufhalten können.

Gerade in sozial benachteiligten Quartieren mit häufig beengten Wohnverhältnissen bieten Grünräume direkte Naherholung, Orte der Freizeit und Bewegung, Orte des Rückzugs sowie auch Orte für den Erhalt des physischen und mentalen Wohlbefindens (van den Bosch und Ode Sang 2017; Kabisch und Haase 2018). Grünräume sind Orte der Kommunikation, des Socialising und der lokalen Identität (Rall et al. 2017; s. ▶ Kap. 3). Sowohl erfolgreich rekultivierte Brachen (Rall und Haase 2011) als auch interkulturelle Gärten (Dankowska et al. 2017) sind exzellente und erfolgreiche Beispiele gelebter sozialer Funktionen von urbaner Begrünung in ganz Europa und auch darüber hinaus (für Australien: de la Cruz et al. 2019, für die USA: Draus et al. 2020).

Umweltgerechtigkeit fokussiert in der Regel auf den städtischen Raum oder auf Stadtregionen und kann sich neben der physischen Umwelt (natürliche Umwelt, darunter Grün- und Freiräume und gebaute Umwelt) auch auf die soziale Umwelt (Individuen, Gruppen, soziale Beziehungen) beziehen. Zur Identifizierung städtischer Teilräume, in denen sich eine Unterversorgung oder Zugangslimitierung zu Grün- und Freiräumen in Verbindung mit sozialen und gesundheitlichen Benachteiligungen konzentrieren, bedarf es eines komplexen Monitoringsystems, das verschiedene Kernkriterien berücksichtigt: Es muss kleinräumig auf die Nachbarschaft oder das Quartier ausgerichtet sein. Zudem muss es aber auch die gesamte Stadt abdecken, um gesamtstädtische Vergleiche ziehen zu können. Zudem sollen Umwelt- und Grünversorgungssituation sowie die soziale und gesundheitliche Lage der Bewohner*innen im Quartier berücksichtigt werden. Diese Indikatoren können mittels der Basisdaten eines urbanen Statistik- und Monitoringsystems abgerufen und zusammengestellt werden (s. Kabisch und Haase 2014 für Berlin und Kabisch et al. 2021 für Leipzig). Eine entsprechende Visualisierung der Ergebnisse kann mittels eines Geographischen Informationssystems in thematischen Einzelkarten sowie Mehrfachindikationskarten (Überlagerung der thematischen Einzelkarten) erfolgen und als Kommunikationsebene/Tool dienen. Zudem können Indikatoren wie der Gini-Koeffizient, der Morans-I-Koeffizient, die Lorenzkurve, als auch eine hierarchische Clusteranalyse konkret und zielgenau Mehrfachverteilungen sowie deren räumliche Muster identifizieren (s. Beispiele in ◘ Abb. 6.7).

Eine Vertiefung der quantitativen Erfassung von vor allem Verteilungsungerechtigkeiten die urbanen Grün- und Freiräume betreffend können Tiefeninterviews, Narrative von Bürger*innen, Dokumentenanalyse, Fokusgruppen oder Planspiele bewerkstelligen. Gerade die Dimension der wahrgenommenen Zugangsgerechtigkeit ist eine qualitative und mentale Größe, die ein statistisches Monitoring im klassischen Sinn nicht einfängt (Bharwani 2006). Gleiches gilt für die Akteur*innenanalyse zur näheren Untersuchung der Verfahrensgerechtigkeit in Bezug auf (partizipative) Grün- und Freiraumplanung und -gestaltung (Kabisch 2015).

Im Vergleich zur eben anthropogen definierten Umweltgerechtigkeit thematisiert die ökologische Gerechtigkeit neben der sozialen Verteilungsgerechtigkeit verstärkt die eigentliche Beziehung zwischen Mensch und Natur als Ökosystem und Ressource, quasi die Rechte aller Lebewesen. Das Konzept der ökologischen Gerechtigkeit thematisiert und benennt die externalisierende Behandlung der Natur im eher globalen Sinn und erweitert die Quartiersskala und Stadtskala, indem sie die Stadt und ihre Bewohner*innen in globale (Markt-, Konsum-)Zusammenhänge einbettet.

Eher grundsätzliche Fragen wie die nach der Verantwortung der Umweltkosten der konsumorientieren Stadtgesellschaft sowie die Rückkopplung von Nachfrage (nach Gütern) in Stadt A und Zerstörung der Natur/Umwelt in weit entferntem Gebiet/Stadt B stehen dabei im Vordergrund (s. das Konzept der *„urban telecouplings"*, also ein Netzwerk weitreichender Material-, Energie- und Informationsströme; bei den Strömen kann es sich aber auch um Menschen, Informationen oder Politiken handeln, um Technologie- oder Kapitalfluss; Haase 2019). Selten werden (Umwelt-)Belastungen durch Produktion und Konsum von Gütern von den Verursacher*innen getragen, noch fühlen sie sich intrinsisch verantwortlich. Diese Aufgabe übernimmt letztlich die Gesellschaft als eine Art Externalisierung privater Kosten. Das neue Lieferkettengesetz in Deutschland soll dieses Verursacher*innenprinzip besser für deutsche Güterströme implementieren. Jedoch lässt eine fehlende europäische/internationale Dimension an der Ernsthaftigkeit des Umsetzungswillens zweifeln (Fratzscher 2021).

Zusammenfassend wird deutlich, dass bei der Stadtbegrünung, bei der Pflege und Erweiterung von Grünflächen sowie bei der Gestaltung von Freiräumen der Nexus zwischen Einkommen, Bildungszugang, Inklusion, und Gesundheitsbelastungen einerseits sowie Zustand, Diversität und abiotische Qualität der Umwelt/Natur andererseits im Mittelpunkt stehen muss. Dieser Nexus muss immer wieder aufs Neue beobachtet, gemessen und kritisch bewertet werden. Auf diesen Nexus muss sich Stadtpolitik und Stadtplanung sowie eine breitere zivilgesellschaftliche *Governance* fokussieren, um Stadt gerecht zu begrünen. Ebenso kann dies nur themenübergreifend mit Gesundheit-, Bildungs-, und Sozialpolitik, einer fairen Wohnungsmarktpolitik sowie einem nachhaltigen Energie-, Wasserressourcen- und Flächenmanagement erfolgreich geschehen.

Umweltgerechtigkeit im Begrünen und Erfahren der Stadt

Die Ethnologin und Anthropologin Setha Low (2013, 2016) hat am Fallbeispiel New York City folgende zentrale Dimensionen von Umweltgerechtigkeit differenziert, die den oben diskutierten AAA-Dreiklang *„availability, accessibility, attractiveness"* nach Biernacka und Kronenberg (2018) in Bezug auf Gerechtigkeitsfragen wunderbar spiegeln (◘ Abb. 6.6):

(1) Verteilungsgerechtigkeit von Grün- und Freiräumen in der Stadt (*„distributional justice"*): gerechte bzw. angemessene Verteilung von Umweltressourcen

(2) Verfahrensgerechtigkeit in der Zugangsbestimmung (*„procedural justice"*): gleiche Möglichkeiten der Beteiligung an Informations-, Planungs-, und Entscheidungsprozessen für alle unmittelbar von Grün- und Freiraum-bezogenen Interventionen Betroffenen

(3) Wahrgenommene und zuerkannte Zugangsgerechtigkeit (*„perceptional and interactional justice"*): gleichberechtigter, fairer, respektvoller und vertrauenswürdiger Zugang zu Umweltressourcen unter Planer*innen und Nutzer*innen von Grün- und Freiräumen

◘ **Abb. 6.6**   Der notwendige Dreiklang der Umweltgerechtigkeit (Motto: Freies Grün für alle!) für urbane Grün- und Freiräume in der Stadt, angelehnt an das Konzept von Low (2016). Dieser muss gegeben sein, um die Leistungen des urbanen Grüns für alle Menschen in der Stadt frei und fair erfahrbar zu machen

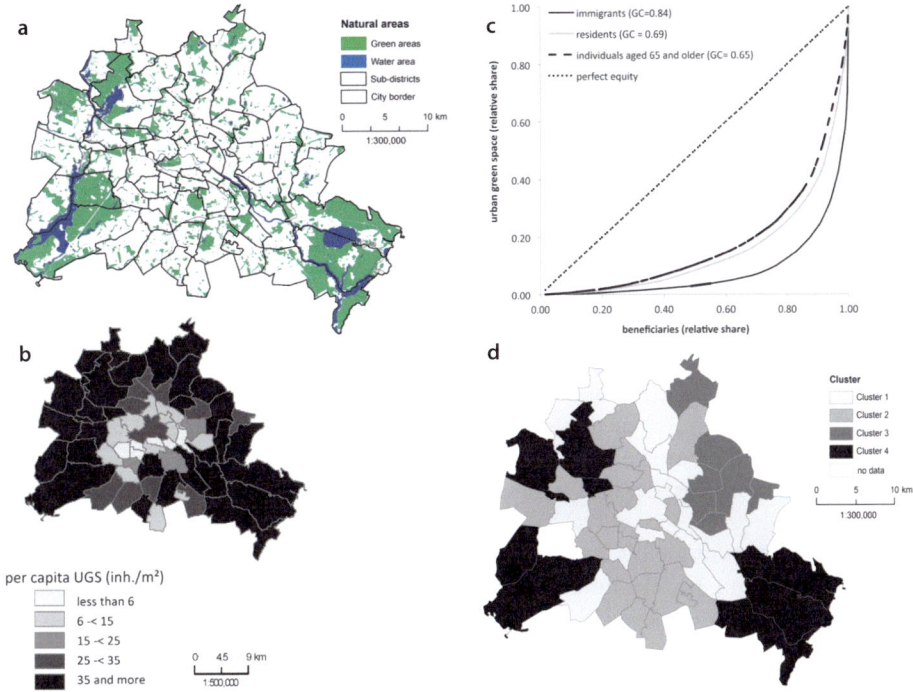

● **Abb. 6.7** Häufig verwendete quantitative Ansätze zur Identifizierung und Bewertung von Verteilungsgerechtigkeit der Wohlfahrtswirkungen urbaner Grün- und Freiflächen am Fallbeispiel Berlin: **a** Grünflächenverteilung im Raum im Sinn von „Wo ist wieviel Grün?" (Kabisch et al. 2016); **b** Pro-Kopf-Richtwerte und Orientierungswerte im Sinn von „Wo gibt es nicht mal ein wenig oder viel zu viel?" (Kabisch et al. 2016); **c** Gleich-/Ungleichverteilungskurve nach Lorenz (Fläche unter der Kurve bildet den Gini-Koeffizienten), die zeigen, wer in Bezug auf Fläche und Wegaufwendung viel oder kaum Zugang zu urbanem Grün in der Stadt hat (Kabisch und Haase 2014); **d** ANOVA und Cluster-Analyse zur Darstellung von Bündeln von Über-, Durchschnitts- und Unterversorgung von Gunstwirkungen grüner Infrastruktur auf Stadtskala (Kabisch et al. 2016)

6.4 Ausblick – Stadt begrünen

Grüne Räume und Freiräume in der Stadt gibt es, seit es Städte gibt. Diverse und wasserreiche Naturräume waren die ersten persistenten Siedlungsräume des Menschen und sind immer noch präferierte Siedlungsräume, wenngleich sie heute von zum Teil schnell wachsenden Großstädten und *Megacities* charakterisiert sind (Haase et al. 2018). Oft haben nur Teile der immer größer werdenden globalen Stadtbevölkerung fairen Zugang zu den Wohlfahrtswirkungen von Grün und der Freiheit von Freiräumen. Ökosysteme selbst finden nur sehr limitierte Lebensbedingungen in Städten, um Ökosystemleistungen zu erbringen und Heimat diverser Biozönosen zu sein (Knapp et al. 2020; Settele 2020).

Was ist nun für die Stadt von morgen wichtig im Themenfeld urbaner Grün- und Freiräume?

6

▪▪ Grün- und Freiräume für alle, integriert, aber mit Abstand

Eine begrünte Stadt ist essenziell: für die Menschen, die in ihr leben, aber auch für Pflanzen und Tiere. Urbane Ökosysteme sind besonders (Breuste et al. 2014), sie bieten Platz für aus dem Agrarraum vertriebene sowie neue urbane Arten (Alberti 2015). Grün- und Freiräume bieten Orte, wo sich Menschen, Tiere und Pflanzen treffen, wo Menschen über ihre Umwelt lernen können. Gleichzeitig braucht die Natur auch eigene Freiräume, die nicht vom Menschen besucht werden (Haase 2021). Aufgrund der vielen Arten, die mittlerweile im Spektrum des regionalen Ökosystems fehlen (Settele 2020; Wolf et al. 2020), suchen sich Vertreter*innen der Mikrofauna, Bakterien oder Viren, den Menschen als neuen Wirt. Die globale, man kann auch sagen, urbane COVID-19-Pandemie, ausgelöst durch den tropischen Sars-Cov-2-Virus, zeigt das in erschreckender Deutlichkeit (Plummer et al. 2020; Vinke et al. 2020). Um Nahrungsketten und Wirtsketten wieder zu schließen und dem urbanen Ökosystem seine Nische zu geben, ist Abstand zwischen Mensch und Tier in der Stadt – also eine Art notwendige Distanzierung – wichtig. Das ist definitiv ein neuer Experimentalraum für die Stadtplanung.

▪▪ Grün- und Freiräume für eine immer diversere Stadtgesellschaft

Urbane Frei- und Grünräume sind entscheidend für eine nachhaltige Stadtentwicklung und eine urbane Lebensqualität. Sie besitzen eine große Bedeutung als wichtiger Bestandteil des urbanen Lebens, der städtischen Identität sowie als vielfältig erlebbarer Freiraum, der reflexive und kontemplative Erfahrung bis hin zur aktiven sportlichen Betätigung im Freien ermöglicht. Letzteres wurde gerade durch die COVID-19-Pandemie nahezu herausmodelliert. Der faire Zugang zu attraktivem Grün gehörte zu den wichtigen Bedürfnissen urbaner Haushalte angesichts geschlossener sozialer und kultureller Einrichtungen während und nach der *Lock*- und *Shutdowns* (Barton et al. 2020). Da die Einwohner*innenzahlen steigen, nimmt die Intensität der Nutzungen sowie die Diversität der Nutzer*innen urbaner Freiräume merkbar zu (Vierikko et al. 2020). Was man überall in Europa sehen kann: Eine durch demographischen Wandel, Migration und Veränderungen in der Arbeitswelt bunter werdende Gesellschaft stellt neue und diversifizierte Nutzungs- und Aneignungsinteressen an die urbanen Grün- und Freiräume. Neue Sport-, Freizeit- und Bewegungsarten, gärtnerische Aktivitäten, Plätze zum Abhängen oder Partyorte, in denen junge Singles oder WGs, also Stadtbewohner*innen weitgehend ohne feste Bindung an klassische Vereinsstrukturen oder Institutionen, ihre Aktivitäten in urbanen Freiräumen ausüben (Rall et al. 2017).

▪▪ Grün- und Freiräume sind Orte des Austauschs und der Anpassung zugleich

Angesichts der zunehmenden Zahl an Einpersonenhaushalten in unseren Städten gewinnt der öffentliche Freiraum als Ort für soziale Kontakte in Form von Austausch enorm an Bedeutung (Rall et al. 2017; Vierikko et al. 2020). Neben der Gastronomie sind es heute vor allem Open-Air-Veranstaltungen, die Grün- und Freiräume nutzen bzw. durch die Grün- und Freiräume genutzt werden. Kreative Aneignungs- und Nutzungsformen sind beliebt über fast alle Altersklassen hinweg. Die Kehrseite der intensiven Nutzung von urbanen Grün- und Freiräumen sind eine zunehmende Vermüllung und partielle Degradierung (von z. B. Rasenflächen). Auch der Klimawandel trägt zur intensiveren Nutzung urbaner Freiräume bei. Gerade in Mittel- und Nordeuropa verfügen nur wenige Haushalte über fest installierte Klimaanlagen und so wächst die Bedeutung von beschattetem Grünraum während vermehrt auftretender Hitzewellen (Egerer et al. 2021; Dushkova und Haase 2020). Zu den Konflikten auf Grünflächen im Quartier aufgrund hoher Nutzungsintensitäten und einer steigenden Zahl heißer Tage sowie tropischer Nächte besteht eindeutig Forschungsbedarf.

▪▪ Grün als naturbasierte Lösung ist kein autonomer immergrüner Organismus

Konflikte zwischen Natur und Mensch um die limitierte Ressource Wasser entwickeln sich gerade erst zu einem neuen Forschungsfeld und zu einer Herausforderung für die Stadtplanungspraxis (Dushkova und Haase 2020). Naturbasierte Lösungen für Klimawandelanpassung, Luftreinigung oder Naherholung sind aktuell sehr gefragt und effektiv, aber nur wenn die natürlichen Systeme mit ausreichend Wasser versorgt werden. Klimawandel, längere und früh im Jahr einsetzende Trockenperioden und die mittlerweile in Teilen Mittel- und Südeuropas persistente Austrocknung des Unterbodens (Egerer et al. 2021) bringen lokale Vegetation, u. a. Stadtbaumarten, an ihre Überlebensgrenzen. Neue klimaresistente Arten werden gesucht und Stadtbegrünung wird hier zum Experiment. Lokale hohe Versiegelungsraten aufgrund baulicher Verdichtung um attraktive Grünräume herum verstärken den Hitze- und Austrocknungseffekt zusätzlich und senken die Resilienz ganzer Quartiere gegenüber lokaler Überflutung nach Starkregenereignissen (Sommer et al. 2009; Haase 2009). Ein integriertes Wassermanagement für unsere begrünten Städte im Klimawandel ist ein weiteres wichtiges zukünftiges Forschungs- und Handlungsfeld.

▪▪ Stadt begrünen gibt es nur im Dreierpack: Ökologisch-sozial-smart

Urbane Grün- und Freiräume sind wie eingangs beschrieben multifunktionale Interaktionsräume. Sie sind Teil der ökologischen, der sozialen und der ökonomischen Dimension von Stadt und der Stadt (Kremer et al. 2019; Andersson et al. 2020). Im Gegensatz zu Wald- oder Offenlandökosystemen sind urbane Ökosysteme ohne technologische Komponenten wie Wege, Leitungen, Beleuchtung etc. nicht denkbar (s. *„social-ecological-technological systems"* [SET] nach McPhearson et al. 2016). Ökosystemleistungen werden durch Technologie verbessert, vermehrt und gesteuert. Ein klarer *Trade-off* besteht zur Biodiversität, deren Funktionalität technisch nicht in dem Maß wie physikalische Funktionen unterstützt werden kann (Schwarz et al. 2017; Knapp et al. 2020). Dennoch können menschliche Nutzungen wie saisonale Mahdsysteme, Ausdeichungen oder Aufforstungen zu einer gezielten Erhöhung von sukzessiver Artendiversität in der Stadt und somit zur Resilienz der Stadtnatur als Basis der begrünten Stadt beitragen (Ignatieva et al. 2020).

▪▪ Die begrünte Stadt braucht eine Mosaik-*Governance*

Schließlich sind Städte menschgemachte und menschdominierte Systeme und die Freiraumentwicklung eine zutiefst interdisziplinäre und integrierte Querschnitts- und Gemeinschaftsaufgabe vieler Akteur*innen mit zahlreichen Interessen auf unterschiedlichen Ebenen: ein Mosaik (nach Buijs et al. 2016). Neben unterschiedlichen Ämtern und Dienststellen der kommunalen Verwaltung (Grün- und Freiraumplanung, Stadtentwicklung, Wohnen und Bau, Verkehr, Soziales, Bildung, Gesundheit, Umwelt und Naturschutz) müssen private und zivilgesellschaftliche Akteur*innen und Institutionen (so etwa Investor*innen, Eigentümer*innen, Sportvereine, Bürgerinitiativen, Nachbarschaftsgärten, aktive Bürger*innen) einen Teil des Mosaiks bilden. Am Ende ist die faire und effektive Bündelung von Kompetenzen, Interessen, Ressourcen und Funktionalität, eingebettet in ein koordinierend-moderierendes Management der Schlüssel zu einer zukunftsgewandten urbanen Grün- und Freiraumentwicklung.

6

Schlüsselwerke

Breuste J, Pauleit S, Haase D, Sauerwein M (2014) Stadtökosysteme. Funktion, Management und Entwicklung. Springer.

Haase D, Larondelle N, Andersson E, Artmann M, Borgström S, Breuste J, Gomez-Baggethun E, Gren A, Hamstead Z, Hansen R, Kabisch N, Kremer P, Langemeyer J, Lorance Rall E, McPhearson T, Pauleit S, Qureshi S, Schwarz N, Voigt A, Wurster D, Elmqvist T (2014a) A quantitative review of urban ecosystem services assessment: concepts, models and implementation. AMBIO 43(4): 413–433. ▸ https://doi.org/10.1007/s13280-014-0504-0.

Pauleit S, Anton S. Olafsson, Emily Rall, Alexander van der Jagt, Bianca Ambrose-Oji, Erik Andersson, Barbara Anton, Arjen Buijs, Dagmar Haase, Birgit Elands, Rieke Hansen, Ingo Kowarik, Jakub Kronenberg, Thomas Mattijssen (2019a) Urban green infrastructure in Europe – status quo, innovation and perspectives. Urb Forest Urb Green. 40 (4): 4–16. ▸ https://doi.org/10.1016/j.ufug.2018.10.006.

Literatur

Ahern, J. 2007. Green infrastructure, a spatial solution for cities. In *Cities of the future*, Hrsg. V. Novotny und P. Brown, 267–283. London: IWA Publishing.

Alberti, M. 2015. Eco-evolutionary dynamics in an urbanizing planet. *Trends in Ecology & Evolution* 30(2): 114–126. https://doi.org/10.1016/j.tree.2014.11.007.

Andersson, E., J. Langemeyer, S. Borgström, T. McPhearson, D. Haase, J. Kronenberg, D. N. Barton, M. Davis, S. Naumann, L. Röschel, E. Stange, und F. Baró. 2019. Enabling green and blue infrastructure to improve contributions to human well-being and equity in urban systems. *BioScience*. https://doi.org/10.1093/biosci/biz058.

Andersson, E., D. Haase, S. Scheuer, und T. Wellmann. 2020. Neighbourhood character affects the spatial extent and magnitude of the functional footprint of urban green infrastructure. *Landscape Ecology* 35: 1605–1618. https://doi.org/10.1007/s10980-020-01039-z.

Andersson, E., D. Haase, P. Anderson, C. Cortinovis, J. Goodness, D. Kendal, A. Lausch, T. McPhearson, D. Sikorska, und T. Wellmann. 2021. What are the traits of a social-ecological system? Towards a framework in support of urban sustainability. *npj Urban Sustainability* 1: 14. https://doi.org/10.1038/s42949-020-00008-4.

Barton, D., D. Haase, A. Mascarenhas, et al. 2020. *Enabling access to greenspace during the covid-19 pandemic – Perspectives from five cities*. New York: The Nature of Cities. Viewed 3 Jun 2020. https://www.thenatureofcities.com/2020/05/04/enabling-access-to-greenspace-during-the-covid-19--pandemic-perspectives-from-five-cities/

Battaglia, M., G. Buckley, M. Galvin, und M. Grove. 2014. It's not easy going green: Obstacles to tree-planting programs in East Baltimore. *Cities and the Environment (CATE)* 7: 6.

Bharwani, S. 2006. Understanding complex behaviour and decision making using ethnographic knowledge elicitation games (KnETs). *Social Science Computer Review* 24(1): 78–10. https://doi.org/10.1177/0894439305282346.

Biernacka, M., und J. Kronenberg. 2018. Classification of institutional barriers affecting the availability, accessibility and attractiveness of urban green spaces. *Urban Forestry & Urban Greening* 36: 22–33. https://doi.org/10.1016/j.ufug.2018.09.007.

van den Bosch, M., und Å. Ode Sang. 2017. Urban natural environments as nature-based solutions for improved public health – A systematic review of reviews. *Environmental Research* 158: 373–384. https://doi.org/10.1016/j.envres.2017.05.040.

Breuste, J., S. Pauleit, D. Haase, und M. Sauerwein. 2014. *Stadtökosysteme. Funktion, Management und Entwicklung*. Berlin: Springer.

Buijs, A. E., T. J. M. Mattijssen, A. P. N. van der Jagt, B. Ambrose-Oji, E. Andersson, B. H. M. Elands, und M. Steen Møller. 2016. Active citizenship for urban green infrastructure. Fostering the diversity and dynamics of citizen contributions through mosaic governance. *Current Opinion in Environmental Sustainability* 22: 1–6. https://doi.org/10.1016/j.cosust.2017.01.002.

Colding, J., und S. Barthel. 2013. The potential of ‚Urban Green Commons' in the resilience building of cities. *Ecological Economics* 86: 156–166. https://doi.org/10.1016/j.ecolecon.2012.10.016.

Curran, W., und T. Hamilton. 2012. Just green enough: Contesting environmental gentrification in Greenpoint, Brooklyn. *Local Environment* 17: 1027–1042. https://doi.org/10.1080/13549839.2012.729569.

Dankowska, A., D. Haase, und A. Haase. 2017. Urbane Gärten – Alles Kraut und Rüben? *Garten und Landschaft* 3: 12–19.

De la Cruz, I., A. Thornton, und D. Haase. 2019. Smart food cities on the menu? Integrating urban food systems into smart city policy making. In *Urban food democracy and governance in North and South*. International political economy series, Hrsg. A. Thornton. Cham: Palgrave MacMillan. https://doi.org/10.1007/978-3-030-17187-2.

Draus, P., D. Haase, J. Napieralski, A. Sparks, S. Qureshi, und J. Roddy. 2020. Wastelands, greenways and gentrification: Introducing a green reparations framework with a focus on Detroit, US. *Sustainability* 12: 6189. https://doi.org/10.3390/su12156189.

Dushkova, D., und D. Haase. 2020. Not simply green: Nature-based solutions as concept and practical approach for sustainability studies and planning agendas in cities. *Land* 9: 19. https://doi.org/10.3390/land9010019.

Egerer, M., D. Haase, T. McPhearson, N. Frantzeskaki, E. Andersson, H. Nagendra, und A. Ossola. 2021. Urban change as an untapped opportunity for climate adaptation. *npj Urban Sustainability* 1: 22. https://doi.org/10.1038/s42949-021-00024-y.

Elands, E., K. Vierikko, E. Andersson, L. K. Fischer, P. Goncalves, D. Haase, I. Kowarik, A. C. Luz, J. Niemela, M. Santos-Reis, und K. F. Wiersum. 2018. Biocultural diversity: A novel concept to assess human-nature interrelations, nature conservation and stewardship in cities. *Urban Forestry & Urban Greening* 40: 29–44. https://doi.org/10.1016/j.ufug.2018.04.006.

Ernstson, H., S. Sörlin, und T. Elmqvist. 2008. Social movements and ecosystem services – The role of social network structure in protecting and managing urban green areas in Stockholm. *Ecology and Society* 13: 39. https://doi.org/10.5751/ES-02589-130239.

Ernstson, H., S. Barthel, E. Andersson, und S. T. Borgström. 2010. Scale-crossing brokers and network governance of urban ecosystem services: The case of Stockholm. *Ecology and Society* 15: 28. https://doi.org/10.5751/ES-03692-150428.

Europäische Kommission. 2020. The forms and functions of green infrastructure. https://ec.europa.eu/environment/nature/ecosystems/benefits/index_en.htm

Fischer, L. K., D. Brinkmeyer, J. Honold, A. van der Jagt, A. Botzat, R. Lafortezza, N. Kabisch, A. Busse Nielsen, B. Elands, M. Nastran, R. Cvejić, S. J. Karle, K. Vierikko, D. Haase, T. Delshammar, und I. Kowarik. 2018. Recreational ecosystem services in European cities: Sociocultural and geographic context matters for park use. *Ecosystem Services* 31(Part C): 455–467. https://doi.org/10.1016/j.ecoser.2018.01.015.

Fratzscher, M. 2021. Der faule Kompromiss beim Lieferkettengesetz, DIW Wochenbericht, ISSN 1860-8787. *Deutsches Institut für Wirtschaftsforschung (DIW)* 88(8): 128. https://doi.org/10.18723/diw_wb:2021-8-4.

Goodness, J., E. Andersson, P. M. L. Anderson, und T. Elmqvist. 2016. Exploring the links between functional traits and cultural ecosystem services to enhance urban ecosystem management. *Ecological Indicators* 70: 597–605. https://doi.org/10.1016/j.ecolind.2016.02.031.

Haase, D. 2009. Effects of urbanisation on the water balance – A long-term trajectory. *Environmental Impact Assessment Review* 29: 211–219. https://doi.org/10.1016/j.eiar.2009.01.002.

Haase, D. 2017. Natur und Mensch in der Stadt – eine facettenreiche Koexistenz. *Geographische Rundschau* 5: 4–9.

Haase, D. 2019. Urban telecouplings. In *Telecoupling*. Palgrave studies in natural resource management, Hrsg. C. Friis und J. Ø. Nielsen. Cham: Palgrave Macmillan USA. https://doi.org/10.1007/978-3-- 030-11105-2_14.

Haase, D. 2021. Continuous integration in urban social-ecological systems science needs to allow for non-integration in order to be successful. The 50th Anniversary Collection. *Ambio*. https://doi. org/10.1007/s13280-020-01449-y.

Haase, D., und J. Gläser. 2009. Determinants of floodplain forest development illustrated by the example of the floodplain forest in the District of Leipzig. *Forest Ecology and Management* 258: 887–894. https://doi.org/10.1016/j.foreco.2009.03.025.

Haase, D., und H. Nuissl. 2010. The urban-to-rural gradient of land use change and impervious cover: A long-term trajectory for the city of Leipzig. *Land Use Science* 5(2): 123–142. https://doi.org/10.1 080/1747423X.2010.481079.

Haase, D., N. Larondelle, E. Andersson, M. Artmann, S. Borgström, J. Breuste, E. Gomez-Baggethun, A. Gren, Z. Hamstead, R. Hansen, N. Kabisch, P. Kremer, J. Langemeyer, E. Lorance Rall, T. McPhearson, S. Pauleit, S. Qureshi, N. Schwarz, A. Voigt, D. Wurster, und T. Elmqvist. 2014a. A quantitative review of urban ecosystem services assessment: Concepts, models and implementation. *Ambio* 43(4): 413–433. https://doi.org/10.1007/s13280-014-0504-0.

Haase, D., A. Haase, und D. Rink. 2014b. Conceptualising the nexus between urban shrinkage and eco-system services. *Landscape and Urban Planning* 132: 159–169. https://doi.org/10.1016/j.landurb-plan.2014.09.003.

Haase, D., S. Kabisch, A. Haase, N. Larondelle, N. Schwarz, M. Wolff, J. Kronenberg, N. Kabisch, K. Krellenberg, L. Fischer, et al. 2017. Greening cities – To be socially inclusive? About the paradox of society and ecology in cities. *Habitat International*. https://doi.org/10.1016/j.habita-tint.2017.04.005.

Haase, D., B. Guneralp, X. Bai, T. Elmqvist, B. Dahiya, M. Fragkias, und K. Gurney. 2018. Different pathways of global urbanization. In *The urban planet: Patterns and pathways to the cities we want*, Hrsg. T. Elmqvist, X. Bai, N. Frantzeskaki, C. Griffith, D. Maddox, T. McPhearson, S. Parnell, D. Roberts, P. Romero Lankao, und D. Simon. Cambridge: Cambridge University Press.

Helbrecht, I., Hrsg. 2016. *Gentrifizierung in Berlin. Verdrängungsprozesse und Bleibestrategien*. Bielefeld: Transkript.

Holm, A. 2006. *Die Restrukturierung des Raumes. Stadterneuerung der 90er Jahre in Ostberlin. Interessen und Machtverhältnisse*. Bielefeld: Transcript.

Holm, A. 2010. *Wir Bleiben Alle! Gentrifizierung – Städtische Konflikte um Aufwertung und Verdrängung*. Münster: Unrast.

Hornberg, C., C. Bunge, und A. Pauli. 2011. *Strategien für mehr Umweltgerechtigkeit. Handlungsfelder für Forschung, Politik und Praxis*. Bielefeld: Kock.

Ignatieva, M., D. Haase, D. Dushkova, und A. Haase. 2020. Lawn as a unique global urban green space phenomenon: A novel way of searching for nature-based solutions in cities. *Land* 9: 73. https://doi. org/10.3390/land9030073.

van der Jagt, Alexander, Mike Smith, Bianca Ambrose-Oji, Cecil C. Konijnendij, Vincenzo Giannico, Dagmar Haase, Raffaele Lafortezza, et al. 2018. Co-creating urban green infrastructure connecting people and nature: A guiding framework and approach. *Journal of Environmental Management*. https://doi.org/10.1016/j.jenvman.2018.09.083.

Kabisch, N. 2015. Ecosystem service implementation and governance challenges in urban green space planning – The case of Berlin, Germany. *Land Use Policy* 42: 557–567. https://doi.org/10.1016/j. landusepol.2014.09.005.

Kabisch, N., und D. Haase. 2014. Just green or justice of green? Provision of urban green spaces in Berlin, Germany. *Landscape and Urban Planning* 122: 129–139. https://doi.org/10.1016/j.landurb-plan.2013.11.016.

Kabisch, N., und D. Haase. 2018. Urban nature benefits – Opportunities for improvement of health and well-being in times of global change. *WHO Newsletter on Housing and Health*, 29: 1–10. https:// www.gesundheitsamt-bw.de/lga/DE/Fachinformationen/Infodienste_Newsletter/WHOCC/Docu-ments/No_29_2018-2_Urban_Environmental_Health.pdf

Kabisch, N., D. Haase, und M. Annerstedt van den Bosch. 2016. Adding natural spaces to social indicators of intra-urban health inequalities among children – A case study from Berlin, Germany. *IJERPH* 13: 783. https://doi.org/10.3390/ijerph13080783.

6

Kabisch, N., M. van den Bosch, und R. Lafortezza. 2017a. The health benefits of nature-based solutions to urbanization challenges for children and the elderly – A systematic review. *Environmental Research* 159: 362–373. https://doi.org/10.1016/j.envres.2017.08.004.

Kabisch, N., N. Frantzeskaki, S. Pauleit, S. Naumann, M. Davis, M. Artmann, D. Haase, S. Knapp, H. Korn, J. Stadler, K. Zaunberger, und A. Bonn. 2017b. Nature-based solutions to climate change mitigation and adaptation in urban areas – Perspectives on indicators, knowledge gaps, barriers and opportunities for action. *Ecology and Society* 21(2): 39. https://doi.org/10.5751/ES-08373-210239.

Kabisch, N., R. Kraemer, M. Brenck, D. Haase, A. Lausch, M. Luttkus, T. Müller, P. Remmler, P. von Döhren, J. Voigtländer, und J. Bumberger. 2021. A methodological framework for the assessment of regulating and recreational ecosystem services in urban parks under heat and drought conditions. *Ecosystems and People* 17(1): 464–475. https://doi.org/10.1080/26395916.2021.1958062.

Kendal, D., K. J. H. Williams, und N. S. G. Williams. 2012. Plant traits link people's plant preferences to the composition of their gardens. *Landscape and Urban Planning* 105: 34–42. https://doi.org/10.1016/j.landurbplan.2011.11.023.

Knapp, S., M. F. J. Aronson, E. Carpenter, A. Herrera-Montes, K. Jung, D. J. Kotze, F. A. La Sorte, et al. 2020. A research agenda for urban biodiversity in the global extinction crisis. *BioScience* 71: biaa141. https://doi.org/10.1093/biosci/biaa141.

Knaus, M., und D. Haase. 2020. Green roof effects on daytime heat in a prefabricated residential neighbourhood in Berlin, German. *Urban Forestry and Urban Greening* 53: 126738. https://doi.org/10.1016/j.ufug.2020.126738.

Kremer, P., D. Haase, und A. Haase. 2019. The future of urban sustainability: Smart, efficient, green or just? Introduction to the Special Issue. *Sustainable Cities and Society* 50: 101167. https://doi.org/10.1016/j.scs.2019.101761.

Kronenberg, J. 2015. Why not to green a city? Institutional barriers to preserving urban ecosystem services. *Ecosystem Services* 12: 218–227. https://doi.org/10.1016/j.ecoser.2014.07.002.

Low, S. 2013. Public space and diversity: Distributive, procedural and interactional justice for parks. In *The Ashgate research companion to planning and culture*, Hrsg. G. Young und D. Stevenson, 295–310. Surrey: Ashgate Publishing.

Low, S. 2016. *Spatializing culture: The ethnography of space and place*. New York/London: Routledge.

Maschewsky, W., Hrsg. 2001. *Umweltgerechtigkeit, Public Health und soziale Stadt*. Frankfurt am Main: VAS.

McDonald, R., Andressa V. Mansur, Fernando Ascensão, M' Lisa Colbert, Katie Crossman, Thomas Elmqvist, Andrew Gonzalez, Burak Güneralp, Dagmar Haase, Maike Hamann, Oliver Hillel, Kangning Huang, Belinda Kant, David Maddox, Andrea Pacheco, Henrique Pereira, Karen Seto, Rohan Simkin, Brenna Walsh, und Carly Ziter. 2019. The growing impacts of cities on biodiversity. Research gaps limit global decision-making. *Nature Sustainability*. https://doi.org/10.1038/s41893-019-0436-6.

McPhearson, T., S. Pickett, N. Grimm, J. Niemelä, T. Elmqvist, C. Weber, J. Breuste, D. Haase, und S. Qureshi. 2016. Ecology for an urban planet: Advancing research and practice towards a science of cities. *BioScience*. https://doi.org/10.1093/biosci/biw002.

Nuissl, H., D. Haase, H. Wittmer, und M. Lanzendorf. 2009. Environmental impact assessment of urban land use transitions – A context-sensitive approach. *Land Use Policy* 26(2): 414–424. https://doi.org/10.1016/j.landusepol.2008.05.006.

Pauleit, S., Anton S. Olafsson, Emily Rall, Alexander van der Jagt, Bianca Ambrose-Oji, Erik Andersson, Barbara Anton, Arjen Buijs, Dagmar Haase, Birgit Elands, Rieke Hansen, Ingo Kowarik, Jakub Kronenberg, und Thomas Mattijssen. 2019a. Urban green infrastructure in Europe – Status quo, innovation and perspectives. *Urban Forestry & Urban Greening* 40(4): 4–16. https://doi.org/10.1016/j.ufug.2018.10.006.

Pauleit, S., E. Andersson, B. Anton, A. Buijs, D. Haase, R. Hansen, I. Kowarik, J. Niemelä, A. S. Olafsson, und S. Van der Jagt. 2019b. Urban green infrastructure – Connecting people and nature for sustainable cities. *Urban Forestry & Urban Greening* 40(4): 1–3. https://doi.org/10.1016/j.ufug.2019.04.007.

Plummer, R., D. McGrath, und S. Sivarajah. 2020. How cities can add accessible green space in a post-coronavirus world. June 11, 2020. *The Conversation*. https://theconversation.com/how-cities-can-add-accessible-green-space-in-a-post-coronavirus-world-139194

Püffel, C., D. Haase, und J. Priess. 2018. Mapping ecosystem services on brownfields in Leipzig, Germany. *Ecosystem Services* 30: 73–85. https://doi.org/10.1016/j.ecoser.2018.01.011.

Rall, E., C. Bieling, S. Zytynska, und D. Haase. 2017. Exploring city-wide patterns of cultural ecosystem service perceptions and use. *Ecological Indicators* 77: 80–95. https://doi.org/10.1016/j.ecolind.2017.02.001.

Rall, E. D., und D. Haase. 2011. Creative intervention in a dynamic city: A sustainability assessment of an interim use strategy for brownfields in Leipzig, Germany. *Landscape and Urban Planning* 100: 189–201. https://doi.org/10.1016/j.landurbplan.2010.12.004.

Schwarz, N., A. Bauer, und D. Haase. 2011. Assessing climate impacts of local and regional planning policies – Quantification of impacts for Leipzig (Germany). *Environmental Impact Assessment Review* 31: 97–111. https://doi.org/10.1016/j.eiar.2010.02.002.

Schwarz, Nina, Marco Moretti, Miguel Bugalho, Zoe Davies, Dagmar Haase, Jochen Hack, Angela Hof, Yolanda Melero, Tristan Pett, und Sonja Knapp. 2017. Understanding biodiversity-ecosystem service relationships in urban areas: A comprehensive literature review. *Ecosystem Services* 27: 161–171. https://doi.org/10.1016/j.ecoser.2017.08.014.

Settele, J. 2020. *Die Triple Krise*. Hamburg: Edel.

Sommer, T., C. Karpf, N. Ettrich, D. Haase, T. Weichel, J. V. Peetz, B. Steckel, K. Eulitz, und K. Ullrich. 2009. Coupled modelling of subsurface water flux for an integrated flood risk management. *Natural Hazards and Earth System Sciences* 9: 1–14. https://doi.org/10.5194/nhess-9-1277-2009.

Vierikko, Kati, Paula Gonçalves, Dagmar Haase, Birgit Elands, Ioan Cristian Ioja, Mia Puttonen, Mari Pieniniemi, Jasmina Lindgren, Filipa Grilo, Margarida Santos-Reis, Jari Niemela, und Vesa Yli-Pelkonen. 2020. Lived biocultural diversity in European parks – Do public parks concurrently support interrelationships between people and nature? *Urban Forestry & Urban Greening* 48: 126501. https://doi.org/10.1016/j.ufug.2019.126501.

Vinke, K., S. Gabrysch, E. Paoletti, J. Rockström, und H. J. Schellnhuber. 2020. Corona and the climate: A comparison of two emergencies. *Global Sustainability* 3(e25): 1–7. https://doi.org/10.1017/sus.2020.20.

Voigt, A., N. Kabisch, D. Wurster, D. Haase, und J. Breuste. 2014. Structural diversity as a key factor for the provision of recreational services in urban parks – A new and straightforward method for assessment. *Ambio* 43(4): 480–491. https://doi.org/10.1007/s13280-014-0508-9.

Weber, N., D. Haase, und U. Franck. 2014a. Zooming into the urban heat island: How do urban built and green structures influence earth surface temperatures in the city? *Science of the Total Environment* 496: 289–298.

Weber, N., D. Haase, und U. Franck. 2014b. Traffic-induced noise levels in residential urban structures using landscape metrics as indicators. *Ecological Indicators* 45: 611–621. https://doi.org/10.1016/j.ecolind.2014.05.004.

Weißbuch Stadtgrün. 2017. *Grün in der Stadt – Für eine lebenswerte Zukunft*. Berlin: Bundesministerium für Umwelt, Naturschutz, Bau und Reaktorsicherheit (BMUB).

Wolf, J., D. Haase, und I. Kühn. 2020. There is an urban effect in the functional composition of alien plant invasions. *Neobiota* 54: 23–47. https://doi.org/10.3897/neobiota.54.38898.

Wolff, M., und D. Haase. 2019. Mediating sustainability and liveability – Turning points of green space supply in European cities. *Frontiers in Environmental Science, Section Land Use Dynamics*. https://doi.org/10.3389/fenvs.2019.00061.

Wolff, M., A. Haase, D. Haase, und N. Kabisch. 2016. The impact of urban regrowth on the built environment. *Urban Studies* 54(12): 2683–2700. https://doi.org/10.1177/0042098016658231.

Wolff, M., D. Haase, und A. Haase. 2018. Less dense or more compact? Discussing a density model of urban development for European urban areas. *PLoS ONE*. https://doi.org/10.1371/journal.pone.0192326.

Young, R. F., und E. G. McPherson. 2013. Governing metropolitan green infrastructure in the United States. *Landscape and Urban Planning* 109: 67–75. https://doi.org/10.1016/j.landurbplan.2012.09.004.

6

Stadt erfahren – Verkehr und Mobilität im urbanen Raum

Katharina Manderscheid

Inhaltsverzeichnis

Trailer

Städte sind maßgeblich geprägt durch die Dichte von Möglichkeiten, die mittels Mobilität und Verkehr miteinander verbunden sind. Nicht nur in der Stadt ist insbesondere der motorisierte Individualverkehr aus Gründen des Klimaschutzes und des Platzbedarfs ein Problem.

Städtischer Verkehr weist bestimmte Muster und Merkmale auf und unterscheidet sich nach der Größe der Stadt, der Quartiersstruktur und nach sozialen Gruppen. Mobilität und Verkehr finden selten als Selbstzweck statt, sondern sind Teil der über den Stadtraum verteilten Organisation des Alltags. Dabei werden Verkehrsmittel jedoch nur bedingt nach rationalen Kriterien gewählt (Kosten und Zeit), zusätzlich beeinflussen auch gesellschaftliche Bedeutungen und kulturelle Leitbilder die Art und Weise, wie Menschen unterwegs sind. Die Covid-19-Pandemie hat zu deutlichen Veränderungen der Alltagsorganisation vieler Menschen geführt mit Auswirkungen auf den Verkehr; teilweise wurden Wege im Stadtraum durch virtuelle Mobilität ersetzt.

Das gegenwärtig viel diskutierte Ziel einer Verkehrswende wird vor allem mit technologischen Mitteln zu erreichen versucht. Allerdings werden dabei einige Einsichten der sozialwissenschaftlichen Mobilitätsforschung übersehen, nämlich die Frage, warum Menschen unterwegs sind und welche Bedeutung das Auto für sie im Alltag hat.

Zum Kapiteleröffnungsbild: Verkehr in der Stadt

7.1 Einführung

» „[Cities] depend on mobility, even more than the basics, like food and water. […] What brings people to cities, is the opportunity of connecting with people. You only have to look at what social distancing did to most economies during the COVID-19 pandemic, to know cities' fortunes depend on face-to-face groupings, and regroupings, of people." (Fleming 2021, S. 222)

Städte sind maßgeblich geprägt durch die Dichte von Möglichkeiten – Bildungseinrichtungen, Arbeitsplätze, Freizeit- und Kulturangebote, Wohnen, Einkaufsmöglichkeiten und soziale Infrastrukturen – sowie die dort anzutreffenden Menschen. Diese Möglichkeiten sind über die Fläche der Stadt verteilt, wobei die Stadtzentren typischerweise durch eine hohe Dichte an Angeboten gekennzeichnet sind. Der Zugang zu diesen Angeboten und Möglichkeiten basiert auf räumlicher Bewegung, Verkehr und Mobilität. In diesem Kapitel stehen die Mobilität und das Verkehrsverhalten von Menschen in der Stadt im Fokus.

Der Begriff der *Bewegung* hebt insbesondere die physische Aktivität im Raum hervor. *Verkehr* bezeichnet die beobachtbare Ortsveränderung von Gütern und Menschen im geographischen Raum (Ahrend et al. 2013, S. 2). Dabei beinhaltet Verkehr nicht nur den motorisierten Verkehr, beispielsweise den motorisierten Individualverkehr (MIV), sondern auch den Aktivverkehr, d. h. Fuß- und Radverkehr oder den öffentlichen Verkehr (ÖV bzw. ÖPNV), der wiederum straßen- oder schienenbasiert sein kann. Verkehr bezieht sich dementsprechend auf die kollektive Praxis bzw. den Prozess der kollektiven Ortsveränderung im Raum. Hingegen meint der im Alltagsgebrauch häufig mit Verkehr synonym verwendete Begriff der *Mobilität* nicht nur die tatsächlich physisch zurückgelegten Wege, sondern auch Bewegungen im virtuellen und im vorgestellten Raum. Mobilität enthält damit auch die Möglichkeitsebene von Bewegung (Ahrend et al. 2013, S. 2). Mobilität kann als Eigenschaft von Individuen oder Kollektiven verstanden werden.

In der Gegenwart der Städte wird insbesondere der motorisierte Individualverkehr (MIV) problematisiert. Der MIV ist vor allem aus Gründen des Klimaschutzes ein Problem. Denn trotz immer effizienterer Motoren ist der motorisierte Straßenverkehr in Deutschland und in der Europäischen Union der einzige Sektor, dessen CO_2-Ausstoß im Verhältnis mit dem Vergleichsjahr 1990 zugenommen hat (European Commission 2017, S. 126, 134; UBA 2018). Zu den ökologischen Belastungen durch den Verkehr gehören weiterhin die Feinstaubemissionen insbesondere der Dieselfahrzeuge, die eine gesundheitliche Gefährdung vor allem für Stadtbewohner*innen darstellen. Spezifisch für die Stadt ist darüber hinaus der nur begrenzt verfügbare öffentliche Raum. Dem fahrenden und insbesondere parkenden Autoverkehr vorbehaltene Flächen reduzieren die Verkehrsflächen für Schienen, Rad- oder Fußverkehr sowie für andere Nutzungen des öffentlichen Raums, beispielsweise Grünräume oder Spielplätze (◘ Abb. 7.1).

■ **Abb. 7.1**   Öffentlicher Raum für den Transport von 60 Personen (We Ride Australia)

Mobilität als übergeordnetes Konzept kann eine Vielzahl von Erscheinungs-
formen aufweisen, beispielsweise physische Bewegung von Menschen wie Gehen
oder Klettern, technisch unterstützte Bewegung wie Fahrrad-, Auto- oder Zugfahren
sowie Flüge oder Schiffsreisen (Sheller und Urry 2006, S. 212). Unterschieden wird
zudem zwischen dauerhafter bzw. langfristiger Mobilität, beispielsweise Wohnungsumzügen bzw. residenzieller Mobilität oder internationaler Migration sowie der zir-
kulären Mobilität, d. h. der wiederholten räumlichen Bewegung mit einer Rückkehr
an den Ausgangsort. Hierzu sind vor allem Formen der Alltagsmobilität wie Pen-
deln, Fahrten und Wege im Kontext von Reproduktionsarbeit oder Freizeitaktivi-
täten zu zählen, aber auch Urlaubs- und Dienstreisen (Franz 1984, S. 30–37). Zusätzlich gehören aber auch die Mobilitäten von Dingen und Objekten, vorgestellte
Mobilität mittels Bilder und visueller Medien, virtuelle und kommunikative Mobilität mittels Post, Telefon, Internet und neuer Kommunikationstechnologien dazu
(Urry 2007, S. 47).

Während traditionell die verschiedenen Formen von Mobilität getrennt voneinander untersucht werden, weist die jüngere sozialwissenschaftliche Mobilitätsforschung auf die vielschichtigen Wechselverhältnisse zwischen den verschiedenen Formen von Mobilität hin (Sheller und Urry 2006, S. 212). Aus dieser
Sicht stellen Bewegungen im geographischen Raum ein wesentliches Merkmal
des sozialen Lebens dar und sind Voraussetzung für Gemeinschaften und Gesellschaften. Individuen und soziale Gruppen sind zwischen ihren Wohn- und den
verschiedenen Tätigkeitsorten, als Reisende zwischen Wohn- und Urlaubsort, als
Migrant*innen zwischen verschiedenen Orten oder Ländern oder schlicht im Alltag auf unterschiedliche Art und Weise mit unterschiedlichen Zielen und Grün-

den unterwegs. Aber nicht nur Menschen, auch Rohstoffe, Waren und Güter, Bilder, Informationen und Symbole sind mobil und zirkulieren im städtischen Raum, zwischen Städten und zwischen städtischen, suburbanen und ländlichen Räumen.

Auf Personen bezogen ist Mobilität eine erworbene individuelle Fähigkeit, die einerseits von räumlichen, physischen, sozialen und virtuellen Rahmenbedingungen sowie deren subjektiver Wahrnehmung abhängig ist (Ahrend et al. 2013, S. 2). Andererseits stellt sie eine wichtige Voraussetzung für gesellschaftliche Teilhabe dar (Knie 2016, S. 36). Entsprechend geht es bei Fragen von städtischer Mobilität und Verkehr also um das komplexe Zusammenspiel von materiellen (Verkehrs- und Daten-)Infrastrukturen, Wegen und Fahrzeugen, deren sozialer und kultureller Bedeutung, Wahrnehmung, Einbindung in Alltagspraktiken, den hierfür erforderlichen kognitiven und körperlichen Kompetenzen sowie deren ökonomischer und räumlicher Zugänglichkeit und Verfügbarkeit für Individuen, Haushalte und soziale Gruppen. Es geht damit auch immer um Fragen von sozialer Ungleichheit und gesellschaftlicher Gerechtigkeit.

7.2 Mobilität und Verkehr in der Stadt

Auf einen Blick. In diesem Abschnitt wird gezeigt:
- Städtischer Verkehr weist bestimmte Muster und Merkmale auf und unterscheidet sich nach der Größe der Stadt, der Quartiersstruktur und nach sozialen Gruppen.
- Mobilität und Verkehr sind dabei kein Selbstzweck, sondern eingebunden in die Alltagsorganisation der Individuen. Je nach Aktivität bzw. Praktik lassen sich typische Muster der Verkehrsmittel und der Wege herausarbeiten.
- Verkehrsmittel werden nicht allein entlang rationaler Kriterien wie Schnelligkeit, Kosten oder Komfort gewählt. Auch Bedeutungen und kulturelle Leitbilder beeinflussen die Art und Weise, wie Menschen unterwegs sind.
- Die Covid-19-Pandemie hat zu einigen deutlichen Veränderungen im Bereich von Mobilität und Verkehr geführt. Dazu gehört u. a. die Ersetzung von Wegen im physischen Raum durch digitale Mobilität, beispielsweise das Arbeiten von Zuhause per Internet und videobasierte digitale Konferenzen und Besprechungen.

7.2.1 Räumliche, zeitliche und soziale Muster städtischer Bewegung

Zwischen der Siedlungs- und der Verkehrsentwicklung bestehen wechselseitige Zusammenhänge, die aus geographischer, planerischer und verkehrswissenschaftlicher Perspektive untersucht werden können.

Räumliche Bewegungen in der Stadt können zunächst einmal in Zahlen beschrieben werden: Den Daten der Erhebung „Mobilität in Deutschland" (MiD) aus dem Jahr 2017 zufolge waren im Durchschnitt in städtischen Regionen in Deutschland 85–86 % der Bevölkerung täglich mobil und wendeten hierfür täglich etwa 1,5 bis 1,75 Stunden ihrer Zeit auf (Nobis und Kuhnimhof 2018, S. 26). Auf aggregierter weltweiter Ebene zeigte Yacov Zahavi (1979), dass die Unterwegszeit in Städten auf der ganzen Welt nahezu identisch ist bzw. war und etwa 1,5 Stunden beträgt. Von diesem Mittelwert weichen insbesondere ganz junge und ganz alte Menschen ab, vor allem mobile erwerbstätige Männer, Fernpendler*innen und Geschäftsleute im Außendienst sind im Durchschnitt deutlich länger unterwegs. Zudem variiert die Unterwegszeit mit den Wochentagen und liegt für Freitag bis Sonntag deutlich höher. Ansonsten gilt *das konstante Reisezeitbudget* als eine der stabilsten Mobilitätskenngrößen. Ähnlich stabil ist die tägliche Wegezahl, die durchschnittlich bei etwas über drei Wegen pro Tag liegt. Aber auch hier gibt es Unterschiede entlang soziostruktureller Merkmale: Frauen mit Kindern legen durchschnittlich mehr Wege pro Tag zurück, während Berufstätige eher weniger Wege in ihrem Tagesablauf haben.

> Der Begriff *Weg* bezeichnet die Ortsveränderung einer Person von einem Ausgangspunkt zu einem Ziel. Mit einem Weg ist jeweils ein Zweck verbunden, er kann mit einem oder mit einer Kombination verschiedener Verkehrsmittel zurückgelegt werden.

Hinsichtlich der täglich zurückgelegten Distanzen zeigen sich ebenfalls nach Alter deutliche Unterschiede, ebenso unterscheiden sich die Wege in der Dauer und je nach Verkehrsmittel auch hinsichtlich ihrer Distanz. Für die Zeit vor der Pandemie (s. Abschn. 7.2.4) sind die durchschnittlichen Wegelängen (10 km vs. 15 km) und damit auch die durchschnittlichen Tagesstrecken (31 km vs. 51 km) abhängig vom ökonomischen Status einer Person und für Männer höher als für Frauen, für Berufstätige höher als für Nichtberufstätige (Nobis und Kuhnimhof 2018, S. 29). Aber nicht nur das Ausmaß der räumlichen Bewegungen, auch die genutzten Verkehrsmittel variieren entlang der Siedlungs- und der sozialökonomischen Strukturen. Insgesamt werden überall die meisten Wege mit dem Auto zurückgelegt. Männer sind dabei häufiger mit dem Auto als Fahrer oder Mitfahrer unterwegs als Frauen. Von den Autowegen sind rund die Hälfte kürzer als fünf Kilometer (Kopatz 2019, S. 184). Im Vergleich zwischen den verschiedenen Siedlungsstrukturen zeigt sich, dass der Anteil der Wege, die mit dem Auto zurückgelegt werden, in den Metropolen mit etwa einem Drittel der Wege deutlich geringer ausfällt als in dörflichen oder kleinstädtischen Räumen mit fast zwei Dritteln. Hingegen sind die Formen des Aktivverkehrs (Fuß- und Fahrradverkehr) in Metropolen mit zusammen 40 % der Wege die wichtigste Art und Weise, unterwegs zu sein (Tab. 7.1).

Die Nutzung eines Autos setzt voraus, Zugang zu diesem Verkehrsmittel zu haben. Was zunächst banal erscheint, ist in Deutschland erst seit Ende der 1960er- bzw. Anfang der 1970er-Jahre eine Selbstverständlichkeit: Erst seitdem verfügt die Mehrheit der Haushalte überhaupt über ein privates Auto (Kuhm 1997). In Deutschland wurden im Jahr 2021 580 Pkw pro 1000 Einwohner*innen gezählt. Diese Pkw-

⬛ **Tab. 7.1** Verkehrsmittel und Siedlungstypen (Mobilität in Tabellen 2017, eigene Anpassung)

Hauptverkehrsmittel	Total (%)	Zusammengefasster regionalstatistischer Gemeindetyp, fünf Kategorien				
		Metro-pole (%)	Regiopole Großstadt (%)	Zentrale Stadt, Mittelstadt (%)	Städtischer Raum (%)	Klein-städtischer, dörflicher Raum (%)
Zu Fuß	20	26	23	20	19	16
Fahrrad	10	14	13	11	9	7
Motorrad/ Moped/Mofa	1	0	0	0	1	1
Pkw (Mit-fahrer*innen)	13	9	12	14	14	14
Pkw (Fahrer*in-nen)	38	24	32	40	44	48
ÖPNV	8	18	10	6	6	4
Anderes	6	9	10	9	7	10
Total	100	100	100	100	100	100

Basis: Wege (Deutschland) MiD 2017; Spalten % (gewichtet)

Dichte ist in Städten geringer als in ländlichen Regionen. Zwischen den Städten in Deutschland bestehen jedoch teilweise deutliche Unterschiede. Zwar ist die Pkw-Dichte in Metropolen deutlich niedriger als in kleineren Städten, doch spielen offenbar zusätzlich andere Faktoren eine Rolle. So sind in Berlin 336 und in Hamburg 436 Personenkraftfahrzeuge pro 1000 Einwohner*innen registriert (Kraftfahrt-Bundesamt 2021). Diese Zahlen sagen jedoch nur bedingt etwas über die individuelle Verfügbarkeit aus, denn Autos werden meistens in Haushalten gemeinsam genutzt. Entsprechend sind Angaben über den Anteil von Haushalten, die über ein Auto verfügen, aussagekräftiger, als die Anzahl der Autos pro 1000 Einwohner*innen.

Ob ein Haushalt keinen, einen oder mehrere Pkw besitzt, hängt in hohem Maß von der Siedlungsstruktur des Wohnorts ab: In Großstädten und Metropolen besitzen bis zu 42 % der Haushalte kein Auto, die Mehrheit der autolosen Haushalte lebt dort in den innerstädtischen Gebieten. In dörflich-ländlichen Gebieten hingegen verfügen rund 90 % der Haushalte über ein Auto (Nobis und Kuhnimhof 2018, S. 34). Gleichzeitig gibt es eine deutliche soziale Strukturierung der Autoverfügbarkeit: Während Familienhaushalte und Haushalte mit eher höherem ökonomischem Status überwiegend mindestens ein Auto besitzen, haben Haushalte mit jüngeren Personen und mit niedrigem Einkommen seltener einen Pkw (Nobis und Kuhnimhof 2018, S. 35). Seit wenigen Jahrzehnten stehen in den großen Städten mit Carsharing neue Möglichkeiten einer Pkw-Nutzung jenseits des Besitzes zur Verfügung. Den Daten des MiD zufolge haben bis zu 14 % großstädtischer Haushalte, vor allem jüngere und ökonomisch gut situierte, in den Metropolen über eine Carsharing-Mitgliedschaft Zugang zu diesen Fahrzeugen.

7.2.2 Wechselwirkungen zwischen Verkehrswegen, Stadtstrukturen und Aktivitätsräumen

Es gibt einen Zusammenhang zwischen Siedlungsstrukturen und Verkehr. Relevant ist die Stadtstruktur insbesondere dahingehend, wie dicht und wie breit gefächert das Angebot an Wohn- und Arbeitsplätzen, Einkaufs- und Freizeitangeboten, Ärzt*innen und Dienstleistungen innerhalb des Quartiers oder der Stadt ist. Relevant sind aber auch die verkehrlichen Infrastrukturen und Ressourcen, also die privaten, kommerziellen und öffentlichen Verkehrsmittel sowie die dazugehörige Infrastruktur: Straßen und Fahrspuren, Abstellplätze, Lade- bzw. Tankmöglichkeiten. Im Zusammenspiel haben Siedlungs- und Verkehrsstrukturen einen großen Einfluss auf Ausmaß und Formen des Verkehrs.

> **Definition**
>
> Die *Stadtstruktur* wird definiert durch die Dichte (Bevölkerungsdichte, Bebauungsdichte), den Bebauungstyp (Typen der Wohnbebauung, z. B. Einfamilien-, Reihenhaus-, Geschoss- oder Gewerbebebauung), das Layout (räumliche Anordnung von Gebäuden, Straßen und Freiräumen), die Flächennutzung (Gewerbe, Wohnen, Industrie, Grünanlagen), die Verkehrsinfrastruktur und die Zugänglichkeit von anderen Orten sowie die Grünstruktur und landschaftliche Merkmale (Topographie, Still- und Fließgewässer, Küsten; Dempsey et al. 2010, S. 22f.).

Gerade in innerstädtischen Quartieren findet sich eine große Vielfalt an Geschäften, Gaststätten oder Kultureinrichtungen und die Wege dorthin sind entsprechend eher kurz. Oft sind jedoch Grün- und Erholungsräume weiter entfernt (s. ▶ Kap. 6). Die funktionale Mischung der Innenstädte ist dabei eher ein Überbleibsel vormoderner Stadtstrukturen, denn die Stadtentwicklung im 20. Jahrhundert wurde maßgeblich und nachhaltig geprägt durch das Leitbild der funktionalen Gliederung bzw. Funktionstrennung der Charta von Athen (vgl. Le Corbusier 1988). Mit funktionaler Gliederung ist die räumliche Trennung von Wohnen, Arbeiten und Freizeit gemeint. Dieses Leitbild entstand vor dem Hintergrund der frühen Industriestädte mit schlechter Lebensqualität aufgrund Fabrikemissionen, großer baulicher Dichte und hoher Bevölkerungsdichte. Als Fortführung der Ideen einer funktionalen Gliederung orientierten sich in der zweiten Hälfte des 20. Jahrhunderts der Wiederaufbau und die Erweiterungen der Städte am Leitbild der *autogerechten Stadt* (Kuhm 1995; Reichow 1959), das als Ausdruck von Fortschritt und moderner Lebensführung galt. Dichte und kompakte Stadtbebauungen wurden im großen Stil abgerissen, in die Städte wurden große Straßenachsen und Magistralen eingezogen mit dem Ziel, dem Autoverkehr ausreichend Platz für einen kontinuierlichen Fluss zu geben. Diese räumlich-funktionale Entdifferenzierung der Städte ging einher mit einer Verlängerung der Wege und in der weiteren Entwicklung einer Zunahme des motorisierten Verkehrs. Allerdings waren bis in die 1960er-Jahre öffentliche Verkehrsmittel, insbesondere Straßenbahnen, das Hauptverkehrsmittel im Alltag der städtischen Bevölkerung. Die Verdrängung der öffentlichen Schienenfahrzeuge als Verkehrsmittel der Massen in der Stadt war jedoch nicht Folge dessen technischer oder ökonomischer Unterlegenheit, sondern das Er-gebnis eines politischen Willens, dem Auto als Massenverkehrsmittel zum Durchbruch zu verhelfen. Beispielsweise entschied der Berliner Senat Anfang der 1960er-Jahre, die Straßenbahn in Westberlin, mit der zu diesem Zeitpunkt mehr Menschen als mit allen anderen Transportmitteln zusammen befördert wurden, abzuschaffen, noch bevor Autos zum Massenverkehrsmittel geworden waren (Knie 2016; vgl. Norton 2008).

Angesichts von öden Wohnquartieren der Nachkriegszeit, gesichtslosen sub-urbanen Einfamilienhaussiedlungen und wachsender Verkehrsprobleme gewann in Deutschland gegen Ende des 20. Jahrhunderts das Ideal einer *Stadt der kurzen Wege* und damit eine Rückbesinnung auf die funktional gemischte und dicht bebaute Quartiersentwicklung wieder verstärkte Aufmerksamkeit (z. B. Feldtkeller 1994). Dieses Leitbild wird immer wieder auch im Kontext der städtischen Verkehrswende als Vorschlag eingebracht, um den Autoverkehr durch andere Formen, insbesondere Aktivverkehr zu ersetzen (Agora Verkehrswende 2017; UBA 2017).

Definition

Die *Stadt der kurzen Wege* ist ein Leitbild, das in der Stadtplanung verstärkt seit den 1980er-Jahren verfolgt wurde. Orientiert an der traditionellen europäischen Stadt werden bauliche Dichte und funktionale Mischung als zentrale Elemente eingesetzt. Durch die Nähe von Wohnen, Einkaufsmöglichkeiten, Dienstleistungen und Bildungseinrichtungen, teilweise auch Gewerbe, soll erreicht werden, dass im Alltag mehr Wege zu Fuß, mit dem Fahrrad oder dem öffentlichen Verkehr stattfinden.

Das Leitbild entstand aus einer Kritik der Funktionsentmischung und Sub-urbanisierung der Städte sowie die Dominanz des privaten Autos, die das 20. Jahr-hundert kennzeichneten (vgl. Feldtkeller 2001; Jacobs 1966). Frühe Beispiele einer städtischen Umsetzung finden sich in Tübingen, Wien oder Freiburg.

Die Art und Qualität des Angebots an Geschäften, Gaststätten oder Kulturein-richtungen, aber auch an sozialen Einrichtungen, Verkehrsanbindungen und Grün-räumen variiert jedoch nicht nur mit dem Alter der Bebauung und der Lage des Quartiers innerhalb der Stadtstruktur, sondern auch mit der sozial-ökonomischen Struktur der Bewohner*innen. Entsprechend wird in der Stadt- und Mobilitätssozio-logie auch die Frage von Gerechtigkeit und sozialer Ungleichheit diskutiert (s. ▶ Kap. 2 und 3). Bezogen auf die Anbindung mit dem öffentlichen Nahverkehr zeigt eine differenzierte Untersuchung von Berlin und Hamburg, dass Quartiere mit ärmerer Bevölkerung, anders als in Ländern des globalen Südens oder auch in den Vereinigten Staaten (vgl. Graham und Marvin 2001; Jiron 2007), zwar durchaus gut in das Verkehrsnetz eingebunden sind. Allerdings ist das Angebot pro Kopf, also be-zogen auf die Einwohner*innenzahl, in beiden Städten schlechter als in Quartieren mit einer höheren Kaufkraft (Daubitz und Aberle 2020a, b), d. h. die öffentliche Verkehrsanbindung entspricht nicht der Wohndichte dieser Quartiere (Daubitz und Aberle 2020a, S. 4). Dabei bleibt allerdings unberücksichtigt, wie die Anbindung er-folgt, ob mit dem Bus oder mit den schnelleren S- und U-Bahnen, was sich wiederum auf die Unterwegszeiten auswirken kann.

Unabhängig von diesen sozialökonomischen Differenzierungen verweist die historisch stabile Unterwegszeit (s. Abschn. 7.2.1) von etwa ein- bis eineinhalb Stunden auf einen Zusammenhang zwischen verkehrlicher Infrastruktur und Mobilität: Mit der Verbesserung von Verbindungswegen und damit der Beschleunigung des Verkehrs nimmt individuell die Erreichbarkeit von Orten bei gleichbleibendem Zeitaufwand zu. Anders formuliert: der Aktivitätsraum in der Stadt vergrößert sich mit einem Ausbau der Verkehrswege. Dabei handelt es sich um einen Prozess, der die Geschichte der modernen Stadt begleitet und deutliche Rückwirkungen auf das gesellschaftliche Leben hat.

Traditionell war das eigene Wohnquartier der Ort, in dem soziale Integration und gesellschaftliches Leben stattfand. Beispiele sind sogenannte Arbeiter*innenquartiere oder auch Stadtviertel, die durch bestimmte Zuwanderungsgruppen geprägt wurden (s. ▶ Kap. 3). Über die allgemeine Ausdehnung des Aktivitätsraums – parallel mit einer Ausdehnung der gesellschaftlichen Möglichkeiten insgesamt – beschränkt sich heute das soziale Leben auf das eigene Quartier nur noch für eher immobile Gruppen, z. B. betreuende Eltern mit kleinen Kindern, körperlich Mobilitätseingeschränkte oder Ältere. Hingegen sind insbesondere kinderlose und ökonomisch stabil situierte Stadtbewohner*innen die mobileren Bevölkerungsgruppen und haben daher ihre sozialen Netzwerke auch außerhalb des eigenen Wohnviertels.

Hintergrundinformation
Der kanadische Soziologe Barry Wellman setzt sich seit den 1970er-Jahren mit sozialen Netzwerken von Städter*innen auseinander. In seiner Studie *The Community Question* (Wellman 1979) ging er der Frage nach, ob sich in Städten *sozial-räumliche Gemeinschaften* aufgelöst, erhalten oder entgrenzt haben. Mittels Egozentrierter Netzwerkanalyse der unterstützungsrelevanten Beziehungen in East York zeigte er, dass soziale Einbindung nicht mehr primär in geschlossene Gemeinschaften eines Quartiers stattfindet, sondern in differenzierte Netzwerke, die sich über das Stadtgebiet und auch darüber hinaus erstrecken (Wellman 1979, S. 1225ff.). Die Ausdehnung der sozialen Netzwerke entsteht häufig im Zusammenhang mit Wohnungsumzügen oder Arbeitsorten außerhalb des eigenen Quartiers. Gleichzeitig sind gute Verkehrsinfrastrukturen und/oder die individuelle Verfügung über Fahrzeuge die Voraussetzung, diese Netzwerke auch aufrechtzuerhalten.

Diese Forschungsperspektive greifen Beiträge aus der Mobilitätsforschung, beispielsweise Jonas Larsen, John Urry und Kay Axhausen (2006), auf und zeigen anhand qualitativer Fallanalysen, wie sich die räumliche Ausdehnung der individuellen Kontaktnetzwerke zusammen mit Mobilitäten im Lebensverlauf entwickelt. Die Art und Weise, wie diese Beziehungen aufrechterhalten werden, hängt eng mit der geographischen Distanz zusammen: Mit Kontakten im Nahraum finden häufiger persönliche Treffen und gemeinsame Aktivitäten statt. Gleichzeitig wird hier regelmäßig telefoniert. Kontakte auf Distanz werden hingegen häufiger mit schriftlicher Kommunikation oder aber mit weniger häufigen Telefonaten aufrechterhalten (Larsen et al. 2006). Die verschiedenen Formen von Mobilität sind also die Basis sozialer Netzwerke.

Vor diesem Hintergrund schreibt Steven Fleming über Verkehr und Wege: *„Most trips are not to places per se. Most trips are to meet people or join groups. We move for the sake of new unions"* (Fleming 2021, S. 221). Die Wege, die aus sozialen Aktivitäten mit Freund*innen und Verwandten resultieren, sogenannte *Visiting-Friends-and-Relatives*(VFR)-Wege (Jackson 1990; Seaton und Palmer 1997), werden in der Verkehrsforschung jedoch in Teilen verkannt und als Freizeitwege klassifiziert. Ausgeblendet wird hierbei das soziale Ziel von Wegen, das zwar an Orten stattfindet, jedoch primär dem sozialen Kontakt dient und nicht beliebig an andere Orte verlagert werden kann.

Offenbar bestehen also Zusammenhänge zwischen der funktionalen, baulichen, verkehrlichen und sozialen Struktur und der räumlichen Mobilität. Allerdings basieren in der Stadt- und Verkehrsplanung häufig anzutreffende Annahmen, dass sich aus Veränderungen der Raumstruktur direkt ein verändertes Verkehrsverhalten ergibt, auf einem unterkomplexen Verständnis von Mobilität und Verkehr. Dabei wird ausgeblendet, dass es bei Bewegungen im Raum primär um gesellschaftliche Beziehungen zwischen Menschen geht – sei es beruflich, als aufgesuchte Dienstleister*innen, familiär oder privat. Insbesondere die individuellen sozialen Netzwerke sind dabei räumlich relativ stabil und nicht einfach durch planerische Eingriffe in die Stadtstruktur zu verlagern.

7.2.3 Verkehr und Mobilität als Elemente des Alltags

Neben dem Blick auf die soziale und raumstrukturelle Dimension ist aus sozialwissenschaftlicher Sicht insbesondere die Frage nach den Motiven, Gründen und Dynamiken von Verkehr und Mobilität von Interesse, also danach, warum Individuen in diesem Ausmaß und auf eine bestimmte Art und Weise in der Stadt unterwegs sind.

In einer traditionellen verkehrsgeographischen oder raumplanerischen Perspektive wird Verkehr als abgeleitetes Bedürfnis verstanden. Das heißt, es wird von rational kalkulierenden Individuen ausgegangen, die zur Befriedigung ihrer Bedürfnisse wie Wohnen, Arbeiten, Einkaufen oder Freizeit in Abhängigkeit von ihren Ressourcen wie Geld, Zeit und verfügbarer Verkehrsmittel mehr oder weniger entfernte Orte aufsuchen (z. B. Nuhn und Hesse 2006, S. 21). Abgesehen von Urlaubsreisen werden die Unterwegszeiten in dieser Perspektive als leere Zeiten verstanden, die entsprechend zu verkürzen sind. Zu diesem Verständnis von Verkehr passt eine Stadt-, Verkehrs- und Raumplanungspolitik, die auf eine Beschleunigung der Verkehrsverbindungen zielt: Autobahnen werden verbreitert und Fernbahnverbindungen ausgebaut, Wartezeiten an Ampeln, Kreuzungen, Bahnhöfen oder Umstiegsorten verkürzt. Und auch innerstädtisch folgen viele innovative Verkehrskonzepte dieser Beschleunigungslogik. Mit E-Scootern oder Stadträdern sollen die Distanzen zwischen Haltestellen und Wohn- oder Zielorten, die sogenannte *Last Mile*, schneller überwunden werden können und Smartphone-Apps identifizieren die schnellsten Verbindungen zwischen zwei Orten.

> **Definition**
>
> Mit dem Begriff *Last Mile* oder letzte Meile wird im Verkehrswesen, der Informations- und Kommunikationstechnologie und der Logistik die Distanz zwischen dem infrastrukturellen Netz bzw. Verteilpunkten und der privaten Wohnung verstanden. Technische Lösungen für die letzte Meile werden insbesondere im Bereich von Paketlieferungen (z. B. Paketstationen, Ablageorte, Einsatz von Drohnen) und den Anbindungen an das Netz des öffentlichen Nahverkehrs gesucht.

Diese Form der Verkehrssystemgestaltung wird als angebots- und infrastrukturorientiert beschrieben und ist eingebettet in eine ökonomisches Wachstum fördernde Politik (Beckmann 2014, S. 2). Empirisch zeigt sich jedoch, dass die Beschleunigung der Verkehrswege nicht etwa zu einer Reduzierung der Unterwegszeiten und damit zu Zeitersparnissen führt, sondern vielmehr dazu, dass längere Wege zurückgelegt werden (Metz 2008).

Eine andere Perspektive nehmen sozialwissenschaftliche Ansätze der Mobilitäts-forschung ein. Zunächst wird auch hier hervorgehoben, dass Wege und Mobilität überwiegend nicht als Selbstzweck erfolgen, sondern als Elemente von Alltags-praktiken. Solche Aktivitäten oder Praktiken, in die Wege und Verkehr eingebunden sind, sind beispielsweise Erwerbs- oder Reproduktionsarbeit, soziale Kontakte und Besuche, Freizeit-, Bildungs- oder Kulturaktivitäten. Empirisch zeigt sich, dass je nach Aktivität bzw. Wegezweck die möglichen Verkehrsmittel unterschiedlich häufig verwendet werden: Das Auto ist auch in städtischen Regionen das wichtigste Verkehrsmittel, um zur Arbeit zu kommen bzw. dienstliche Wege zurückzulegen, aber auch um andere Personen, insbesondere Kinder oder Ältere, zu begleiten, d. h. zu verschiedenen Orten zu bringen oder von dort abzuholen (◘ Tab. 7.2). Offenbar enthalten die verschiedenen Alltagspraktiken zusätzliche Aspekte, die die Form des Unterwegsseins mitbestimmen. Hierzu gehört zunächst, dass Personen nicht immer einzeln, sondern in vielen Fällen mehrere Personen oder Personen und Dinge ge-meinsam im Stadtraum unterwegs sind. Im Fall der Begleitwege geht es darum, eine andere Person zu einem Ort zu bringen oder sie von dort abzuholen. Begleitet werden insbesondere die Familienmitglieder, die Unterstützung brauchen, wie Ältere und Kinder. Bei Arbeits- oder Einkaufswegen, aber auch bei Begleitwegen, werden Dinge – Arbeitstaschen oder -geräte, Einkäufe, Kinderwagen oder Rollstühle – trans-portiert. Oft werden auch Wege miteinander verbunden, beispielsweise wird nach der Arbeit noch Sport getrieben, was das Mitnehmen von Sportsachen impliziert. Oder das Bringen und Abholen von Kindern wird mit Arbeitswegen oder Einkäufen ver-bunden. Das heißt, einige Alltagspraktiken lassen sich leichter mit einem Auto durchführen, gerade weil das Auto mehr als nur ein Fahrzeug ist, sondern gleich-zeitig auch ein Ort der Kommunikation mit Mitfahrenden, ein Ort der Entspannung (Musik) oder des Arbeitens (Telefonieren) sein kann sowie eine Aufbewahrungs-funktion für mitgeführte Dinge enthält.

Historisch lässt sich praxistheoretisch rekonstruieren, wie sich diese Alltags-praktiken in ihrer konkreten Ausformung als gesellschaftliche Normalität erst mit dem Auto entwickeln konnten. Das bedeutet, dass das Auto hier nicht einfach die fahrzeugtechnische Antwort auf bestehende Bedürfnisse darstellt. Vielmehr sind die verkehrlichen Anforderungen und Bedürfnisse der Alltagsorganisation und der einzelnen gesellschaftlichen Praktiken erst mit und aus der Normalität des Autos entstanden.

Auch aus einer Perspektive, die Mobilität in Alltagspraktiken einbettet, spielen Form und Struktur des Stadt- und Straßenraums eine Rolle. Denn diese Wege und Alltagspraktiken finden nicht einfach irgendwo im leeren Raum statt, sondern inner-halb eines verkehrsinfrastrukturellen und städtebaulichen Kontexts. Sind beispiels-weise keine Lebensmittelgeschäfte, Schulen oder Grünräume im Wohnquartier vor-handen, müssen zum Einkaufen, für die Schule oder für Spaziergänge eher längere Strecken zu Orten außerhalb des Quartiers zurückgelegt werden. Relevant ist auch die Verkehrsinfrastruktur, d. h. das Vorhandensein und die Taktung von öffentlichen Verkehrsmitteln, von Straßen, Rad- und Fußwegen. Zusätzlich geht es um Dimensio-nen wie die Verkehrssicherheit, insbesondere des Rad- und Fußverkehrs, worauf die

▣ **Tab. 7.2** Verkehrsmittel nach Wegezweck in städtischen Siedlungen in Deutschland (Mobilität in Tabellen 2017, eigene Anpassung)

Hauptverkehrsmittel (differenziert)	Hauptzweck des Weges (nach Hause umkodiert in Zweck mit höchster Priorität)								
	Total (%)	Arbeit (%)	Beruflich (%)	Ausbildung (%)	Einkauf (%)	Erledigung (%)	Freizeit (%)	Begleitung (%)	Keine Angabe (%)
Zu Fuß	22	8	11	24	28	23	29	19	25
Fahrrad	11	13	6	18	11	10	12	7	5
Motorrad, Moped, Mofa	0	1	0	0	0	0	0	0	0
Pkw (Mitfahrer*in)	12	3	2	20	12	13	19	17	20
Pkw (Fahrer*in)	35	48	54	5	36	37	22	44	17
Lkw	1	0	10	0	0	0	0	0	0
ÖPNV	11	17	10	25	6	9	9	4	7
ÖPFV	1	1	1	1	0	0	1	0	1
Anderes	0	1	2	0	1	1	2	2	2
Keine Angabe	7	8	4	7	6	7	6	7	23
Total	100	100	100	100	100	100	100	100	100

Basis: Wege (Deutschland) MiD 2017; Spalten % (gewichtet)

Beschaffenheit und auch der Unterhalt von Straßen, Rad- und Fußwegen einen maßgeblichen Einfluss haben (▣ Abb. 7.2). Zudem machen konkrete Ausgestaltungen der Verkehrswege, beispielsweise Fußwege entlang stark befahrener Straßen (▣ Abb. 7.2), verkehrssichere und breite Fahrradwege (▣ Abb. 7.3), fehlende Parkmöglichkeiten für Autos oder klimatisierte U-Bahnen die Nutzung jeweils mehr oder weniger attraktiv.

Ausmaß und Form des Verkehrs wird zudem über politische Steuerungen gestaltet, die über die Infrastrukturen hinaus Zugänge und Nutzungen fördern oder erschweren können. Ein Beispiel hierfür ist die sogenannte Parkraumbewirtschaftung, also die Nutzung von öffentlichem Raum als Parkplatz für das private Auto. In vielen Städten wird hierfür kein oder nur ein sehr geringes Nutzungsentgelt erhoben und auf diese Weise werden große Anteile des Straßenraums anderen Nutzungen wie Grün- oder Spielflächen oder Fahrradwegen entzogen (s. ▶ Kap. 9). Für den Wohnungsneubau sind allerdings in vielen Städten die Schaffung von Autostellflächen vorgeschrieben, was gerade in dicht bebauten Quartieren über teure Tiefgaragenstellplätze umgesetzt wird. Die Schaffung bzw. Bereitstellung einer angemessenen Zahl an Fahrradstellplätzen pro Wohnung oder pro Arbeitsplatz im

7

▫ Abb. 7.2   Städtischer Fußweg (Pixaby)

öffentlichen Raum ist hingegen nur selten und nicht systematisch oder einheitlich geregelt und vorgeschrieben.

Ebenfalls haben individuelle Kompetenzen und Erfahrungen einen Einfluss darauf, welches Verkehrsmittel gewählt wird. Diese Kompetenzen sind allerdings nicht in allen Teilen der Bevölkerung gleichermaßen ausgeprägt. Beim Radfahren muss beispielsweise die physische Kompetenz des Balancehaltens beim Fahren auf zwei Rädern gelernt und geübt werden. Zu den Radfahrkompetenzen gehören aber auch das selbstständige und sichere Zurechtfinden im städtischen Straßenverkehr, was gleichfalls ein längeres Üben voraussetzt. Mehrheitlich erfolgt das Lernen des Radfahrens in der Kindheit (s. ▶ Kap. 9). Gerade in den Städten nimmt der Anteil der Kinder, die in der Grundschule nicht oder nicht sicher Fahrradfahren können, tendenziell zu (dpa 2019).

Die Kompetenz des Autofahrens wird mit dem Führerschein zertifiziert. In der zweiten Hälfte des 20. Jahrhunderts stieg der Anteil einer Generation, die über einen Führerschein verfügt, kontinuierlich an. Seit einigen Jahren geht jedoch in der jüngeren Altersgruppe in den Städten der Anteil derjenigen, die einen Führerschein haben, zurück. In Metropolen besitzt beispielsweise ein Viertel der Unterdreißigjährigen keinen Führerschein (MIT 2017). Diese Entwicklung wird in vielen Städten des globalen Nordens beobachtet und gilt als Teil des sogenannten *Peak-Car*-Phänomens, einem Rückgang der Nutzung und des Besitzes privater Kraftfahrzeuge (Canzler et al. 2018; Delbosc und Currie 2013; Rérat 2021; Wittwer et al. 2019).

◨ **Abb. 7.3**   Städtischer Radweg (Pixabay)

Erlernte und erworbene Kompetenzen spielen aber auch für die Nutzung des öffentlichen Verkehrs eine bedeutende Rolle. Hier geht es beispielsweise um Fertigkeiten wie das Lesen von Fahr- und Streckenplänen sowie Tarifhinweisen sowie der Umgang mit Fahrkartenautomaten auch in fremden Städten, die für eine Nutzung der Verkehrsmittel erforderlich sind. Gerade die Umstellung auf App-basierte Fahrplan- und Fahrkartensysteme erweist sich für manche Bevölkerungsgruppen als Hürde für die Nutzung des öffentlichen Verkehrs.

Auch kulturelle Bedeutungen und Leitbilder beeinflussen die Art und Weise, wie Menschen in der Stadt unterwegs sind. Dabei geht es um Koppelungen von Lebensstilen und Typisierungen mit Verkehrsmitteln und Formen des Unterwegsseins, die früh verinnerlicht werden und mehr oder weniger bewusst das eigene Verhalten beeinflussen. Radfahren galt in Städten des globalen Nordens lange eher als Verkehrsmittel für Jugendliche vor dem Führerscheinerwerb, für Frauen ohne Führerschein oder für Vertreter*innen eines ökologisch-alternativen Milieus. In studentisch geprägten Städten wie Freiburg, Münster oder Tübingen oder auch im dänischen Kopenhagen hingegen prägt das Radfahren bereits seit den 1980er-Jahren den städtischen Verkehr in sichtbarer Weise. Später werden in bestimmten sozialen Milieus Fahrräder, im Besonderen Singlespeed- oder Rennräder zu Lebensstilaccessoires. E-Bikes machen gegenwärtig dieses Verkehrsmittel nicht nur für weniger sportliche Personen, sondern auch für längere Pendelstrecken attraktiv. Daneben gibt es aber auch soziale Milieus, die sich explizit von diesen fahrradaffinen Gruppen und deren Lebensorientierungen abgrenzen. Eine solche Abgrenzung erfolgt in Teilen auch über die Wahl des Verkehrsmittels und die Form der Fortbewegung.

7.2.4 Covid-19 und Verkehr

Einen deutlichen Effekt auf Ausmaß und Form der räumlichen Bewegungen hat die Covid-19-Pandemie (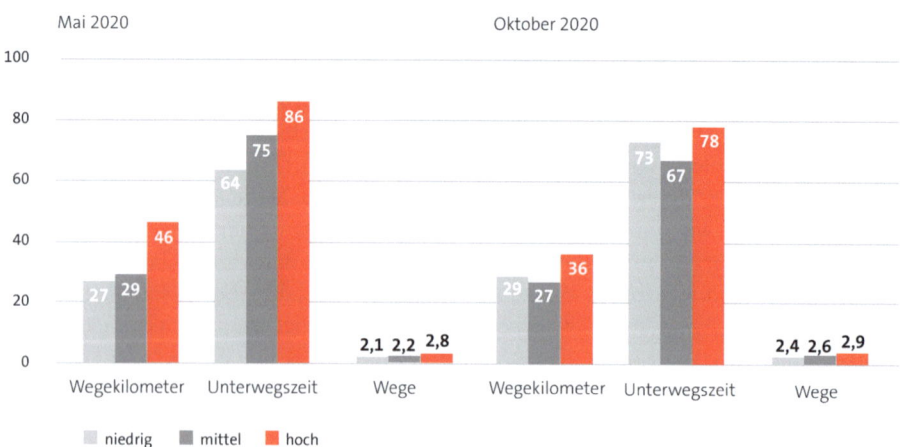 Abb. 7.4): In der ersten Phase des Lockdowns im Frühjahr 2020 ging der Anteil der mobilen Personen, d. h. derjenigen, die im Lauf des Stichtags die eigene Wohnung verlassen, auf 79 % zurück. Die täglichen Distanzen verkürzten sich um bis zu 30 %. Während mobile Personen vor der Pandemie je nach Siedlungstyp zwischen 36 und 44 km am Tag zurücklegten (Nobis und Kuhnimhof 2018, S. 28), waren es während der Pandemie im Oktober 2020 nur noch 31 km (Zehl und Weber 2020, S. 9). Die Zeit, die für die Wege aufgewendet wurde, nahm mit einem Viertel nicht ganz in gleichem Umfang zu den Distanzen ab (Zehl und Weber 2020, S. 7, 9). Gegenläufig zu der bis dahin dominanten Entwicklung einer immer schnelleren Überwindung von Distanzen ist hier eine Verlangsamung des Verkehrs zu beobachten, da mehr Wege zu Fuß oder mit dem Fahrrad innerhalb des eigenen Stadtquartiers bzw. im Nahraum zurückgelegt wurden (infas und Motiontag 2020, S. 6).

Damit macht die Pandemie deutlich, dass Verkehr und Mobilität nur bedingt einen Selbstzweck oder ein Bedürfnis darstellen, sondern Teil von Alltagsorganisationen bzw. der sozialen Vergemeinschaftung sind. Fallen aber die Zwecke dieser Wege weg, weil beispielsweise Freizeitangebote, Gastronomie, Einzelhandelsgeschäfte oder auch Büros geschlossen sind, nimmt auch die tägliche Mobilität ab. Dabei sollen die Coronamaßnahmen nicht unmittelbar das Zurücklegen von Wegen, sondern das Treffen von anderen Menschen reduzieren. Insbesondere das Treffen von immer wieder anderen Menschen, die *„groupings, and regroupings, of people"* (Fleming 2021, S. 222), die für städtische Lebensformen kennzeichnend sind, bergen das Risiko, sich selbst zu infizieren oder das Virus weiterzutragen. Die Beibehaltung

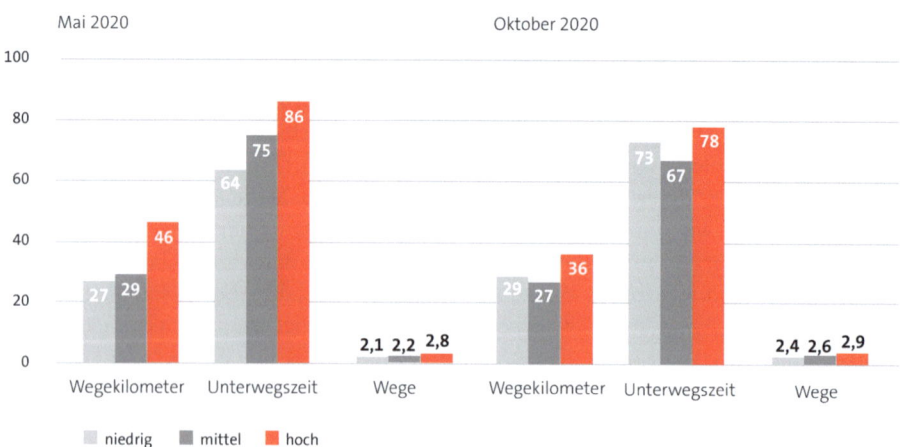

Abb. 7.4 Wege und Unterwegszeiten während der Covid-19-Pandemie in Deutschland (Zehl und Weber 2020, S. 7)

einer Restmobilität und die gleichzeitige Verlangsamung der Bewegungen im Raum legen hingegen nahe, dass auch der Gegenpol des *Groupings*, nämlich die temporäre Abwesenheit bzw. Anderswosein, ein wesentlicher Teil der städtischen Lebensformen ist. Erste vorliegende Forschungen beobachten eine deutliche Zunahme von Spaziergängen im Umfeld der Wohnung während der Lockdownphasen (z. B. Zehl und Weber 2020).

Die Pandemiesituation führt aber nicht nur zu einem Rückgang des Verkehrsaufkommens, sondern auch zu einem veränderten Verkehrsverhalten, einer stärkeren Nutzung des eigenen Autos statt des öffentlichen Verkehrs (Knie 2020; Zehl und Weber 2020). Gleichzeitig hat auch das Fahrrad als Verkehrsmittel in der Stadt an Bedeutung gewonnen. Möglich wurden in diesem Kontext innovative verkehrsplanerische Interventionen wie Pop-up-Fahrradwege, die in zahlreichen europäischen Städten eingerichtet wurden. Verschiedene Mobilitäts- und Verkehrsforscher*innen sehen daher in der Pandemie auch ein Möglichkeitsfenster, die Verkehrswende zu beschleunigen und beispielsweise solche Infrastrukturanpassungen zu verstetigen (Zehl und Weber 2020). Zudem lässt sich eine deutliche Rückbesinnung auf Nahversorgung und Infrastruktur im Wohnquartier beobachten (Eckardt 2020), gerade weil längere Wege mit öffentlichen Verkehrsmitteln als riskant und problematisch wahrgenommen, Wege zu Fuß oder mit dem Fahrrad hingegen stärker favorisiert werden. Entscheidend werden dürfte aber, wie mit dem öffentlichen Nahverkehr und den massiven Nutzungsrückgängen politisch weiter verfahren wird.

Zeitgleich mit dem allgemeinen Rückgang des Verkehrs im physischen Raum nimmt in der Covid-19-Pandemie die *virtuelle Mobilität* zu und auch hier gibt es deutliche Unterschiede nach sozialökonomischem Status: Je höher das Einkommen, umso wahrscheinlicher sind die Personen im Internet unterwegs und umso häufiger nehmen die Personen an Videokonferenzen teil (Zehl und Weber 2020, S. 10f.). Im Homeoffice und beim Homeschooling werden Treffen, die vorher im Büro oder in der Schule stattfanden, in den virtuellen Raum verlagert in Form von Videokonferenzen und virtueller Kommunikation. Aber auch Einkaufswege werden während der Pandemie häufiger durch virtuelle Mobilität, d. h. in Form des Online-Shoppings erledigt. Doch gerade beim Einkaufen verschwinden Verkehrswege durch das Online-Shopping nicht einfach, vielmehr bestehen Wechselwirkungen zwischen physischer und virtueller Mobilität: Die virtuell gekauften Güter werden von Mitarbeitenden diverser Logistik-, Paket- und Lieferdienste zum Wohnort der Käufer*innen transportiert.

7.3 Anwendungs- und Forschungsfelder der städtischen Verkehrswende

Auf einen Blick. In diesem Abschnitt wird gezeigt:
- Mit dem Begriff Verkehrswende wird eine klimafreundliche Transformation der Fortbewegung bezeichnet, die gleichzeitig die Zugänglichkeit von Räumen, Infrastrukturen und Möglichkeiten für alle Bevölkerungsgruppen gewährleistet.

> - Große Hoffnung wird mit neuen Mobilitätsdienstleistungen (*Mobility as a Service*) verbunden, durch die das private Auto mittelfristig verdrängt bzw. ersetzt werden sollen. Diese setzen jedoch aufseiten der Nutzenden ein hohes Maß an Flexibilität voraus.
> - Eine Reduktion klimaschädlicher Abgase über technologische Innovationen und Effizienzsteigerungen beinhaltet das Risiko von *Rebound*-Effekten, die die ökologischen Effekte aufheben könnten.
> - Die Strategie, Verkehr durch funktional gemischte Quartiersstrukturen zu reduzieren, übersieht tendenziell, dass viele Wege zum Zweck der Aufrechterhaltung sozialer Netzwerke erfolgen.

Die große Herausforderung für städtischen Verkehr besteht derzeit darin, diesen klimafreundlich zu gestalten, die Flächen in der Stadt gerechter zu verteilen und gleichzeitig die Zugänglichkeit von Räumen, Infrastrukturen und Möglichkeiten für alle Bevölkerungsgruppen zu gewährleisten. Diese ökologisch und sozial nachhaltige Verkehrswende wird von einer Vielzahl zivilgesellschaftlicher, wissenschaftlicher und politischer Akteur*innen gefordert. Allerdings besteht Uneinigkeit darüber, wie die Verkehrswende zu erreichen ist. Zudem muss eine solche Wende innerhalb der bestehenden gebauten Stadt- und Verkehrsstrukturen, aber auch innerhalb der Alltagsnormalitäten der Bewohner*innen stattfinden bzw. kann diese immer nur graduell verändert und angepasst werden. Beides, die gebaute Stadt und die Alltagspraktiken, sind durch Stabilität und Dauerhaftigkeit geprägt und daher besonders schwer zu verändern.

Spätestens mit den richtungsweisenden Beschlüssen der EU-Kommission (2021) zu „*Fit for 55*" ist für die Zukunft zu erwarten, dass der motorisierte Verkehr in der Stadt innerhalb dieses Jahrzehnts weitgehend elektrifiziert wird. Dadurch werden die verkehrsbasierten Abgase aus der Stadt verschwinden. Für die Frage, ob E-Fahrzeuge tatsächlich klimafreundlich sind, müssen jedoch neben den Emissionen während der Fahrt auch die Energieerzeugung sowie die Fahrzeug- und Batterieherstellung und -entsorgung einbezogen werden (Agora Verkehrswende 2019). Darüber hinaus ergänzen neue Mobilitätsdienstleistungen, die *Mobility as a Service* (MaaS) genannt werden, in den Städten bereits jetzt das verfügbare Verkehrsangebot. Dazu gehören *Car-, Bike-* und *Scooter-Sharing, Shuttle-* und *Ride-Hailing*-Dienste. Möglicherweise werden öffentliche und kommerzielle Verkehrsangebote in Zukunft auch selbstgesteuert unterwegs sein. Offen ist, ob es in Zukunft zu einer grundsätzlichen Abkehr von privaten Fahrzeugen kommen wird.

Eine Reduktion der klimaschädlichen Abgase allein über technologische Effizienzsteigerungen, also über effizientere Kraftstoffmotoren, oder über die Einführung neuer Verkehrsleitsysteme und Mobilitätsangebote zu erreichen, hat bisher kaum zu Erfolgen geführt (s. ▶ Kap. 10). Obwohl Autos technisch immer effizienter werden, werden die ökologischen Effekte durch die sogenannte *Rebound*-Effekte, d. h. durch eine Steigerung der gefahrenen Strecken und die Größe der Fahrzeuge, zunichtegemacht. Aber auch Informationen über die Auswirkungen des MIV auf Umwelt und Klima sowie Appelle an das Umwelt- und Klimabewusstsein führen offenbar nicht dazu, dass systematisch auf andere Verkehrsmittel umgestiegen wird (BMU 2019).

> **Definition**
>
> Unter *Rebound-Effekten* versteht man in der Energieökonomie die Effekte, die dazu führen, dass ein durch technologische Verbesserungen mögliches Einsparpotenzial nicht vollständig verwirklicht wird. Unterschieden werden direkte und indirekte *Rebound*-Effekte. Wird beispielsweise ein Auto bezogen auf die Energie pro bewegte Masse immer effizienter, verbraucht es also weniger Sprit pro Masse, nehmen die Kosten bezogen auf die bewegte Masse ab. Führt diese Effizienzsteigerung dann dazu, dass die Autos größer werden oder dass längere Strecken damit zurückgelegt werden, handelt es sich um einen *direkten Rebound-Effekt.* Das fragliche Gut wird aufgrund der Kostenreduktion durch die Energieeinsparung stärker nachgefragt. Von *indirekten Rebound-Effekten* spricht man, wenn das durch die Effizienzsteigerung eingesparte Geld, beispielsweise durch ein sparsameres Auto, für andere energieverbrauchende Güter wie Flugreisen eingesetzt wird.

Eine dritte Strategie, die zur Reduktion der Emissionen aus dem Personenverkehr diskutiert wird, ist das Leitbild der funktional durchmischten, dicht bebauten Stadtstruktur (s. Abschn. 7.2.2). Die Ansiedlung von Infrastrukturen der Alltagsversorgung, der Kultur, Freizeiteinrichtungen und Gastronomie in einem Stadtteil ist jedoch immer auch gebunden an die Kaufkraft der potenziellen Kund*innen sowie abhängig von der Höhe der Mieten. Aus beiden Dimensionen erwächst ohne politische Gegensteuerung eine ungleiche Verteilung im städtischen Raum. Zudem werden viele Alltagswege auch aus dem Grund zurückgelegt, Kolleg*innen, Freund*innen, Angehörige oder Bekannte zu treffen, zu begleiten oder zu versorgen. Die sozialen Netzwerke lassen sich jedoch nicht mit einer veränderten Stadtstruktur in das eigene Wohnquartier zurückholen (s. ▶ Abschn. 7.2.2, Background Information).

Die wechselseitige Durchdringung von gesellschaftlichem Leben, Mobilität/Bewegung und Verkehr legen entsprechend nahe, dass eine eindimensionale Bearbeitung der negativen Effekte des Verkehrs, insbesondere des motorisierten Individualverkehrs, keine erfolgversprechende Strategie sein kann. Auch ein monodisziplinärwissenschaftlicher Blick erscheint hier unterkomplex, denn Verkehr in der Stadt hat neben den alltäglich gesellschaftlichen Dimensionen u. a. auch ökonomisch-logistische Aspekte, die hier noch gar nicht einbezogen wurden.

Das anhaltende Wachstum des motorisierten Individualverkehrs und der geringe Erfolg der politisch proklamierten Verkehrswende zeigen, dass das Verkehrsverhalten und die Wahl des Verkehrsmittels nicht durch einzelne Eingriffe in die Infra- und Stadtstruktur oder Appelle an das Umweltbewusstsein zu steuern und zu verändern sind. Entsprechend geht es aus sozialwissenschaftlicher Perspektive darum zu verstehen, warum Menschen grundsätzlich unterwegs sind und welche Bedeutung das Auto für sie im Alltag hat, obwohl es gerade in der Stadt vergleichsweise langsam und teuer ist und eine Vielzahl alternativer Verkehrsmittel zur Verfügung stehen. Dahinter steht allgemeiner die Frage nach der Bedeutung von Verkehr und Mobilität für den Alltag und die gesellschaftliche Teilhabe.

Neue Mobilitätsdienstleistungen – *Mobility as a Service*

Gerade in großen Städten stehen immer mehr neue Mobilitätsdienstleistungen zur Verfügung, die potenziell den Besitz von Fahrzeugen obsolet machen. Lanzendorf und Hebsaker (2017, S. 137ff.) zufolge können neue Mobilitätsdienstleistungen oder Maas in drei Typen unterteilt werden: Mobilitätsangebote, die a) die Nutzung von Autos gemeinschaftlich oder geteilt regeln, b) Mitfahrgelegenheiten (*Ride-Hailing*) und c) nicht oder wenig motorisierte Angebote.

Zu a) gehören privat organisierte und kommerzielle *Carsharing*-Angebote, deren Anfänge Mitte des 20. Jahrhunderts liegen. Das privatorganisierte Teilen von Autos, das auch als *Peer-to-Peer-Carsharing* bezeichnet wird, hat ebenfalls eine lange Tradition. Streng genommen ist das Angebot also nicht neu, hat jedoch in den Städten in den letzten Jahren insbesondere mit der Einführung von *One-Way-Carsharing*-Systemen eine neue Qualität erhalten.

Unter b) fallen die inzwischen über digitale Plattformen organisierten Mitfahrzentralen wie „*blablacar*", die auf die älteren Formen der telefon- und zettelkasten-basierten Formen der formellen und informellen Mitfahrzentralen folgten. Dabei werden Kontakte zwischen Fahrenden und Mitfahrenden vermittelt. Für den innerstädtischen Verkehr sind daneben auch diverse *Ridesharing*- und *On-demand*-Angebote von Bedeutung. Diese werden ebenfalls überwiegend digital gebucht und durch Algorithmen gesteuert. Beispiele sind ioki in Hamburg, die als elektrisch betriebene Sammeltaxis den öffentlichen Nahverkehr in bestimmten Stadtteilen ergänzen, oder die VW-Tochter Moia, die festgelegte Haltepunkte nach Bedarf anfährt.

Zu c) gehören die seit einiger Zeit in vielen Städten zu findenden Leihsysteme für nicht oder wenig motorisierte Mikrofahrzeuge, beispielsweise *Bike*-, Roller- und *Scootersharing*. Während *Bikesharing*-Angebote vielfach städtisch oder über die Deutsche Bahn (*Call a Bike*) (mit)getragen werden, sind die elektrischen *Scooter* und Vespas, die seit einigen Jahren zur Nutzung zugelassen wurden, kommerziell organisiert.

Neu an diesen Mobilitätsangeboten ist, dass sie über digitale Plattformen vermittelt werden und nicht fahrplanbasiert, sondern bei einem Zusammentreffen von Angebot und Nachfrage zustande kommen und damit deutlich flexibler in Anspruch zu nehmen sind (Lanzendorf und Hebsaker 2017, S. 143). Allerdings handelt es sich – im Gegensatz zum eigenen Auto, dem öffentlichen Verkehr oder auch dem eigenen Fahrrad – um unvollständige Angebote ohne ständige Verfügbarkeitsgewährleistung, was aufseiten der Nutzenden ein hohes Maß an Flexibilität voraussetzt (Lanzendorf und Hebsaker 2017, S. 145).

7.4 Ausblick – Stadt erfahren

Mobilität und Verkehr sind Aspekte menschlichen Zusammenlebens, die gerade nicht auf die Stadt begrenzt sind, sondern Verbindungen mit anderen Städten, ländlichen Räumen, Regionen und anderen Kontinenten herstellen. Verkehr und Mobilität sind also die Voraussetzung dafür, dass Menschen, Güter, Dinge, Symbole und Ideen nicht örtlich begrenzt, sondern regional, national und international reisen, geteilt, gehandelt, weiterverarbeitet und verkauft werden können oder fluktuieren. Allerdings verdichten sich die durch den Verkehr entstehenden negativen Effekte gerade in Städten. Insbesondere der in den letzten hundert Jahren massiv gewachsene motorisierte Individualverkehr hat die Gestalt der Städte und die Formen des Zusammenlebens grundlegend verändert und trägt mittlerweile mit einem hohen Anteil zum globalen Klimawandel bei. Hinzu kommen Lärm, Platzbedarfe und Unfälle mit anderen Verkehrsteilnehmer*innen, sowie dysfunktionale Entwicklungen durch das Verkehrswachstum in Form von Staus und damit der Immobilisierung des Straßenverkehrs. Während in vielen Städten des globalen Nordens eine Verkehrswende als politisches Leitbild proklamiert wird, stehen manche Städte des globalen Südens noch am Anfang dieser problematischen Entwicklung. Da inzwischen der größte Teil der globalen Bevölkerung in Städten lebt, erscheint es (klima-)politisch geboten, dort auch nach neuen Formen der Verkehrsorganisation zu suchen, die ökologisch, sozial und ökonomisch nachhaltiger sind als das gegenwärtige System des Automobils. Dabei ist jedoch immer im Blick zu behalten, worum es eigentlich geht, wenn Menschen mobil sind und Verkehr organisiert werden muss: mit anderen Menschen in Kontakt zu kommen, aus beruflichen, alltagsorganisatorischen, Bildungs-, Familien-, Verwandtschafts-, Freundschafts- oder Freizeitgründen. Mit anderen Worten, Mobilität und Verkehr sind kein Bedürfnis oder Wert an sich, sondern sind Element und Bedingung der räumlichen Organisation von Städten und Gesellschaften.

Schlüsselwerke

Canzler, W., Knie, A., Ruhrort, L., & Scherf, C. (2018). Erloschene Liebe? Das Auto in der Verkehrswende. Soziologische Deutungen, Bielefeld: transcript.

Kuhm, K. (1997). Moderne und Asphalt. Die Automobilisierung als Prozeß technologischer Integration und sozialer Vernetzung, Pfaffenweiler: Centaurus.

Literatur

Agora Verkehrswende. 2017. *Mit der Verkehrswende die Mobilität von morgen sichern. 12 Thesen zur Verkehrswende*. Berlin. www.agora-verkehrswende.de. Zugegriffen am 24.3.2022.

Agora Verkehrswende. 2019. *Klimabilanz von Elektroautos. Einflussfaktoren und Verbesserungspotenzial*, Berlin. https://www.agora-verkehrswende.de/fileadmin/Projekte/2018/Klimabilanz_von_Elektroautos/Agora-Verkehrswende_22_Klimabilanz-von-Elektroautos_WEB.pdf. Zugegriffen am 24.3.2022.

Ahrend, C., O. Schwedes, S. Daubitz, U. Böhme, und M. Herget. 2013. *Kleiner Begriffskanon der Mobilitätsforschung,* (No. 2013 (1)), Berlin. http://hdl.handle.net/10419/200070. Zugegriffen am 24.3.2022.

Beckmann, K. J. 2014. Verkehrspolitik und Mobilitätsforschung: Die angebotsorientierte Perspektive. In *Handbuch Verkehrspolitik*, Hrsg. W. Canzler, A. Knie, und O. Schwedes, 1–24. Wiesbaden: Springer Fachmedien Wiesbaden.

Bundesministerium für Umwelt Naturschutz und nukleare Sicherheit (BMU). 2019. *Umweltbewusstsein in Deutschland 2018*, Dessau-Roßlau. https://www.umweltbundesamt.de/sites/default/files/medien/1410/publikationen/ubs2018_-_m_3.3_basisdatenbroschuere_barrierefrei-02_cps_bf.pdf. Zugegriffen am 24.3.2022.

Canzler, W., A. Knie, L. Ruhrort, und C. Scherf. 2018. *Erloschene Liebe? Das Auto in der Verkehrswende. Soziologische Deutungen*. Bielefeld: transcript.

Daubitz, S., und C. Aberle. 2020a. *Mobilität und Soziale Exklusion in Berlin: Faktenblatt*. Hamburg: Universitätsbibliothek der Technischen Universität Hamburg-Harburg.

Daubitz, S., und C. Aberle. 2020b. *Mobilität und Soziale Exklusion in Hamburg: Faktenblatt*. Hamburg: Universitätsbibliothek der Technischen Universität Hamburg-Harburg.

Delbosc, A., und G. Currie. 2013. Causes of youth licensing decline: A synthesis of evidence. *Transport Reviews* 33(3): 271–290.

Dempsey, N., C. Brown, S. Raman, et al. 2010. Elements of urban form. In *Dimensions of the sustainable city*, Hrsg. M. Jenks und C. A. Jonses, 21–51. Dordrecht: Springer.

dpa. 2019, Dezember 29. Grundschüler fahren schlechter Rad als früher. *Welt*. https://www.welt.de/regionales/hamburg/article204638214/Jedes-siebte-Kind-faellt-durch-Hamburger-Grundschueler-fahren-schlechter-Rad.html. Zugegriffen am 24.3.2022.

Eckardt, F. 2020. Corona und die Seuche der Segregation der Städte. In *Die Corona-Gesellschaft*, Hrsg. M. Volkmer und K. Werner, 111–118. Bielefeld: transcript.

Europäische Kommission. 2021. *„Fit für 55": auf dem Weg zur Klimaneutralität – Umsetzung des EU-Klimaziels für 2030*, Brüssel. https://eur-lex.europa.eu/legal-content/DE/TXT/PDF/?uri=CELEX:52021DC0550&from=EN. Zugegriffen am 24.3.2022.

European Commission. 2017. *Transport in Figures. Statistical Pocketbook 2017*, Luxembourg. https://ec.europa.eu/transport/facts-fundings/statistics/pocketbook-2017_en. Zugegriffen am 24.3.2022.

Feldtkeller, A. 1994. *Die zweckentfremdete Stadt. Wider die Zerstörung des öffentlichen Raums*. Frankfurt/New York: Campus.

Feldtkeller, A. 2001. *Städtebau: Vielfalt und Integration. Neue Konzepte im Umgang mit Stadtbrachen*. Stuttgart/München: Deutsche Verlags-Anstalt.

Fleming, S. 2021. Against the Driverless City. In *AVENUE21. Politische und planerische Aspekte der automatisierten Mobilität*, Hrsg. M. Mitteregger, E. M. Bruck, A. Soteropoulos, I. Banerjee, et al., 221–236. Berlin/Heidelberg: Springer Berlin Heidelberg.

Franz, P. 1984. *Soziologie der räumlichen Mobilität. Eine Einführung. Campus Studium*. Frankfurt/New York: Campus Verlag.

Graham, S., und S. Marvin. 2001. *Splintering Urbanism. Networked infrastructures, technological mobilities and the urban condition*. London/New York: Routledge.

infas, & Motiontag. (2020). *Alles anders oder nicht? Unsere Alltagsmobilität in der Zeit von Ausgangsbeschränkung oder Quarantäne* (No. 2). https://www.infas.de/fileadmin/user_upload/infas_mobility_CoronaTracking_Nr.02_20200421.pdf. Zugegriffen am 24.3.2022.

Jackson, R. T. 1990. VFR tourism: Is it underestimated? *Journal of Tourism Studies* 1(2): 10–17.

Jacobs, J. 1966. *Tod und Leben großer amerikanischer Städte*, Bauwelt-Fundamente 4, gekürzte A. Berlin: Bauverlag.

Jiron, P. M. 2007. Unravelling Invisible Inequalities in the City through Urban Daily Mobility. The Case of Santiago de Chile. *Schweizerische Zeitschrift für Soziologie* 33(1): 45–68.

Knie, A. 2016. Sozialwissenschaftliche Mobilitäts- und Verkehrsforschung: Ergebnisse und Probleme. In *Handbuch Verkehrspolitik*, Hrsg. O. Schwedes, W. Canzler, und A. Knie, 33–52. Wiesbaden: Springer Fachmedien Wiesbaden.

Knie, A. 2020. Keine Renaissance des Autos, aber Öffentliche in der Trutzburg. Abgerufen 16. Januar 2021, von https://www.klimareporter.de/verkehr/keine-renaissance-des-autos-und-oeffentliche-in-der-trutzburg. Zugegriffen am 24.3.2022.

Kopatz, M. 2019. *Ökoroutine. Damit wir tun, was wir für richtig halten*. München: oekom.

Kraftfahrt-Bundesamt. 2021. Bestand an Pkw am 1. Januar 2021 gegenüber dem 1. Januar 2020 je 1000 Einwohner. https://www.kba.de/DE/Statistik/Fahrzeuge/Bestand/FahrzeugklassenAufbauarten/fz_b_fzkl_aufb_archiv/2021/2021_b_pkw_bundeslaender_gif2.html?nn=2598042. Zugegriffen am 24.3.2022.

Kuhm, K. 1995. *Das eilige Jahrhundert. Einblicke in die automobile Gesellschaft*. Hamburg: Junius.

Kuhm, K. 1997. *Moderne und Asphalt. Die Automobilisierung als Prozeß technologischer Integration und sozialer Vernetzung*. Pfaffenweiler: Centaurus.

Lanzendorf, M., und J. Hebsaker. 2017. Mobilität 2.0 – Eine Systematisierung und sozial-räumliche Charakterisierung neuer Mobilitätsdienstleistungen. In *Verkehr und Mobilität zwischen Alltagspraxis und Planungstheorie*, Hrsg. M. Wilde, J. Scheiner, M. Gather, und C. Neiberger, 135–151. Wiesbaden: Springer Fachmedien Wiesbaden.

Larsen, J., J. Urry, und K. W. Axhausen. 2006. *Mobilities, Networks, Geographies*. Hampshire: Ashgate.

Le Corbusier. 1988. *Le Corbusiers „Charta von Athen": Texte und Dokumente; kritische Neuausgabe*, Bd. 56. Braunschweig: Vieweg.

Metz, D. 2008. The Myth of Travel Time Saving. *Transport Reviews* 28(3): 321–336.

Mobilität in Tabellen. 2017. http://www.mobilitaet-in-deutschland.de/MiT2017.html. Zugegriffen am 24.3.2022.

Nobis, C., und T. Kuhnimhof. 2018. *Mobilität in Deutschland – MiD Ergebnisbericht. Studie von infas, DLR, IVT und infas 360 im Auftrag des Bundesministers für Verkehr und digitale Infrastruktur.* Bonn/Berlin. www.mobilitaet-in-deutschland.de. Zugegriffen am 24.3.2022.

Norton, P. D. 2008. *Fighting traffic. The dawn of the motor age in the American city.* Cambirdge/London: MIT Press.

Nuhn, H., und M. Hesse. 2006. *Verkehrsgeographie.* Paderborn: Schöningh (UTB).

Reichow, H. B. 1959. *Die Autogerechte Stadt: ein Weg aus dem Verkehrs-Chaos.* Ravensburg: Otto Maier Verlag.

Rérat, P. 2021. A decline in youth licensing: A simple delay or the decreasing popularity of automobility? *Applied Mobilities* 6(1): 71–91.

Seaton, A. V., und C. Palmer. 1997. Understanding VFR tourism behaviour: The first five years of the United Kingdom tourism survey. *Tourism Management* 18(6): 345–355.

Sheller, M., und J. Urry. 2006. The new mobilities paradigm. *Environment and Planning A* 38(2): 207–226.

Umweltbundesamt (UBA). 2017. *Die Stadt für Morgen. Umweltschonend mobil – lärmarm – grün – kompakt – durchmischt,* Dessau-Roßlau. http://www.umweltbundesamt.de/publikationen. Zugegriffen am 24.3.2022.

Umweltbundesamt (UBA). 2018. Emissionen des Verkehrs. Abgerufen 18. Oktober 2018, von https://www.umweltbundesamt.de/daten/verkehr/emissionen-des-verkehrs#textpart-1. Zugegriffen am 24.3.2022.

Urry, J. 2007. *Mobilities.* Cambridge: Polity.

Wellman, B. 1979. The community question: The intimate networks of east yorkers. *American Journal of Sociology* 84: 1201–1231.

Wittwer, R., R. Gerike, und S. Hubrich. 2019. Peak-car phenomenon revisited for urban areas: Micro-data analysis of household travel surveys from five European capital cities. *Transportation Research Record: Journal of the Transportation Research Board* 2673(3): 686–699.

Zahavi, Y. 1979. *The ‚UMOT' Project.* Washington, DC. www.surveyarchive.org/Zahavi/UMOT_79.pdf. Zugegriffen am 24.3.2022.

Zehl, F., und P. Weber. 2020. *Die Vermessung der Mobilität in der Pandemie: Gedämpfte Hoffnung auf die Verkehrswende* (No. 3), Berlin. https://www.infas.de/fileadmin/pdf-geschuetzt/infas_Mobilitätsreport_WZB_7331_20201217.pdf. Zugegriffen am 24.3.2022.

Reflexionen

Inhaltsverzeichnis

Stadt politisieren – Urbane Politische Ökonomie

Iris Dzudzek

Inhaltsverzeichnis

Trailer

Dieses Kapitel zeigt, dass die Ökonomie von Städten stets eine Politische Ökonomie ist. Städte wurden und werden durch ökonomische Kräfte hervorgebracht, geformt und gesteuert, die selbst Ausdruck politischer Aushandlung sind und historisch unterschiedliche Formen angenommen haben. Mit Neoliberalisierung als Herrschaft des Markts stellt das Kapitel ein aktuelles dominierendes Paradigma der Regierung des Städtischen vor.

Die feministische Kritik verweist auf Leerstellen und Ausschlüsse Urbaner Politischer Ökonomie. In einer machtkritischen Perspektive wird gezeigt, wie städtische Ökonomien auf sich überkreuzenden Diskriminierungsformen wie z. B. „race", „class", „gender" aufbauen und wie diese herausgefordert werden können. Beispiele wie Sorgearbeit, *Urban Commons*, Gemeinnützigkeit oder Kooperativen zeigen die Diversität urbaner politischer Praktiken jenseits vorherrschender kapitalistischer und marktorientierter Wirtschaftsweisen auf. Das Kapitel arbeitet heraus, dass urbane Transformationen auf der konflikthaften Aushandlung politischer Ökonomien basieren und zeigt Möglichkeiten, diese mitzugestalten.

Zum Kapiteleröffnungsbild: Wem gehört die Stadt? Welchen politischen Rahmen braucht es, damit eine Ökonomie alle Menschen in der Stadt angemessen versorgen kann? Die kritische und feministische Geographie fragt, wie die Politische Ökonomie einer Stadt für alle aussehen kann (sururu/▶ stock.adobe.com).

8.1 Einführung

Ob Industriegebiet, Banken-, oder Arbeiter*innenviertel: Im Alltag deutet vieles darauf hin, dass Ökonomie das Gesicht von Städten maßgeblich prägt. In den letzten drei Dekaden des 20. Jahrhunderts avancierten Märkte zum dominanten Steuerungsdiskurs von Städten, der Städte selbst zu Unternehmen in einem internationalen Wettbewerb um Kapital und hochqualifizierte Wissensarbeiter*innen werden lässt. Dieses Modell wird als Neoliberalisierung des Städtischen bezeichnet und stellt derzeit das vorherrschende Paradigma Urbaner Politischer Ökonomie dar. Es erscheint als Sachzwang. Darunter versteht man ein Paradigma, das so dominant geworden ist, dass seine historische Gewordenheit ebenso aus dem Blick gerät wie die Tatsache, dass es Varianten und Alternativen zum Status quo gibt. Diese Regierungsweise der Gegenwart ist als „Umverteilung von unten nach oben" (Harvey 2007) und als Motor einer ungleichen Entwicklung (Smith 1984) vielfach kritisiert worden. Neue gesellschaftliche Entwicklungen stellen das Paradigma neoliberaler Steuerung von Städten zunehmend infrage. Hierzu gehören Renationalisierungstendenzen in vielen Ländern mit rechtskonservativen Regierungen, das Gewahrwerden von Grenzen des Wachstums im Zuge der Debatten um Klimawandel und Nachhaltigkeit, die zyklische Wiederkehr ökonomischer Krisen sowie die Priorisierung von Belangen globaler Gesundheit vor ökonomischen Interessen im Zuge der Covid-19-Krise.

Ziel dieses Kapitels ist es, aufzuzeigen, dass die Ökonomie von Städten stets eine politische war. Das bedeutet, Städte wurden zwar durch ökonomische Kräfte hervorgebracht, geformt und gesteuert, allerdings handelt es sich bei diesen Kräften nicht um Naturgegebenheiten oder Sachzwänge, sondern um politisch hervorgebrachte Regierungsweisen, die historisch gesehen sehr unterschiedliche Formen angenommen haben. Dabei wird ein breites Verständnis von Politik zugrunde gelegt, das neben parteipolitischem auch ein zivilgesellschaftliches Engagement umfasst. Die Ökonomie der griechischen Polis ist ebenso wenig ohne Sklavenhaltergesellschaft zu denken, wie die städtischen Märkte des Mittelalters ohne die feudalistische Ständegesellschaft. Mit Neoliberalisierung als Herrschaft des Markts stellt das Kapitel ein aktuelles vorherrschendes Paradigma der Regierung des Städtischen vor. Sodann werden die Widersprüche, Ungleichheiten und Exklusionen vorgestellt, die mit diesen Formen ökonomischer Regierung von Stadt einhergehen. Im letzten Teil werden alternative Politische Ökonomien diskutiert, die jeweils unterschiedliche Antworten auf die eingangs skizzierten Herausforderungen liefern.

8.2 Theorien Politischer Ökonomie der Stadt

Auf einen Blick. In diesem Abschnitt wird gezeigt:
- Im Zuge kapitalistischer Entwicklung fließt immer mehr Kapital in das Wachstum, die Restrukturierung und Verdichtung von Städten und lässt sie zu räumlichen Abbildern dieser Dynamiken werden.
- Die Neoliberalisierung des Städtischen führt zu einer Umkehrung von einem Markt unter der Aufsicht des Staats hin zu einem Staat unter der Aufsicht des Markts.

- Neoliberalisierung resultiert in Aufwertung, aber auch Verdrängung sowie Ausverkauf von Sozialpolitik zugunsten von Kulturpolitik.
- Die feministische Kritik Urbaner Politischer Ökonomie kritisiert die Verengung urbaner Ökonomie auf unternehmerische Stadtpolitik und fordert, ökonomische Praktiken zu diversifizieren, damit Ökonomie der Sicherung der Lebensgrundlagen aller Menschen dient.

Städte sind von jeher Orte des ökonomischen Austauschs. Der Begriff Urbanisierung leitet sich etymologisch von urbar machen ab und beschreibt die Erschließung zur (land-)wirtschaftlichen Nutzung. Als Marktorte dienen Städte als Knotenpunkte für den Austausch von Waren und Dienstleistungen, aber auch als Orte des Zusammentreffens und der Kommunikation. Gleichzeitig waren sie auch Orte der Produktion, zunächst des Handwerks und später der Industrie. Ihre Macht verdanken Städte diesen ökonomischen Aktivitäten. Dabei gerät meist aus dem Blick, dass die urbane Ökonomie kein freies Spiel der Marktkräfte war oder ist, sondern von jeher politisch durch verschiedene gesellschaftliche Kräfteverhältnisse hergestellt wurde.

8.2.1 Die Urbanisierung des Kapitals

David Harvey leistet den wichtigsten Beitrag zum Verständnis, wie die Politische Ökonomie Städte prägt. Der Entwurf einer Politischen Ökonomie der Stadt und des Raums des wohl bekanntesten Geografen weltweit denkt die Politische Ökonomie von Karl Marx weiter und „verräumlicht" sie (Harvey 1982). Mit der These von der Urbanisierung des Kapitals erklärt Harvey den zentralen Zusammenhang zwischen kapitalistischer Produktionsweise und Urbanisierungsprozessen, die er erstmalig in *Social Justice and the City* (1973) ausführt. Städte beschreibt Harvey als materialisierte Form des gesellschaftlichen Mehrprodukts. Darunter versteht er den „Überschuss, der von einer Gesellschaft über das zum direkten Überleben notwendige Maß hinaus produziert wird" sowie die „physisch-materiellen und sozialen Knotenpunkte", die in Form von Flughäfen, Telekommunikationsnetzwerken, Eisenbahnschienen zur Zirkulation dieses (Waren-)Überschusses beitragen (vgl. Wiegand 2018, S. 37). Im Zuge kapitalistischer Entwicklung fließt immer mehr Kapital in das Wachstum, die Restrukturierung und Verdichtung von Städten und lässt sie zu räumlichen Abbildern dieser Dynamiken werden. Globalisierung ist für Harvey nicht ohne eine intensivierte Urbanisierung zu denken (s. Box „Kapitalakkumulation").

Harvey zufolge hat jede historische Revolution der ökonomischen und politischen Produktivkräfte auch jeweils eine neue Räumlichkeit hervorgebracht. Der Übergang zum Kapitalismus zeichnet sich dabei durch die Privatisierung von Gemeingütern, die Entstehung einer Klassengesellschaft durch die Trennung in Bourgeoise (Produktionsmittelbesitzer*innen) und Arbeiter*innen sowie die Entstehung von Privateigentum und seiner Sicherung durch das bürgerliche Recht und damit der Gliederung des Raums in öffentliches und privates Eigentum aus.

Kapitalakkumulation – Theoretische Grundlagen der Urbanisierung des Kapitals

Der Ursprung kapitalistischer Produktionsweise liegt in der Aneignung der Commons (Allmenden) in England für die Produktion von Schafen und Wolle für die aufkommende Textilindustrie. Diese sogenannte ursprüngliche Akkumulation (vgl. Marx und Engels 1867, S. 742ff.) führt zur Entstehung der Bourgeoisie als der Klasse, die die Produktionsmittel (Weiden) besitzt und den Arbeiter*innen, die nichts haben und entsprechend ihre Arbeitskraft im Rahmen eines Lohnarbeitsverhältnisses verkaufen müssen (Klassentheorie). Die marxistische Theorie stützt sich auf die Arbeitswertlehre, die Arbeit als Quelle und Maßstab von Gütern bestimmt. Mehrwert ist in dieser Definition die in einem fertigen Produkt vergegenständlichte Arbeit einer Arbeiterin. Wenn eine Arbeiterin in einer Fabrik mit den Produktionsmitteln der Kapitalistin z. B. einen Stuhl herstellt, dann wird sie ausschließlich für die getane Arbeit entlohnt. Von der im Stuhl vergegenständlichten Arbeit aber kann die Arbeiterin nichts mit nach Hause nehmen oder davon z. B. durch Gewinnbeteiligung profitieren. Der Arbeiterin bleibt lediglich die Bezahlung ihrer Arbeitskraft in Form eines Lohns. Im Gegensatz zu den Vorgängern Politischer Ökonomie nimmt Marx den Ausschluss der Arbeiter*innen von der Vermehrung des Wohlstands nicht hin. Marx bezeichnet ihn als Ausbeutung, der zu massiver Verelendung führe. Demgegenüber ist Kapital die Vermehrung von Geld durch die Herstellung von Waren und Dienstleistung durch die Ausbeutung von Arbeitskraft und ihrem Verkauf mit Gewinn, die häufig als Kapitalkreislauf in der Formel G – W – G' abgebildet wird (G = Geld, W = Ware, G' = durch Ausbeutung von Arbeit im Zuge der Warenproduktion geschöpfter Mehrwert). Auf diese Weise kann die Kapitalistin Kapital anhäufen (akkumulieren). Unter Kapitalakkumulation wird also der Prozess der Aneignung von Produktionsmitteln sowie des durch Arbeit entstandenen Mehrwerts verstanden. Mit jeder Kapitalzirkulation von G über W zu G' findet eine Expansion der Gesamtsumme des Kapitals statt, die die Basis der Kapitalakkumulation bildet. Damit ist der Kapitalismus inhärent expansiv und erfordert zu seinem Erhalt stetiges Wachstum.

In der kapitalistischen Logik sind Produzent*innen bestrebt, die Produktivität ihrer Arbeiter*innen z. B. durch den Einsatz besserer Maschinen zu steigern. Auf diese Weise kommt es zu einer Steigerung der Arbeitsproduktivität, weil sich gleichzeitig der Einsatz von Arbeiter*innen (variables Kapital) zugunsten von fixem Kapital wie Maschinen vermindert. Dadurch können mehr Waren billiger produziert werden, gleichzeitig sinkt aufgrund des Freisatzes von Arbeitskräften der Wert von Arbeit. Da für Marx Arbeit die einzige Quelle des Mehrwerts darstellt, kommt es zu einem tendenziellen Fall der Profitrate, der nur im Zuge einer ökonomischen Krise überwunden werden kann. Aus marxistischer Perspektive zeichnet sich der Kapitalismus also durch eine inhärente Krisenhaftigkeit aus.

Mit der These der Urbanisierung des Kapitals besteht Harveys historischer Beitrag darin, die Rolle des Raums und der Urbanisierung für den kapitalistischen Akkumulationsprozess systematisch auszuleuchten. Die häufigste Form von Krisen sind Überakkumulationskrisen, die sich laut Harvey durch einen „Mangel an profitablen Investitionsmöglichkeiten" (2005a, S. 137) auszeichnen. Überakkumulation im primären Kapitalkreislauf, also im Bereich der Warenproduktion, führt zur Vernichtung des überschüssigen Kapitals in Form einer Krise. Diese kann sich in Form von Arbeitslosigkeit und Betriebsschließungen zeigen. Harvey geht davon aus, dass Überakkumulationskrisen im Kapitalismus nicht vermieden werden können, sondern ihm inhärent sind. Bereits der marxistische Raumtheoretiker Henri Lefebvre hatte argumentiert, dass die Krisenhaftigkeit des Kapitalismus nur durch seine Fähigkeit überwunden werden könne, Raum als Medium seines Erhalts und Erneuerung zu nutzen (Lefebvre 1996). Diese Idee aufgreifend argumentiert Harvey, dass Krisen der kapitalistischen Produktionsweise zumindest zeitlich aufgeschoben werden können, indem das überschüssige, anlagesuchende Kapital in Raum und Zeit verschoben wird. Diesen Prozess beschreibt Harvey als „*spatio-temporal fix*" (Harvey 1985, 2005b, S. 89ff.). Zusammen mit der Theorie der „Akkumulation durch Enteignung" (Harvey 1985, 2005b) stellt er verschiedene kapitalistische Strategien vor, Überakkumulationen durch Raum und Zeit zu reparieren" Dabei spielt Harvey mit der Doppelbedeutung des Begriffs „*fix*", der neben Reparieren auch das Fixieren bzw. Festhalten von etwas im Raum beschreibt.

Die „Akkumulation durch Enteignung" (Harvey 2005b, S. 136ff.) stellt eine Strategie zur Überwindung von Überakkumulationskrisen dar. Darunter versteht Harvey die immer weitere Inkorporierung von Gemeingütern und gesellschaftlichen Bereichen, die bis dato noch nicht unter dem Kapitalverhältnis standen, in den Bereich kapitalistischer Verwertung. Hierzu zählt die Privatisierung vormals öffentlicher Güter ebenso wie die Kommodifizierung. Kommodifizierung beschreibt die Transformation nichtkommerzieller Dinge, Lebewesen oder Umwelten in Waren. Eine Kommodifizierung findet z. B. statt, wenn Wissen über die Genveränderung von Lebensmitteln in Form von Patenten gehandelt wird oder die Sorge für Kinder oder alte Menschen in Form einer Dienstleistung gekauft werden kann. Ob Privatisierung vormals öffentlicher Liegenschaften, Wasser-, Post- oder Bahninfrastruktur – die Liste der Einhegung öffentlicher Güter in ökonomische Verwertungszusammenhänge in dieser Zeit ist lang. Harvey bezeichnet diese Form der Aneignung auch als neue Form des Imperialismus (Harvey 2005b), in der sich Klassenherrschaft nicht nur weiter festigt, sondern durch eine Umverteilung von unten nach oben die ungleiche Entwicklung in Städten vorangetrieben wird.

Eine weitere Möglichkeit der Krisenüberwindung ist laut Harvey, Kapital zeitlich zu fixieren („*temporal fix*"). In dieser Strategie kommt der gebauten Umwelt eine zentrale Rolle zu. Darunter wird die menschengemachte, unbewegliche Ausstattung des Raums verstanden, wie z. B. industrielle Produktionsstandorte, Bürogebäude, Wohnhäuser oder Infrastrukturen wie Straßen, Schulen oder Bahnhöfe. Diese bezeichnet Harvey als sekundären Kapitalkreislauf. Findet das Kapital keine rentable Anlagemöglichkeit im primären Kapitalkreislauf, kann es durch Investitionen in gebaute Umwelt langfristig gebunden werden und zu einem späteren Zeitpunkt durch Verkauf der Immobilie wieder im primären Kapitalkreislauf eingesetzt werden, wenn es dort wieder rentabel ist (s. Box „Urbanisierung als *temporal fix*"). Da Immobilien und Grundstücke durch Vermietung und Verpachtung Grundrenten, also wiederkehrende Einnahmen, generieren, sind sie geeignet, diese in reine Finanzanlagen und Spekulationsobjekte zur verwandeln (s. ▶ Kap. 5). Damit befeuern sie eine unternehmerische Stadtpolitik, die Urbanisierung vor allem als Prozess der Schaffung eines Mehrwerts begreift und zunehmend von den Bedürfnissen der Bewohner*innen und dem Gebrauchswert der Stadt entkoppelt (s. ▶ Abschn. 8.2.3). Eine weitere Möglichkeit, wiederkehrende Einkünfte zu generieren, besteht durch die Schaffung neuer Finanzprodukte, Patent- oder Lizenzmodelle (Verschiebung von Kapital in den tertiären Kapitalkreislauf). Die rasante Entwicklung von *Smart-city*-Modellen und Plattformkapitalismus in Form von Uber, Lieferando, Amazon oder Zalando zeugt von einer Konzentration von Kapital im tertiären Kapitalkreislauf, der auch in Krisenzeiten wiederkehrende Einkünfte (Lizenzmodell) verspricht (Bauriedl und Strüver 2018; s. ▶ Kap. 10).

Urbanisierung als „*temporal fix*"

Harvey zeigt, dass „Urbanisierungsprozesse vor allem dann an Dynamik gewinnen, wenn im primären Kreislauf ein Kapitalüberschuss besteht und dieser im großen Stil in die gebaute Umwelt der Städte investiert wird, um eine krisenhafte Entwertung zu verhindern" (Wiegand 2018, S. 38). Historisch hat sich dies vielfach gezeigt, beispielsweise in der Suburbanisierungswelle der USA im Zuge des New Deals nach 1945 oder im Immobilienboom, der seit den 2010er-Jahren eingesetzt hat. Sie alle reagieren auf vorangegangene Krisen (die große Depression von 1929 oder die Immobilien- und Wirtschaftskrise von 2008), im Zuge derer das anlagesuchende Kapital wenig rentable Anlagemöglichkeiten im primären Kapitalkreislauf fand.

Mit dem *„temporal fix"* kann auch erklärt werden, warum sich die Grundstücks- und Immobilienpreisentwicklung im Zuge der globalen Covid-19-Krise bislang trotz konjunktureller Einbrüche ungebrochen fortsetzt. Diese Entwicklung führt vielerorts zu Aufwertung und Verdrängung von Bevölkerung aus angestammten Quartieren (s. ▶ Kap. 5), die sich das Wohnen in innenstadtnahen Lagen nicht mehr leisten kann. Letztlich fördert dies auch Segregationsprozesse (s. ▶ Kap. 3).

Im Gegensatz zum *„temporal fix"* beschreibt der *„spatial fix"* die Bearbeitung einer Krise im Raum durch Verschiebung von Kapital, das keine rentable Anlagemöglichkeit mehr findet (s. Box *„Spatial fix"*). Diese Situation entsteht häufig aufgrund einer ungleichzeitigen ökonomischen Entwicklung, die eine räumlich ungleiche Entwicklung zur Folge hat. Mit dem Begriff der räumlich ungleichen Entwicklung (Harvey 2007) führt Harvey einen Begriff ein, der die widersprüchliche Entwicklung von *„spatial fixes"* beschreibt, in denen sich Investitionen an einem Ort mit Desinvestitionen an anderen Orten verbinden. Da Kapital häufig langfristig in Wohngebäuden, Industrieanlagen, Bürogebäuden und Infrastrukturen gebunden ist und damit räumliche Strukturen und Nutzungsmuster auf Jahrzehnte festlegt, kann dies ein Hindernis für neue Innovationsschübe sein. Dies kann zu Desinvestitionswellen führen. Ein prominentes Beispiel hierfür ist die Entwicklung von der Fracht- zur Containerschifffahrt. Der erhöhte Bedarf an Fläche und Wassertiefe des sehr viel effizienteren und kostengünstigeren Containermodells führte zu einer massiven Konzentration und Verlagerung der Häfen und zur massiven Desinvestition in innenstadtnahe Frachthäfen.

▶ **Beispiel**

Spatial fix

Beispiele für *„spatial fixes"* sind (vgl. Harvey 2005b, S. 136ff.):

Eroberung neuer, noch nicht gesättigter Märkte in anderen Regionen oder im Ausland, z. B. Schaffung von Märkten für Konsumprodukte wie Autos oder Elektronik in Ländern des Globalen Südens

Verlagerung der Produktion in Länder mit geringeren Lohnkosten, z. B. Produktion von Textilwaren oder Elektronikbauteilen in Asien, Produktion von Stahl in Brasilien

Import von günstigeren Arbeitskräften aus dem Ausland, z. B. osteuropäische Pflegekräfte und Erntehelfer*innen in Deutschland

Export von Warenkapital zur Entwicklung neuer Produktionsstandorte, z. B. von Autos in China oder Blumen in Kenia. ◀

Aus Harveys Perspektive können Urbanisierungsprozesse die grundlegenden Widersprüche des Kapitalismus somit immer nur raumzeitlich verschieben, nie aber wirklich auflösen. Das zeigt sich beispielsweise an der Wirtschaftskrise Anfang der 2000er-Jahre nach dem Platzen der *dotcom*-Blase, in der Internetunternehmen zusammenbrachen. Diese konnte zwar zunächst durch Immobilieninvestitionen repariert und fixiert werden. Allerdings platzte 2007 die Immobilienblase und löste die bis heute wirkende letzte globale Finanz- und Wirtschaftskrise aus.

Von Harvey lässt sich also lernen, dass die Morphologie und Sozialstruktur gegenwärtiger Städte nicht ohne ein Verständnis kapitalistischer Akkumulationsprozesse, -kreisläufe, -krisen und ihrer Bewältigung durch Enteignungsprozesse und *„spatio-temporal fixes"* zu erklären sind. Ihm ist die Erkenntnis zu verdanken, dass der Verstädterungsprozess selbst ein zentrales Element der Kapitalakkumulation darstellt.

8.2.2 Von Marktwirtschaft in der Stadt zur Stadt unter der Vorherrschaft des Markts

Während marxistische Vertreter*innen die Politische Ökonomie der Stadt historisch-materialistisch aus der Entwicklung der kapitalistischen Produktionsweise zu erklären versuchen, gehen poststrukturalistische Stadtgeograf*innen einen etwas anderen Weg. Sie verstehen die Politische Ökonomie als eine Regierungsweise, deren Rationalitäten verschiedene Praktiken des Regierens anleitet. Sie argumentieren, dass ausgehend von einem bestimmten wirtschaftswissenschaftlichen Denken, das als Ordoliberalismus der Freiburger Schule bezeichnet wird, seit den 1970er-Jahren die Regierungsweise des Neoliberalismus vorherrschend wurde. Diese ist dadurch gekennzeichnet, dass sie den Markt selbst zum Regierungsprinzip von Städten erklärt (Foucault 1979). Historisch ist die wirtschaftswissenschaftliche Theorie des Neoliberalismus eine wissenschaftliche Antwort auf Wirtschaftstheorien, die einen starken politischen Steuerungsanspruch vertreten wie Keynesianismus und Sozialismus und eine wirtschaftspolitische Antwort auf die Katastrophen der Weltwirtschaftskrise der 1930er-Jahre und des Zweiten Weltkriegs (vgl. Belina et al. 2013, S. 126).

Der Begriff Regieren (frz. „*Gouverner*") hatte im 16. Jahrhundert in der Alltagssprache noch eine ganz andere Bedeutung als heute (Foucault 1977/78). Damals bezog sich der Begriff auf die Regierung des *Oikos*, d. h. auf die Frage, wie der (familiäre) Haushalt zu führen sei, sodass er die Lebensgrundlage seiner Gemeinschaft sichere. Entsprechend meint der Begriff Ökonomie (aus dem Altgriechischen „*oîkos*" für Haus und „*nómos*" für Gesetz) ursprünglich die „weise und rechtmäßige Führung [gouvernement] des Hauses zum Wohl der ganzen Familie" (Foucault 1977/78, S. 169). Im Rückgriff darauf definiert Michel Foucault „*gouverner*" (regieren) als die „Kunst, die Macht in der Form und nach dem Muster der Ökonomie auszuüben" (Foucault 1977/78, S. 144), wohl bedenkend, dass sich der Begriff der Ökonomie über die Jahrhunderte bis heute noch einmal stark verschoben hat (s. unten). Foucault zeigt damit, dass der Begriff Regieren ursprünglich – und im Unterschied zu einem klassisch politikwissenschaftlichen Regierungs-Begriff – eine sehr weite Bedeutung hatte. Er meinte „die Gesamtheit der Institutionen und Praktiken, mittels deren man die Menschen lenkt, von der Verwaltung bis zur Erziehung" (Foucault 2005, S. 116).

Der Begriff der Gouvernementalität erfuhr erst im 18. Jahrhundert mit der Herausbildung der Nationalökonomien eine Verengung seiner Bedeutung als demokratisch legitimierte Führung in Nationalstaaten. Als „Gouvernementalisierung des Staates" bezeichnet Foucault, dass nun der Staat selbst zu einer Taktik der Regierung wird, der „die Macht in der Form und nach dem Muster der Ökonomie" (Foucault 1977/78, S. 144) ausübt. Durch diese Verschiebung wird der sorgende Vater vom Haushaltsvorstand zum Staatssouverän; der „*oikos*" zum Staatshaushalt und die Familien- zur Bevölkerungspolitik. Im 17. Jahrhundert und dann vor allem in den 1960er- und 70er-Jahren des 20. Jahrhunderts erfuhr der Begriff der Ökonomie entscheidende Veränderungen. Er wandelte sich zunächst vom Versorgungsprinzip einer Gemeinschaft hin zum Versorgungsprinzip der Menschen im Wohlfahrtsstaat. Im 20. Jahrhundert wird dann das Marktmodell als Gleichgewichtsspiel zwischen Angebot und Nachfrage zur dominanten Vorstellung von Ökonomie. Damit verändern sich auch die Rationalitäten des Regierens in westlichen Ländern vom souveränen liberalen Wohlfahrtsstaat über die soziale Marktwirtschaft hin zu marktradikalen neoliberalen Regierungsweisen.

Während die Aufgabe des souveränen liberalen Wohlfahrtsstaats darin bestand, einen rechtlichen Rahmen zu schaffen und durchzusetzen, in dem sich Ökonomie in Form von Marktgeschehen ungestört entfalten kann, stellt der neoliberale Staat Märkte durch aktives Regierungshandeln her und sorgt dafür, dass das Marktprinzip zu einem gesamtgesellschaftlichen Steuerungsprinzip wird. Vertreter*innen dieser Richtung behaupten, man müsse „die Formel umdrehen und die Freiheit des Marktes als Organisations- und Regulationsprinzip einrichten […]. Anders ausgedrückt, es soll sich vielmehr um einen Staat unter der Aufsicht des Marktes handeln als um einen Markt unter der Aufsicht des Staats" (Foucault 1978/79, S. 168). Markt ist also aus einer solchen Foucault'schen Perspektive kein natürlicher Gleichgewichtszusammenhang, sondern wird, anders als Wirtschaftswissenschaftler*innen behaupten, politisch im Sinn einer „aktiven Gouvernementalität" (Foucault 1978/79, S. 174) hergestellt. In der Umkehrung von einem Markt unter der Aufsicht des Staats hin zu einem Staat unter der Aufsicht des Markts kommt es zu einer radikalen Neuinterpretation von Ökonomie wie Politik. Damit fordert eine neoliberal ausgerichtete gesellschaftliche Ordnung „von der Marktwirtschaft […], daß sie an sich nicht das Prinzip der Begrenzung des Staats sein soll, sondern das Prinzip der inneren Regelung seiner ganzen Existenz und seines ganzen Handelns" (Foucault 1978/79, S. 167). Sie stellt eine Umkehrung der Regierung des Markts hin zu einer Regierung durch Markt dar, die Foucault als „Gouvernementalisierung des Staates" (Foucault 1977/78, S. 164) oder als Neoliberalisierung (vgl. Foucault 1978/79, S. 174) bezeichnet. Sie wird in der Ökonomisierung, Kommodifizierung und Privatisierung von Bildung, Gesundheit oder staatlichen und kommunalen Infrastrukturen sichtbar.

Frühe geographische Arbeiten unterscheiden zwischen *Roll-back*-Neoliberalisierung als einem Rückbau des lokalen Staats (d. h. in Deutschland der Länder und Kommunen) zugunsten von Markt und dem *Roll-out*-Neoliberalismus, der die aktive Herstellung von Marktförmigkeit durch den lokalen Staat beschreibt (Peck und Tickell 2002). Der Rückbau von wohlfahrtsstaatlichen Strukturen führt dazu, dass Städte zunehmend selbst Einnahmen generieren müssen, um ihren Aufgaben nachzukommen. Es entsteht ein Wettbewerb der Städte um Unternehmensansiedlungen, der sich durch eine angebotsorientierte Standortpolitik auszeichnet (Schipper 2013). Städte versuchen Unternehmen mit niedrigen Steuern, Vergünstigungen und einem kulturell attraktiven, kosmopolitischen Ambiente zu locken (Dzudzek 2016). Die Schattenseite dieser Politik ist ein Austeritätsregime, also eine Spar- und Kürzungspolitik, zulasten von Sozial- und Kulturpolitik (Petzold 2018; s. ▶ Kap. 10). Aber auch die städtische Verwaltung selbst wurde im Zuge der Verwaltungsmodernisierung zu marktförmigem Handeln verpflichtet. Dies zeigt sich beispielsweise in der Restrukturierung von Ämtern in gemeinnützige GmbHs, die per Statut dazu verpflichtet sind, gewinnorientiert zu handeln, wenngleich die Gewinne wieder in das Gemeinwesen Stadt investiert werden müssen (Silomon-Pflug 2018). Eine solche Politik führt beispielsweise dazu, dass Städte nicht einfach Gebäude oder Flächen für soziale oder kulturelle Zwecke zur Verfügung stellen können, wenn diese nicht auch wirtschaftlich zu betreiben sind (s. Box „Unternehmerische Stadtpolitik in Frankfurt am Main").

▶ **Beispiel**

Unternehmerische Stadtpolitik in Frankfurt am Main

Im Sommer 2011 erwarb die städtische Wohnungsbaugesellschaft in Frankfurt am Main große Teilflächen des Universitätscampus am Standort Bockenheim vom Land Hessen, mit dem Ziel, dort einen Kulturcampus zu errichten. Engagierte Initiativen, Vereine und Personen erarbeiteten ein Konzept für ein Kulturzentrum im ehemaligen Studierenden-haus, das auf breite Zustimmung in der lokalen Bevölkerung stieß. Die Umsetzung aber scheiterte daran, dass die städtische Wohnungsbaugesellschaft in der Rechtsform einer *Holding* konstruiert ist. Damit ist sie qua Rechtsform dazu verpflichtet, Gewinne zu er-wirtschaften. Da die Mietpreise auf dem Campus aufgrund seiner Nähe zu Messe, Innen-stadt und Bahnhof sehr teuer sind, ist es für ein Kulturzentrum nahezu unmöglich, ein wirtschaftliches Konzept vorzulegen, das den Preiserwartungen der Holding entspricht und trotzdem ein für alle Bevölkerungsteile offenes Angebot macht (Dzudzek 2016). ◄

8.2.3   Die Neoliberalisierung des Städtischen

Marxistische wie poststrukturalistische Ansätze sind sich darin einig, dass öko-nomische Prozesse nicht vorgegeben sind, sondern politisch hergestellte Wirtschafts-ordnungen, die den Prozess der Urbanisierung maßgeblich beeinflussen. Unter dem Stichwort der Neoliberalisierung des Städtischen kritisieren Geograf*innen eine ganze Reihe urbaner Veränderungen, die durch marktförmiges Handeln in Wirt-schaft, Politik und Verwaltung angestoßen werden. Gentrifizierung und die kreative Stadt (▶ Kap. 5) gehören zu den prominentesten Beispielen.

Weltweit verband sich die Neoliberalisierung des Städtischen und der zunehmende Wettbewerb zwischen Städten mit einem Bruch im dominanten urbanen Akkumulationsregime, d. h. in der Logik wie Kapitalflüsse, die Produktion von Mehrwert, seine Verteilung, Entlohnung und staatliche Ausgaben organisiert wer-den. Das neue, vorwiegend auf der Verwertung menschlicher Ideen beruhende Akkumulationsregime, führte zu einem tiefgreifenden Wandel urbaner Formen. Stellte noch in den 1960er-Jahren die Industrie, die sich aufgrund eines erhöhten Platzbedarfs und Nutzungskonflikten aus den Innenstädten zunehmend in die urbane Peripherie verlagerte, den wichtigsten urbanen Wirtschaftszweig dar, kam es ab den 1970er-Jahren zum Aufstieg der Dienstleistungsökonomie und einer Wieder-entdeckung der Innenstädte als Produktionsstandorte. Hatte die Wohnraumsub-urbanisierung in der Nachkriegszeit zu einem Verlust der Bedeutung der Innenstädte geführt, erlebten diese nun auch als Wohnstandorte eine neue Attraktivität. Gentri-fizierung, also die marktförmige Aufwertung von Immobilien und eine Verdrängung angestammter Bevölkerung, die sich steigende Miet- und Immobilienpreise nicht mehr leisten kann, waren die Folge (s. ▶ Kap. 5; ◘ Abb. 8.1 und 8.2).

Die Ansiedlung von Kreativwirtschaft in Form von Architekturbüros, Werbe-agenturen oder der Start-up-Ökonomie führte zu einer weiteren Preissteigerung in Innenstadtlagen (Lees 2008). Im Zuge des sich verschärfenden Wettbewerbs der Städte wurde ab Anfang des neuen Jahrtausends die „Kreative Stadt" zu einem zen-tralen Leitbild (Florida 2002) und die Förderung von Kreativwirtschaft zu einem primären Ziel vieler Metropolen. Günstige Mieten und Förderprogramme für Start-ups, die Herstellung eines Wohlfühlklimas für Kreative durch Bereitstellung spekta-kulärer Architektur und hochkarätiger kultureller Infrastruktur sowie die Schaffung von Kreativquartieren zielten auf die Anziehung finanzstarker Kreativindustrien (◘ Abb. 8.3 und 8.4). Dies aber ging nicht selten auf Kosten einer Kultur- und Sozialpolitik für alle Menschen (Dzudzek 2016).

🔹 **Abb. 8.1**   Ein Mural erinnert an Verdrängung durch Aufwertung der Immobilienstruktur in Houston, Texas. „Gentrification" von Daquella Manera (CC0 1.0)

🔹 **Abb. 8.2**   Wie lange wird es die kultige Szenekneipe „Plan B" in einem unrenovierten Altbau am Hansaring in Münster noch geben? Das Hansaviertel ist eines der am stärksten von Gentrifizierung betroffenen Viertel der Stadt (Bild: Manuel Wagner 2021)

8

◘ **Abb. 8.3** Urbanisierung von Kapital im Zuge von Waterfront Redevelopment am Stadthafen I in Münster: Uferpromenade, Bars und Kreativwirtschaft (Architektur-, Planungs- & Designbüros) am sogenannten Kreativkai werten das Viertel auf. Hier werden Spitzenmieten auf dem Münsterschen Büro-Immobilienmarkt erzielt (Bild: Manuel Wagner 2021)

◘ **Abb. 8.4** *Public-Private-Partnership* am Stadthafen I in Münster: Kunsthalle, 32 Kunstateliers und kleinere Druckwerkstätten in einem denkmalgeschützten, ehemaligen Kornspeicher, finanziert durch Städtebaufördermittel und den Coppenrath Verlag (mit Sitz im zweiten Gebäudeteil). Dahinter zwei neue Altbauten und Baubrache für zukünftige Büroflächen (Bild: Manuel Wagner 2021)

Die Kritische und Feministische Stadtforschung heben hervor, dass der Wettbewerb der Städte kein Sachzwang ist. Aufwertung und Verdrängung, eine ausschließlich auf eine finanzstarke globale Klientel ausgerichtete Angebotspolitik sowie eine Ausrichtung von Verwaltung an Marktprinzipien sind keine alternativlosen Entwicklungen, die es zu akzeptieren oder sozial auszugleichen gilt, wie dies häufig in Politik, Gesellschaft und Verwaltung seit den 2000er-Jahren dargestellt wurde. Unter den Stichworten Postpolitik und Postdemokratie hinterfragt die Kritische und Feministische Stadtforschung die vermeintliche Unverhandelbarkeit dieser urbanen Entwicklungen (Mullis und Schipper 2013; Dzudzek 2016). Damit öffnen sie Perspektiven, die Ökonomie der Stadt politisch anders zu verhandeln und damit eine Vielfalt urbaner Ökonomien jenseits neoliberaler Marktorientierung und kapitalistischer Verwertung zu ermöglichen.

8.2.4 Feministische Kritik an der Urbanen Politischen Ökonomie – Ökonomische Praktiken diversifizieren

Es waren vor allem feministische Geograf*innen wie das Autor*innenduo Gibson-Graham, die darauf hingewiesen haben, dass die kapitalistische, marktzentrierte Wirtschaftsweise nur *eine* mögliche Form des Wirtschaftens unter vielen ist (Gibson-Graham 2008). Unter dem Stichwort *„diverse economies"* machen sie sich für die Erforschung ökonomischer Pluralität stark und setzen der klassischen Kritik Urbaner Politischer Ökonomie plurale Ökonomien entgegen bzw. stellen sie ihr zur Seite. Sie verstehen Ökonomie als System, das geeignet ist, die materiellen Grundlagen des Lebens sichern und reproduzieren zu können. Gibson-Graham zeigen in ihrem mittlerweile kanonischen Buch *The End of Capitalism (as we knew it). A Feminist Critique of Political Economy* (Gibson-Graham 2006b; s. auch Kern und McLean 2017), dass in der Alltagssprache Ökonomie synonym mit kapitalistischer Ökonomie verwendet wird, in der die Lebensgrundlagen durch Lohnarbeit in einem kapitalistisch arbeitenden Unternehmen generiert wird. Sie zeigen, dass aber diese vorherrschende Vorstellung der Ökonomie, wie die sichtbare Spitze eines Eisbergs, nur einen Bruchteil der ökonomischen Aktivitäten beschreibt, die unsere tägliche Reproduktion sichern (◘ Abb. 8.5): Auch Tausch, Geschenke, Nachbarschaftshilfe, Fürsorge, unbezahlte Arbeit, Kooperationen und Kooperativen stellen ökonomische Aktivitäten dar (Gibson-Graham 2006a, S. 70). Seit einiger Zeit setzen sich auch in der Stadtgeographie feministische Vertreter*innen dafür ein, die Vielfalt ökonomischer Praktiken in der Stadt sichtbar zu machen (Kern 2020; Autor*innenkollektiv Geographie und Geschlecht 2021; Peake et al. 2021).

☐ Abb. 8.5   Das unsichtbare Fundament (Bildzitat aus: Gibson-Graham et al. 2013, S. 11)

8.3 Beispiele für diverse urbane Ökonomien

Auf einen Blick. In diesem Abschnitt wird gezeigt:
- In zahlreichen Städten haben sich vielfältige Ökonomien jenseits unternehmerischer Stadtpolitik entwickelt.
- Die Debatte um *Care*-Ökonomie zeigt, dass Produktion in der Stadt nicht ohne reproduktive Arbeit möglich ist. Die feministische Stadtgeographie fragt, wie Sorge- und Reproduktionsarbeiten als urbane ökonomische Grundlagen stärker gesellschaftlich anerkannt und räumlich besser organisiert werden können.
- Die gemeinschaftliche Nutzung von *„urban commons"*, beispielsweise in Form von urbanem Gärtnern, sichert die Lebensgrundlagen nicht nur demokratisch, sondern trägt auch zur Gemeinschaftsbildung bei.
- Diverse urbane Ökonomien hinterfragen ökonomische Ordnungen, die auf kolonialen oder sexistischen Ausbeutungsverhältnissen beruhen und stellen ihnen Alternativen zur Seite.

Urbane Formen nichtkapitalistischer Ökonomien sind vielfältig: Sie reichen von Ökonomien der Sorge *(„care")* bis hin zu neuen Formen der Gemeinnützigkeit, von *Urban Gardening* zur Förderung von Ernährungssouveränität bis hin zu urbanen landwirtschaftlichen Kooperativen und Genossenschaften. Auch im Bereich Wohnen werden unter dem Stichwort „neue Gemeinnützigkeit" alternative Wirtschaftsformen diskutiert, die von genossenschaftlichem Wohnen bis zu Mietshäusersyndikaten reichen. Über Repaircafés, Umsonst- oder Tauschläden werden alternative Warenzirkulationsformen in der Stadt organisiert und durch Regionalwährungen neue Werte geschöpft, die in der Region verbleiben (■ Abb. 8.6). Dieser Abschnitt stellt verschiedene Felder nichtkapitalistischer Ökonomien exemplarisch dar und diskutiert eine Reihe von Organisations- und Eigentumsformen zur Gestaltung urbaner Wirtschaftsprozesse.

8.3.1   Sorge in der Stadt neu organisieren

Ein wichtiges Verdienst feministischer Geographie war und ist der Verweis darauf, dass die Produktion der Lebensgrundlagen in Form von Lohnarbeit nicht ohne Reproduktionsarbeit (Hausarbeiten, Kinderbetreuung etc.) geleistet werden kann (Katz 2001; Fraeser et al. 2021; Gomes de Matos et al. 2021; Massey 1984; Peake et al. 2021). Erst im Zuge der Etablierung kapitalistischer Produktionsweisen und Raumorganisationen ist ein wesentlicher Teil der Reproduktionsarbeit von der Sphäre der Produktion getrennt worden (vgl. Schuster und Höhne 2017, S. 11). Im Fordismus, also der von industrieller Massenproduktion und Konsumption geprägten Ära zwischen den 1940er- und 1970er-Jahren, wurde Produktions- und Reproduktionsarbeit zumeist entlang der Geschlechterdifferenz von Mann und Frau organisiert, wobei die Produktionsarbeit bezahlt und Reproduktionsarbeit unbezahlt blieb (Massey 1994). Die feministische Stadtforschung hat die Spiegelung gesellschaftlicher Strukturen in der Organisation von Stadtraum seit den 1970er-Jahren kritisiert (Hayden 2017). Sie zeigt beispielsweise, dass die fordistische Stadt auf der Vorstellung heteronormativer Kleinfamilien aufbaut, in denen der Mann tagsüber arbeiten geht und die Frau die Reproduktionsarbeit zuhause leistet. Entsprechend seien Wohnungsgrundrisse geschnitten, Verkehrswege geplant und der öffentliche Raum gestaltet (Kern 2020). Feministische Geograf*innen verweisen auf die Bedeutung von Reproduktionsarbeit zur ökonomischen Sicherung von Lebensgrundlagen und fordern, diese in der Planung von Städten stärker zu berücksichtigen und aus der Unsichtbarkeit des Privaten herauszuholen (Peake et al. 2021). An diese Debatte anschließend hat sich seit den 1990er-Jahren eine Debatte um Sorgearbeit („care") entwickelt. „Care" umfasst bezahlte und unbezahlte Arbeit, die sich an den Bedürfnissen anderer Menschen orientiert. In den vergangenen Jahrzehnten hat Care-Arbeit in Form mobiler Pflegedienste, als Nannys und Tagesmütter bzw. -väter, in der Betreuung alter, kranker und körperlich eingeschränkter Menschen sowie als Sexarbeiter*innen oder als Reinigungskräfte eine enorme Ökonomisierung und Vermarktlichung erfahren (vgl. Schuster und Höhne 2017, S. 16). Zumeist handelt es sich hier um schlecht bezahlte Tätigkeiten in prekären Beschäftigungsverhältnissen. Dieser Umstand hat eine Debatte in Gang gesetzt, wie Sorge- und Reproduktionsarbeit als urbane ökonomische Grundlage stärker gesellschaftlich anerkannt und räumlich besser organisiert werden kann (Power und Williams 2020; Winker 2015, 2021).

Das Care-Revolution-Netzwerk setzt sich beispielsweise für bessere Sorge- und Reproduktions-verhältnisse in der Stadt ein (▶ care-revolution.org). Hierzu gehört nicht nur, in Care-Berufen lohnabhängig Beschäftigte besser zu bezahlen, sondern auch unbezahlte Care-Arbeit zu ermöglichen, ohne jetzt oder im Alter von Armut bedroht zu sein, weil parallel keine oder nur wenig Lohnarbeit geleistet werden kann. Daneben fördert das Netzwerk nichtkapitalistische Care-Kollektive, die von selbstorganisierter Kinderbetreuung in Kinderläden und Elterninitiativen bis hin zu kollektiven Küchen reichen (s. Box „Ein Restaurant für alle?", Box „Stadtteilgesundheitszentren").

▶ **Beispiel**

Stadtteilgesundheitszentren

Stadtteilgesundheitszentren, die sich aktuell in zahlreichen deutschen Städten gründen, wie z. B. Polikliniken und Gesundheitskollektive in Hamburg, Berlin, Dresden, Leipzig oder Köln, versuchen ein alternatives ökonomisches Modell der Gesundheitsversorgung auf Stadtteilebene aufzubauen und damit dem zunehmend an Profiten ausgerichteten Gesundheitswesen eine ökonomische Alternative zur Seite zu stellen. Die Stadtteilgesundheitszentren bieten Versorgung für alle Menschen unabhängig von ihrem Status oder ihrer Krankenversicherung an und vereinen verschiedene gesundheitsrelevante Disziplinen. Sie bieten neben der klassischen hausärztlichen Versorgung auch psychosoziale und juristische Beratung an. Die Gesundheitszentren sind demokratisch verfasst: Alle Beschäftigten werden an allen Entscheidungen beteiligt. Dies umfasst auch Entscheidungen darüber, wie Patient*innen behandelt und versorgt werden. Alle verdienen (fast) das gleiche Gehalt unabhängig davon, ob sie Ärztin, Arzt oder Krankenpfleger*in sind. Eine solch alternative Ökonomie der Gesundheit zielt darauf ab, die Resilienz von Bewohner*innen zu erhöhen, indem neben individuellem Leiden auch strukturelle Determinanten von Gesundheit positiv beeinflusst werden (Dzudzek und Strüver 2020). ◀

Ein Restaurant für alle? Die ada_kantine als Ort solidarischer Ökonomien der Sorge

Susanne Hübl

„In ruhiger Atmosphäre sitzen Leute am Samstagnachmittag im Hof der ehemaligen Europäischen Akademie der Arbeit zusammen. Einige trinken Kaffee, essen Kuchen, unterhalten sich teils über Tische hinweg. Andere lesen Zeitung oder halten ein Nickerchen. Die meisten Besucher sind zum Mittagessen zu der „ada_kantine", kurz für Akademie der Arbeit, gekommen. Neben Linsensuppe und Nudeln mit Karotten-Ingwer-Pesto [gibt] es Salat und zum Nachtisch Grießbrei" (Dörrenberg 2020).

Im Juli 2020 eröffnete im Frankfurter Stadtteil Bockenheim – mitten in der Schockstarre der ersten Covid-19-Welle in Deutschland – die solidarische Küche „ada". Hier wird drei Mal die Woche ein veganes Drei-Gänge-Menü aus Lebensmittelspenden gekocht und für alle – wie in einem Restaurant – am Tisch serviert (ada_kantine 2021). An Sonntagen werden so in dem bunt gestrichenen Speisesaal und dem gemütlichen Hinterhof mit Gemüsegarten bis zu 150 Mahlzeiten ausgegeben. In der ada_kantine treffen sich Anwohner*innen, Student*innen, wohnungslose Menschen aber auch Künstler*innen. Die Grenze zwischen Gästen und Helfenden verschwimmt oftmals. Das Essen soll für alle finanziell möglich sein, daher gibt es ein solidarisches Preissystem (ada_kantine 2021). Für die Initiator*innen des Projekts geht es mit der ada_kantine jedoch um mehr, als Menschen satt zu machen. So haben die mittlerweile fast 100 Mitarbeitenden auf dem Gelände des alten Universitätscampus einen öffentlichen Ort der Fürsorge geschaffen, wo existenzielle Grundbedürfnisse gesichert und die zum Lebenserhalt notwendige Arbeit solidarisch reorganisiert wird (Jakobi et al. 2021). Es sind ganz unterschiedliche Bereiche der Sorgearbeit und die jeweils dahinterstehenden Ökonomien der Sorge, die in der ada_kantine – keineswegs widerspruchsfrei – zusammenlaufen und neu verhandelt werden:

So ist die ada ein Ort, an dem Menschen, die häufig in die Position der Bittsteller*innen gedrängt werden, wertschätzend begegnet wird. Die sowieso schon prekäre Lage vieler wohnungsloser und bedürftiger Menschen hat sich mit dem Beginn der Pandemie nochmals drastisch verschlimmert. Viele Hilfsangebote wie Notunterkünfte, Kleider- und Essensausgaben sind weggebrochen oder nur eingeschränkt verfügbar (Leue 2020). Der gesundheitspolitische Appell *„stay at home"* stellt Menschen ohne Wohnung in der Pandemie vor noch größere Herausforderungen (Leue 2020). In der ada_kantine wird mit leckerem Essen und einer zum Entspannen und Verweilen einladenden Atmosphäre die akute Notlage wohnungsloser Menschen ein Stück weit aufgefangen. Die ada will aber keineswegs nur als „Lückenfüller staatlichen Versagens" (Herder und Böckenförde 2020, S. 20) verstanden werden. Vielmehr öffnet sie als solidarische Küche die Möglichkeit, bestimmte Sorgeökonomien grundlegend anders zu gestalten. Beispielsweise werden die Mahlzeiten zu 80 % aus geretteten Lebensmitteln hergestellt, die von Initiativen wie Solidarische Landwirtschaft Frankfurt, Foodsaving FFM aber auch türkischen Supermärkten und Bioläden beigesteuert werden (ada_kantine 2021). So zeigt sich in den vollwertigen und gesunden Menüs, wie gerechte und nachhaltige Ernährungsnetzwerke, als „sorgende Ernährungsökonomien" (Rosol 2018) konkret umsetzbar sind. Darüber hinaus plant das ada-Team auch Ausbildungsstellen für Geflüchtete, um ihnen so einen Arbeitsplatz und einen Aufenthaltsstatus sichern zu können.

Das Beispiel der ada_kantine aus Frankfurt zeigt eindrücklich, wie Kochen nicht nur satt macht, sondern immer schon als politische Tätigkeit zu begreifen ist. Denn es ist die Küche, als Ort der Reproduktion, an dem die Fragen „Für wen wird gekocht?", „Mit welchen Lebensmitteln wird gekocht?", „Wie wurden diese produziert?" und „Wer kocht?" ausgehandelt werden. Suppenküchen, Volxküchen oder Küchen für Alle (KüfA) sind Experimentierfelder in der Stadt, in denen diese Fragen nicht vereinzelt zu Hause, sondern kollektiv verhandelt werden und so neue Formen der Sorgeinfrastruktur und Sorgeökonomie entstehen (vgl. Herder und Böckenförde 2020, S. 21). Solidarische Küchen sind Orte, die unsichtbare Sorgearbeit nicht individuell, sondern kollektiv organisieren, was sie gleichzeitig auch zu Orten der politischen Versammlung und des Aufstands macht (Federici 2012).

8.3.2 Urban Commons

Eine weitere Form diverser urbaner Ökonomie stellt die Wiederaneignung und kollektive Bewirtschaftung von „commons", also städtischen Allmenden oder Gemeingütern dar. Seit den 1970er-Jahren haben sich in vielen Städten Gemeinschaftsgärten gegründet (Abb. 8.7). Die gemeinsame Arbeit in Gärten im Stadtteil fördert den Austausch und Zusammenhalt von Bewohner*innen und macht die sozial-ökologischen Lebensgrundlagen in der Stadt erfahrbar. Sie tragen zur Begrünung bei, fördern ökologische Diversität in der Stadt und treten für eine andere politische Ökologie ein (Heynen 2017; Doshi 2017). Darüber hinaus sichern sie Ernährungssouveränität und tragen zu Umwelt- und Gesundheitsgerechtigkeit bei (Halder 2018; s. ▶ Kap. 6). Neben urbanen Gärten, die in erster Linie der Gemeinschaftsbildung dienen, haben sich eine Vielzahl anderer diverser Ökonomien etabliert, die von solidarischen Landwirtschaftsformen bis hin zu „food coops" reichen. Ihnen ist gemein, dass hier Produzent*innen bereits vor Lieferung der Waren bezahlt werden und ihnen damit die Abnahme ihrer Produkte garantiert wird. Je nach Modell werden Produktion und Verteilung der Güter kollektiv durch die Produzent*innen oder durch die Abnehmer*innen organisiert. Die strikte Trennung zwischen Produzent*innen und Konsument*innen wird dadurch aufgehoben, dass auch die Konsument*innen sich im Prozess der Produktion und Verteilung engagieren. Die Netzwerke, die im Zuge dieser urbanen Landwirtschaft und Lebensmittelproduktion entstehen, sind aufgrund ihrer regionalen Verankerung und ökonomischen Struktur zwar häufig sehr resilient gegenüber Krisen – wie sich im Zug der Covid-19-Krise noch einmal gezeigt hat – aber häufig auch sozial sehr exklusiv, weil nicht alle Menschen die gleichen Ressourcen haben, sich zu engagieren (Rosol 2018).

8.3.3 Städtische Ökonomien dekolonisieren

Noch immer wird sozioökonomische Ungleichheit in Städten des Globalen Südens wie des Globalen Nordens durch Strukturen reproduziert, deren Wurzeln bis in den Kolonialismus zurückreichen. Dies ist auf mindestens drei Ebenen der Fall. Erstens sind ehemals kolonisierte Menschen in vielen Städten bis heute von wichtigen Infrastrukturen wie Wasser- oder Stromversorgung abgeschnitten, die in der Kolonialzeit durch die Kolonialherren angelegt wurden. Prominente Beispiele hierfür sind Jakarta, Indonesien (Kooy und Bakker 2008); Mumbai, Indien (McFarlane 2008); Durban und andere Städte in Südafrika (Schnitzler 2010; Graham et al. 2008; Graham und Marvin 2002). Zweitens wird auch im Globalen Norden nach wie vor überproportional viel der prekären schlecht bezahlten Arbeit in Bereichen wie Bau, Reinigung, Entsorgung oder Lieferung von Menschen aus ehemaligen Kolonien geleistet. Nicht selten dient hier ein struktureller Rassismus zur ökonomischen Abwertung von Qualifikationen und damit zu schlechterem Zugang zum Arbeitsmarkt und zu schlechterer Bezahlung (McIlwaine und Ryburn 2019; s. ▶ Kap. 3). Drittens reproduzieren sich auch in der akademischen Wissensproduktion bis heute postkoloniale Strukturen. So kritisieren Stadtgeograf*innen aus dem Globalen Süden, dass Stadtentwicklung in Ländern des Globalen Südens traditionell mit Modellen von vornehmlich weißen Geograf*innen aus dem Globalen Norden erklärt würden, die häufig nicht geeignet wären, Phänomene im Globalen Süden zu erklären, weil die Städte dort eine ganz andere Geschichte präge. Sie führen an, dass Prozesse wie Verstädterung und un-

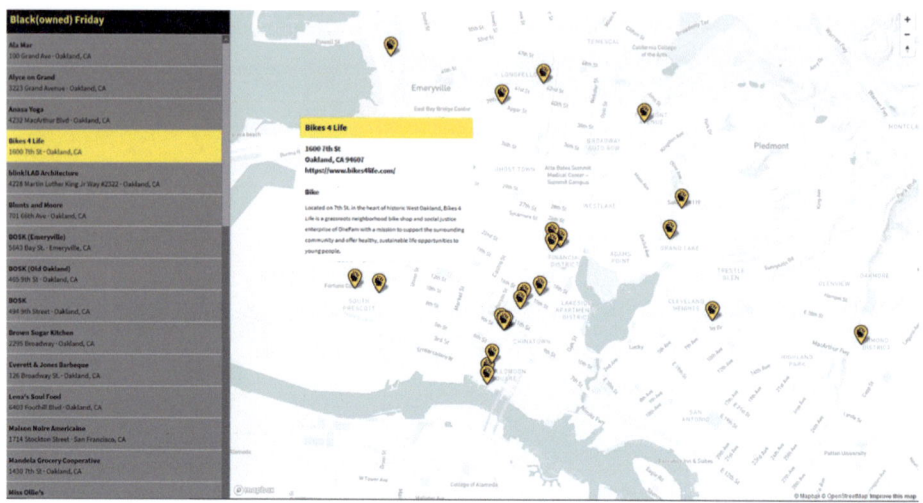

Abb. 8.8 Auch auf dieser, auf open streetmap basierenden Karte können Konsument*innen „*black owned businesses*" finden, der Ausschnitt zeigt Geschäfte in Oakland, USA (▶ https://labs.mapbox.com/bites/00407/#. Zugegriffen am 28.04.2021)

8

gleiche Entwicklung (Gidwani 2008) oder Neoliberalisierung (Roy und Ong 2011) sich ganz anders artikulieren. Mit Konzepten wie *Cityness* (Simone 2010) oder *Worlding* (Roy und Ong 2011) schlagen sie eigene Konzepte vor, urbane Prozesse historisch und geographisch zu kontextualisieren. Auf aktivistischer Ebene zeigen Initiativen wie „*Decolonialize the City*" (Zwischenraum-Kollektiv 2017), wie sich in Ortsbezeichnungen, Handelsverbindungen sowie alltäglichem Rassismus koloniale Ausbeutung bis in die Gegenwart fortschreibt. Initiativen zur Dekolonialisierung urbaner Arbeitsverhältnisse aber gibt es bislang noch viel zu wenig.

#SupportBlackOwnedBusinesses in den USA – Rassismuskritisch mit dem eigenen Kaufverhalten handeln?

Susanne Hübl

„In der letzten Woche des Black History Month startete der Hashtag *#BlackBusinesses*. Egal aus welcher Branche: Es gibt zahlreiche black-owned Businesses. In vielen Branchen sind Schwarze jedoch unterrepräsentiert. Unter dem Hashtag können die Nutzer*innen ihre persönliche Story dazu mit der Community teilen und mehr Aufmerksamkeit für Schwarze Unternehmer*innen erzeugen" (TikTok Deutschland 2021). Der in den USA gestartete Hashtag verzeichnet 651,9 Millionen Aufrufe weltweit (TikTok 16.08.2021).

Unter den vielgenutzten Hashtags *#SupportBlackBusinesses* oder *#BuyBlack* wird in sozialen Netzwerken wie TikTok und Twitter zunehmend dazu aufgefordert, Schwarze Unternehmer*innen mit der eigenen Kaufkraft zu unterstützen. Denn spätestens seit den *Black-Lives-Matter*-Protesten, dem *Black Business Friday* (Fielding 2020) und dem *Black History Month* ist die gesellschaftliche Sensibilität für den rassistisch geprägten Alltag Schwarzer Menschen in den USA gewachsen. Passend dazu haben Google, Uber Eats und Yelp, neben „beliebt", „kinderfreundlich" und „von Frauen geführt" nun auch das Attribut „*black owned*" in ihre Plattformen und Karten integriert (Lewis 2020; ▣ Abb. 8.8).

Doch welche Ziele verfolgt die Idee hinter *#BuyBlack*? Den Initiator*innen geht es darum, Aufmerksamkeit für Schwarze Unternehmer*innen zu erzeugen und die sogenannte *„racial wealth gap"* – also die Wohlstandslücke zwischen Afroamerikaner*innen und weißen Amerikaner*innen in den USA zu schließen (Noel et al. 2019). Die Coronakrise mit ihren anhaltenden Lockdowns vergrößert diese Lücke. So mussten bereits im Sommer 2020 mehr als doppelt so viele *„black owned businesses"* – im Vergleich zu *„white owned"* – ihre Türen schließen (CNBC 2021). Die Ursachen für diese Ungleichheit liegen jedoch weit vor der Krise. Sie sind eng mit der historisch gewachsenen und nach wie vor persistenten strukturellen Benachteiligung Schwarzer Menschen auf ökonomischer, sozialstaatlicher und stadtpolitischer Ebene verbunden (Ball 2020). Im 19. Jahrhundert beispielsweise haben die Black Codes der Jim-Crow-Ära, die vor allem in den Südstaaten der USA das Vagabundieren untersagten, primär Schwarze Wanderarbeiter*innen in ihrer Mobilität eingeschränkt und sie in schlecht entlohnte Arbeitsverhältnisse in den Plantagen gezwungen (Acemoglu und Robinson 2012). Die Politik des *„redlinings"* trug dazu bei, dass *People of Color* keine Kredite bekamen (Harvey 1985) und provozierte zahlreiche rassistische Attentate auf schwarze Unternehmen, weil weiße Anwohner*innen befürchteten, die Anwesenheit schwarzer Menschen mindere den Ruf ihres Viertels und damit den Wert ihrer Immobilien. Auch heute noch ist die Kreditchance bei einer Bank für Schwarze Unternehmer*innen und Start-ups 19 % geringer als bei weißen Unternehmer*innen (Jan 2017).

Unter *#SupportBlackOwnedBusinesses* rückt diese persistente Ungleichheit in den Fokus. Doch ist es wirklich so einfach? Kann individuelles Kaufverhalten zu einer kollektiven Verbesserung für Schwarze Unternehmer*innen in den USA beitragen? Ist der Hashtag *#BuyBlack* als rassismuskritischer Appell zu verstehen? Oder ist er vielmehr eine neoliberale Vermarktungsstrategie, die das Credo der Vielfalt für sich nutzbar macht?

Der Journalist Kofi Shakur (2021) sieht in der individualisierten Verantwortung einzelner Konsument*innen u. a. die Gefahr, dass Armut nicht als „Ergebnis strukturell ungleicher Eigentumsverhältnisse, sondern schlechter individueller [Kauf]entscheidungen" verhandelt wird. Ein nicht nur nach rational durchdachten Prinzipien handelndes Subjekt wird hier durch eine ethisch-moralische Dimension ergänzt. Darüber hinaus wird Schwarzes Unternehmer*innentum in aktuellen stadtpolitischen Diskursen und Leitsätzen instrumentalisiert (Schmiz und Hernandez 2019). Ethnisches Unternehmertum wird als *Branding*-Strategie im Städtewettbewerb eingesetzt. Ethnische Vielfalt wird also zunehmend in unterschiedlichen Branchen in der Stadt als kulturelles und kosmopolitisches Attraktivitätsmerkmal für Tourismus, Wissensökonomie und Kreativwirtschaft vermarktet (Schmiz 2019). In Torontos *Diversity-Our-Strength*-Kampagne wird deutlich, wie ethnisch gelabelte *Business Improvement Areas* zu einer Kommodifizierung von Ethnizität beitragen (Schmiz 2019). Nancy Fraser bezeichnet diese Form der Inwertsetzung von Differenz als progressiven Neoliberalismus (Fraser 2019). Gleichwohl zeichnen sich viele *„black businesses"* wie Afroshops, Restaurants und Buchläden durch ihre spezielle Ausrichtung auf die Bedürfnisse ihrer Schwarzen Kund*innen aus. Sie bieten häufig Produkte und Dienstleistungen an, die in herkömmlichen Läden nicht verfügbar sind (Ohanwe und Musebeni 2020). Doch der mediale Wirbel um *#BuyBlack* macht schlussendlich nicht nur auf die weiße unternehmerische Norm aufmerksam, sondern er bringt auch die Orte der Versammlung und des Widerstands Schwarzer Communities wie Afroshops, Black Book Stores und Head Shops in die öffentliche Debatte (Davis 2017). Schwarzes Unternehmer*innentum sowie rassismus- und kapitalismus-kritischer Aktivismus sind also kein Widerspruch per se.

8.4 Ausblick – Stadt politisieren

Es ist ein konstitutives Merkmal der Politischen Ökonomie der Stadt, dass sie um-kämpft ist. In Geschichte und Gegenwart fordern urbane Proteste auf vielfältige Weise die vorherrschende Ordnung heraus, indem sie Ausschluss, Ausbeutung, Pre-karisierung und Marginalisierung thematisieren und Transformationspotenziale ent-falten (Mullis 2017). In Städten kumulieren gesellschaftliche Probleme häufig wie in einem Brennglas. Zugleich setzen urbane Proteste in Form von Platzbesetzungen und Demonstrationen transformatorische Forderungen wortwörtlich ins Zentrum. Bei-spiele für urbane Kämpfe sind die Proteste gegen den Ausbau der Startbahn West des Frankfurter Flughafens und für den Erhalt ökologischer Ressourcen Anfang der 1980er-Jahre, die eng mit der Gründung der Partei Die Grünen verbunden sind. Zu nennen sind aber auch die Proteste gegen das europäische Austeritäts- und Spar-regime als Antwort auf die Finanz- und Bankenkrise 2008 in Athen und weiteren europäischen Städten (Mullis 2017). Proteste gegen hohe Mieten wie „Keine Profite mit der Miete" oder „Deutsche Wohnen enteignen" entwickelten sich in zahlreichen Städten, darunter Berlin, nachdem sich im Nachgang der Finanz- und Bankenkrise Wohnraum in deutschen Städten drastisch verteuert hat. Kämpfe um Rekommunalisierung, also das Rückgängigmachen von Privatisierung in Bereichen wie Energieversorgung oder Abfallentsorgung, stellten vielerorts eine Antwort auf die Neoliberalisierung des Städtischen dar. Urbane Auseinandersetzungen um all-tägliche Infrastrukturen sind also ein zentrales Feld der Transformation Urbaner Politischer Ökonomie.

Die ökonomischen Grundlagen von Städten müssen vor dem Hintergrund von Klimawandel, ökologischer Krise und pandemischer Krise nachhaltig gestaltet wer-den. Hierzu gehört auch eine Veränderung ihrer ökonomischen Grundlagen. In Wissenschaft und Politik wird derzeit eine ganze Reihe von Vorschlägen diskutiert, wie Urbane Politische Ökonomie zukunftsfähig gestaltet werden kann. Diese reichen von Ansätzen eines *Green New Deal* auf EU-Ebene, also der nachhaltigeren Ge-staltung urbaner Ökonomie durch grüne Innovationen und Investitionen in Be-reichen wie Architektur oder Mobilität, bis hin zu Postwachstumsansätzen, die öko-logische Ressourcen nur dann gesichert sehen, wenn das kapitalistische Wachstumsmodell überwunden wird. Feministische und kritische Ansätze, wie sie in diesem Kapitel vorgestellt wurden, stellen vor allem die Vielfalt von Wirtschafts-formen in den Vordergrund, die Gewinne nicht abfließen lassen, sondern in lokale Gemeinschaften reinvestieren (z. B. Genossenschaftsmodelle). Auch die Dekommo-difizierung städtischer Güter wie Wohnen stellt eine zentrale Strategie zur Her-stellung einer Stadt für alle dar.

Schlüsselwerke

Wiegand, Felix. 2018. David Harvey – Die Urbanisierung des Kapitals. In *Handbuch kritische Stadtgeographie*, Hrsg. Bernd Belina, Matthias Naumann und Anke Strüver, 36–41, 3. Aufl. Münster: Westfälisches Dampfboot.

Peake, Linda, Elsa Koleth, G. Tanyildiz, Rajyashree N. Reddy, und Darren Patrick, Hrsg. 2021. *A feminist urban theory for our time. Rethinking social reproduction and the urban.* Antipode book series. Chichester: Wiley.

Kern, Leslie, und Heather McLean. 2017. Undecidability and the Urban: Feminist Pathways Through Urban Political Economy. *ACME: An International Journal for Critical Geographies* 16 (3).

Literatur

Acemoglu, Daron, und James A. Robinson. 2012. *Why nations fail. The origins of power, prosperity, and poverty*, 1. Aufl. New York: Crown Publishers.

ada_kantine. 2021. https://ada-kantine.org/. Zugegriffen am 30.09.2022.

Autor*innenkollektiv Geographie und Geschlecht, Hrsg. 2021. *Handbuch Feministische Geographien. Arbeitsweisen und Konzepte.* Leverkusen: Barbara Budrich.

Ball, Jared A. 2020. *The myth and propaganda of black buying power.* Cham: Springer International Publishing.

Bauriedl, Sybille, und Anke Strüver, Hrsg. 2018. *Smart City – kritische Perspektiven auf die Digitalisierung in Städten*, Urban studies, 1. Aufl. Bielefeld: transcript.

Belina, Bernd, Susanne Heeg, Robert Pütz, und Anne Vogelpohl. 2013. Neuordnungen des Städtischen im neoliberalen Zeitalter – Zur Einleitung/Reshaping the Urban in Neoliberal Times: Introduction to the Discussion. *Geographische Zeitschrift* 101(3/4): 125–131.

CNBC. 2021. *Why black-owned businesses don't survive.* https://www.youtube.com/watch?v=MV4Nq1GaIAA. Zugegriffen am 30.09.2022.

Davis, Joshua Clark. 2017. *From head shops to whole foods. The rise and fall of activist entrepreneurs*, Columbia studies in the history of U.S. capitalism. New York: Columbia University Press.

Dörrenberg, Clemens. 2020. Gemeinsam essen und diskutieren. *Frankfurter Rundschau.* 30 August 2020. https://www.fr.de/frankfurt/gemeinsam-essen-und-diskutieren-in-frankfurt-90033357.html. Zugegriffen am 30.09.2022.

Doshi, Sapana. 2017. Embodied urban political ecology: Five propositions. *Area* 49(1): 125–128. https://doi.org/10.1111/area.12293.

Dzudzek, Iris. 2016. *Kreativpolitik. Über die Machteffekte einer neuen Regierungsform des Städtischen.* Dissertation. Sozial- und Kulturgeographie, Bd. 13. Bielefeld: transcript.

Dzudzek, Iris, und Anke Strüver. 2020. Urbane Gesundheitsgerechtigkeit: Öko-sozialepidemiologische Forschungsperspektiven für eine Kritische Stadtgeographie verkörperter Ungleichheiten. *Geographische Zeitschrift* 108(4): 249–271.

Federici, Silvia. 2012. *Aufstand aus der Küche. Reproduktionsarbeit im globalen Kapitalismus und die unvollendete feministische Revolution*, Kitchen politics, Bd. 1, 1. Aufl. Münster: ed. assemblage.

Fielding, Sarah. 2020. Black Business Friday: ‚It's more than just shopping for your family and friends'. *The Guardian.* 26 November 2020. https://www.theguardian.com/lifeandstyle/2020/nov/26/black-business-friday-online-shopping-event. Zugegriffen am 30.09.2022.

Florida, Richard L. 2002. The economic geography of talent. *Association of American Geographers* 92(4): 743–755.

Foucault, Michel. 1977/78. *Sicherheit, Territorium, Bevölkerung. Geschichte der Gouvernementalität I. Vorlesung am Collège de France, 1977–1978.* Frankfurt am Main: Suhrkamp.

Foucault, Michel. 1978/79. *Die Geburt der Biopolitik. Geschichte der Gouvernementalität II. Vorlesung am Collège de France, 1978–1979.* Frankfurt am Main: Suhrkamp.

Foucault, Michel. 1979. Vorlesung vom 7. Februar 1979. In *Die Geburt der Biopolitik: Geschichte der Gouvernementalität II. Vorlesung am Collège de France, 1978–1979*, Hrsg. Michel Foucault,148–184. Frankfurt am Main: Suhrkamp.

Foucault, Michel. 2005. *Dits et écrits. Schriften Bd. 4. 1980–1988*. Frankfurt am Main: Suhrkamp.

Fraeser, Nina, Nina Schuster, und Anne Vogelpohl. 2021. Feministische Geographien der Arbeit – Zusammenhänge von Prekarisierung, Gentrifizierung und Globalisierung. In *Handbuch Feministische Geographien: Arbeitsweisen und Konzepte*, Hrsg. Autor*innenkollektiv Geographie und Geschlecht, 120–144. Leverkusen: Barbara Budrich.

Fraser, Nancy. 2019. *The old is dying and the new cannot be born. From progressive neoliberalism to Trump and beyond*, Politics. London/New York: Verso.

Gibson-Graham, J. K. 2006a. *A Postcapitalist Politics*. Minneapolis: U of Minnesota P.

Gibson-Graham, J. K. 2006b. *The end of capitalism (as we knew it). A feminist critique of political economy*. Minneapolis: U of Minnesota P.

Gibson-Graham, J. K. 2008. Diverse economies: Performative practices for ‚other worlds‘. *Progress in Human Geography* 32(5): 613–632.

Gibson-Graham, J. K., Jenny Cameron, und Stephen Healy. 2013. *Take back the economy. An ethical guide for transforming our communities*. Minneapolis: U of Minnesota P.

Gidwani, Vinay K. 2008. *Capital, interrupted. Agrarian development and the politics of work in India*. Minneapolis: University of Minnesota Press.

Graham, Marvin, Timothy Moss, und Matthias Naumann, Hrsg. 2008. *Splintering Urbanism. Infrastrukturnetze und Raumentwicklung. Zwischen Universalisierung und Differenzierung*. München: Oekom.

Graham, Stephen, und Simon Marvin. 2002. *Splintering urbanism. Networked infrastructures, technological mobilities and the urban condition*. London: Routledge.

Halder, Severin. 2018. *Gemeinsam die Hände dreckig machen. Aktionsforschungen im aktivistischen Kontext urbaner Gärten und kollektiver Kartierungen*, Sozial- und Kulturgeographie, Bd. 27. Bielefeld: transcript.

Harvey, David. 1973. *Social justice and the city*. Athen u. a.: U of Georgia P.

Harvey, David. 1982. *The limits to capital*. Oxford: Blackwell.

Harvey, David. 1985. *The urbanization of capital*, Studies in the history and theory of capitalist urbanization, Bd. 2. Oxford: Blackwell.

Harvey, David. 2005a. Akkumulation durch Enteignung. In *Der neue Imperialismus*, Hrsg. David Harvey, 136–178. Hamburg: VSA.

Harvey, David. 2005b. *Der neue Imperialismus*. Hamburg: VSA.

Harvey, David. 2007. *Räume der Neoliberalisierung. Zur Theorie der ungleichen Entwicklung*. Hamburg: VSA.

Hayden, Dolores. 2017. Wie könnte eine nicht-sexistische Stadt aussehen? (1981): Überlegungen zum Wohnen, zur städtischen Umwelt und zur menschlichen Arbeit. *sub\urban. zeitschrift für kritische stadtforschung* 5(3): 69–86.

Herder, Eleonora, und Yannik Böckenförde. 2020. Einmal Underdogs für alle: Mitten in der Coronakrise eröffnet die ada_kantine in Frankfurt/Main. *Común Magazin für stadtpolitische Interventionen* 4: 20–21.

Heynen, Nik. 2017. Urban political ecology III. *Progress in Human Geography* 42(3): 446–452.

Jakobi, Anna Lisa, Jana Bleckmann, und Jan Kordes. 2021. Die feministische ›Stadt für alle!‹: Über Alltag, Sorgearbeit und die Verbindung von Kämpfen. In *Frankfurt am Main Eine Stadt für alle?* Hrsg. Johanna Betz, Svenja Keitzel, Jürgen Schardt, Sebastian Schipper, Sara Schmitt Pacífico und Felix Wiegand, 411–422, Bielefeld: transcript.

Jan, Tracy. 2017. Minority-owned firms report tougher time accessing credit than white firms. *The Washington Post*. 8 November 2017. https://www.washingtonpost.com/news/wonk/wp/2017/11/08/minority-owned-firms-report-tougher-time-accessing-credit-than-white-firms/?noredirect=on. Zugegriffen am 30.09.2022.

Katz, Cindi. 2001. Vagabond capitalism and the necessity of social reproduction. *Antipode* 33(4): 709–728.

Kern, Leslie. 2020. *Feminist city*, 1. Aufl. Münster: Unrast.

Kern, Leslie, und Heather McLean. 2017. Undecidability and the urban: Feminist pathways through urban political economy. *ACME: An International Journal for Critical Geographies* 16(3): 405–426.

Kooy, Michelle, und Karen Bakker. 2008. Splintered networks: The colonial and contemporary waters of Jakarta. *Geoforum* 39(6): 1843–1858.

Lees, Loretta. 2008. *Gentrification*. New York u. a.: Routledge.

Lefebvre, Henri. 1996. The right to the city. In *Writings on cities*, Hrsg. Eleonore Kofman und Labas Elizabeth, 147–159, 1. Aufl. Oxford: Blackwell.

Leue, Vivien. 2020. *Corona ist mir egal – ich habe Hunger*. https://www.deutschlandfunkkultur.de/obdachlose-in-der-pandemie-corona-ist-mir-egal-ich-habe.1001.de.html?dram:article_id=486172. Zugegriffen am 30.09.2022.

Lewis, Tara. 2020. *Five ways to support black-owned businesses*. https://blog.yelp.com/2020/06/five-ways-to-support-black-owned-businesses. Zugegriffen am 30.09.2022.

Marx, Karl, und Friedrich Engels. 1867. Die sogenannte ursprüngliche Akkumulation. In *Das Kapital*, Hrsg. Karl Marx, 741–799. Berlin: Dietz.

Massey, Doreen B. 1984. *Spatial divisions of labour. Social structures and the geography of production*. Basingstoke: Macmillan.

Massey, Doreen B. 1994. *Space, place, and gender*. Minneapolis u. a.: U of Minnesota P.

de Matos, Gomes, Karin Schwiter Catarina, und Anne Vogelpohl. 2021. Einleitung: Feministische Geographien. In *Handbuch Feministische Geographien: Arbeitsweisen und Konzepte*, Hrsg. Autor*innenkollektiv Geographie und Geschlecht, 7–19. Leverkusen: Barbara Budrich.

McFarlane, Colin. 2008. Governing the contaminated city: Infrastructure and sanitation in colonial and post-colonial Bombay. *International Journal of Urban and Regional Research* 32(2): 415–435.

McIlwaine, Cathy, und Megan Ryburn. 2019. Metropolitan mobilities: Transnational urban labour markets. In *Handbook of urban geography*. Research handbooks in geography series, Hrsg. Tim Schwanen und Ronald van Kempen, 119–133. Northampton: Edward Elgar Pub.

Mullis, Daniel. 2017. *Krisenproteste in Athen und Frankfurt*. Dissertation, Westfälisches Dampfboot; Verlag Westfälisches Dampfboot, Münster.

Mullis, Daniel, und Sebastian Schipper. 2013. Die postdemokratische Stadt zwischen Politisierung und Kontinuität. Oder ist die Stadt jemals demokratisch gewesen? *sub\urban. zeitschrift für kritische stadtforschung* 1(2): 79–100.

Noel, Nick, Duwain Pinder, Shelley Stewart III, und Jason Wright. 2019. *The economic impact of closing the racial wealth gap*. https://www.mckinsey.com/~/media/mckinsey/industries/public%20 and%20social%20sector/our%20insights/the%20economic%20impact%20of%20closing%20 the%20racial%20wealth%20gap/the-economic-impact-of-closing-the-racial-wealth-gap-final.pdf. Zugegriffen am 10.05.2021.

Ohanwe, Malcolm, und Kokutekeleza Musebeni. 2020. Afroshops – Haare, Haut und Schwarzes Deutsches Unternehmertum. Zündfunk Generator: *Bayrischer Rundfunk*. https://www.br.de/mediathek/podcast/zuendfunk-generator/afroshops-haare-haut-und-schwarzes-deutsches-unternehmertum/1792951. Zugegriffen am 30.09.2022.

Peake, Linda, Elsa Koleth, G. Tanyildiz, Rajyashree N. Reddy, und Darren Patrick, Hrsg. 2021. *A feminist urban theory for our time. Rethinking social reproduction and the urban*, Antipode book series. Chichester: Wiley.

Peck, Jamie, und Adam Tickell. 2002. Neoliberalizing space. *Antipode* 34(3): 380–404.

Petzold, Tino. 2018. *Austerity forever?!* Münster: Westfälisches Dampfboot.

Power, Emma R., und Miriam J. Williams. 2020. Cities of care: A platform for urban geographical care research. *Geography Compass* 14(1).

Rosol, Marit. 2018. Alternative Ernährungsnetzwerke als Alternative Ökonomien. *Zeitschrift für Wirtschaftsgeographie* 62(3–4): 174–186.

Roy, Ananya, und Aihwa Ong, Hrsg. 2011. *Worlding cities. Asian experiments and the art of being global*. Hoboken: Wiley-Blackwell.

Schipper, Sebastian. 2013. *Genealogie und Gegenwart der „unternehmerischen Stadt". Neoliberales Regieren in Frankfurt am Main 1960–2010*. Münster: Westfälisches Dampfboot.

Schmiz, Antonie. 2019. Sari vs. Dim Sum – Business improvement areas and the branding of Toronto's ethnic neighbourhoods. *Tijdschrift voor Economische en Sociale Geografie* 110(5): 566–578. https://doi.org/10.1111/tesg.12373.

Schmiz, Antonie, und Tony Hernandez. 2019. Urban politics on ethnic entrepreneurship. *Tijdschrift voor Economische en Sociale Geografie* 110(5): 509–519.

von Schnitzler, Antina. 2010. Gauging politics: Water, commensuration and citizenship in post-apartheid South Africa. *Anthropology Newsletter* 51(1): 7–9.

Schuster, Nina, und Stefan Höhne. 2017. Stadt der Reproduktion. Einführung in den Themenschwerpunkt. *sub\urban. zeitschrift für kritische stadtforschung* 5(3): 9–22.

Shakur, Kofi. 2021. *Der Mythos des Schwarzen Kapitalismus. Analyse & Kritik*. 16. März 2021. https://www.akweb.de/ausgaben/669/der-mythos-des-schwarzen-kapitalismus/. Zugegriffen am 30.09.2022.

Silomon-Pflug, Felix. 2018. *Verwaltung der unternehmerischen Stadt. Zur neoliberalen Neuordnung von Liegenschaftspolitik und -verwaltung in Berlin und Frankfurt am Main*, Urban studies, 1. Aufl. Bielefeld: transcript.

Simone, Abdou Maliq. 2010. *City life from Jakarta to Dakar. Movements at the crossroads*. New York u. a.: Routledge.

Smith, Neil. 1984. *Uneven development. Nature, capital, and the production of space*. Athens: University of Georgia Press.

TikTok Deutschland. 2021. Von Black Businesses bis zu Black German Culture: Der Black History Month auf TikTok. https://newsroom.tiktok.com/de-de/von-black-businesses-bis-zu-blackgerman-culture-der-black-history-month-auf-tiktok

Wiegand, Felix. 2018. David Harvey – Die Urbanisierung des Kapitals. In *Handbuch kritische Stadtgeographie*, Hrsg. Bernd Belina, Matthias Naumann, und Anke Strüver, 3. Aufl., 36–41. Münster: Westfälisches Dampfboot.

Winker, Gabriele. 2015. *Care Revolution. Schritte in eine solidarische Gesellschaft*, X-Texte. Bielefeld: transcript-Verl.

Winker, Gabriele. 2021. *Solidarische Care-Ökonomie: Revolutionäre Realpolitik für Care und Klima*, X-Texte zu Kultur und Gesellschaft. Transcript: Bielefeld.

Zwischenraum-Kollektiv. 2017. *Decolonize the City! Zur Kolonialität der Stadt – Gespräche, Aushandlungen, Perspektiven*, 1. Aufl. Münster: Unrast.

8

Stadt entdecken – Kindheit, Bildung und Ungleichheit

Verena Schreiber und Dana Ghafoor-Zadeh

Inhaltsverzeichnis

© Der/die Autor(en), exklusiv lizenziert an Springer-Verlag GmbH, DE,
ein Teil von Springer Nature 2022
Y. Franz, A. Strüver (Hrsg.), *Stadtgeographie*, https://doi.org/10.1007/978-3-662-65382-1_9

Dieses Kapitel richtet seinen Blick auf Kinder in der Stadt. Unter Rückgriff auf die Forschungslinie der *Childhood Geographies* werden zentrale Entwicklungslinien städtischer Kindheit der letzten Jahrzehnte bis heute skizziert. Dabei rückt immer wieder die Frage ins Zentrum, wo sich Kindern und jungen Menschen Möglichkeiten eröffnen, städtische Räume als Bildungs- und Erlebnisorte für sich zu entdecken und sich in gesellschaftliche Belange mit ihren Bedürfnissen und Erfragungen einzubringen. Dieses Kapitel möchte nicht zuletzt Studierende der Geographie und benachbarter Disziplinen dazu einladen, stadtgeographische Fragen auch aus der Perspektive der Kindheitsforschung zu diskutieren.

Zum Kapiteleröffnungsbild: Eröffnungsbild – Städtische Räume als Erlebnisorte: Kinder entdecken die Freiburger Altstadt entlang historischer Wasserläufe (Dana Ghafoor-Zadeh 2021)

9.1 Einführung

Städte sind immer auch Räume der Kindheit. Wenngleich junge Menschen über weite Teile des Tages und an vielen öffentlichen Orten kaum in Erscheinung treten, da sie einen Großteil des Tages in Institutionen oder privaten Räumen verbringen, bildet die Stadt doch für viele Kinder den Lebensmittelpunkt. Wo innerstädtische Quartiere aufgrund veränderter Familienmodelle wieder zu attraktiven Wohnorten für Familien werden, sind Kinder von den gegenwärtigen Entwicklungen und Problemen in städtischen Ballungsräumen – wie angespannte Wohnungsmärkte, zunehmender Verkehr oder unzureichende Bildungsinfrastrukturen – mindestens gleichermaßen betroffen wie Erwachsene. Diese Tatsache nimmt die Stadtforschung in die Pflicht, die Perspektive von Kindern auf die sie umgebende Umwelt in die Analyse gegenwärtiger Stadtentwicklungsprozesse einzubeziehen. Zudem möchte sie in emanzipatorischer Absicht jungen Menschen neue Möglichkeiten eröffnen, städtische Räume für sich zu entdecken und an städtischen Prozessen teilzuhaben.

In den letzten beiden Jahrzehnten wurde das Verhältnis von Stadt und Kindheit insbesondere im Kontext der *Childhood Geographies* (z. B. Hasse und Schreiber 2019; Christensen et al. 2017; Holloway und Valentine 2000b) thematisiert. Geographische Kindheitsforschung sieht ihre Aufgabe zum einen darin, universelle und vermeintlich unverrückbare Vorstellungen von Kindheit zu hinterfragen und Widersprüche offenzulegen, die diesen inhärent sind. Hierbei kommt der räumlichen Perspektive von Kindheit ein hoher Erklärungswert zu. Eine geographische Herangehensweise kann in besonderem Maß dafür sensibilisieren, dass Kindheit an verschiedenen Orten völlig unterschiedlich gelebt und erlebt wird. Wer also verstehen möchte, wie junge Menschen auf die Welt blicken, was sie bewegt und betrifft, findet in einem geographischen Zugang wichtige Anhaltspunkte. Eine Humangeographie vom Kinde aus plädiert zum anderen dafür, junge Menschen nicht länger als unfertige Erwachsene zu betrachten, sondern sie als eigenständige Subjekte ernst zu nehmen. Dies beinhaltet, ihre Erfahrungen und Auseinandersetzungen mit der räumlichen

Umgebung nicht nur zu untersuchen, sondern auch, ihren Positionen zu den Problemen der Gegenwart mehr Aufmerksamkeit zu schenken. Sie fordert zudem, Kinder verstärkt an gesellschaftlichen Prozessen zu beteiligen und in geographische Forschungsarbeiten aktiv einzubeziehen.

Für die geographische Stadtforschung erwachsen hieraus zwei Aufgaben: Sie muss erstens untersuchen, inwieweit Prozesse der Stadtentwicklung auf das Aufwachsen von Kindern Einfluss nehmen und in welcher Weise Stadtumbauprogramme junge Menschen in ihrem Handeln und Erleben lenken und an spezifische Orte binden. Eine zeitgemäße Stadtforschung setzt sich daran anschließend zweitens dafür ein, dass sich Kinder ihre Stadt aneignen und diese mitgestalten können. Kinder gestalten die Stadt auf ihre Art mit, nutzen den städtischen Raum als Ort, um ihrer Sorge um die Welt Ausdruck zu verleihen und fordern bestehende Ordnungen urbaner Gesellschaften heraus. Ihre mal spielerischen, mal provokativen Bewegungen durch den städtischen Raum – wenn etwa auf Mauern balanciert oder auf der Straße für Umweltschutz demonstriert wird – weisen die Stadtforschung nicht zuletzt auf die drängenden Probleme der Gegenwart hin: Klimawandel, Ressourcennutzung, soziale Ungleichheit etc.

9.2 Kindheit in der Stadt

Auf einen Blick. In diesem Abschnitt wird gezeigt:
Kinder verbringen mittlerweile einen Großteil ihres Tages in Bildungsinstitutionen. Diese Orte sind in den letzten Jahren zunehmend in den Fokus der Stadtpolitik gerückt, um junge Menschen gezielt in Stadtentwicklungsprozesse einzubeziehen (s. ▶ Kap. 4). Städtische Kindheit ist jedoch nicht auf institutionalisierte Räume begrenzt. Kinder eignen sich die Stadt sowohl in der Schule und während der Nachmittagsbetreuung an, als auch auf verkehrsreichen Straßen und öffentlichen Plätzen, Brachflächen, Gehwegen, in Bussen oder auf Spielplätzen. Sie sind in den Vorstädten genauso wie in der Stadtmitte zuhause, in Reihenhäusern ebenso wie in Hochhaussiedlungen. Letztlich ist Stadtkindheit also immer auch etwas ganz Persönliches: Die Stadt wird von jungen Menschen jeden Tag auf vielfältige Weise neu entdeckt und individuell erlebt. Das macht Kinder für Planungsprozesse zu wichtigen und wertvollen Partner*innen.

Die Auseinandersetzung mit städtischer Kindheit ist mindestens genauso alt wie die Entstehung der modernen Großstadt selbst. Anders als ländliche Räume scheint die Stadt gleichwohl für viele per se in Widerspruch zu kindlichen Bedürfnissen zu stehen. Schon 1762 fordert etwa der Pädagoge Jean-Jacques Rousseau dazu auf, Kinder aufs Land zu schicken, wo sie „inmitten der Felder die Kräfte gewinnen, die man in der ungesunden Luft einer überbevölkerten Stadt verliert" (Rousseau 2009 [1762], S. 151). Auch heute noch machen sich beispielsweise ländliche Gemeinden das althergebrachte Bild der unwirtlichen, bedrohlichen und unkontrollierbaren Großstadt zunutze, um junge Familien anzulocken und der Schrumpfung ländlicher Räume entgegenzuwirken

(■ Abb. 9.1). Die Erzählung der kinderfeindlichen Stadt übersieht allerdings, dass städtisches Leben immer auch von Kindern mit hervorgebracht wird und eine Stadt ohne junge Menschen letztlich gar nicht denkbar ist. Wichtiger als die Frage, ob die Stadt also grundsätzlich einen guten Ort für Kinder darstellt, ist daher, wie diese von jungen Menschen gelebt, erlebt und genutzt wird, wo städtisches Leben von Kindern profitiert, wo ihre Aneignungsmöglichkeiten aber auch gesteuert und eingeschränkt werden.

Die Frage nach der spezifischen Beziehung zwischen Stadt und Kindheit zieht sich wie ein roter Faden durch das deutschsprachige und internationale Feld der Kindheitsforschung (vgl. Box „Linien und Leitbegriffe gegenwärtiger Kindheitsforschung") und der *Childhood Geographies* (vgl. Definition *Childhood Geographies*). Zu einer zentralen Inspirationsquelle für jüngere Arbeiten wurde insbesondere die Studie der Psychologin Martha Muchow aus den 1930er-Jahren zur kindlichen Lebenspraxis im städtischen Raum. In ihrer Arbeit *Der Lebensraum des Großstadtkindes* (Muchow und Muchow 2012 [1935]) zeichnet Muchow für den Hamburger Stadtteil Barmbek nach, welche städtischen Räume und Orte für Kinder bedeutsam sind, wie sie diese beleben, wo sie spielen und herumstreifen (Muchow und Muchow 2012 [1935], S. 72). Dabei geraten Orte in den Blick, die oft abseits wissenschaftlicher Betrachtung liegen – wie Plätze, Brachflächen, Straßen oder Hauseingänge – und die von Kindern völlig anders genutzt werden, als dies ihre Erbauer*innen vorgesehen

9

■ **Abb. 9.1**   Werbekampagne (abgeschlossen) der Wirtschaftsförderungsgesellschaft Werra-Meißner-Kreis (Wirtschaftsförderungsgesellschaft Werra-Meißner-Kreis mbH 2009)

haben (vgl. Box „Auszug aus *Der Lebensraum des Großstadtkindes*"). In eindrücklicher Weise führen die Beobachtungen Muchows vor Augen, dass ein und derselbe städtische Raum völlig verschieden erlebt werden kann und die Stadt für jede*n – ob jung oder alt – etwas anderes ist (vgl. Box „Pluralitäten der Kindheit"). Auch der anarchistische Denker und Schriftsteller Colin Ward wendet sich in seiner Studie „The Child in the City" von 1978 den vielfach verborgenen und banalen Orten städtischer Kindheit zu. Er interessiert sich dafür, wie Kinder „jedes übriggebliebene Fleckchen der Stadt ihren eigenen Zwecken nutzbar machen, wie erfindungsreich sie jede kleine Gelegenheit zum Vergnügen ergreifen" (Ward 1978, S. 211) und sich Orte und materielle Dinge, denen Erwachsene oft nichts abgewinnen können, durch ihr Spiel kreativ und eigensinnig aneignen (◨ Abb. 9.2). Arbeiten wie diese inspirieren die geographische Kindheitsforschung bis heute.

Linien und Leitbegriffe gegenwärtiger Kindheitsforschung

Kindheitsforschung ist ein breites und interdisziplinäres Feld. Mit Kindern befassen sich neben der Psychologie und Pädagogik auch die Soziologie und Humangeographie sowie viele weitere Disziplinen. Die soziologische und geographische Betrachtung richtet sich dabei weniger auf Fragen der Abgrenzung biologischer Lebensphasen als vielmehr auf sozialräumliche Prozesse der Konstitution von Kindheit und kindliche Handlungsfähigkeit. Seit der Jahrtausendwende wurde insbesondere der Begriff der *Agency* richtungsweisend. *Agency* betont den aktiven Beitrag von Kindern im Umgang mit und bei der Gestaltung ihrer Umwelt (Betz und Eßer 2016). Als handlungsfähige Akteur*innen bestimmen Kinder ihr eigenes Leben und das der Menschen um sie herum maßgeblich mit und sind sozialen Strukturen und Prozessen nicht passiv ausgesetzt (Holloway et al. 2019; James und Prout 1990; kritisch zum *Agency*-Konzept

◨ **Abb. 9.2** Die Kolonisierung kleiner Flecken: Benutzung von Pappkartons (Ward 1978, S. 82; Foto: Ann Golzen)

z. B. Spyrou et al. 2018). Mit der Betonung kindlicher Handlungsfähigkeit greift die soziologische und geographische Kindheitsforschung nicht zuletzt die Forderung der internationalen Kinderrechtsbewegung auf, die Belange junger Menschen stärker zu berücksichtigen und ihnen eine größere Mitbestimmung und Teilhabe an gesellschaftlichen Prozessen zu garantieren (Singer 2019, S. 122).

Aktuelle poststrukturalistisch und machttheoretisch ausgerichtete Arbeiten der Kindheitsforschung setzen sich insbesondere mit gesellschaftlichen Diskursen und machtvollen Raumproduktionen auseinander. Sie gehen den Fragen nach, wie sich bestimmte Betrachtungsweisen und Problembeschreibungen von Kindheit gegenüber anderen durchsetzen können, wer das Feld der Wissensproduktion über Kindheit kontrolliert und wie sich ein solches Wissen auf das tatsächliche Leben von Kindern auswirken kann (Schreiber 2011, 2020; Holloway und Valentine 2000a). So können Studien zur Veränderung von Familienstrukturen und Bildungsverständnissen sowie zu Globalisierungsprozessen zeigen, dass die Herausbildung unserer modernen Vorstellung von Kindheit als eine eigenständige Lebensphase maßgeblich mit der Entstehung eigener Räume für Kinder einhergeht (z. B. Katz 2004; Aitken 2001; Qvortrup 1993; Ariès 1976 [1960]). In diesem Kontext gewinnt auch der Begriff der generationalen Ordnung an Gewicht, mit dem die abhängige Positionierung von jungen Menschen im Generationenverhältnis aufgedeckt und problematisiert werden kann (Punch 2005, 2020; Bühler-Niederberger 2005). Hiernach muss Kindheit als eine soziale Position begriffen werden, die es nur in Abgrenzung zu und nicht unabhängig von Erwachsensein gibt.

Gelebte Kindheit weist gleichwohl über gesellschaftliche Diskurse und Ordnungsmuster hinaus. Junge Menschen erleben sich hier und jetzt in Beziehung zu ihrer Umwelt, werden affektiv und emotional von ihrer Umgebung und von Begegnungen mit anderen Menschen berührt – und sind damit nicht nur von politischen und pädagogischen Diskursen betroffen, sondern mit diesen in der Welt und wechselseitig voneinander ergriffen (Lindemann 2017; Horton und Kraftl 2006). Vor diesem Hintergrund greifen jüngere Ansätze der sozialwissenschaftlichen und geographischen Kindheitsforschung Arbeiten des *New Materialism* (Coole und Frost 2010), der *Posthuman Ontologies* (Haraway 2008; Barad 2007) und Praxistheorien (Reckwitz 2003) auf und fordern, Kinder und ihre Umwelt nicht länger isoliert voneinander, sondern in ihren Verwicklungen zu betrachten (Alberth et al. 2020; Kraftl 2020). Sie machen sich für eine relationale Perspektive stark, die Grenzziehungen und dichotomes Kategoriendenken von Kinderkörpern, Diskursen, Praktiken, Materialitäten und Technologien ablehnen und stattdessen auf ihre wechselseitige Konstitution verweisen (Bollig 2020; Hultman und Lenz Taguchi 2010). Hierdurch können einerseits Ansätze überwunden werden, in denen Kindheit entweder rein biologistisch determiniert oder ausschließlich diskursiv konzeptualisiert wird (Änggård 2015; Holloway 2014; Taylor 2011). Andererseits werden im Unterschied zu handlungsorientierten Ansätzen innerhalb der Kindheitsforschung, Ereignisse und Situationen nicht vorrangig als Ergebnisse intentional handelnder Akteur*innen interpretierbar; vielmehr geht es um die komplexen Beziehungen und (vielfach auch unvorhersehbaren) *Intraaktionen* (Barad 2007) von menschlichen Subjekten und scheinbar banalen nichtmenschlichen Objekten ihrer Umwelt, deren Existenz sich gar nicht voneinander trennen lässt, sondern sich im Gegenteil kontinuierlich gegenseitig beeinflusst (Rautio 2013).

Der Blick auf die zahlreichen Orte städtischer Kindheit darf allerdings nicht darüber hinwegtäuschen, dass Kinder in der gesellschaftlichen Wahrnehmung vielfach als „fehl am Platz" wahrgenommen werden. Im öffentlichen Raum der Stadt treten sie daher nicht in gleicher Weise in Erscheinung wie Erwachsene und nehmen auch deutlich seltener an städtischen Prozessen teil. Die weitgehende Unsichtbarkeit von Kindern im städtischen Raum ist insbesondere eine Folge umfangreicher Stadtumbauprozesse der Nachkriegsjahrzehnte, als junge Menschen im Auftrag des Leitbildes der autogerechten Stadt von den Straßen verdrängt und ihre Unterbringung in Institutionen und eingehegten Spiel- und Aufenthaltsbereichen forciert wurde – eine Entwicklung, die bis heute das Aufwachsen von Kindern in urbanen Räumen bestimmt, wenn auch längst andere Leitbilder, wie etwa die Nachhaltige Stadt oder die Smart City, an dessen Stelle getreten sind (Zinnecker 1990; Behnken 1990; s. ▶ Kap. 7 und 10).

Childhood Geographies

Mit *Childhood Geographies* wird ein internationaler Forschungsansatz bezeichnet, der sich explizit den räumlichen Aspekten von Kindheit widmet. Die raumbezogenen Wahrnehmungen und Handlungsweisen von Kindern sind dabei gleichermaßen Thema, wie die Ursachen und Wirkungen ihrer räumlichen Einhegung in Institutionen und Ausschließung aus vielen öffentlichen Bereichen. Geographische Kindheitsforschung richtet ihre Aufmerksamkeit sowohl auf aktuelle Transformationsprozesse wie Digitalisierung und Nachhaltigkeit (Börner et al. 2020; Christensen et al. 2017) als auch auf Aspekte, die das Leben von Kindern schon länger mitbestimmen, wie Migration oder Verhäuslichung (Hasse und Schreiber 2019; Hopkins et al. 2018). Sie untersucht Kindheit im Globalen Norden wie im Globalen Süden.

Wo der öffentliche Raum zunehmend für Kinder beschnitten wurde, entstand im privaten Bereich ein erhöhter Bedarf an verhäuslichten Handlungsräumen. Mit der „Verinselung" (Zeiher 1990) kindlicher Lebenswelten ging einerseits eine massive Eingrenzung ihrer Bewegungsverläufe einher. So sind Kinder in ihrer Bewegung durch die Stadt heute vielfach von der elterlichen Alltagsmobilität abhängig. Hierdurch können räumliche Bewusstseinslücken entstehen, sodass das städtische Umfeld nicht mehr länger als ein zusammenhängendes Raumgefüge erfahren wird. Diese Entwicklung führt gleichzeitig dazu, dass städtische Räume zunehmend von Kindern entleert sind, Kinder in der Stadt nur noch als Randfiguren auftreten und häufig feindlich behandelt werden. Andererseits zielt die zunehmende räumliche Einhegung darauf, kindliche Handlungsweisen stärker kontrollieren und Entwicklungsverläufe in gewünschte Bahnen lenken zu können. Ob Schule, Kindertageseinrichtung, Hort, Spielplatz oder Verein: An all diesen Orten werden junge Menschen mit pädagogischen und politischen Programmen konfrontiert, die sie einerseits vor unerwünschten gesellschaftlichen Einflüssen schützen sollen, die sie andererseits aber auch an ihre zukünftigen Pflichten heranführen.

Die zunehmende Aufenthaltszeit von Kindern in Institutionen wirft auch die Frage auf, welche Aufgabe jungen Menschen in der heutigen Stadt überhaupt noch zukommen kann und wo sie ihren Platz im öffentlichen Raum haben, wenn Kindheit hauptsächlich an auf sie zugeschnittenen Spezialräumen stattfindet. Nicht zuletzt haben die Einschränkungen im Alltag von Kindern und Familien insbesondere zu Beginn der Covid-19-Pandemie verdeutlicht, wie wichtig städtische Freiräume, das Bewegen und Spielen an der frischen Luft und sozialräumliche Begegnungen auch über Krisensituationen hinaus für Kinder sind (Bertram et al. 2021; ◉ Abb. 9.3; s. ▶ Kap. 6).

Pluralität der Kindheiten

So wie Geograph*innen immer wieder dafür sensibilisieren, dass es den Raum an sich nicht gibt (z. B. Belina 2013), gibt es auch das Kind an sich nicht. Die Vorstellung davon, was (gute) Kindheit ist und wie diese gestaltet werden soll, bemisst sich gegen-

■ Abb. 9.3 Mit Regenbogenbildern in Fenstern machen Kinder und ihre Familien während der Covid-19-Pandemie in vielen Städten auf sich aufmerksam, schicken eine Botschaft der Zuversicht nach draußen und positionieren sich zu solidarischen Pandemieschutzmaßnahmen (Dana Ghafoor-Zadeh 2021)

wärtig maßgeblich an westlichen Werteperspektiven. Eine geographische Betrachtung kann jedoch eindrücklich zeigen, dass Kindheit an verschiedenen Orten der Erde völlig unterschiedlich gelebt und erlebt wird und sich der Alltag und die Probleme junger Menschen deutlich voneinander unterscheiden, je nachdem wo sie aufwachsen (Katz 2004). Die geographische Perspektive nimmt uns also einerseits in die Pflicht, immer wieder auf die raumzeitliche Situiertheit von Kindheit hinzuweisen. Andererseits ist es unsere Aufgabe, der Dominanz westlicher Kindheitskonzepte in der Kindheitsforschung entgegenzuwirken (Holt und Holloway 2006), die Lebenswirklichkeiten von jungen Menschen im Globalen Süden sichtbar zu machen und nicht auf humanitäre und entwicklungspolitische Belange zu reduzieren (Liebel 2017). Oft unbemerkt reproduzieren viele kindheitsgeographische Arbeiten in ihren Untersuchungen eurozentrische Überlegenheitsvorstellungen und entwerfen in Abgrenzung zum eigenen Lebensumfeld entweder romantisierende Vorstellungen indigener Kindheiten oder dystopische Bilder eines ausschließlich von Krisen geprägten Globalen Südens (Abebe und Ofosu-Kusi 2016). Kindheitsforschung steht folglich immer vor der Herausforderung, sich kritisch mit den eigenen Konzepten und Begriffen auseinanderzusetzen, die Kluft zwischen häufig empirisch-orientierter Forschung im Süden und theoretisch-ausgerichteter Forschung im Norden zu überwinden und die vielen Realitäten von Kindheit an die Stelle hegemonialer westlicher Vorstellungen treten zu lassen (Singer 2019, S. 123f.).

Ein Blick auf aktuelle stadtpolitische Entwicklungsfelder zeigt, dass die Frage der Teilhabe von Kindern an städtischen Prozessen vonseiten der Kommunen zum Teil sehr unterschiedlich beantwortet wird und Kinder mal mehr, mal weniger Möglichkeiten haben, sich in gesellschaftspolitische Belange einzubringen. Das situative Erleben und die individuelle Aneignung (s. Definition Aneignung; s. ▶ Kap. 2) städtischer Orte gehen gleichwohl nicht in politischen und pädagogischen Programmen auf. Kindheit in der Stadt bewegt sich daher immer in einem Spannungsverhältnis von programmatischen stadt- und bildungspolitischen Ansprachen einerseits und subjektiven Erfahrungen und Aneignungen städtischer Räume andererseits, die den Programmen zum Teil entgegenlaufen.

Aneignung

Mit dem Aneignungsbegriff werden menschliche Handlungen des Erkennens, Veränderns und Gestaltens der sozialen und räumlichen Umwelt gefasst. Aufgrund seiner Handlungsfähigkeit ist der Mensch kein passiver Rezeptor äußerlicher Einflüsse. Vielmehr wird er als Subjekt verstanden, das sich aktiv handelnd die Welt zu eigen macht (Deinet und Reutlinger 2020, S. 1720).

Auszug aus *Der Lebensraum des Großstadtkindes*
„Die hinter dem Geländer ziemlich steil abfallende Böschung ist – straßenbautechnisch gesehen – eine Folge der Aufschüttung der schiefen Ebene der Fahrbahn; sie verfolgt also keinen besonderen Zweck und fand bei den Erwachsenen erst Beachtung, als das Regenwasser das Erdreich der Böschung auszuwaschen drohte und daher eine Steinbelegung erforderlich ward. Seitdem das geschehen ist, spielt sie in der Welt der Erwachsenen keine Rolle mehr: sie ist gleichsam nicht vorhanden. Für die Kinder dagegen scheint die Steinböschung etwas geradezu ‚Packendes' zu haben. Der größte Teil der von uns beobachteten Kinder beschäftigte sich in irgendeiner Weise und meist sehr ausgiebig mit ihr. […] Nachdem das Gitter überklettert ist oder genügend an ihm trainiert worden ist, setzt sich der durchschnittliche Sechsjährige auf die Böschung und rutscht auf dem Hosenboden hinunter; so ist es jedenfalls am gefahrlosesten. Durch Anziehen der Beine gelangt man allmählich in die Hockstellung, aus der man zweckmäßigerweise kurz vor der ‚Landung' in den Stand übergeht. Jetzt ist es nur noch eine Frage des Mutes, wann man bereits oben in den Stand übergeht und laufend oder gar ‚glitschend' die Böschung hinunterkommt. Einige ziehen es vor, diese ‚Abfahrtechnik' auf andere Weise zu erlernen: sie fassen beim Hinabgehen das Treppengeländer an oder bedienen sich seiner als leichter Stütze. Mit zunehmendem Mut und wachsender Übung läuft man sich dann allmählich ‚frei'. Die Achtjährigen jedenfalls sind schon abgefeimte Abfahrer, die die Schräge der Böschung mit Nonchalance hinabstürmen oder mit Grazie hinabgleiten. Dabei scheint, ebenso wie beim Skifahren, das Erlebnis ein zweifaches zu sein: das ‚Wonneangst' vermittelnde Erlebnis des Gleitens und das unser Selbstgefühl erhöhende des Gleiten-Könnens." (Muchow und Muchow 2012 [1935], S. 107f.)

9.2.1 Was Städte mit Kindern machen…

Aktuelle Planungsprozesse in der Stadt richten sich vielfach am Leitbild einer nachhaltigen und zukunftsorientierten Entwicklung aus (White 2016; Leszczynski 2016). Hierbei rücken insbesondere Kinder als *Digital Natives* und Leistungsträger von morgen zu wichtigen Akteur*innen städtebaulicher Maßnahmen auf (vgl. Box „Digitale Transformation"). Besonders deutlich wird die gezielte Ansprache von Kindern in Initiativen, die kinderfreundliche Stadtplanung mit Zielen einer Smart-City-Strategie verknüpfen (van der Graaf 2020). Smart Cities verfolgen den Ansatz, auf Basis technologischer Innovationen und digitaler Vernetzung zu ressourcenschonenden, klimafreundlichen, sicheren, lebenswerten und wirtschaftlich starken Städten zu werden (Libbe 2014; s. ▶ Kap. 10).

In Wien sind beispielsweise smarte Technologien seit einigen Jahren zu prägenden Elementen der Stadtentwicklung geworden. Hierbei fällt auf, dass immer wieder Kinder und Jugendliche als zentrale Zielgruppe des smarten Stadtumbaus adressiert und in Smart-City-Projekte involviert werden (Ghafoor-Zadeh und Schreiber 2021; Stadt Wien 2020). Mit dem Projekt „Werkstatt junges Wien" und der darauf aufbauenden Kinder- und Jugendstrategie schaffte es die Stadt im Jahr 2020 sogar unter die sechs Finalisten des *European Capital of Innovation* (Europäische Kommission 2020) – und überzeugte mit dem Ansatz, soziale und technologische Innovationen miteinander zu verbinden. Im Rahmen des smarten Stadtumbaus nehmen Bildungsinstitutionen und Betreuungseinrichtungen oft eine Schlüsselrolle ein – nicht nur als unmittelbare Kontaktstellen zu jungen Menschen selbst, sondern auch als Türöffner zu den Familien und Bewohner*innen des Stadtteils. In einem Smart-City-Projekt in Wien bildet z. B. der ökologisch nachhaltige wie technologisch innovative Ausbau eines Schulkomplexes das Herzstück der Initiative. Auch weitere Alltagsräume von Kindern, wie Parkanlagen, die Bibliothek oder Imbissbuden, werden von Smart-City-Initiativen in Anspruch genommen, um junge Menschen im Stadtteil beispielsweise über Spielaktionen, kostenlose Wissenschaftsworkshops und Stadtteilfeste für die Vision einer zukunftsfähigen Stadt zu begeistern (s. Box „Stimmen von Kindern zur Beteiligung an smarten Stadtentwicklungsprogrammen"). Kindern wird damit die Rolle wichtiger Multiplikator*innen der Smart-City-Programme zuteil, weil sie im Gegensatz zu Erwachsenen in der Regel noch stärker im Quartier verankert sind und über Bildungs- und Betreuungseinrichtungen systematisch in die Projektarbeit einbezogen werden können.

Auch wenn junge Menschen damit für die Stadt wichtige Aufgaben übernehmen, können solche Entwicklungen vonseiten der Kindheitsforschung auch kritisch betrachtet werden: Die eigene Sicht von Kindern auf smarte Stadtentwicklungsprogramme und ihr transformatorisches Handeln jenseits solcher Initiativen spielt bislang kaum eine Rolle. Vielmehr werden junge Menschen – mehr oder weniger ungefragt – vor die Herausforderung gestellt, nunmehr auch noch smarte Handlungsweisen und Optimierungsstrategien in ihren Alltag zu integrieren und mit ihrer ohnehin komplexen Lebenswirklichkeit in Einklang zu bringen. Nicht zuletzt werden durch solche Initiativen möglicherweise noch die letzten funktionsfreien Räume städtischer Kindheit in den Dienst stadtpolitischer Entwicklung gestellt und die Institutionalisierung von Kindheit weiter vorangetrieben.

Digitale Transformation kindlicher Lebensräume

„WILLKOMMEN BEI MINECRAFT! DU HAST DIE WELT IN DER HAND. Bereite dich beim Bauen, beim Arbeiten in der Mine, beim Kämpfen gegen Mobs und beim Erkunden der sich immer verändernden Minecraft-Landschaft auf ein Abenteuer mit unzähligen Möglichkeiten vor. Spiele, um zu erstellen. Wovon du auch träumst, in Minecraft kannst du es bauen. Lass deiner Fantasie und den unbegrenzten Ressourcen im Kreativmodus freien Lauf." (Mojang Studios 2021)

Was für viele Kinder und Jugendliche schon länger eine der wichtigsten Freizeitbeschäftigungen darstellt, kommt zunehmend auch in der Stadtplanung zum Einsatz: das partizipative Bauen utopischer Städte durch digitale *Open-World*- und *Sandbox*-Spiele. In Frankfurt am Main etwa wurde vom Deutschen Architekturmuseum (2021) das Projekt „Frankfurt 2099" ausgerufen, das in Zusammenarbeit mit dem Youtuber *TheJoCraft* Kinder und junge Menschen dazu einlädt, mittels des Computerspiels *Minecraft* eine gemeinsame Vision der Stadt der Zukunft zu kreieren (Deutsches Architekturmuseum 2021; ◩ Abb. 9.4): „Wie wird Frankfurt im Jahr 2099 aussehen? Eine spannende Frage. Wir wollen die Zukunft selbst in die Hand nehmen und unsere Stadt der Zukunft bereits heute bauen. Was sind unsere Utopien? Was entsteht, wenn viele verschiedene Visionen zusammentreffen? […] Auf einer maßstabsgetreuen Map von Frankfurt werden Bauflächen vergeben, auf denen ein Stück Stadt nach eigenen Wünschen entsteht." Gerahmt wird das Projekt von Ferienspielen und Baulaboren sowie Fortbildungen, die sich gezielt an Lehrkräfte richten. Denn spielbasierte Plattformen werden zunehmend auch von Bildungseinrichtungen entdeckt und an pädagogische Anliegen angepasst. Laut Entwickler*innen kommt *Minecraft Education* mittlerweile in mehr als 115 Ländern zum Einsatz, um Schüler*innen die Fähigkeiten und Fertigkeiten zu vermitteln, die für das 21. Jahrhundert vonnöten seien: Zusammenarbeit, Kreativität und digitale Kompetenz.

Es sind nicht zuletzt solche neuen Kollaborationen der Gaming-Branche mit Akteur*innen der Stadtentwicklung und Bildung, die die geographische Stadtforschung zu einer Neubewertung des Verhältnisses von Stadt und Kindheit auffordern. Während in der Vergangenheit vonseiten der Kindheitsforschung vor allem die fehlenden Zugangsmöglichkeiten von jungen Menschen zum öffentlichen Raum angemahnt wurden, verweisen jüngere Entwicklungen darauf, dass Kinder mittels digitaler Anwendungen die Stadt mitunter neu und anders entdecken. So ist die Verarmung der städtischen Umwelten durch Modernisierungsprozesse eine Tatsache, aber schon länger nicht mehr die ganze Wahrheit (Hengst 2019, S. 369): Die Interessen von Kindern und Jugendlichen stehen zwar nach wie vor im Hintergrund städtischer Planungen und junge Menschen sind weiterhin mit Ausschlussstrategien im öffentlichen Raum sowie mit einer häufig kinderfeindlichen Umwelt konfrontiert. Im Zuge der Digitalisierung werden städtische Räume jedoch zunehmend zu „cON/FFlating situational spaces and places" (Bork-Hüffer und Yeoh 2017) – zu Orten, in denen *ON-line*- und *OFFline*-Dimensionen des Räumlichen miteinander verschmelzen. Digitale Medien wie Routenplaner, Bewegungsspiele oder Foto- und Videoportale nehmen mittlerweile einen großen Einfluss darauf, wie Kinder und Jugendliche sich durch die

■ **Abb. 9.4**   Minecraft Wettbewerb „Projekt Frankfurt_2099" (Deutsches Architekturmuseum/GAR-DENERS Ammon Blume GbR 2021)

Stadt bewegen (Christensen und Cortés-Morales 2016, S. 16) und über *„digital leas-hes"* (Leyshon et al. 2013) mit Familien und Freunden in Kontakt treten. Damit reicht der Lebensraum von jungen Menschen längst weit über das unmittelbare Quartier hinaus. Ganz alltäglich nutzen Kinder und Jugendliche Social-Media-Plattformen wie *Instagram* und *TikTok* als Bühnen der Selbstinszenierung im städti-schen Spektakel und begegnen auf diese Weise anderen Menschen in anderen Städ-ten der Welt, die durch digitale Netzwerke zu sozialen Nachbarschaften werden (s. ▶ Kap. 3 und 4).

9.2.2 … und was Kinder mit Städten machen

Wie das Beispiel der Smart City zeigt, gelten Kinder in der Planung vielfach als Hoffnungsträger*innen zukunftsorientierter Stadtentwicklung. Gleichzeitig bleiben solche Projekte oftmals erwachsenenzentriert und schaffen kaum langfristige und weitreichende Beteiligungsformate. Das bedeutet allerdings nicht, dass junge Men-schen an stadtgesellschaftlichen Prozessen nicht partizipieren würden. Die Beziehung zwischen Kindern und ihrer Stadt geht mitnichten in formeller Bürger*innen-beteiligung auf. Im Gegenteil: Kinder nehmen die Stadt für ihre Belange in vielen unterschiedlichen Weisen in Anspruch und setzen sich mit den dringlichen Proble-men der Gegenwart oft intensiver auseinander, als dies gemeinhin wahrgenommen wird.

Das führt in besonderem Maß die globale Protestbewegung *Fridays for Future* vor Augen, mit der Kinder und Jugendliche in den letzten Jahren auf den menschen-gemachten Klimawandel aufmerksam machen und die Einhaltung der Ziele des Pa-riser Abkommens von der Politik einfordern (s. ▶ Abschn. 2.2). Denn längst sind ökologische Probleme und Ressourcenunsicherheit auch für junge Menschen zu zen-tralen Themen ihres Alltags geworden. Ihre Forderungen nach neuen Rechtsgrund-lagen sowie umfassenden politischen Maßnahmen zum Schutz ihrer Lebensgrund-lage und die zukünftiger Generationen wurde zuletzt durch das Urteil des Bundesverfassungsgerichts über die Klage gegen das deutsche Klimaschutzgesetz bestätigt. Der Gerichtsbeschluss macht deutlich, dass die Erfordernisse „drastische[r] Einschränkungen" (Bundesverfassungsgericht 2021) zur Sicherstellung der Emissionsminderung nicht nur der jungen Generation zur Last fallen dürfen, son-dern generational gerecht verteilt sein müssen.

In vielen Städten haben sich zudem Initiativen unter Beteiligung junger Men-schen gegründet, um die Stadt als wertvollen Lebens- und Entdeckungsraum zurück-zuerobern. Das Bündnis *Kidical Mass* etwa verfolgt das Ziel, Kindern eine nach-haltige, selbstständige und sichere Mobilität im öffentlichen Raum zu ermöglichen und ihnen eine eigene Stimme im Verkehr zu verleihen (*Kidical Mass* Köln 2020). In Anlehnung an die weltweite basisdemokratische Bewegung *Critical Mass* organisie-ren Erwachsene, Jugendliche und Kinder gemeinsam Fahrraddemos in über 100 Städten in Deutschland, Österreich, der Schweiz, der Niederlande, Belgien und

9

◨ **Abb. 9.5**   Kinder beteiligen sich an der Fahrraddemo „Kidical Mass" (Katharina Knacker 2020)

Norwegen. Unter dem Motto „Platz da für die nächste Generation!" setzen sie sich insbesondere für den Ausbau des Radwegenetzes ein (◨ Abb. 9.5 und 9.6). Damit bringen sie die seit Jahren geäußerte Kritik an durch motorisierten Verkehr belasteten und damit kinderunfreundlichen Stadträumen unmittelbar auf die Straße. Ziel der Einbeziehung von Kindern ist dabei nicht nur, die Zahl der Demonstrant*innen für eine fahrradgerechte Stadt zu vergrößern und eine höhere Medienwirksamkeit zu erreichen. Junge Menschen sollen im Rahmen der „Rückeroberungsaktionen" auch darin unterstützt werden, den Stadtraum wiederzuentdecken, alternative Stadtvisionen zu formulieren und Stadtpolitik aktiv mitzugestalten (Kidical Mass Köln 2020).

Die Initiativen verweisen darauf, dass Kinder und Jugendliche von aktuellen sozial-ökologischen Herausforderungen zum Teil massiver betroffen sind als Erwachsene. Trotzdem sollte eine engagierte Kindheitsforschung sie weder nur als Opfer bestehender Verhältnisse betrachten, noch sollte sie den Blick ausschließlich auf die städtischen Zentren richten, wo die großen Proteste demonstrativ in Richtung Politik weisen. In den städtischen Peripherien von São Paulo beispielsweise wird der Lebensalltag von Kindern derzeit nicht nur durch das Ausmaß der Covid-19-Pandemie bestimmt. Vielmehr bekommen junge Menschen hier bereits die Folgen der klimatischen Veränderungen zu spüren und müssen einen Umgang damit finden (Börner et al. 2020, S. 277). In einschlägigen Studien berichten Kinder, dass sie „mit Wasser in ihren Schuhen" (Börner et al. 2020, S. 277, *eigene Übersetzung*) Schulwege bestreiten müssen, weil immer häufiger starke Regenfälle auftreten und Überschwemmungen Wege abschneiden. Obwohl junge Menschen in diesen Gebieten viel über ihre Erfahrungen mit dem Klimawandel zu berichten hätten, bleiben sie un-

■ **Abb. 9.6** Das Bündnis „Kidical Mass" fordert den Ausbau von Fahrradmobilität in Städten (Dana Ghafoor-Zadeh 2021)

gehört, wenn sie sich nicht in sozialen Netzwerken oder auf der Straße medienwirksam präsentieren (Börner et al. 2020, S. 277). Ihre Situation zeigt jedoch, dass sie sich – auch abseits der großen Bühnen – tagtäglich mit sozialen und ökologischen Problemen der sie umgebenden Welt auseinandersetzen. Sie positionieren sich zu baulichen und gesellschaftlichen Veränderungen im Stadtteil ebenso wie Erwachsene (s. Box „Stimmen von Kindern zu sozial-ökologischen Transformationen in der

Stadt") und verdienen es, in Forschungsprozessen vermehrt Gehör zu finden sowie in Form von Mapping-Verfahren, Stadtteilspaziergängen oder Gruppendiskussionen ihre Erfahrungen und Gedanken mitteilen zu dürfen (Christensen et al. 2017; s. „Mit Kindern forschen")

Stimmen von Kindern zur Beteiligung an smarten Stadtentwicklungsprogrammen
Selina: Beat the Street […] Also das war [ein Spiel] an verschiedenen Schulen.

Tanja: Es war überall im Bezirk. Also guck, man musste diese Chips so dran-scannen oder sowas.

Selina: Und dann musste man im Computer nachschauen, wie viele Punkte man hat und dann hat die Schule gewonnen. Aber, aber meine Schule war zweiter Platz. […] Und es hat da, es war dafür da, damit man halt mehr unterwegs draußen ist. Weil man macht sich ja Sorgen: Ich will gewinnen, ich will gewinnen. Und darum geht man raus und scannt die ganze Zeit.

* Der Auszug entstammt einer Gruppendiskussion, die im Rahmen eines Forschungsprojekts zu Smart City und Kindheit durchgeführt wurde. An dem Gespräch waren u. a. beteiligt (Namen verändert): Selina (11 Jahre), Tanja (11 Jahre).

9

Stimmen von Kindern zu sozial-ökologischen Transformationen in der Stadt
Liem: Ich habe gestern Solarenergie gesehen. […] Hier im Hort. Diese Hulalahularo, Hula-Dings.

Interviewerin: Ah stimmt, du hast Recht, [die Hula-Tänzerin-Figur], [die] so getanzt hat, ne?

Liem: […] Man kriegt Strom und Energie, so wie Batterie und Strom durch die Sonne.

Interviewerin: Und gibt es noch andere Möglichkeiten, wie man Strom machen kann?

Liem: Kohle verbrennen? Und, wenn man etwas macht, so wie ziehen und drehen, mit Menschenkraft und so, kann man auch kreieren, aber am besten Solarenergie, damit kann man die Umwelt beschützen und man verschwendet auch nicht viel Kraft und so, […] weil man Energie von Sonne benutzt, dann wird nichts passieren. Man nimmt nur die Energie von Sonne. Und die Energie von Sonne ist unendlich.

Interviewerin: Muss denn die Umwelt hier in Wien geschützt werden?

Liem: Ja sicher. Wenn die Umwelt nicht geschützt wird, werden die Bäume sterben und wir kriegen nicht frische Luft. […] Dann werden wir krank und wenn wir keine Bäume und so haben, können wir keine Luft haben, kein Sauerstoff, dann werden wir sterben, weil wir nicht atmen können.

Interviewerin: Vielleicht fällt dir noch mehr ein zu dem Thema?

Liem: Owei, aber ich will nicht alles sagen. Das ist zu viel.

Interviewerin: Vielleicht noch eins?

Liem: Ok. Man wird eine schöne Sicht haben. Man kann sehen, dass es da draußen Natur gibt. Die Tiere werden nicht aussterben und wir können Fleisch essen, wenn die Tiere nicht aussterben. Und wenn wir Fleisch von Tieren essen, wenn das nicht … wenn die Tiere gestorben … wenn die Umwelt nicht gut ist, dann werden wir auch krank sein, weil sie nicht frisch sind.

* Der Auszug entstammt einem Interview mit Liem (10 Jahre), das im Rahmen eines Forschungsprojekts zu Smart City und Kindheit durchgeführt wurde.

■ **Abb. 9.7** Kinder kartieren im Rahmen eines Forschungsprojekts zu Smart City und Kindheit ihr Stadtviertel mit Kreide (Dana Ghafoor-Zadeh 2021)

Mit Kindern forschen

Wer mit Kindern forschen möchte, sieht sich mit einer Reihe von organisatorischen, forschungspraktischen und ethischen Herausforderungen konfrontiert, die über die gängigen Fragen eines qualitativen oder quantitativen Feldzugangs hinausreichen (Schreiber und Ghafoor-Zadeh 2022). Forschung mit Kindern bewegt sich zwangsläufig in einem von Machtgefällen geprägten Verhältnis zwischen Erwachsenen und Kindern. Selbst in einem noch so offen und partizipativ gestalteten Forschungsprozess sind Kinder nicht davor gefeit, sich zum Mitmachen gedrängt zu fühlen. Schließlich bleiben für Kinder oft Bedeutung, Reichweite und Konsequenzen, aber auch Handlungsspielräume in Forschungsprojekten undurchsichtig (Kirby 2020). Für die Forschungspraxis heißt das, Methoden einzusetzen oder auch neu zu entwickeln, die diesen spezifischen Anforderungen gerecht werden können. Grundsätzlich ist es wichtig, gegenüber jungen Menschen eine wertschätzende, offene und neugierige Haltung einzunehmen und mit ihnen auf Augenhöhe zu kommunizieren. Für das Forschen mit Kindern eignen sich insbesondere Verfahren, die Kinder nicht nur als Datenlieferant*innen, sondern als Mitgestaltende und Partner*innen in die Datenerhebung, -analyse und Ergebnispräsentation einbeziehen (Trajber et al. 2019; Horgan 2017; ■ Abb. 9.7). Auch wenn mittlerweile auf ein breites Spektrum an Methoden zurückgegriffen werden kann, treten in der konkreten Forschungspraxis jedoch immer wieder Hindernisse auf, die sich im Vorfeld nur bedingt ausräumen lassen (Ghafoor-Zadeh 2021). So liegen Vorstellungen von Kindern und Erwachsenen für gemeinsame Forschung – etwa Vorbereitung, Erkenntnisinteresse, Motivation und Gewinn – oft weit auseinander. Hierarchische Strukturen können nur teilweise bewusstgemacht und abgebaut werden, sodass Machtgefälle zwischen Forschenden und Beforschten häufig bestehen bleiben. Auch ethische und rechtliche Fragen, wie die Zustimmung gesetzlicher Vormunde zu Forschungsvorhaben und zum Umgang mit den erhobenen Daten, sind keine reine Formsache. Transparente Absprachen und ein vertrauensvolles Verhältnis zu den Kindern und Familien sind in Zeiten zunehmender Datensammlung unumgänglich. Immer wieder kann es – auf beiden Seiten – auch zu Enttäuschungen kommen, wenn Forschungsprojekte Kinder etwa ausschließen müssen, weil die notwendige Zustimmung der Sorgeberechtigten nicht vorliegt. Bildungsinstitutionen können den Zugang und die Organisation erleichtern und bieten häufig passende Rahmenbedingungen und Räumlichkeiten. Weil in Schulen allerdings häufig ein starkes, institutionell bedingtes Hierarchieverhältnis besteht, ist fraglich, wie freiwillig die Teilnahme von Schüler*innen an Forschungsprojekten tatsächlich ist und wie weit ihre Mitgestaltung reicht (Kirby 2020; Schreiber 2017). Aufgabe von Forschenden muss daher sein, das eigene Vorgehen und die eigene Position ebenso kritisch zu reflektieren wie den Forschungskontext und die Spielräume der Kinder.

9.3 Bildung und Ungleichheit

Auf einen Blick. In diesem Abschnitt wird gezeigt:
Kindheit wohnt neben dem Versprechen auf besonderen Schutz und Bildung immer auch eine Dimension sozialräumlicher Ungleichheit inne, die sich vornehmlich in Städten manifestiert. Wo Stadtentwicklungspolitik sich vermehrt an ökonomischen Zielen orientiert, auf medial wirksame Leuchtturmprojekte und globale Investor*innen zielt, um im weltweiten Städtewettbewerb bestehen zu können, rücken die Interessen und Bedürfnisse von Kindern vielfach in den Hintergrund. Bildungspolitik kann hier nur bedingt Abhilfe schaffen, zumal das aktuelle Bildungssystem an der Entstehung von gesellschaftlicher Ungleichheit selbst maßgeblich beteiligt ist. Die Einrichtung von Kinderbüros und lokalen Bildungsprogrammen in zahlreichen Städten lässt einen allmählichen Perspektivenwechsel hin zu einer kinderfreundlicheren und gerechteren Stadt erkennen.

Vor allem jungen Menschen, deren Familien kaum bezahlbaren Wohnraum finden oder große Teile ihres Einkommens für die Miete aufbringen müssen, gibt das Leben in der Stadt tagtäglich zu spüren, was es heißt, am Rand der Gesellschaft zu stehen. Ungleiche Wohnverhältnisse sind indes nur einer von vielen Aspekten, die darauf Einfluss nehmen, ob Kinder in der Stadt gut aufwachsen können. Insbesondere die PISA-Studie hat in Deutschland seit Beginn der 2000er-Jahre eine anhaltende Diskussion über strukturelle, institutionelle und lokale Bildungsbenachteiligungen von jungen Menschen ausgelöst und die Notwendigkeit bildungspolitischer Reformen vor Augen geführt. In diesem Kontext sind auch städtische Räume als bislang unerschlossene Ressourcen für frühkindliche Bildung und wichtige Orte informellen

Abb. 9.8   Schulgebäude in Frankfurt am Main (Verena Schreiber 2021)

Lernens ins Blickfeld gerückt. Nicht zuletzt gilt Bildung als Schlüsselfaktor im globalen Standortwettbewerb, was viele Städte zur Errichtung imposanter Bildungsarchitekturen antreibt (■ Abb. 9.8).

Arbeiten aus der geographischen Bildungs- und Kindheitsforschung können allerdings zeigen, dass die Implementierung neuer Bildungsräume auf lokaler Ebene nicht zwangsläufig zu mehr Bildungsgerechtigkeit führt und Polarisationstendenzen in der Stadt entgegenwirkt. In Untersuchungen zu neuen Formen schulischer Lernbetreuung, zu Räumen der Fürsorge („*caringscapes*") und lokaler Elternbildung wird deutlich, dass hier zum Einsatz kommende Maßnahmen auf zum Teil fragwürdigen Konstruktionen von ethnischen und geschlechtlichen Differenzierungen sowie Klassenunterschieden basieren (Kulz und Mirza 2017; Holloway und Pimlott-Wilson 2011; Jupp 2012). Mitunter werden damit sogar Exklusionsprozesse beim Zugang und bei der Bereitstellung von Bildungsangeboten verschärft. Im Rahmen des Stadtteilmütterprojekts Berlin-Neukölln werden beispielsweise (post-)migrantische Mütter gezielt für die lokale Integrationsarbeit angeworben, um in anderen Familien für eine möglichst frühe Integration von Kindern in deutsche Bildungseinrichtungen zu werben. Wenngleich solche Projekte neue Möglichkeiten von Anerkennung und Teilhabe schaffen, werden (post-)migrantische Familien im Hinblick auf unterschiedlichste Aspekte (Eltern-Kind-Beziehungen, Geschlechterbeziehungen, Haushaltsführung, Ernährung etc.) letztlich immer auch als „integrationshemmend" gefasst und dementsprechend als „korrekturbedürftig" adressiert (Schreiber und Marquardt 2016).

Ungleiche Bildungsprozesse stehen zudem in Zusammenhang mit sozialräumlicher Segregation, Schulstruktur und Schulwahlverhalten (s. ▶ Kap. 3). Die Selektion im Bildungswesen, die in Deutschland bereits in der dreigliedrigen Schulstruktur angelegt ist, wird häufig durch sozialräumliche Polarisierungen in der Stadt verschärft (Freytag et al. 2015; Tunsch 2015). So hat der Einfluss des Elternhauses auf die Bildungsteilhabe in den letzten Jahren zugenommen und Abschottungstendenzen von Mittelschichtsfamilien gegenüber sogenannten bildungsfernen Familien befördert (Maloutas und Ramos Lobato 2015; Butler et al. 2013). Zwar fand die Praxis einer separierten Beschulung von Kindern mit ausländischer Staatsangehörigkeit, wie sie beispielsweise in Berlin praktiziert wurde, in den 1990er-Jahren formal ein

Ende: „Kinder von Migrant_innen aus der Türkei", so Juliane Karakayalı und Birgit zur Nieden (2013, S. 72), „landen nicht mehr automatisch in ‚Ausländerregelklassen' […]. Nicht an allen Schulen werden Einteilungen nach Herkunft vorgenommen und nicht überall sind das Ziel von Gruppenanmeldungen homogene ‚deutsche' Klassen. […] Verändert hat sich auch die Umkämpftheit der Verhältnisse an den Schulen, indem diese Einteilungen nicht mehr in jedem Fall hingenommen werden". Wenn Schulen allerdings die „Muttersprache" der Schüler*innen erheben und veröffentlichen, werden nicht nur (post-)migrantische Kinder selbst Stigmatisierungen ausgesetzt, sondern ganze Quartiere – etwa, wenn soziale Brennpunkte lokalisiert werden oder präventiv gegen Problemviertel vorgegangen wird (Zimmer 2021). So nutzen immer mehr „bildungsnahe" Eltern die Möglichkeit der Schulwahl, indem sie ihre Kinder unabhängig vom Wohnort an vermeintlich besseren Grundschulen mit niedrigem Zuwandereranteil anmelden, weil sie sich hiervon ein höheres Leistungsniveau erhoffen (Karakayali und zur Nieden 2013, S. 67f.) oder schicken ihre Kinder gleich in Privatschulen. Derartige Selektionspraktiken im Bildungswesen stellen das Versprechen von Bildung, nachdem jedes Kind den gesellschaftlichen Aufstieg schaffen könne, wenn es sich doch nur intensiv bemühe, infrage. Für viele junge Menschen hat dies zur Konsequenz, dass ihnen eine gleichwertige Teilhabe am öffentlichen Leben, bessere Bildungschancen und ein allgemein anerkannter Lebensstandard weiterhin verwehrt bleiben.

Gleichzeitig hat die Debatte um strukturelle und lokale Bildungsbenachteiligungen das Feld der Pädagogik und der Sozialen Arbeit dazu angeregt, das Potenzial urbaner Räume für Lernprozesse neu zu bewerten. (Früheren) pädagogischen Positionen gilt die Stadt häufig ausschließlich als Gefahr für die kindliche Entwicklung. Insbesondere der Straßenraum wurde immer wieder als ein antipädagogisches Milieu begriffen (Behnken und Zinnecker 2019, S. 331). Demgegenüber steht eine Perspektive, die städtische Orte als bedeutungsvolle Entdeckungsräume und die Straße als ein gesellschaftliches Lernfeld und Ort mannigfaltiger pädagogischer Impulse begreift (Zinnecker 2001, S. 49; Oswald 2018, S. 20). Gerade im öffentlichen Raum der Stadt können junge Menschen sich folglich ein Stück weit der pädagogischen Abhängigkeiten entledigen, denen sie in Schule und Familie ausgesetzt sind (Behnken und Zinnecker 2019, S. 332).

Der Relevanz städtischer Räume für Lernprozesse sowie für die Entwicklung sozialer Fähigkeiten und Kreativität wurde in den letzten Jahren auch vonseiten städtischer Bildungspolitik und Stadtplanung Rechnung getragen. In vielen Großstädten wird gegenwärtig die föderalistische Bildungsversorgung im Sinn einer lokalen Bildungsgovernance umgestaltet (Freytag et al. 2015, S. 67). Eine zentrale Rolle kommt hierbei dem Sozialraum als Lernort und Ressource der Aktivierung lokaler Netzwerke zu. Unter den Bezeichnungen Bildungsregion oder Bildungslandschaft (Million et al. 2017; Coelen et al. 2015) finden lokale Einrichtungen wie Schule, Gesundheitsförderung, Kultureinrichtungen oder Sportstätten zu Bildungsnetzwerken zusammen (z. B. Bildungsverbünde Berlin, Wolfsburger Bildungslandschaft, Bildungsoffensive Elbinseln/Hamburg). Mit ihrer Implementierung wird das Ziel verfolgt, die vielfältigen Lernanregungen unterschiedlicher Orte im Quartier miteinander zu verbinden und verstärkt für Bildungsprozesse fruchtbar zu machen. Durch die Vernetzung vorhandener Ressourcen sollen sich neue Möglichkeiten zur kognitiven, sozialen und emotionalen Entwicklung von Kindern und Jugendlichen eröffnen (Bollweg und Otto 2011, S. 13ff.). Eine solche lokale Ausrichtung von Bildungspolitik ist gleichwohl nicht ganz unproblematisch. Wenn sich inhaltliche Schwerpunkte von Bildungsprogrammen zunehmend an den Erfordernissen vor Ort (z. B. lokale Arbeitsmärkte und Wirtschaft, lokale Problemlagen und Sicherheit) orientieren, geraten strukturelle Forderungen von Bildungs- und Sozialpolitik schnell aus dem Blick und werden zugunsten kleinräumiger Lösungen aufgegeben (Mattern und Lindner 2015, S. 87f.). Oft wird der Aufbau von Bildungslandschaften zudem mit Synergieeffekten für den lokalen Arbeitsmarkt und ökonomischen Zielen begründet. Das lässt einerseits kaum Handlungsspielräume für eine tatsächliche partizipative Bildungsgovernance zu. Andererseits werden Lebensentwürfe junger Menschen jenseits wirtschaftlicher Erfordernisse erschwert, weil in der Logik unternehmerischer Stadtentwicklung alternative Bildungs- und Lebenswege kaum förderungswürdig erscheinen (Duveneck 2016, S. 111; Kessl 2011, S. 90).

Die Frage, wie städtische Räume als Bildungs- und Erlebnisorte für junge Stadtbewohner*innen zu gestalten und zu beurteilen sind, gewinnt im Kontext der Debatte um eine kinderfreundliche Stadt noch einmal zusätzlich an Bedeutung. In vielen Städten bilden Kinder- und Jugendbüros mittlerweile einen festen Teil der Stadtverwaltung. Sie dienen als Anlaufstelle für junge Stadtbewohner*innen und vertreten die Interessen von Kindern und Jugendlichen in kommunalen und stadtplanerischen Belangen (z. B. Kinder- und Jugendbüro Dresden; Landeshauptstadt Stuttgart). Mit der Einrichtung von Kinderbüros wird auch von offizieller Seite deutlich gemacht, dass die Stadt nicht nur ein Markt, Konsum- und Dienstleistungsort sowie Verkehrsweg für Erwachsene ist, sondern ein Raum für alle Generationen. Der Leitgedanke einer kinderfreundlichen Stadt zeigt sich auch dort, wo Bürger*inneninitiativen für eine Umnutzung von Straßen eintreten. Nach dem Vorbild der Superilles in Barcelona widmet beispielsweise die Wiener Initiative „space and place" verkehrsberuhigte Bereiche im Stadtgebiet temporär in Aufenthalts- und Begegnungsorte um (space and place 2021). An Aktionstagen verwandeln sich graue Asphaltflächen in Blumenwiesen und Musikbühnen; Parkreihen werden zu Parcoursstrecken und Picknickplätzen (◘ Abb. 9.9). Mit dem Konzept der Wohnstraßen soll vor allem für Fußgänger*innen die Aufenthaltsqualität im verkehrsdichten Stadtraum erhöht werden. Motorisierter Verkehr, wie Autos, Busse und Straßenbahnen, ist hier tabu. Stattdessen sind Wohnstraßen dem Gehen, Sitzen und Spielen vorbehalten und laden zum Verweilen ein. Kinder und Jugendliche profitieren von solchen Konzepten in zweifacher Weise: Sie können sich einerseits Straßenräume aneignen, die vormals dem Verkehr vorbehalten waren. Andererseits finden hier Aktivitäten statt, die gezielt für sie geplant und angeboten werden.

9

☑ **Abb. 9.9** Gestaltung von Wohnstraßen als Aufenthalts-, Spiel- und Begegnungsräume (Reinhard Glössl 2020)

9.4 Ausblick – Stadt entdecken

Die Stadt ist weder nur für Erwachsene da, noch sind einzelne städtische Orte ausschließlich Kindern vorbehalten. Wo infolge von Modernisierungsprozessen das Recht junger Menschen auf die Aneignung städtischer Räume lange Zeit ignoriert wurde, ist zuletzt der öffentliche Raum als Begegnungsort für alle Stadtbewohner*innen wieder verstärkt in das Bewusstsein von Stadtentwicklungsprozessen gerückt. Kindern eröffnen sich gegenwärtig vielfache Möglichkeiten, Visionen einer (anderen) Stadt zu entwickeln und die bestehende Stadt neu zu entdecken. Viele städtische *Bottom-up*-Initiativen zeigen Wege auf, wie eine Stadt der Zukunft aussehen könnte, in der wir alle, unabhängig von unserem Alter, gut miteinander leben können und in der sich auch Kinder als Mitgestaltende erleben dürfen. Die wachsende Aufmerksamkeit für die Belange von Kindern und Jugendlichen macht Hoffnung, dass junge Menschen nicht weiter nur wie Randfiguren in einer Erwachsenenwelt behandelt werden. So können Kinder mittlerweile vielerorts an stadtplanerischen Prozessen partizipieren und werden auch formal beteiligt, insbesondere, wenn ökologische Aspekte auf der Agenda stehen. Gleichzeitig bleibt die Herausforderung bestehen, die Perspektiven und Anliegen junger Menschen nicht nur punktuell oder bei Detailfragen zu berücksichtigen, sondern diese – genauso selbstverständlich wie bei anderen Stadtbewohner*innen auch – in Stadtentwicklungsprozesse einzubeziehen.

Hierfür muss sich vor allem die gesellschaftliche Einstellung gegenüber Kindern ändern. Junge Menschen sind als Subjekte (nicht nur) der Stadt anzuerkennen. Sie nehmen Veränderungen städtischer Entwicklung nicht weniger wahr als Erwachsene, artikulieren ihre Sorgen und Ängste oft deutlicher und setzen sich in ihrem Lebensalltag, in ihren Familien und Freundeskreisen, Stadtteilen und darüber hinaus mit gesellschaftlichen Problemen und Herausforderungen auseinander. Die Bewegung *Fridays for Future* hat zuletzt sehr klar vor Augen geführt, dass junge Menschen für sozial-ökologische Transformationsprozesse Verantwortung übernehmen. Sie sind es, die zu Inspirationsquellen und *Change Agents* für Politik, Wissenschaft, Bildung und Gesellschaft geworden sind – und nicht umgekehrt. Politik sollte daher einen Umgang mit Kindern und jungen Menschen stärken, der sie als reflektierte, handlungsfähige, kompetente und engagierte Teile der Gesellschaft ernst nimmt. Dass sie die Schule verlassen und auf die Straße gehen müssen, um ihren Belangen überhaupt Gehör verschaffen zu können, verweist auf die weiterhin fehlende Anerkennung ihrer Erfahrungen und Bedürfnisse.

Politik muss darüber hinaus der sozial-räumlichen Ungleichheit im Bildungssystem endlich grundsätzlich und nicht nur mittels kleinräumiger und vorgedachter Lösungen entgegenwirken. Denn wo eine aktive Aneignung der städtischen Umwelt und Auseinandersetzung mit gesellschaftlichen Herausforderungen nur noch in vorgefassten Bahnen oder gar nicht mehr möglich ist, laufen folglich auch Bildungsprozesse ins Leere. Sie muss auch über den Bereich der Bildung hinaus die Leerstellen erkennen, wo die Interessen junger Menschen schlicht ignoriert oder allzu simpel dargestellt werden. Eine respektvolle und achtsame Beziehung zu jungen Menschen kann sich kaum entwickeln, wenn ihre Partizipation der medienwirksamen Außendarstellung im globalen Städtewettbewerb dient.

Die Forderung nach einer stärkeren Einbeziehung der Perspektiven von jungen Menschen richtet sich nicht zuletzt an die geographische Stadtforschung selbst. Das Verhältnis von Stadt und Kindheit wurde viel zu lange als Kontrast begriffen, bei dem sich die Stadt als Produktions- und Konsumort und die Lebenswirklichkeiten junger Menschen gegenseitig ausschließen. Die Befassung mit Kindern und Kindheit stellt insofern in der Stadtforschung nach wie vor ein Desiderat dar. Städte sind ohne Kinder jedoch genauso wenig denkbar wie ohne Erwachsene. Die weitgehende Ausblendung von Kindern aus den gängigen stadtgeographischen Betrachtungen hat im Sinne einer selbsterfüllenden Prophezeiung junge Menschen in vielen Bereichen unsichtbar gemacht, wenn nicht sogar an deren Verdrängung aktiv mitgewirkt. Eine konsequente Berücksichtigung junger Menschen in stadtgeographischen Betrachtungen bringt außerdem die Stadtforschung selbst weiter, indem wichtige Schlüsselprobleme der Gegenwart, wie Klimakrise, Bildungsungleichheit oder Defizite bei der Digitalisierung verstärkt in den Fokus rücken.

Dieses Kapitel hat zahlreiche städtische Orte aufgezeigt, an denen Kinder mit ihrer Stadt ganz bewusst oder auf subtile Art, gezwungenermaßen oder selbstbestimmt in Verbindung treten. Dass die Ausführungen dennoch unvollständig bleiben müssen, sollte die Leser*innen dazu motivieren, der Beziehung von Stadt und Kindheit vermehrt Beachtung zu schenken, weitergehende Fragen zu stellen, Spuren zu den städtischen Räumen gegenwärtiger Kindheit aufzunehmen und nach den Bedeutungen dieser häufig unbedachten Ereignis- und Erlebnisorte für Stadtgesellschaft zu fragen (s. Box „Auf einen Blick. In diesem Abschnitt wird gezeigt:"): Wie lässt sich das Verhältnis von Kindheit und Stadt verändern? Wie gelingt es, eine Stadt zu gestalten, in der sich auch Kinder als wichtige Akteur*innen begreifen dürfen und gleichberechtigt mit erwachsener Bevölkerung zusammenleben können? Wie profitieren auch andere Stadtbewohner*innen von einer verstärkten Berücksichtigung der Perspektiven junger Menschen? Wie können wir Kinder in die Stadtforschung vermehrt einbeziehen und die Stadt mit ihnen gemeinsam anders entdecken? Diese Fragen lassen sich als Aufforderung verstehen, die wechselseitige Durchdringung von Stadt und Kindheit aus immer neuen Perspektiven in den Blick zu nehmen. Schließlich sind wir alle selbst einmal Kinder gewesen und bestimmen allein schon dadurch mit, wie über Stadtkindheiten nachgedacht wird.

Schlüsselwerke

Behnken, Imbke (Hrsg.). 1990. Stadtgesellschaft und Kindheit im Prozeß der Zivilisation. Konfigurationen städtischer Lebensweise zu Beginn des 20. Jahrhunderts. Wiesbaden: Springer VS.

Christensen, Pia Monrad, Sophie Hadfield-Hill, John Horton und Peter Kraftl (Hrsg.). 2017. New urbanisms, new citizens. Children living in sustainable built environments. Abingdon, Oxon, New York, NY: Routledge.

Hasse, Jürgen und Verena Schreiber (Hrsg.). 2019. Räume der Kindheit. Ein Glossar. Bielefeld: transcript.

Holloway, Sarah L. und Gill Valentine (Hrsg.). 2000b. Children's geographies. Playing, living, learning. Critical geographies. London, New York: Routledge.

Medien und Materialien zum Thema

- *Auf den Spuren von Martha Muchow*, ein Film von Günter Mey und Günter Wallbrecht, ▶ https://qualitative-forschung.de/film-muchow/ (Zugegriffen: 31.01.2022).
- Der Film zeichnet den Forschungsansatz von Martha Muchow nach, die in den 1920/30er-Jahren am Hamburger Psychologischen Institut gearbeitet und Kinder im Arbeiter*innenbezirk Barmbek an verschiedenen Orten beobachtet hat.
- *Future Cities. Anthropology for Kids* von Nika Dubrovsky, ▶ https://a4kids.org/book/future-city/ (Zugegriffen: 31.01.2022).
- Das Buch wurde von und mit Kindern gestaltet. Es beschäftigt sich mit der Bedeutung und Gestalt von Städten zu verschiedenen Zeiten und an unterschiedlichen Orten und regt mithilfe von Zeichnungen, Collagen, Karten und offenen Fragen dazu an, darüber nachzudenken, wie Städte zukünftig aussehen können.
- Geographies of Children, Youth and Families Research Group of the Royal Geographical Society, ▶ https://twitter.com/gcyfrg (Zugegriffen: 31.01.2022).
- Die Geographies of Children, Youth and Families Research Group (GCYFRG) ist ein Forum zur Förderung von Netzwerken, Austausch und kritischen Debatten innerhalb der geographischen Forschung zu Kindheit, Jugend und Familie.
- Children's Geographies, ▶ https://www.tandfonline.com/toc/cchg20/current (Zugegriffen: 31.01.2022).
- *Children's Geographies* ist eine internationale Fachzeitschrift, in der aktuelle Forschungsarbeiten zu Geographien von Kindern, Jugendlichen und Familien publiziert werden.
- *Ciudad grande*, Mexiko, 2019, Dokumentarfilm von Tuline Gülgönen und Ana Alvarez, ▶ https://ciudadgrande.com (Zugegriffen: 31.01.2022).
- Die Dokumentation zeigt Ausschnitte des Lebens von Kindern in fünf unterschiedlichen Vierteln von Mexiko-Stadt. Der Film erzählt von den ungleichen Lebensbedingungen, in denen die Kinder aufwachsen und thematisiert besonders, wo und wie Kinder ihre Stadt entdecken und ihr spielerisch begegnen.
- Child in the City Foundation, ▶ https://www.childinthecity.org/ (Zugegriffen: 31.01.2022).
- Die *Child in the City Foundation* verfolgt das Ziel, Anliegen von Kindern in Städten international im öffentlichen Diskurs zu stärken. Die Plattform will dafür Vernetzungsgelegenheiten schaffen. Neben Beiträgen über Forschungsprojekte und planerische Praxis auf der Webseite, in Newslettern und Social Media werden regelmäßig Seminare zu Schwerpunktthemen und internationale Konferenzen veranstaltet.
- sub\urban. Zeitschrift für kritische Stadtforschung, Bd. 9 Nr. 3/4 (2021): Kindheit in der Stadt, ▶ https://zeitschrift-suburban.de/sys/index.php/suburban/issue/view/ (Zugegriffen: 28.03.2022).
- Das Themenheft versammelt eine Reihe anregender Beiträge, die sich mit historischen wie aktuellen Tendenzen der Stadtentwicklung und deren Auswirkungen auf das Leben von Kindern sowie mit Möglichkeiten der Teilhabe befassen.
- *Die Publikation wurde mit Mitteln der DFG (SCHR 1329/2-1) und der Pädagogischen Hochschule Freiburg gefördert.*

Literatur

Abebe, Tatek, und Yaw Ofosu-Kusi. 2016. Beyond pluralizing African childhoods: Introduction. *Childhood* 23(3): 303–316. https://doi.org/10.1177/0907568216649673.

Aitken, Stuart C. 2001. Global crises of childhood: Rights, justice and the unchildlike child. *Area* 33(2): 119–127. https://doi.org/10.1111/1475-4762.00015.

Alberth, Lars, Sabine Bollig, und Larissa Schindler. 2020. Materialitäten der Kindheit: Analytische Sichtachsen auf Körper, Dinge und Räume. In *Materialitäten der Kindheit: Körper – Dinge – Räume*, Hrsg. Sabine Bollig, Lars Alberth, und Larissa Schindler, 1–14. Wiesbaden: Springer VS.

Änggård, Eva. 2015. Digital cameras: Agents in research with children. *Children's Geographies* 13(1): 1–13. https://doi.org/10.1080/14733285.2013.827871.

Ariès, Philippe. 1976 [1960]. *Geschichte der Kindheit, Hanser Anthropologie*. München: Hanser.

Barad, Karen. 2007. *Meeting the universe halfway. Quantum physics and the entanglement of matter and meaning*. Durham: Duke University Press.

Behnken, Imbke, Hrsg. 1990. *Stadtgesellschaft und Kindheit im Prozeß der Zivilisation. Konfigurationen städtischer Lebensweise zu Beginn des 20. Jahrhunderts*. Wiesbaden: Springer VS.

Behnken, Imbke, und Jürgen Zinnecker. 2019. Straße. In *Räume der Kindheit: Ein Glossar*, Hrsg. Jürgen Hasse und Verena Schreiber, 329–335. Bielefeld: transcript.

Belina, Bernd. 2013. *Raum. Zu den Grundlagen eines historisch-geographischen Materialismus*. Münster: Westfälisches Dampfboot.

Bertram, Henriette, Stefanie Hennecke, Angela Million, und Johanna Niesen. 2021. Basteln, Matschen und Toben während der „Corona-Krise". Die Bedeutung von wohnungsnahem Freiraum für Kinder und Familien während der Frühphase der Pandemie. *sub\urban. zeitschrift für kritische stadtforschung* 9(3): 33–56. https://doi.org/10.36900/suburban.v9i3/4.661.

Betz, Tanja, und Florian Eßer. 2016. Kinder als Akteure – Forschungsbezogene Implikationen des erfolgreichen Agency-Konzepts. *Diskurs Kindheits- und Jugendforschung* 11(3): 301–314. https://doi.org/10.3224/diskurs.v11i3.4.

Bollig, Sabine. 2020. Children as becomings. Kinder, Agency und Materialität im Lichte der neueren ‚neuen Kindheitsforschung'. In *Digitale Kindheit. Medien der Kooperation*, Hrsg. Jutta Wiesemann, Clemens Eisenmann, Inka Fürtig, Jochen Lange, und Bina E. Mohn. Wiesbaden: Springer VS.

Bollweg, Petra, und Hans-Uwe Otto. 2011. Bildungslandschaft: Zur subjektorientierten Nutzung und topologischen Ausgestaltung. In *Räume flexibler Bildung: Bildungslandschaft in der Diskussion*, Hrsg. Petra Bollweg und Hans-Uwe Otto, 13–35. Wiesbaden: Springer VS.

Bork-Hüffer, Tabea, und Brenda S. A. Yeoh. 2017. The geographies of difference in conflating digital and offline spaces of encounter: Migrant professionals' throwntogetherness in Singapore. *Geoforum* 86: 93–102. https://doi.org/10.1016/j.geoforum.2017.09.002.

Börner, Susanne, Peter Kraftl, und Leandro Luiz Giatti. 2020. Blurring the ‚-ism' in youth climate crisis activism: Everyday agency and practices of marginalized youth in the Brazilian urban periphery. *Children's Geographies* 19(3): 275–283. https://doi.org/10.1080/14733285.2020.1818057.

Bühler-Niederberger, Doris. 2005. Generationale Ordnung und „moralische Unternehmen". In *Kindheit soziologisch*, Hrsg. Heinz Hengst und Helga Zeiher, 111–134. Wiesbaden: Springer VS.

Bundesverfassungsgericht. 2021. Verfassungsbeschwerden gegen das Klimaschutzgesetz teilweise erfolgreich. https://www.bundesverfassungsgericht.de/SharedDocs/Pressemitteilungen/DE/2021/bvg21-031.html. Zugegriffen am 07.05.2021.

Butler, Tim, Chris Hamnett, und Mark J. Ramsden. 2013. Gentrification, education and exclusionary displacement in east London. *International Journal of Urban and Regional Research* 37(2): 556–575. https://doi.org/10.1111/1468-2427.12001.

Christensen, Pia Monrad, und Susana Cortés-Morales. 2016. Children's mobilities: Methodologies, theories, and scales. In *Caitriona Ni Laoire, Allen White und Tracey Skelton*, Hrsg. Mobilities Movement und Hrsg Journeys, 1–32. Singapore: Springer Singapore.

Christensen, Pia Monrad, Sophie Hadfield-Hill, John Horton, und Peter Kraftl, Hrsg. 2017. *New urbanisms, new citizens. Children living in sustainable built environments*. Abingdon/Oxon/New York/NY: Routledge.

Coelen, Thomas, Anna Juliane Heinrich, und Angela Million. 2015. *Stadtbaustein Bildung*. Wiesbaden: VS Springer VS.

Coole, Diana H., und Samantha Frost. 2010. *New materialisms. Ontology, agency, and politics*. Durham: Duke University Press.

Deinet, Ulrich, und Christian Reutlinger. 2020. Aneignung. In *Handbuch Ganztagsbildung*, Hrsg. Petra Bollweg, Jennifer Buchna, Thomas Coelen, und Hans-Uwe Otto, 1719–1728. Wiesbaden: Springer VS.

Deutsches Architekturmuseum. 2021. Frankfurt_2099 – Wettbewerb und Rahmenprogramm. https://dam-online.de/veranstaltung/frankfurt_2099/. Zugegriffen am 14.05.2021.

Duveneck, Anika. 2016. *Bildungslandschaften verstehen. Zum Einfluss von Wettbewerbsbedingungen auf die Praxis. Edition Soziale Arbeit*. Weinheim: Beltz Juventa.

Europäische Kommission. 2020. European Capital of Innovation (iCapital) 2020: Full details of the 2020 iCapital contest, the winner, runners-up and links to all finalists. https://ec.europa.eu/info/research-and-innovation/funding/funding-opportunities/prizes/icapital/icapital-2020_en#list-of-other-finalists. Zugegriffen am 07.04.2021.

Freytag, Tim, Holger Jahnke, und Caroline Kramer. 2015. *Bildungsgeographie. Geowissen kompakt*. Darmstadt: WBG.

Ghafoor-Zadeh, Dana. 2021. Kindheit. In *Handbuch Digitale Geographien: Welt – Wissen – Werkzeuge*, Hrsg. Tabea Bork-Hüffer, Henning Füller, und Till Straube, 92–102. Paderborn: UTB; Ferdinand Schöningh.

Ghafoor-Zadeh, Dana, und Verena Schreiber. 2021. Smarte Kindheiten. Wenn junge Menschen in das Blickfeld städtischer Regierungsweisen rücken. *sub\urban. zeitschrift für kritische stadtforschung* 9(3): 57–82. https://doi.org/10.36900/suburban.v9i3/4.673.

van der Graaf, Shenja. 2020. The right to the city in the platform age: Child-friendly city and smart city premises in contention. *Information* 11(6): 1–16.

Haraway, Donna. 2008. *When species meet*. Minneapolis: University of Minnesota Press.

Hasse, Jürgen, und Verena Schreiber, Hrsg. 2019. *Räume der Kindheit. Ein Glossar*. Bielefeld: transcript.

Hengst, Heinz. 2019. Virtuelle Räume. In *Räume der Kindheit: Ein Glossar*, Hrsg. Jürgen Hasse und Verena Schreiber, 366–371. Bielefeld: transcript.

Holloway, Sarah L. 2014. Changing children's geographies. *Children's Geographies* 12(4): 377–392. https://doi.org/10.1080/14733285.2014.930414.

Holloway, Sarah L., und Helena Pimlott-Wilson. 2011. The politics of aspiration: Neo-liberal education policy, ‚low‘ parental aspirations, and primary school Extended Services in disadvantaged communities. *Children's Geographies* 9(1): 79–94. https://doi.org/10.1080/14733285.2011.54044.

Holloway, Sarah L., und Gill Valentine. 2000a. Children's geographies and new social studies of childhood. In *Children's geographies: Playing, living, learning*, Hrsg. Sarah L. Holloway und Gill Valentine, 1–26. London/New York: Routledge.

Holloway, Sarah L., und Gill Valentine, Hrsg. 2000b. *Children's geographies. Playing, living, learning. Critical geographies*. London/New York: Routledge.

Holloway, Sarah L., Louise Holt, und Sarah Mills. 2019. Questions of agency: Capacity, subjectivity, spatiality and temporality. *Progress in Human Geography* 43(3): 458–477. https://doi.org/10.1177/0309132518757654.

Holt, Louise, und Sarah L. Holloway. 2006. Editorial: Theorising other childhoods in a globalised World. *Children's Geographies* 4(2): 135–142. https://doi.org/10.1080/14733280600806817.

Hopkins, Peter, Katherine Botterill, und Gurchathen Sanghera. 2018. Towards inclusive geographies? Young people, religion, race and migration. *Geography* 103(2): 86–92. https://doi.org/10.1080/00167487.2018.12094042.

Horgan, Deirdre. 2017. Child participatory research methods: Attempts to go ‚deeper‘. *Childhood* 24(2): 245–259. https://doi.org/10.1177/0907568216647787.

Horton, John, und Peter Kraftl. 2006. Not just growing up, but going on: Materials, spacings, bodies, situations. *Children's Geographies* 4(3): 259–276. https://doi.org/10.1080/14733280601005518.

Hultman, Karin, und Hillevi Lenz Taguchi. 2010. Challenging anthropocentric analysis of visual data: A relational materialist methodological approach to educational research. *International Journal of Qualitative Studies in Education* 23(5): 525–542. https://doi.org/10.1080/09518398.2010.500628.

James, Allison, und Alan Prout, Hrsg. 1990. *Constructing and reconstructing childhood. Contemporary issues in the sociological study of childhood*. London: The Falmer Press.

Jupp, Eleanor. 2012. Parenting policy and the geographies of friendship: Encounters in an English Sure Start Children's Centre. In *Critical geographies of childhood and youth*, Hrsg. John Horton, 215–229. Bristol: Policy Press.

Karakayali, Juliane, und Birgit zur Nieden. 2013. Rassismus und Klassen-Raum. Segregation nach Herkunft an Berliner Grundschulen. *sub\urban. zeitschrift für kritische stadtforschung* 1(2): 61–78. https://doi.org/10.36900/suburban.v1i2.96.

Katz, Cindi. 2004. *Growing up global. Economic restructuring and children's everyday lives.* Minneapolis: University of Minnesota Press.

Kessl, Fabian. 2011. Bildungslandschaften als Arrangement pädagogischer Orte? In *Räume flexibler Bildung: Bildungslandschaft in der Diskussion*, Hrsg. Petra Bollweg und Hans-Uwe Otto, 87–98. Wiesbaden: Springer VS.

Kidical Mass Köln. 2020. Kidical Mass. Platz da für die nächste Generation! https://kinderaufsrad.org/. Zugegriffen am 19.07.2021.

Kirby, Perpetua. 2020. It's never okay to say no to teachers': Children's research consent and dissent in conforming schools contexts. *British Educational Research Journal* 46(4): 811–828. https://doi.org/10.1002/berj.3638.

Kraftl, Peter. 2020. *After childhood. Re-thinking environment, materiality and media in children's lives. Routledge spaces of childhood and youth series.* London: Routledge.

Kulz, Christy, und Heidi Safia Mirza. 2017. *Factories for learning. Making race, class and inequality in the neoliberal academy.* New ethnographies. Manchester: Manchester University Press.

Leszczynski, Agnieszka. 2016. Speculative futures: Cities, data, and governance beyond smart urbanism. *Environment and Planning A Economy and Space* 48(9): 1691–1708. https://doi.org/10.1177/0308518X16651445.

Leyshon, Michael, Sean DiGiovanna, und Briavel Holcomb. 2013. Mobile technologies and youthful exploration: Stimulus or inhibitor? *Urban Studies* 50(3): 587–605. https://doi.org/10.1177/0042098012468897.

Libbe, Jens. 2014. Smart City: Leitbild integrierter Stadt- und Regionalentwicklung? *disP – The Planning Review* 50(2): 76–78. https://doi.org/10.1080/02513625.2014.945305.

Liebel, Manfred. 2017. *Postkoloniale Kindheiten. Zwischen Ausgrenzung und Widerstand.* Weinheim/Basel: Beltz Juventa.

Lindemann, Gesa. 2017. Leiblichkeit und Körper. In *Handbuch Körpersoziologie*, Hrsg. Robert Gugutzer, Gabriele Klein, und Michael Meuser, 57–66. Wiesbaden: Springer VS.

Maloutas, Thomas, und Isabel Ramos Lobato. 2015. Education and social reproduction: Educational mechanisms and residential segregation in Athens and Dortmund. *Local Economy: The Journal of the Local Economy Policy Unit* 30(7): 800–817. https://doi.org/10.1177/0269094215601817.

Mattern, Philipp, und Matthias Lindner. 2015. Warum Bildungslandschaften? Einige Überlegungen zu Form und Funktion einer eigenartigen Figur. *Widersprüche* 35(1): 81–95.

Million, Angela, Thomas Coelen, Anna Juliane Heinrich, Christine Loth, und Ivanka Somborski. 2017. *Gebaute Bildungslandschaften. Verflechtungen zwischen Pädagogik und Stadtplanung.* Berlin: jovis.

Mojang Studios. 2021. Minecraft. https://www.minecraft.net. Zugegriffen am 14.05.2021.

Muchow, Martha, und Hans Heinrich Muchow. 2012 [1935]. *Der Lebensraum des Großstadtkindes. Kindheiten.* Weinheim/Basel: Beltz Juventa.

Oswald, Christian. 2018. Kinder auf der Straße – ein historischer Streifzug. *Sozialmagazin* 2: 14–20.

Punch, Samantha. 2005. The generationing of power: A comparison of child-parent and sibling relations in Scotland. *Sociological Studies of Children and Youth* 10: 169–188. https://doi.org/10.1016/S1537-4661(04)10009-3.

Punch, Samantha. 2020. Why have generational orderings been marginalised in the social sciences including childhood studies? *Children's Geographies* 18(2): 128–140. https://doi.org/10.1080/14733285.2019.1630716.

Qvortrup, Jens. 1993. Die soziale Definition von Kindheit. In *Handbuch der Kindheitsforschung*, Hrsg. Manfred Markefka und Bernhard Nauck, 109–124. Neuwied/Kriftel/Berlin: Luchterhand.

Rautio, Pauliina. 2013. Children who carry stones in their pockets: On autotelic material practices in everyday life. *Children's Geographies* 11(4): 394–408. https://doi.org/10.1080/14733285.2013.812278.

Reckwitz, Andreas. 2003. Grundelemente einer Theorie sozialer Praktiken/Basic elements of a theory of social practices. *Zeitschrift für Soziologie* 32(4): 282–301. https://doi.org/10.1515/zfsoz-2003-0401.

Rousseau, Jean-Jacques. 2009 [1762]. *Emil oder über die Erziehung.* Paderborn: Schöningh.

Schreiber, Verena. 2011. *Fraktale Sicherheiten: Eine Kritik der kommunalen Kriminalprävention.* Bielefeld: transcript.

Schreiber, Verena. 2017. Forschen mit Kindern. In Quasus. Methoden qualitativer Sozial-, Unterrichts- und Schulforschung. https://quasus.ph-freiburg.de/forschen-mit-kindern/. Zugegriffen am 12.05.2021.

Schreiber, Verena. 2020. Geographien der Kindheit – Zur Relevanz des Räumlichen für die Kindheitsforschung. In *Materialitäten der Kindheit: Körper – Dinge – Räume*, Hrsg. Sabine Bollig, Lars Alberth, und Larissa Schindler, 249–262. Wiesbaden: Springer VS.

Schreiber, Verena, und Dana Ghafoor-Zadeh. 2022. *In Geographiedidaktische Forschung als ethische Praxis. Anregungen aus den Childhood Studies. In Ethische Orientierung für die Geographiedidaktik*, Hrsg. Mirka Dickel, Georg Gudat, und Jochen Laub. Bielefeld: transcript.

Schreiber, Verena, und Nadine Marquardt. 2016. Zwischen Aneignung und Abwehr: Städtische Integrationspolitik im Blick ihrer Adressat_innen. *Geographische Zeitschrift* 104(4): 239–265.

Singer, Katrin. 2019. *Confluencing Worlds: Skizzen zur Kolonialität von Kindheit, Natur und Forschung im Callejón de Huaylas, Peru*. Dissertation, Universität Hamburg.

space and place. 2021. Wir sind space and place: Space and place schafft Bewegendes im urbanen Raum. https://www.spaceandplace.at/. Zugegriffen am 21.06.2021.

Spyrou, Spyros, Rachel Rosen, und Daniel Thomas Cook. 2018. In *Reimagining childhood studies: Connectivities … relationalities … linkages … in reimagining childhood studies*, Hrsg. Spyros Spyrou, Rachel Rosen, und Daniel Thomas Cook, 1–20. London/New York: Bloomsbury Academic.

Stadt Wien, Jugendabteilung der Stadt Wien (MA 13). 2020. *Die Wiener Kinder- und Jugendstrategie*. Wien: Magistrat der Stadt Wien.

Taylor, Affrica. 2011. Reconceptualizing the ‚nature‘ of childhood. *Childhood* 18(4): 420–433. https://doi.org/10.1177/0907568211404951.

Trajber, Rachel, Catherine Walker, Victor Marchezini, Peter Kraftl, Débora Olivato, Sophie Hadfield-Hill, Cristiana Zara, und Shirley Fernandes Monteiro. 2019. Promoting climate change transformation with young people in Brazil: Participatory action research through a looping approach. *Action Research* 17(1): 87–107.

Tunsch, Claudia. 2015. *Bildungseffekte urbaner Räume. Raum als Differenzkategorie für Bildungserfolge*. Wiesbaden: Springer VS.

Ward, Colin. 1978. *Das Kind in der Stadt [aus d. Engl. von Ursula von Wiese]*. Frankfurt a.M.: Goverts.

White, James Merricks. 2016. Anticipatory logics of the smart city's global imaginary. *Urban Geography* 37(4): 572–589. https://doi.org/10.1080/02723638.2016.1139879.

Zeiher, Helga. 1990. Organisation des Lebensraums bei Großstadtkindern – Einheitlichkeit oder Verinselung? In *Lebenslauf und Raumerfahrung*, Hrsg. Lothar Bertels und Ulfert Herlyn, 35–57. Opladen: Leske + Budrich.

Zimmer, Nils. 2021. Gemeinschaftsnarrative unter Kindern und Jugendlichen in marginalisierten Quartieren. Strategien im Umgang mit stigmatisierenden Diskursen am Beispiel des Mehringplatzes in Berlin-Kreuzberg. *sub\urban. zeitschrift für kritische stadtforschung* 9(3): 123–144. https://doi.org/10.36900/suburban.v9i3/4.657.

Zinnecker, Jürgen. 1990. Vom Straßenkind zum verhäuslichten Kind. In *Stadtgesellschaft und Kindheit im Prozeß der Zivilisation*, Hrsg. Imbke Behnken, 142–162. Opladen: Leske + Budrich.

Zinnecker, Jürgen. 2001. *Stadtkids. Kinderleben zwischen Straße und Schule. Kindheiten*. Weinheim: Beltz Juventa.

Stadt digitalisieren – Smartness jenseits des technologischen Optimierungsparadigmas

Anke Strüver und Tabea Bork-Hüffer

Inhaltsverzeichnis

10

Trailer

Aktuell stehen viele Formen und Praktiken von Digitalisierung nebeneinander und finden in der Stadt statt. Dort wird Digitalisierung nicht nur über Smart-City-Stadtentwicklungsszenarien und urbane Plattformökonomien vorangetrieben. Sie wird vor allem durch die vielfältigen, alltäglichen techno-sozialen Praktiken der Menschen transportiert und durch die Mensch-Gesellschaft-Technik-Wechselbeziehungen in die Stadt integriert, z. B. durch die Orientierung und Navigation mithilfe des Smartphones, digitales Wirtschaften, Tauschen und Teilen. Digitale Praktiken und Räume sowie ihre wissenschaftliche Untersuchung sind dabei nicht grundsätzlich auf Stadt fokussiert oder gar reduziert. Aufgrund der hohen Konzentration von Menschen (als potenzielle Nutzer*innen) in Städten, den Vorteilen urbaner Dichte für vernetzte Infrastrukturprojekte sowie dem nahezu gleichwertigen Zugang zum Internet sind Städte jedoch Zentren digitaler Produkte und Praktiken und ihrer räumlichen wie gesellschaftlichen Effekte.

In diesem Kapitel werden zunächst Smart-City-Konzeptionen vorgestellt. Denn im letzten Jahrzehnt hat sich die Smart City als universelles Stadtentwicklungs- und -steuerungsideal sowie als dominante Vision für Stadtentwicklungsprojekte durchgesetzt. Davon nicht unabhängig haben sich neue Formen von digitaler Partizipation entwickelt, die – ähnlich wie die Smart-City-Strategien – die ganze Bandbreite zwischen Utopien und Dystopien abdecken. Auch wird die Rolle städtischer Gesellschaften in der Digitalisierung thematisiert, die alltäglichen, aktiven wie passiven digitalen Praktiken, die digitalen Möglichkeiten und Grenzen der Teilhabe und Gestaltbarkeit. Urbane Plattformökonomien und -kooperativen werden als alltagsnahes und zugleich transformative Potenziale beinhaltendes Forschungsbeispiel diskutiert.

> Zum Kapiteleröffnungsbild: Vernetzte Stadt – Analoger Hub eines Plattformlieferdiensts (Foto: Anke Strüver 2021)

10.1 Einführung: Digitalisierung findet Stadt

Die Digitalisierung verändert die Produktion von Stadtraum, die Stadtentwicklung und -steuerung sowie das städtische Alltagsleben in vielen Bereichen. Einerseits bietet sie neue Möglichkeiten der alltäglichen Produktion, Nutzung und Aneignung von Stadt durch (mobiles) Internet, das Web 2.0 und die Kommunikation zwischen Sensoren an Menschen und in Räumen. Die Digitalisierung ermöglicht zudem neue Formen der Partizipation und Kooperation (s. ▶ Kap. 4), aber auch von zivilgesellschaftlich organisierten Gegenpolitiken (s. ▶ Abschn. 10.4). Andererseits erhöht sich durch die entscheidende Rolle von Unternehmen bei der Entwicklung und Durchsetzung neuer Informations- und Kommunikationstechnologien (IKT) deren Einflussspektrum auf Stadtentwicklung und -gesellschaft. Privatwirtschaftlich organisierte Unternehmen gestalten somit gesellschaftspolitische Bereiche mit: Arbeiten, Produzieren, Konsumieren und Regieren. Daran gebunden sind Fragen der Gestaltungshoheit, der technologischen Souveränität, wachsender digitaler wie sozialer Ungleichheiten und der verschiedenen Dimensionen von Nachhaltigkeit.

> » „Die Digitalisierung stellt dabei viele Stadtregierungen vor neue Gestaltungsherausforderungen: Welche digitalen Lösungen sind am Gemeinwohl orientiert und können zentrale Probleme urbaner Entwicklung lösen helfen? Welche Risiken bestehen? Wie können Akteure zum Gelingen digital ausgerichteter Strategien beitragen?" (WBGU 2019, S. 138)

In seinem Gutachten von 2019 konstatiert der Wissenschaftliche Beirat Globale Umweltveränderungen der deutschen Bundesregierung (WBGU 2019), dass zum einen Städte durch ihre herausragende ökonomische, politische und soziale Bedeutung und zum anderen die Digitalisierung bzw. digitale Technologien zentrale Rollen bei der Erreichung der Nachhaltigkeitsziele der Agenda 2030 spielen (s. ▶ Kap. 1). Je nach Einsatzbereich und Steuerung der Digitalisierung kann sie eine diametral entgegengesetzte Rolle für die sozial-ökologische Transformation im Sinn einer wirklich tiefgreifenden Veränderung zur Nachhaltigkeit spielen. So kann die Digitalisierung bestehende sozioökonomische und soziokulturelle Ungleichheiten verschärfen. Gleichwohl können digitale Technologien über kooperative Modelle (s. ▶ Abschn. 10.3.2) auch zentral zur Verwirklichung sozialer, ökologischer und ökonomischer Nachhaltigkeit beitragen.

10.2 Smart Cities, Smart Citizens, Smart Participation

Auf einen Blick. In diesem Abschnitt wird gezeigt:
- Die Entwicklung von Smart-City-Strategien resultiert aus den Möglichkeiten der Digitalisierung und der Intensivierung unternehmerischer Stadtpolitik.
- Die Smart City als urbanes Internet der Dinge ist als digitales Betriebssystem zu verstehen, das die sensor- und datenbasierte Steuerung von Infrastrukturen mit alltäglichen Gesellschaftsprozessen verbindet.
- Unterschiedlich definierte „*smart citizen-centred*" oder „*smart community-centred*" Ansätze gewinnen an Bedeutung in den Digitalisierungsstrategien von Städten. Oftmals knüpfen diese Konzepte an Strategien der neoliberalen und unternehmerischen Stadtpolitik an.
- Digitale Technologien vereinfachen zwar organisatorische Möglichkeiten der Beteiligung der Bevölkerung. Jedoch erschweren ihre Vorstrukturierungen die tatsächliche Beteiligung in Entscheidungsprozessen.

10.2.1 Smart Cities und Smart Urbanism

„Will the real smart city please stand up?" hat sich der britische Stadtforscher Robert Hollands im Jahr 2008 gewünscht und daran die Frage geknüpft, was die smarte Stadt eigentlich sei: eine intelligente Stadt, eine unternehmerische Stadt oder eine digitale bzw. digitalisierte Stadt? Auch viele Jahre später und trotz der extrem hohen Digitalisierungsdynamik bzw. der rasanten Entwicklungen im Bereich des Einsatzes von Informations- und Kommunikationstechnologien (IKT) in Städten ist dies noch eine zentrale Unterscheidung, wenn es um Smart Cities geht.

Als Begriff innerhalb der Stadtforschung ist Smart City wohl auf die Smarter Cities Initiative des IKT-Unternehmens IBM im Jahr 2009 zurückzuführen. Somit wurde er nicht im Kontext der Stadtpolitik oder -forschung geprägt, sondern durch eines der IKT-Unternehmen, die Städte immer stärker als Markt erobern (s. Box „IBM"). Smart City steht mittlerweile vorrangig für Nachhaltigkeitsinnovationen durch Digitalisierung in Städten (für Einführungen, s. Luque-Ayala und Marvin 2020; Bauriedl und Strüver 2018; s. Definition „Smart City"). Wobei hier häufig unerwähnt bleibt, erstens, welche Innovationen jenseits von digitaler Vernetzung und Steuerung existieren, und zweitens, dass Digitalisierung nicht automatisch und universell zur Lösung ökologischer, sozialer und ökonomischer Probleme in Städten führt (zur Kritik am universellen *„technological solutionism"*, s. Morozov 2013).

Smart City

„Smart cities are difficult to define. Almost every discussion of smart cities begins with an effort to define the term or to assert that no definition is possible or necessary […] it is a ‚fuzzy concept'" (Clark 2020, S. 2).

Etwas genauer grenzen Luque-Ayala und Marvin 2020 (S. 13f.) den Begriff Smart City ein: *„[T]he dominant vision of the smart city is one of a digitally enhanced urbanity that combines intelligent infrastructure, high-tech urban development, the digital economy, and electronically enabled forms of citizenship. […] Since its inception, the smart city has been a vague and nebulous concept."*

Sehr konkret wiederum definiert die Europäische Kommission (2020) Smart City als *„place where traditional networks and services are made more efficient with the use of digital and telecommunication technologies for the benefit of its inhabitants and business. A smart city goes beyond the use of information and communication technologies for better resource use and less emissions. It means smarter urban transport networks, upgraded water supply and waste disposal facilities and more efficient ways to light and heat buildings. It also means a more interactive and responsive city administration, safer public spaces and meeting the needs of an ageing population."*

Wichtig ist die Einordnung in die jüngere, sozialwissenschaftlich geprägte geographische Stadtforschung, um die Bandbreite von nebulösen Smart-City-Konzeptionen bis hin zu intelligenten, da *digitalen* urbanen Netzwerken und ihren effizienzsteigernden Steuerungsmöglichkeiten zu verstehen. Die geographische Stadtforschung fokussiert neben den technologischen Möglichkeiten digitaler Überwachung und Steuerung, dem urbanen Internet der Dinge bzw. einer urbanen Umgebungsintelligenz vor allem auf die Einbettung in aktuelle Formen des städtischen Regierens. Zudem betrachtet sie die Auswirkungen digitalisierter Prozesse und Praktiken auf das urbane Alltagsleben. Denn neben den zahlreichen Anwendungsfeldern urbaner digitaler Infrastrukturen und Services der Daseinsvorsorge, wie in den Bereichen Mobilitäts- und Abfallmanagement, Energie- und Wohnraumversorgung, öffentliche Verwaltung und Sicherheit etc., ist die Vision der *Smart City* Ausdruck des Konzepts *Smart Urbanism: „[A]s digitally enhanced urbanity that combines intelligent infrastructure, high-tech urban development, the digital economy, and electronically enabled forms of citizenship"* (Luque-Ayala und Marvin 2020, S. 13). Andersherum bedeutet dies, dass viele urbane Fragen, Problemlagen und Raumproduktionen unberücksichtigt bleiben – da sie nicht mit technologischen Begrifflichkeiten zu erfassen und mit digitalen Technologien zu bearbeiten sind.

IBM: A vision of smarter cities (2009)

„An urbanizing world means cities are gaining greater control over their development, economically and politically. Cities are also being empowered technologically, as the core systems on which they are based become instrumented and interconnected, enabling new levels of intelligence. In parallel, cities face a range of challenges and threats to their sustainability across all their core systems that they need to address holistically. To seize opportunities and build sustainable prosperity, cities need to become ‚smarter'."

Mit diesem Absatz leitete IBM im Jahr 2009 das Strategiepapier *„A vision of smarter cities. How cities can lead the way into a prosperous and sustainable future"* ein und legte einen wichtigen Grundpfeiler für aktuelle unternehmensgetriebene Smart-City-Narrationen an der Schnittstelle von technologischer Innovation, integrativer Intelligenz und nachhaltigem Wachstum.

Technologische Innovationen sind wiederum ausschlaggebend für die Erfolgsbewertung von Städten: Das Smart-City-Ranking der deutschen Großstädte des Lobbyverbands bitkom (2020) vergleicht Stärken und Schwächen der Digitalstädte. Dabei wird beispielsweise ein großes Angebot von Carsharing sehr gut bewertet, ein gutes Rad- und Fußwegenetz ist hingegen irrelevant. Hier wird *Smartness* also einseitig auf Digitalisierung reduziert und der Wettbewerb um *Smart Urbanism* unabhängig von konkreten urbanen Problemlagen ausgetragen. In den Jahren 2019 und 2020 führte jeweils Hamburg das Ranking an – und zwar vor allem aufgrund der smarten Mobilitätsangebote; das Schlusslicht bildete Salzgitter.

Weiterführende Literatur:

Bitkom. 2020. Smart City Index 2020. ▶ https://www.bitkom.org/Smart-City-Index. Zugegriffen: 29. September 2021.

IBM. 2009. A vision of Smarter cities: how cities can lead the way into a prosperous and sustainable future. IBM Global Business Services. ▶ https://www.foresightfordevelopment.org/sobipro/55/1042-a-vision-of-smarter-cities-how-cities-can-lead-the-way-into-a-prosperous-and-sustainable-future. Zugegriffen: 29. September 2021.

Vor dem Hintergrund des normativen Konzepts von *Smart Urbanism* lässt sich die eingangs formulierte Dreiteilung in Smart City als intelligente Stadt, als unternehmerische Stadt oder als digitale Datenstadt differenzierter verstehen. Mit Letzterem beginnend, stehen hier zunächst die Facetten eines digitalen urbanen Betriebssystems im Mittelpunkt.

■ Digitale Datenstadt

Digitale urbane Betriebssysteme (*Urban Operating System*) stellen für das Konzept des *Smart Urbanism*, für die Infrastrukturangebote der Smart City und auch für Dienstleistungen der Plattformökonomien (wie uber, lieferando oder airbnb) wesentliche Elemente dar (■ Tab. 10.1). Hinter ihnen steht die Annahme, dass rationale

■ Tab. 10.1 Zentrale technologische Elemente der Smart City (eigene Zusammenstellung auf Basis von Bauriedl und Strüver 2018; Kitchin et al. 2019)

Bereich	Technologiebeispiele (Auswahl)
Verwaltung und Regierung	*E-Government*, digitale Stadtmanagement- und Monitoringsysteme, Online-Bürgerinformation und -Dienstleistungen
Sicherheit und Katastrophenschutz	Digital vernetzte Überwachung öffentlicher Räume, Bewegungsprofile über Smartphones, *Predictive Policing*, zentral koordinierte Katastrophenkommunikation
Mobilität und Verkehr	Sensorbasiertes Verkehrsfluss- und Parkraummanagement, Car-, Bike- und Scooter-Sharing, Echtzeitinformation zum ÖPNV, multimodale Mobilitätsapplikationen
Energieversorgung	*Smart Meter* und *Smart Grids*, intelligente Straßenbeleuchtung
Abfallentsorgung	Sensorbasierte Bedarfsleerung öffentlicher wie privater Müllcontainer, dynamische Routenplanung zur Entleerung
Umwelt	Vernetztes Umweltmonitoring (z. B. Abgase, Lärm, Unwetter), dynamische Schutzmaßnahmen (z. B. automatischer Hochwasserschutz)
Gebäude und Wohnen	*Smart Meter*, *Ambient Assisted Living*, Smart-Home-Applikationen
Gesundheit	Überwachung von Gesundheitsparametern durch Smartphones und Smartwatches („selftracking"), Pflegerobotik
Konsum	Online-Handel/*E-Commerce*, *Online Entertainment*, digitale Bezahlsysteme

Kalkulation eine Stadt durch sensorbasierte Überwachung in Echtzeit sowie für Vorhersagen optimal steuerbar macht. All diese digitalen Innovationen basieren zum einen auf technologischen Machbarkeiten. Zum anderen sind sie geknüpft an veränderte politische Organisationsformen, an einen Wandel zur technokratischen Governance, die auf Basis von Daten eine Stadtgesellschaft regiert und die Stadtbevölkerung entlang von Verhaltens-, Verbrauchs- und Vorhersagedaten kategorisiert und sortiert.

Der Geograph Rob Kitchin spricht daher von *Datafied Cities* (Kitchin 2014, 2016): Durch die Ausstattung urbaner Räume mit digitalen Sensoren werden Mobilitätsformen und Verkehrsflüsse, Abfallaufkommen, Energieverbrauch, Umweltbelastungen, Gesundheitsparameter und vieles mehr in Echtzeit erfasst und reguliert. Dabei werden Unmengen von Daten produziert (*Big Data*), aus denen sich als Nebeneffekte Mobilitäts- und Konsummuster sowie individuelle Raumnutzungs- und Aktivitätsprofile erstellen lassen. Durch die Weiterverarbeitung in städtischen wie firmeneigenen und damit privaten Datenzentralen wird versucht, das urbane Leben durch digitale Steuerung zu optimieren, z. B. durch die Vermeidung von Verkehrsstaus und Energiespitzen oder die Reduktion von Umwelteinflüssen wie Lärm-, Müll- oder Feinstaubbelastungen. Dazu gehört auch die Schaffung von scheinbar individuellen Sicherheitsgefühlen durch digital kommunizierte Unwetter- und Terrorwarnungen und die Überwachung von „gefährlichen" Orten. Die derart produzierten Daten stellen inzwischen eine eigene Kategorie von Infrastruktur dar: Eine Infrastruktur, die elementare urbane Versorgungsinfrastrukturen wie Energie und Mobilität zusammenführt, zentral überwacht und steuert und dazu dient, städtische Abläufe effizienter (vor allem Ressourcenverbrauch), resilienter (vor allem in den Bereichen Sicherheit und Katastrophenschutz) und transparenter (durch die Zusammenführung aller Daten) zu machen.

Mit *Big Data* wird Wissen über eine Stadt produziert. Dieses Wissen ist jedoch nicht neutral, sondern vor allem Ergebnis der verwendeten Algorithmen und deren Dateninterpretation. Denn algorithmische Datenverarbeitung ist wiederum strukturell diskriminierend: Sie basiert auf Normen, die klassifizieren, standardisieren, privilegieren und exkludieren (z. B. durch *Racial Profiling*). Datenverarbeitung resultiert somit in einer normierten Wahrnehmung und Steuerung von Stadträumen und -bevölkerung – sowie einer zukünftigen Gestaltung dieser Räume durch die Überführung der verarbeiteten Daten in Sensorprogrammierungen und Softwareanwendungen (s. Box „Das Gehirn der Smart City: Das Control Center"). Damit verändert die digitale Vernetzung auch die räumliche Organisation, das Strukturieren und Funktionieren von Gesellschaft sowie gesellschaftliche Raumproduktionen als Datenlandschaften: Wie Räume wahrgenommen und genutzt werden, ist dementsprechend weniger bedarfsorientiert, als vielmehr technosozial produziert (Bork-Hüffer und Strüver 2022).

■ **Unternehmerische Stadt(-politik)**

Die digitale Stadt verbindet den Anspruch auf Nachhaltigkeit und Ressourcenschutz mit datengesteuertem Management und Visionen von hoher Lebensqualität. Immer mehr Städte auf allen Kontinenten erklären sich daher zu digitalen Städten bzw. *Smart Cities* (oder werden von Rankings zu solchen erklärt). Sie treten damit untereinander in einen Wettbewerb um *Smartness* im Umgang mit Urbanisierungseffekten wie hohem Bevölkerungswachstum und Ressourcenverbrauch (s. Box „IBM"). Dieser Wettbewerb ist jedoch nicht nur Ausdruck der Digitalisierung, sondern vor allem der Neo-liberalisierung von Stadtpolitik und entspricht der Logik der Unternehmerischen Stadt (s. ▶ Kap. 5 und 8): Durch den neoliberalen Umbau werden Städte zunehmend wie Unternehmen geführt und entwickeln sich zu wettbewerbsorientierten und damit untereinander konkurrierenden „Stadtraum-Unternehmen" (Harvey 1989). Diese Politik hat von Anfang an zu wachsenden Versorgungslücken in der kommunalen Da-seinsvorsorge geführt, vor allem in den Bereichen der Wohn-, Bildungs- und Gesund-heitsangebote. Durch *Public-Private-Partnerships* (PPP) mit IKT-Unternehmen oder durch die vollständige Privatisierung von vormals öffentlichen Aufgaben vergrößern sich diese Versorgungslücken in der digitalen Stadt. Denn private Unternehmen und Investor*innen haben wenig ökonomisches Interesse an diesen profitarmen Bereichen. Stadtregierungen können dadurch zwar viele Aufgaben der Daseinsvorsorge an diese Firmen delegieren, kommunale Finanzierungsengpässe überbrücken und sich im *Smartness*-Wettbewerb profilieren. Aber sie verlieren die Daten-, Steuerungs- und Ver-sorgungshoheit und machen sich von privatwirtschaftlichen Unternehmen abhängig. Außerdem führen Austeritätsmaßnahmen, d. h. Spar- und Kürzungsmaßnahmen (s. ▶ Kap. 8), und die Umwidmungen öffentlicher Mittel zur Beteiligung an PPP zu wach-senden Aufmerksamkeits- und Finanzdefiziten in analogen Bereichen (z. B. Grün-räume, Spielplätze oder Radwege; vgl. Bauriedl und Strüver 2018).

Städte stehen in einem verschärften nationalen und internationalen Standort-wettbewerb zueinander. Dies zeigt sich in deren Bestrebungen um eine Modell-funktion, um nationale und supranationale Fördermittel und den Bemühungen von Stadtregierungen, digitale Lösungen einzusetzen. Gleichzeitig sind Städte in ihren kommunalen Budgets begrenzt. Diese Situation öffnet die Tür für große, häufig transnationale Technologie- und Beratungsunternehmen, die einen neuen Einfluss auf Stadtentwicklung erhalten (Kraas et al. 2018). Für Städte und deren Ver-waltungen besteht dadurch das Risiko einseitiger Abhängigkeiten von diesen privat-wirtschaftlichen Akteur*innen. Stadtregierungen müssen sich die Frage stellen, in-wieweit digitale Lösungen (noch) am Gemeinwohl (s. ▶ Kap. 4) interessiert sind und zur Lösung der zentralen Herausforderungen städtischer Gesellschaften beitragen.

Das Gehirn der Smart City: Das *Control Center*

Ein *Smart City Control Room* (oder auch *Command and Control Center*) führt alle digitalen Überwachungs- und Steuerungsformen in einem physischen Raum zusammen, der als das Herz bzw. Gehirn aller smarten Operationen gilt. Dieses Gehirn integriert öffentliche wie private Infrastrukturen und koordiniert urbane Alltagsabläufe wie auch Katastropheneinsätze. Neben der Lesbarmachung von Stadtraum und -bevölkerung wird intensiv die Möglichkeit genutzt, anhand von sensorbasierter Überwachung Vorhersagen zu treffen. Dies knüpft an ein Stadtverständnis an, das auf Raum, Zeit und Mathematik basiert: *„With predictive ana-lytics, the data-driven city is reconceptualized as a calculative machine"* (Luque-Ayala und Marvin 2020, S. 130). Im Unterschied zur Digitalisierung und Vernetzung von Infrastrukturen und auch zur Echtzeitüber-wachung und -steuerung sind datenbasierte Vorhersagen nicht Ergebnis von Kausalität, sondern von Was-wäre-wenn-Modellen. Doch gerade im Bereich der Kriminalitätsprävention resultieren sie nicht in we-niger Kriminalität, sondern in der Kriminalisierung von bestimmten Räumen und bestimmten Men-schen(-gruppen). Zudem zeigt sich, dass sich Maßnahmen zur Gesundheitsprävention auf sozioökonomisch privilegierte Stadtteile konzentrieren. Zusammen genommen intensiviert die Möglichkeit des datenbasierten Vorhersagens sozioökonomische und -kulturelle Diskriminierung sowie sozialräumliche Polarisierung (s. ▶ Kap. 3).

Weiterführende Literatur:
- Eichenmüller et al. 2021 (für *Command and Control Center* Pune)
- Luque-Ayala und Marvin 2020 (für *Control Room* Rio de Janeiro)
- Straube und Belina 2018 (für Kriminalitätsprävention)

■ **Intelligente Stadt**

Die *Datafied City* ist bereits Realität. Jedoch bleiben Smart Cities unternehmensgetrieben und verstärken technokratische Gesellschaft-, Raum- und auch Nachhaltigkeitsprozesse. Wenn in der Datenstadt Sensoren das Bindeglied zwischen digitalen Daten und materiellen Ereignissen darstellen und damit Informations- mit Materialflüssen verbinden, wie z. B. Energie oder Verkehr, dann wirkt hier die Umgebungsintelligenz von Sensoren: Sie registrieren und organisieren Veränderungen und Bewegungen im Raum, die den Verbrauch von Energie oder die Verkehrsmittelwahl beeinflussen. Allerdings geschieht dies meist unabhängig von gesellschaftlichen Konstellationen, Werten und Aushandlungen.

Urbanisierungsprozesse waren von jeher eine besondere Form gesellschaftlicher Raumproduktionen: Sie basieren auf sozioökonomischen und -kulturellen Ungleichheiten und führen zu sozialräumlichen Ungerechtigkeiten (siehe ▶ Kap. 2, 3, 5, 8, und 9). Europäische Städte sind in ihrer Entwicklung traditionell geprägt durch verschiedene Formen sozialräumlicher Segregation. Zudem besteht die Tendenz, dass die Digitalisierung von urbanen Infrastrukturen diese räumliche wie soziale Fragmentierung eher intensiviert, denn minimiert (z. B. in Form von quantitativ wie qualitativ stark variierender ÖPNV- und Radwegeausstattung, Wohn- und Grünraumversorgung sowie Ausstattung mit Bildungs- und Gesundheitsinfrastrukturen). Kritische Analysen von Smart-City-Strategien verdeutlichen, dass die Digitalisierung die Marginalisierung bereits benachteiligter Bevölkerungsgruppen zusätzlich forciert: Die Umsetzung von smarten Strategien erfolgt meist in ohnehin besser ausgestatteten und innenstadtnahen Stadtteilen und lässt die dortigen Bewohner*innen stärker von den öffentlichen Investitionen und *PPP*-Projekten profitieren (Strüver und Bauriedl 2020; Strüver et al. 2021; ▣ Abb. 10.1).

▣ **Abb. 10.1** Smart-City-Ambitionen entsprechen häufig nicht den Vorstellungen der lokalen Wohnbevölkerung (Plakate in Graz-Gries, Foto: Anke Strüver 2021)

10.2.2 Smart Citizens, Communities und Publics

In jüngeren Smart-City-Ansätzen ist immer häufiger die Rede von einer bürgerzentrierten („*citizen-centred*"), teilweise einer gemeinschaftszentrierten („*community-centred*") Stadt. In diesem Abschnitt werden diese Herangehensweisen systematisiert, indem die Begriffe smarte*r Bürger*in, smarte Bürgerschaft, smarte Gemeinschaft und smarte Öffentlichkeit(en) diskutiert werden. Anschließend werden tatsächliche Formen, Ebenen und Rollen der Beteiligung von Menschen in smarten Städten angesprochen (s. ▶ Abschn. 10.2.3).

Der zunehmende Fokus auf Bürger*innen, Gemeinschaft(en) und Öffentlichkeit(en) im Kontext von Smart-City-Initiativen ist nicht zuletzt als Reaktion auf die zunehmende Kritik an technologie- und privatwirtschaftszentrierten Smart-City-Strategien zu verstehen. Dabei wird selten präzisiert, was mit einem bürgerzentrierten Ansatz jenseits von anwenderzentriert gemeint ist. Diese Ansätze entsprechen oft denselben neoliberalen und unternehmerischen Logiken der Smart-City-Ansätze (Cardullo und Kitchin 2019). Sehr deutlich wird dies z. B. in der *Smart-Citizen*-Definition von Ianculescu et al. (2019):

> » „[S]mart citizen is a citizen not only accustomed with the daily use of digital technology, but one who feels empowered and entitled to actively participate at designing and improving the online public services in his direct benefit and also for his city advantage. […] the smart citizen as an enabler of better online public services in the context of a smart city."

Der *Smart Citizen*, hier explizit in männlicher Form, hat uneingeschränkten Zugang zu digitalen Technologien, ist allumfassend befähigt, diese zu nutzen und soll digitale Technologien vor allem zum eigenen Vorteil, aber auch zum Vorteil der Stadt einsetzen. In Darstellungen wie diesen wird der *Smart Citizen* zudem als politisch einflussreich und vernetzt dargestellt. Porträtiert wird damit eine privilegierte, weiße und männliche Idealfigur, der zudem ein besonderer Anspruch auf Stadt zugesprochen wird. Solche Ansätze führen nicht nur zu einer Reproduktion, sondern zu einer massiven Verschärfung bestehender digitaler und sozialer Ungleichheiten in der Stadt (s. Box „Digitale städtische Klüfte und Ungleichheiten"). Unterschiedliche gesellschaftliche Kategorisierungen wie soziale Positionierungen von Menschen in der Stadt und verschiedene Zugänge zu Markt, Macht und Technologien bleiben in diesen Ansätzen unberücksichtigt. Der individuelle sozioökonomische Vorteil, den ein *Smart Citizen* hat, wird vor soziale Werte, Beteiligung und Fragen von Allgemeingütern gestellt (s. ▶ Abschn. 10.3.2). Solche Beschreibungen von *Smart Citizens* entsprechen einer „*global technocratic imaginary*" von dem, was smarte Bürgerschaft sein soll (Datta 2018, S. 405).

Digitale städtische Klüfte und Ungleichheiten
Die Digitalisierung verschärft drängende Fragen sozialer Gerechtigkeit, Armut, Diskriminierung und Intoleranz in der Stadt (Elwood 2020; Hopkins 2020) – und das auf vielfältigen Ebenen: Neben Unterschieden in der digitalen Infrastruktur und ihrer Zugänglichkeit spielen dabei die individuellen Fähigkeiten und Möglichkeiten der Nutzung digitaler Technologien eine Rolle (van Dijk 2005; Kleine und Poveda 2017), aber auch die Effekte von ungleicher Datennutzung und -produktion und ihre exkludierenden Wirkungen durch algorithmische Selektion (Kitchin 2017). Privilegierte Bevölkerungsgruppen sind viel stärker an der Datenproduktion beteiligt und ihre Präferenzen und Profile schreiben sich daher stärker in die weitere Ausrichtung digitaler Systeme ein (beispielsweise des digitalen Angebots von

Produkten oder auch Meinungen in digitalen Feedbacksystemen). Daraus resultiert eine sich kontinuierlich verschärfende soziale Kluft in der digitalen Stadt (Scheffer 2021).

Bedeutsam ist auch die Verwendung des Begriffs Bürger/Bürgertum, anstatt beispielsweise Mensch oder Person. Die mit dem Begriff (städtische) Bürgerschaft (s. Definition „Städtische Bürgschaft") zusammenhängenden Fragen und Problematiken von Zugehörigkeiten, Recht auf Stadt und der Exklusion bestimmter Gruppen werden in *Smart-Citizen*-Ansätzen oftmals ignoriert.

Städtische Bürgschaft

Eine Diskussion zur Frage städtischer Bürgerschaft, Zugehörigkeit und Recht auf Stadt wird in der kritischen Stadtgeographie seit den 1970er-Jahren geführt, u. a. beeinflusst durch marxistische, poststrukturalistische und feministische Perspektiven. Es wird argumentiert, dass sich die Begriffe städtische*r Bürger*in oder städtische Bürgerschaft an die Idee von Staatsbürgerschaft in Nationalstaaten anlehnt und daher mit Fragen von Bürgerrechten, Ansprüchen, Ein- und Ausgrenzungen verbunden ist. Die Eingrenzung von städtischen *„citizens"*, also jenen Personen, die vermeintlich das Recht auf Stadt und damit einhergehende Ansprüche haben, geht mit einer Ab- und Ausgrenzung gegenüber *„non-citizens"* einher, also jenen Personen, denen diese Rechte und Ansprüche abgesprochen werden. Über die Frage formaler Rechte und Ansprüche hinaus haben solche diskursiven Ein- und Ausgrenzungen subtile Auswirkungen auf Zugehörigkeit und Teilhabe, da „die Möglichkeiten zur Wahrnehmung von Rechten auch von der (zugeschriebenen) nationalen Zugehörigkeit und damit verbundenen Diskriminierungen abhängt" (Rodatz 2018, S. 351).

Smart-Communities-Ansätze wiederum stellen die technologische Vernetzung von *Smart Citizens* in der Smart City in den Vordergrund. Sie betonen den Mehrwert dieser Vernetzung für eine effektive Nutzung von Ressourcen (wie Wasser, Energie, Bildung) und ein einfacheres sowie effektiveres Engagement von *Smart Citizens* (Kassim et al. 2019). Auch werden die Begriffe der Öffentlichkeit (*Publics*) und des *Public Engagement* verwendet. Allerdings stellt sich hier die Problematik der Abgrenzung von dem, was öffentlich ist und wer sich in einem technologisch-gestützten öffentlichen Beteiligungsprozess tatsächlich beteiligt und beteiligen kann (Levenda et al. 2020). Kritische Perspektiven argumentieren, dass Befürworter*innen, Interessensvertreter*innen und Manager*innen der smarten Stadt (aus Wirtschaft, Lobbygruppen, Politiker*innen, technische Einrichtungen, städtische Technokrat*innen) Formen gemeinschaftlicher Organisation ersetzen und sie in Richtung neoliberaler Ideale und einer unternehmerischen Stadt steuern. Dazu gehören auch adaptierte Formen des gesteuerten sozialen Lernens, beispielsweise durch gesponsorte Hackathons, d. h. die gemeinsame Entwicklung von Soft- und Hardware im Rahmen eines Events, oder andere kollaborative Projekte (Cardullo und Kitchin 2019).

Zu stärker *bottom-up* und gemeinschaftlich organisierten Formen zählen *Smart Civil Society Organisations* (SCSO), die Ricker et al. (2020) als Zwischenebene zwischen *Smart Citizens* und smarten Stadtregierungen beschreiben. Solche SCSO setzen sich beispielsweise für die Sichtbarmachung alternativer Formen der Stadtraumnutzung oder die Berücksichtigung marginalisierter Gruppen in politischen

Entscheidungsprozessen ein. SCSO sind bislang allerdings eher selten zu finden und ihr Potenzial zur Ermöglichung zivilgesellschaftlicher Beteiligung müsste weit stärker verfolgt werden.

> » „We conclude that significant normative work is required to rethink ‚smart citizens‘ and ‚smart citizenship‘ and to remake smart cities if they are to truly become ‚citizen-centric‘.“ (Cardullo und Kitchin 2019, S. 1)

Letztlich sind städtische Gesellschaften durch Diversität, d. h. unterschiedlichste Subjekte, Bedürfnisse, Einstellungen, Perspektiven und Praktiken (Isin und Ruppert 2015), und komplexe Machtbeziehungen zwischen Akteur*innen gekennzeichnet. Zu diesen Beteiligten gehören u. a. Stadt-, Regional- oder Nationalregierungen und -verwaltungen, privatwirtschaftliche sowie zivilgesellschaftliche Akteur*innen wie Nichtregierungsorganisationen, aber auch soziale Gruppen und Einzelpersonen. Benötigt werden daher offene, inklusive Perspektiven auf und Konzeptionen städtischer Gesellschaften in smarten Städten, die ihrer Vielfalt und Komplexität gerecht werden. Bisherige Ansätze der Partizipation in smarten Städten bleiben jedoch meist hinter diesen Ansprüchen zurück, wie im folgenden Abschnitt erläutert wird.

10.2.3 Smart Participation: Formen und Ebenen der Bürgerbeteiligung

10

Die Rollen, die Menschen in der smarten Stadt bzw. in smarten Initiativen spielen, variieren – und damit auch die Formen und Ebenen von Partizipation. Cardullo und Kitchin (2019) unterscheiden in ihrem „Gerüst der *Smart Citizen* Beteiligung“ vier Grade der (Nicht- oder Alibi-)Beteiligung, angelehnt an Sherry Arnsteins Leiter der Bürgerbeteiligung in Planungsprozessen (s. ▶ Kap. 4): Beteiligung bei Entscheidungen und Planungen (*Citizen Power*), Information von Bürger*innen bis hin zur Berücksichtigung von Bürger*innenmeinungen (*Tokenism*), Beeinflussung der Wahl von Konsument*innen (*Consumerism*) und Formen der Überwachung und Steuerung von Bevölkerung (*Non-Participation*; (◼ Abb. 10.2). Smart-City-Ansätze, die meist eine Vielzahl von Projekten und Initiativen umfassen, arbeiten dabei mit verschiedenen Formen der Beteiligung parallel und müssen im Kontext komplexer Aushandlungsprozesse beteiligter Akteur*innen verstanden werden (Zandbergen und Uitermark 2020). Oftmals folgen Beteiligungsformate in der smarten Stadt allerdings auch den Logiken der neoliberalen unternehmerischen Stadt. Die Rolle von Bürger*innen als politische Subjekte mit Rechten und Ansprüchen in Smart-City- und *Smart-Citizen*-Ansätzen wird dadurch zu einer erheblich schwächeren sozioökonomischen, politischen und rechtlichen Position degradiert. Am Beispiel der Smart-City-Strategien und Initiativen der Stadt Dublin zeigen Cardullo und Kitchin (2019), dass nur wenige Projekte einer tatsächlichen Ermächtigung von Bürger*innen entsprechen. Die meisten Initiativen zielen auf eine neoliberale Bürgerschaft und ein unternehmerisches Selbst im Kontext von Vermarktung und Privatisierung ab.

Nur weil digitale Technologien und das Web 2.0 soziale Prozesse ermöglichen, fördern sie nicht automatisch demokratische Ideale und Beteiligungsprozesse. Gerade technologisch gestützte Formen des öffentlichen Engagements reduzieren Beteiligung oft auf ein oberflächliches Niveau bzw. eine Alibibeteiligung (Arora 2015;

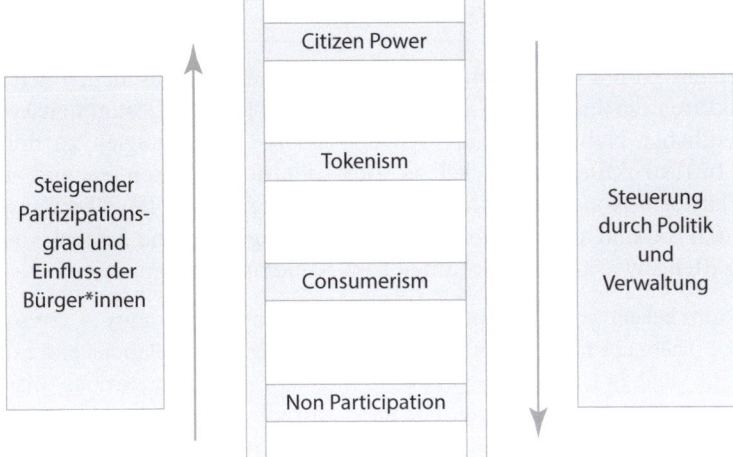

🔲 **Abb. 10.2**   Smart-City-Beteiligungsformen (eigene Darstellung in Anlehnung an Cardullo und Kitchin 2019)

Levenda et al. 2020). Ein *Like* auf einer Onlineplattform kann nicht tatsächliches Engagement, Verbindlichkeit und die Übernahme von Verantwortung in städtischen Initiativen und Prozessen ersetzen. Zudem sind digitale Beteiligungsformen und entsprechende Datenverarbeitungen an Registrierungen von Wohnsitz geknüpft und exkludieren Personen ohne festen Wohnsitz oder Registrierung (Elwood 2020) oder ohne Zugang zu mobilen Endgeräten (z. B. Kinder; ▶ Kap. 9). Technische Systeme ersetzen oder erodieren zudem etablierte Formen der Bürgerbeteiligung und forcieren zugleich einen permanenten Datenbezug, Überwachung und Steuerung der Bevölkerung über konsumorientierte Anreizsysteme (Scheffer 2021; Zandbergen und Uitermark 2020). In Reaktion auf solche Kritik setzen manche Städte, beispielsweise in Kanada, erneut auf traditionelle Formen der Bürgerbeteiligung bei der Entwicklung von Smart Cities. Analoge Formate beinhalten beispielsweise Bürgertreffen, runde Tische und Workshops (Johnson et al. 2020).

10.3   Digitale urbane Plattformen

Auf einen Blick. In diesem Abschnitt wird gezeigt:
- Digitale Plattformökonomien sind auf die Bevölkerungsdichte der Stadt angewiesen, um zu funktionieren.
- Plattformurbanismus beschreibt den direkten Einfluss von digitalen Plattformökonomien auf das sozialräumliche Alltags- und Arbeitsleben in der Stadt.
- Plattformkooperativen verwenden die gleichen Technologien, basieren jedoch auf anderen Formen von Tauschbeziehungen sowie auf gemeinschafts- oder genossenschaftsbasierten Eigentumsmodellen.

10.3.1 Urbane Plattformökonomien

In den letzten Jahren haben sich digitale Plattformökonomien neben den digitalen Infrastrukturen der klassischen Daseinsvorsorge (wie z. B. Gesundheitsversorgung oder öffentlicher Nahverkehr) als Teil der *Smart-City*-Strategien zu dominanten urbanen Infrastrukturen entwickelt (s. Box „Plattformökonomien und -kapitalismus"). Plattformökonomien sind abhängig von der hohen Bevölkerungsdichte in Städten, d. h. sie sind auf eine hohe Anzahl an verfügbaren und flexibel einsetzbaren Arbeitskräften sowie auf Nutzer*innen bzw. Kund*innen angewiesen.

» „Platforms benefit from the population density and spatial proximity of users/workers in cities. There are more opportunities for mediating social relations and extracting economic value in large, diverse markets. There is a pool of precarious ‚freelancers' who are shuffled from gig to gig. For these ‚disruptive' platforms, their strategy for domination is fought on the urban front: surge into cities, spread like wildfire, subvert any regulation, supplant all competition, and secure their position as an aspiring monopoly" (Sadowski 2020, S. 450).

Plattformökonomien und -kapitalismus
Digitale Plattformen sind Infrastrukturen, die Waren, Wissen, Werbung, Kontakte oder Dienstleistungen zwischen zwei oder mehr *Peers* vermitteln und dabei Daten generieren, extrahieren und analysieren. Im Prozess der Vermittlung gestalten sie sowohl die Inhalte (z. B. Werbung) als auch die entstehenden Beziehungen mit. Digitale Plattformen streben sogenannte Netzwerkeffekte an, vor allem Monopolbildung und Abhängigkeit der Anbietenden. Die in der Stadt besonders relevanten schlanken Plattformen der *On-Demand*- bzw. *Gig-Economy* sind folgendermaßen charakterisiert: Sie sind spezialisiert auf die kurzfristige Vermittlung von einzelnen Dienstleistungsaufträgen (*Gigs*, z. B. Taxifahrt, Übernachtung, Essenslieferung, Pflege- oder Reinigungseinsatz) und sie sind eher wachstums- bzw. monopolorientiert denn profitinteressiert. Zudem operieren sie mithilfe maximalen *Outsourcings* bezüglich der Arbeitskräfte, des Anlagekapitals und auch der Kosten für Ausbildung, Versicherung und Arbeitsmittel wie Auto, Fahrrad oder Reinigungsmittel (Srnicek 2018), die für die Ausübung des Services Voraussetzung sind. Die rasante Entwicklung der Plattformökonomien ist dabei Folge der neoliberalen Flexibilisierung von Arbeitsverhältnissen einerseits sowie der Technologisierung und Finanzialisierung von Dienstleistungen bzw. deren Vermittlung andererseits (s. Altenried et al. 2021 für das Beispiel Sorgearbeit).
Weiterführende Literatur:
— Altenried, Moritz, Julia Dück, und Mira Wallis, Hrsg. 2021. *Plattformkapitalismus und die Krise der sozialen Reproduktion.* Münster: Westfälisches Dampfboot.
— Srnicek, Nick. 2018. *Plattform-Kapitalismus.* Hamburg: Hamburger Edition.

▪ Plattformurbanismus

Der Bedeutungsgewinn von Plattformökonomien in Städten hat zum Begriff *Plattformurbanismus* geführt (Barns 2020; Lee et al. 2020; Leszczynski 2020; Hodson et al. 2021), der die bisherigen Analysen zur *Smart City* als Teil des *Smart Urbanism* ergänzt (s. ▶ Abschn. 10.2.1). Plattformurbanismus ist an eine Form der Raumproduktion gebunden, die auf soziotechnischen Beziehungen zwischen Stadtraum und -bewohner*innen basiert – und die die *Datafied City* im Alltagsleben durch die Verschränkung von Code, Kapital und Körpern intensiviert: Während Smart Cities eher angebots- und unternehmensgetrieben funktionieren, ist der Plattformurbanismus im Prinzip bewohner*innen- und nachfrageorientiert. Er operiert über das Smartphone aus der Hosen- oder Handtasche heraus und ist an individuelle verkörperte Alltagsroutinen wie Arbeiten, Wohnen, Essen oder Mobilität gebunden. Plattformurbanismus umschreibt somit den Einfluss digitaler Plattformökonomien

10

auf das urbane Arbeits- und Alltagsleben, auf die (analogen) Materialitäten und Gesellschafts- wie Raumstrukturen – und ist dadurch eine besonders wirkmächtige und direkt wahrnehmbare Form des *Smart Urbanism*. Zugleich wird der Begriff für weit mehr als die räumliche Verortung in (und Abhängigkeit von) städtischen Strukturen verwendet. Er legt die Plattformisierung und Kommodifizierung städtischer Infrastrukturen einerseits und die Infrastrukturalisierung und Territorialisierung von Plattformen anderseits dar (Plantin et al. 2018; Richardson 2020).

Plattformvermitteltes Essen als Beispiel für Plattformurbanismus

▶ **Beispiel**

„Essen auf Rädern"

Ermöglicht durch mobiles Internet und die Omnipräsenz von Smartphones hat sich die plattformvermittelte Lieferung von Essen (Mahlzeiten und Lebensmittel) zu einem weit verbreiteten Phänomen in den meisten europäischen und nordamerikanischen Städten entwickelt. Plattformvermittelte Essenslieferung stellt ein zentrales Beispiel für Plattformurbanismus dar (◘ Abb. 10.3). Plattformen wie Mjam oder Lieferando vermitteln dabei kein Produkt, sondern den Dienst (*Gig*) des Lieferns zwischen Restaurant und Kund*in – und stehen vor allem wegen ihrer schlechten Arbeitsbedingungen in der Kritik, darunter hyperflexible Beschäftigungsverhältnisse, Stücklöhne sowie algorithmische Steuerung und Kontrolle der Aufträge und damit der Zusteller*innen. Ähnlich wie airbnb (s. ▶ Abschn. 5.5.2) werden diese Dienste durch die Plattformisierung zu einer urbanen Institution, die an der Schnittstelle von Alltagspraktiken, infrastruktureller Macht und Stadtraum neue Formen von flexiblen räumlichen Arrangements hervorbringen (Richardson 2020). ◀

◘ **Abb. 10.3** Essenslieferdienste in Graz (Foto: Anke Strüver 2021)

10.3.2 Plattformkooperativen und *Digital Commons*

Zu urbanen Plattformen gehören auch solche, die im engeren Sinn kooperative Anliegen verfolgen. Dementsprechend basieren sie auf anderen Geschäftsmodellen als die profitorientierten Plattformen: Genossenschaftlich organisierte Eigentumsmodelle beispielsweise stützen sich auf Mitgliedseinlagen und -beiträge statt auf Anlagekapital; sie zielen auf einen transparenten und gerechten Markt anstelle auf Marktmacht. Daran anschließend geht es Plattformkooperativen nicht um das Manipulieren von und Diskriminieren mit Daten. Vielmehr beabsichtigen sie, aus den gewonnenen Daten als Gemeinschaft zu lernen und beispielsweise kooperative Normen in die Algorithmen einzubinden (Schor 2020; Scholz und Schneider 2016). Plattformkooperativen arbeiten mit demokratisch gestalteten Eigentumsmodellen als Grundprinzipien, sodass nicht die Plattformbetreiber*innen (bzw. ihre Kapitalgeber*innen) im Sinn von Tauschwert profitieren, sondern die Mitglieder im Sinn von Gebrauchswert (❑ Abb. 10.4). Denn die problematischen Aspekte des Plattformkapitalismus haben ihre Grundlagen weder in der Idee, noch in der Technologie der Plattform, sondern im profitmaximierenden Modell des Plattform- bzw. Technokapitalismus (s. oben). Von daher bieten alternative und solidarische Ökonomien, z. B. des nichtfinanzialisierten Teilens und Tauschens, der Digital Commons, aber auch in Form von Genossenschaften, Möglichkeiten, digitale Plattformen jenseits der Vermarktung von Dienstleistungs-*Gigs* einzusetzen.

» „Right now, platform capitalism is getting defined top-down by decisions being made in Silicon Valley, executed by black box algorithms. What we need is a new story about sharing, aggregation, openness, and cooperation; one that we can believe in" (Scholz 2016, S. 26).

❑ **Abb. 10.4** Baukasten zur Entwicklung von Plattformkooperativen (Platform Cooperativism Consortium, ► https://platform.coop/de/blog/the-platform-co-development-kit)

Prominente Beispiele, die ebenfalls (Ferien-)Wohnungen (*Fairbnb.coop*), Lieferdienste mit dem Fahrrad (▶ Coopcycle.org) oder Pflege- und Reinigungskräfte (*Equalcare.coop*; *Upandgo.coop*) vermitteln, machen deutlich, dass „Plattform ohne Kapitalismus" durchaus funktioniert. Die Mitglieder* dieser Genossenschaften sind in der Regel sowohl die Arbeitenden bzw. die Vermieter*innen als auch die Kund*innen, sodass die Vermittlungsgebühr (häufig 30–50 % der Gesamtkosten bei *Gigs*) ent- oder sehr gering ausfällt und einseitige Bewertungssysteme überflüssig werden. In der Tradition des ursprünglichen und direkten *Peer-to-Peer*-Gedankens (Bauwens et al. 2019) – anstelle der derzeit dominanten *Peer-to-Platform-to-Peer*-Modelle – sind die Beziehungen der Mitglieder untereinander, also auch die zwischen Arbeiter*in und Kund*in, durch gegenseitiges Vertrauen, Solidarität und gemeinschaftliche Verantwortung geprägt (Schor 2020).

Urbane Plattformkooperativen können daher zum einen als Kritik am Plattformkapitalismus und -urbanismus und seinen Prinzipien der Vermarktlichung von Infrastrukturen sowie von Sozialbeziehungen und der Intensivierung von gesellschaftlichen Ungleichheiten verstanden werden. Zum anderen stellen sie aber konkrete und vor allem solidarische Alternativen dar, die positive Auswirkungen auf Arbeitsprozesse und -löhne sowie Gemeinschaftsbildung haben. Dabei verwenden Plattformkooperativen im Prinzip die gleichen Technologien wie profitorientierte Plattformen an, allerdings auf Basis von *Open-Source*-Programmen, *Open-Data*-Prinzipien und oftmals *Commons*-basiert (s. Definition „Digitale Allgemeingüter").

> ### Digitale Allgemeingüter
>
> Digitale Allgemeingüter (*Digital Commons*) sind zum einen kollektiv produzierte und bereit gestellte digitale Güter für die Allgemeinheit wie beispielsweise *Open Data, Open Source* und *Open Access*. Zum anderen gehören dazu im weiteren Sinn auch kooperative Modelle urbaner *Peer-to-Peer*-Plattformen und gemeinschaftlich betriebene Infrastrukturen (Gerhardt 2020; s. Scholz und Schneider 2016 für konkrete Beispiele).

Kritisch zu hinterfragen sind daher nicht die Technologien oder die Idee der Vernetzung über Plattformen, sondern das datenextraktivistische Geschäftsmodell des Plattformkapitalismus:

» „[I]t is not technology that is the cause of injustice, rather, technology is the symptom. Treating the symptom will just result in the production of new symptoms. It is the infrastructure itself and its imaginaries that are racist, patriarchal, homophobic, exploitative, etc. As such, many people are forced to live inside other people's fantasies" (Del Casino et al. 2020, S. 610).

Denn neben den Prinzipien des *Outsourcings* sowie der unverhältnismäßig hohen Vermittlungsgebühren führt das plattformkapitalistische Modell der *Gig*-Ökonomie zu einer Disziplinierung und Diskriminierung durch Daten: Die in Plattformtransaktionen generierten Daten werden im Sinn einer daten- und tauschwertzentrierten Verwertungslogik – weit über die eigentliche Funktion bzw. Interaktion der Plattform hinaus – als Wissensressourcen weiterverwendet (Datenextraktivismus). Darüber hinaus ermöglichen kapitalistische Plattformökonomien durch die Weiterverarbeitung der persönlichen Daten zum einen die Überwachung von Arbei-

☐ **Abb. 10.5** Beispiele für die Bewertungen von Verhalten auf profitorientierten Plattformen (Liefe-rando, Airbnb; Screenshots: Anke Strüver 2021)

tenden wie von Konsumierenden (☐ Abb. 10.5). Damit verfügen sie über die Macht, das Verhalten der Nutzenden zu kennen, zu beeinflussen und zu kommunizieren. Zum anderen resultieren sie in der Klassifikation von Menschen – und in der Möglich-keit der Diskriminierung durch datenbasierte Persönlichkeitsprofile (Prien und Strü-ver 2021). Datenextraktivismus und automatisierte bzw. algorithmische Klassi-fikation in Gruppen können zu soziokultureller Diskriminierung führen, wenn Menschen entlang von Kategorien wie Geschlecht, Familien- und Einkommens-status oder Hautfarbe klassifiziert werden.

10.4 Die alltägliche digitale Produktion von Stadt und städtischen Gesellschaften

Auf einen Blick. In diesem Abschnitt wird gezeigt:
– Vielfältige Formen technosozialer Alltagspraktiken tragen bewusst und unbewusst zur Produktion von Stadt(gesellschaften), Partizipation und Interaktion bei.
– Mittels technosozialer Praktiken können Solidarität, Emanzipation, Selbst-bestimmung und digitale Gegenpolitiken aktiv ausgeübt werden.
– Sie beeinflussen Konstruktionen und Aushandlungen von Wissen, Wahrheiten und Deutungshoheiten.

Die aktive und passive, bewusste und unbewusste Produktion von Stadt durch digi-tale Vernetzung und technosoziale Alltagspraktiken ist vielfältig und zunehmend un-überschaubar wie undurchschaubar. Ergänzend dazu sind diese Praktiken immer verschränkt mit digitalen Machbarkeiten, unternehmerischer Stadtpolitik und ihren gesellschaftlichen Konsequenzen zu betrachten. Die Produktion von digitaler Stadt findet vermehrt über mobile Endgeräte, insbesondere das *Smartphone* statt, auch jenseits von Plattformökonomien. Im Zuge der Ausbreitung des Web 2.0 und mobiler digitaler Endgeräte werden aktive und passive, ortsbezogene und nicht ortsbezogene digitale Praktiken bzw. die digitalen Inhalte, die darüber produziert werden, bisher unter verschiedenen Begriffen diskutiert (für eine Abgrenzung der Begriffe und ihre zeitliche Abfolge/Einordnung, s. See et al. 2016). Zu den Konzepten, die die partizipative Produktion von ortsbezogenen Informationen in den Vordergrund stellen, gehören *Volunteered Geographic Information* (*VGI;* Goodchild 2007) oder Laiengeographien (Felgenhauer 2021). Zu den allgemeineren Konzepten, die die Produktion digitaler Inhalte und Informationen unabhängig von ihrer Verortung betonen, zählen beispielsweise *User-Generated Content (UGC)* oder *Citizen Science* (Irwin 1995), die die Produktion und Konsumption/Nutzung der Inhalte durch ein und dieselbe (Laien-)Person beschreiben. Diese *bottom-up* (ko-)produzierten Inhalte wirken u. a. zurück auf die Art, in der Menschen durch Städte navigieren, sich in Städten orientieren, städtische Orte, wie Restaurants, Parks, Kultureinrichtungen, Institutionen (nicht) wahrnehmen und sie (nicht) nutzen, wie (un-)sicher und (un-)wohl sich Menschen in Städten fühlen, wie und wo sie ihren Wohnort wählen. Während auch die Bereitstellung von *VGI* oder *UGC* eine Form des sozialen Austauschs, oftmals indirekt und asynchron darstellt, nehmen soziale Medien eine darüberhinausgehende Rolle für soziales Miteinander und Organisation in der Stadt ein: Sie verschränken soziale und digitale Formen der Interaktion (s. ▶ Kap. 9) und erweitern die Möglichkeiten für menschliche Beziehungen in Städten, die von digitalen, kurzen und flüchtigen Begegnungen bis hin zu intimen Freundschaften reichen können (Bork-Hüffer et al. 2020).

Letzen Endes spielen in allen digitalen Praktiken und Räumen Macht und Ungleichheiten eine Rolle. Unabhängig von ihrer primären Intention führen digitale Praktiken zu einer „Verschiebung der Wissensproduktion, der Rolle des Expertentums, der Kontrolle und Institutionalisierung, der Autorität und Verantwortung" (Felgenhauer 2021, S. 191). In digitalen Foren wird definiert und debattiert, was Wahrheiten sind, wer diese deuten und bestimmen darf, wer Mitglied sein darf. Die Praktiken finden innerhalb der Rahmungen der Plattformen und Medien statt, die von Technologieunternehmen bereitgestellt, strukturiert und gesteuert werden. Das exponentielle quantitative Wachstum von *Content* (im Sinn von Inhalt) und der damit einhergehende Informations(über)fluss stellen ebenfalls veränderte Herausforderungen digitaler Partizipationsmöglichkeiten dar. Die Strukturierung des *Content* und Hilfen zur Navigation wiederum werden meist von kommerziellen Plattformen gesetzt und damit beeinflusst (Foth et al. 2015).

Davon zu unterscheiden sind Formen gezielter politisch-motivierter digitaler Praktiken, beispielsweise von *Digital Counterpolitics* (Elwood 2020), *Data Activism* (Ricker et al. 2020) oder der *Digital Subversion* (Woods 2020). Während digitale Technologien oftmals einseitig in ihren diskriminierenden und exkludierenden Wirkungen kritisiert werden, so müssen ihre Möglichkeiten für Solidarität, Emanzipation und Selbstbestimmung für Gruppen, die von der konstruierten Norm abweichen, ebenfalls Berücksichtigung finden. Elwood (2020) erachtet in diesem Kontext eine Beschäftigung mit kritischen Perspektiven auf digitalen Aktivismus, *Counterpolitics,* aber auch alltägliche Praktiken des „Stadtmachens", beispielsweise über eine

Auseinandersetzung mit den *Black, Queer/Trans* und *Feminist Code Studies,* als zentral. Eine solche Auseinandersetzung findet sich beispielsweise in Marc Lamont Hills (2018) Analyse zur Rolle von *Black Twitter* als Medium für kritische Pädagogik und Forum für politische Organisation, die sich in symbolischen und materiellen Bewegungen gegen staatliche Gewalt an *People of Colour* in US-amerikanischen Städten niederschlägt. Am Beispiel des Roma-Viertels Sulukule in Istanbul zeigt Hoyng (2014), wie sich dessen Bewohner*innen gegen Verdrängungsprozesse, die im Zuge von *Creative-City*-Projekten subtil erfolgen, über digitale Selbstorganisation und Aktivismus wehren. In einem anderen Beispiel zur digitalen Subversion hat Woods (2020) untersucht, wie *Grime*-Musiker*innen in Großbritannien digitale Technologien nutzen, um Musik zu demokratisieren und damit zugleich Anspruch auf Räume in der Innenstadt erheben und so bestehende Machstrukturen und Ungleichheiten herausfordern.

10.5   Ausblick – Stadt digitalisieren

Mobiles Internet und öffentliches W-Lan – sowie die für die Nutzung notwendigen mobilen Endgeräte, allen voran das *Smartphone* – sind in der letzten Dekade zum selbstverständlichen Teil des Alltagslebens geworden, nicht nur in der Stadt (◘ Abb. 10.6). Dennoch verdichten sich die derzeit dominanten Formen und Praktiken von Digitalisierung vor allem in urbanen Räumen. Dies ist zum einen begründet durch

◘ **Abb. 10.6**   Laternenpfahl vor der Universität Wien mit drei Messages zur „Um-care": W-Lan war mal wichtig in der Stadt, derzeit ist die Kurve von „smart" zu „care" wichtiger (Foto. Anke Strüver 2021)

die Dichte von Menschen sowie von Infrastrukturen und ihren Nutzungen. Zum anderen spielt die unternehmerische Stadtpolitik eine wichtige Rolle für das Voran-treiben der Digitalisierung; eine Politik, die stärker konkurrenz- und wachstums-optimiert denn problemlösungsorientiert erscheint. Digitalisierung und Urbanisie-rung stellen also derzeit zwei sehr dominante gesellschaftliche Prozesse von Raumproduktionen dar, die eng miteinander verschränkt sind. Der WBGU (2019, S. 302) warnt: „Die urbane Digitalisierung darf dabei nicht nur technokratisch als Optimierungsaufgabe verstanden werden, vielmehr sollte jeglicher Technikeinsatz explizit in eine ökologisch nachhaltige und sozial inklusive Stadtentwicklung ein-gebettet werden". Unter direkter Bezugnahme auf Letzteres und im Sinn eines Rechts auf (digitale) Stadt lassen sich zwei große Themenfelder identifizieren, die für zukünftige Stadtentwicklungsprozesse – und für die geographische Stadtforschung – zentral sind:

- **(1) Fokus Smart Urbanism: Smart Cities und Smart Communities**
Smart City hat sich vielerorts als dominantes, wenn auch nicht eindeutig definiertes, Stadtentwicklungsprogramm durchgesetzt. Dazu gehören im weiteren Sinn des *Smart Urbanism* auch verschiedene Formen digitaler Partizipation sowie gesellschaftszentrierte urbane Praktiken, die sich durch digitale Interaktionen verändern. Daher ist der oftmals einseitige soziotechnische Fokus auf den Einsatz digitaler Technologien in den Infra-strukturen der gebauten Stadt (z. B. für die Verkehrssteuerung) um die technosozialen Alltagspraktiken der Stadtbewohner*innen zu erweitern. Für die Stadtgeographie ist somit das Spannungsfeld zwischen Ermöglichung, Ermächtigung und Kontrolle durch Digitalisierung zentral, insbesondere wenn eine demokratisch gestaltete digitale Gesell-schafts- und Stadttransformation das Ziel ist.

Dafür müssen u. a. Beteiligungsformen und -möglichkeiten für unterschiedlichste Menschen besonders intensiv reflektiert und ausprobiert werden mit dem Ziel, kollek-tive Strategien zur Bewältigung sozioökonomischer und digitaler Ungerechtigkeiten zu entwickeln. Damit sollten der Prozess der gesellschaftlichen Teilhabe und die Ent-wicklung gemeinsamer Strategien eher im Vordergrund stehen als das Produkt einer *smarten* Stadt. Menschen und Öffentlichkeiten in der Stadt müssen in ihrer nicht mehr beschreibbaren Vielfalt wahrgenommen, anerkannt und involviert werden. Digitale Technologien können dabei ein Hilfsmittel sein, dürfen aber nicht zum Selbstzweck werden. Zudem müssen soziomaterielle Formen des Austauschs und der Beteiligung elementare Bestandteile von Digitalisierungsstrategien von Städten bleiben.

- **(2) Fokus Smart Commons**
Nach Del Casino et al. (2020, S. 612) wird der *„struggle over the digital – including data, code, and processed information – […] increasingly framed as a struggle over a new, digi-tal commons"*. Die Zusammenarbeit von verschiedenen zivilgesellschaftlichen, stadt-politischen und privatwirtschaftlichen Interessengruppen wird daher bei der Bereit-stellung, Anwendung und Regulierung digitaler Technologien im allgemeinen und digitaler Allgemeingüter wie Open Source und Open Data im Besonderen eine zentrale Herausforderung sein. Denn bestehende Ungleichheiten schreiben sich nicht nur in die Entwicklung von Technologien ein, sondern manifestieren sich durch ihre ungleichen Nutzungsmöglichkeiten sowie das Vermögen, daraus zu lernen.

Technologische Souveränität von Städten wie von Stadtbewohner*innen muss zukünftig stärker als bislang ein zentrales Element urbaner Digitalisierungsstrategien sein. Städte wie Barcelona machen derzeit vor, wie sich eine demokratische Autonomie der Stadtverwaltung und -politik als Alternative zur unternehmerischen Stadt entwickeln kann. Dazu gehört die Deprivatisierung von Plattformen öffentlicher Daseinsvorsoge (z. B. Mobilität), um sie demokratisch – und in jeder Hinsicht nachhaltig – zu koordinieren. Solche Formen von Plattformkommunalismus/Plattformmuniziplismus (Piétron 2021; Thompson 2021) sind das komplementäre technopolitische Programm zum Plattformkooperativismus, in dem urbane Plattformökonomie *commons*-basiert funktioniert und so die technologische Souveränität der Stadt sowie die Lebensqualität aller Bewohner*innen intensiviert.

Schlüsselwerke

Barns, Sarah. 2020. Platform Urbanism. Negotiating Platform Ecosystems in Connected Cities. Singapore: Springer Nature.

Bork-Hüffer Tabea, Henning Füller und Till Straube 2020. Handbuch Digitale Geographien – Welt, Wissen, Werkzeuge. Paderborn: UTB.

Bauriedl, Sybille, und Anke Strüver, Hrsg. 2018. Smart City – Kritische Perspektiven auf die Digitalisierung in Städten. Bielefeld: Transcript.

Levenda, Anthony M., Noel Keough, Melanie Rock, und Byron Miller. 2020. Rethinking public participation in the smart city. The Canadian Geographer/Le Géographe canadien 64 (3): 344–358.

Luque-Ayala, Andrés, und Simon Marvin. 2020. Urban Operating System. Producing the Computational City. Cambridge: MIT Press.

Scholz, Trebor, und Nathan Schneider, Hrsg. 2016. Ours to hack and to own. New York: QR Books.

Literatur

Arora, Payal. 2015. Usurping public leisure space for protest: Social activism in the digital and material commons. *Space and Culture* 18(1): 55–68.

Barns, Sarah. 2020. *Platform urbanism. Negotiating platform ecosystems in connected cities.* Singapore: Springer Nature.

Bauriedl, Sybille, und Anke Strüver. 2018. Raumproduktionen in der digitalisierten Stadt. In *Smart City – Kritische Perspektiven auf die Digitalisierung in Städten*, Hrsg. Sybille Bauriedl und Anke Strüver, 11–30. Bielefeld: Transcript.

Bauwens, Michel, Vasilis Kostakis, und Alex Pazaitis. 2019. *Peer to peer: The commons manifesto.* London: University of Westminster Press.

Bork-Hüffer, Tabea, und Anke Strüver. 2022. Digitale Geographien. Perspektiven auf den Gesellschaft-Technologie-Umwelt-Nexus. In *Digitale Geographien. Einführungen in sozio-materiell-technologische Raumproduktionen*, Hrsg. Tabea Bork-Hüffer und Anke Strüver, 7–27. Stuttgart: Franz Steiner.

Bork-Hüffer, Tabea, Belinda Mahlknecht, und Andra Markl. 2020. Kollektivität in und durch cON/FFlating spaces: 8 Thesen zu Verschränkungen, multiplen Historizitäten und Intra-Aktionen in sozio-materiell-technologischen (Alltags-)Räumen. *Zeitschrift für Kultur- und Kollektivwissenschaften* 6(2): 131–170.

Cardullo, Paolo, und Rob Kitchin. 2019. Being a ‚citizen‘ in the smart city: Up and down the scaffold of smart citizen participation in Dublin, Ireland. *GeoJournal* 84(1): 1–13.

Casino, Del, J. Vincent, Lily House-Peters, Jeremy W. Crampton, und Hannes Gerhardt. 2020. The social life of robots: The politics of algorithms, governance, and sovereignty. *Antipode* 52(3): 605–618.

Clark, Jennifer. 2020. *Uneven innovation. The work of smart cities*. New York: Columbia University Press.

Datta, Ayona. 2018. The digital turn in postcolonial urbanism: Smart citizenship in the making of India's 100 smart cities. *Transactions of the Institute of British Geographers* 43(3): 405–419.

van Dijk, Johannes A. G. M. 2005. *The deepening divide: Inequality in the information society*. London: SAGE.

Eichenmüller, Christian, Max Münßinger, und Glasze Georg. 2021. Das Gehirn der Smart City: Das Fortleben kybernetischer Logiken im command and control center: das Beispiel Indien. *sub\urban* 9(1–2): 51–71.

Elwood, Sarah. 2020. Digital geographies, feminist relationality, Black and queer code studies: Thriving otherwise. *Progress in Human Geography*. https://doi.org/10.1177/0309132519899733.

Europäische Kommission. 2020. Smart cities. https://ec.europa.eu/info/eu-regional-and-urban-development/topics/cities-and-urban-development/city-initiatives/smart-cities_en. Zugegriffen am 28.03.2021.

Felgenhauer, Tilo. 2021. Laiengeographie. In *Handbuch Digitale Geographien. Welt-Wissen-Werkzeuge*, Hrsg. Tabea Bork-Hüffer, Henning Füller, und Till Straube, 191–204. Paderborn: Brill Schöningh.

Foth, Marcus, Martin Brynskov, und Timo Ojala. 2015. Preface. In *Citizen's right to the digital city: Urban interfaces, activism, and placemaking*, Hrsg. Marcus Foth, Martin Brynskov, und Timo Ojala, vi–viii. Singapore: Springer.

Gerhardt, Hannes. 2020. Engaging the non-flat world: Anarchism and the promise of a post-capitalist collaborative commons. *Antipode* 52(3): 681–701.

Goodchild, Michael F. 2007. Citizens as sensors: The world of volunteered geography. *GeoJournal* 69(4): 211–221.

Harvey, David. 1989. From managerialism to entrepreneurialism: The transformation in urban governance in late capitalism. *Geografiska Annaler. Series B, Human Geography* 71(1): 3–17.

Hill, Marc L. 2018. „Thank you, Black Twitter": State violence, digital counterpublics, and pedagogies of resistance. *Urban Education* 53(2): 286–302.

Hodson, Mike, Julia Kasmire, Andrew McMeekin, John G. Stehlin, und Kevin Ward. 2021. *Urban platforms and the future city. Transformations in infrastructure, governance, knowledge and everyday life*. London: Routledge.

Hollands, Robert G. 2008. Will the real smart city please stand up? Intelligent, progressive or entrepreneurial? *City* 12(3): 303–320.

Hopkins, Peter. 2020. Social geography III: Committing to social justice. *Progress in Human Geography*. https://doi.org/10.1177/0309132520913612.

Hoyng, Rolien. 2014. Place brands, nonbrands, tags and queries: The networks of urban activism in the creative city Istanbul. *Cultural Studies* 28(3): 494–517.

Ianculescu, Marilena, Ovidiu Bica, Alexandru Balog, und Irina Cristescu. 2019. June 2019. *Smart citizen – A participatory co-creator for enhancing online public services*. Paper presented at the 11th International Conference on Electronics, Computers and Artificial Intelligence (ECAI), Pitesti, 27–29 June 2019.

Irwin, Alan. 1995. *Citizen science: A study of people, expertise, and sustainable development*. London: Routledge.

Isin, Engin, und Evelyn Ruppert. 2015. *Being digital citizens*. London: Rowman & Littlefield International.

Johnson, Peter A., Alberto Acedo, und Pamela J. Robinson. 2020. Canadian smart cities: Are we wiring new citizen-local government interactions? *The Canadian Geographer/Le Géographe Canadien* 64(3): 402–415.

Kassim, Normalini M. D., Jasmine A. L. Yeap, Saravanan Nathan, Nor H. Hashim, und T. Ramayah. 2019. A conceptual paper of the smart city and smart community. In *Eurasian economic perspectives. Eurasian studies in business and economics Aufl. 11/1*, Hrsg. Mehmet H. Bilgin, Hakan Danis, Ender Demis, und Ugur Can, 39–47. Cham: Springer Switzerland.

Kitchin, Rob. 2014. The real-time city? Big data and smart urbanism. *GeoJournal* 79: 1–14.

Kitchin, Rob. 2016. The ethics of smart cities and urban science. *Philosophical Transactions of the Royal Society A* 374(2083). https://doi.org/10.1098/rsta.2016.0115.

Kitchin, Rob. 2017. Thinking critically about and researching algorithms. *Information, Communication & Society* 20(1): 14–29.

Kitchin, Rob, Paolo Cardullo, und Cesare Di Feliciantonio. 2019. Citizenship, justice, and the right to the smart city. In *The right to the smart city*, Hrsg. Paolo Cardullo, Cesare di Feliciantonio, und Rob Kitchin, 1–24. Emerald: Bingley.

Kleine, Dorothea, und Sammia Poveda. 2017. Digital divide. In *The international encyclopedia of geography*, Hrsg. Douglas Richardson, Noel Castree, Michael F. Goodchild, Audrey Kobayashi, Weidong Liu, und Richard A. Marston, 1–5. Chichester: Wiley.

Kraas, Frauke, Tabea Bork-Hüffer, und Mareike Kroll. 2018. Stadtmodelle, neue Hauptstädte und Städte der Zukunft in Asien. *Geographische Rundschau* 70(6): 22–26.

Lee, Ashlin, Adrian Mackenzie, Gavin J. D. Smith, und Paul Box. 2020. Mapping platform urbanism: Charting the nuance of the platform pivot. *Urban Planning* 5(1): 116–128.

Leszczynski, Agnieszka. 2020. Glitchy vignettes of platform urbanism. *Environment and Planning D: Society and Space* 38(2): 189–208.

Levenda, Anthony M., Noel Keough, Melanie Rock, und Byron Miller. 2020. Rethinking public participation in the smart city. *The Canadian Geographer/Le Géographe canadien* 64(3): 344–358.

Luque-Ayala, Andrés, und Simon Marvin. 2020. *Urban operating system. Producing the computational city*. Cambridge: MIT Press.

Morozov, Evgeny. 2013. *To save everything, click here*. New York: PublicAffairs.

Piétron, Dominik. 2021. Plattform-Kommunalismus – Für eine Technopolitische Infrastrukturoffensive von unten. Rosa Luxemburg Stiftung, Standpunkte 4/2021. https://www.rosalux.de/publikation/id/44476/plattform-kommunalismus?cHash=31f2aa527e3acfdaf263abbbccd24c10. Zugegriffen am 29.09.2021.

Plantin, Jean-Christophe, Carl Lagoze, Paul N. Edwards, und Christian Sandvig. 2018. Infrastructure studies meet platform studies in the age of Google and Facebook. *New Media & Society* 20(1): 293–310.

Prien, Bernd, und Anke Strüver. 2021. Recht auf die digitale Stadt. *Zeitschrift für praktische Philosophie* 8(1): 337–362.

Richardson, Lizzie. 2020. Coordinating the city: Platforms as flexible spatial arrangements. *Urban Geography* 41(3): 458–461.

Ricker, Britta, Jonathan Cinnamon, und Yonn Dierwechter. 2020. When open data and data activism meet: An analysis of civic participation in Cape Town, South Africa. *The Canadian Geographer/Le Géographe Canadien* 64(3): 359–373.

Rodatz, Matthias. 2018. Urban citizenship. In *Handbuch Kritische Stadtgeographie, 3. korrigierte und erweiterte Aufl*, Hrsg. Bernd Belina, Matthias Naumann, und Anke Strüver, 350–355. Münster: Westfälisches Dampfboot.

Sadowski, Jathan. 2020. Cyberspace and cityscapes: On the emergence of platform urbanism. *Urban Geography* 41(3): 448–452.

Scheffer, Jörg. 2021. Datafizierung. In *Handbuch Digitale Geographien. Welt-Wissen-Werkzeuge*, Hrsg. Tabea Bork-Hüffer, Henning Füller, und Till Straube, 38–49. Paderborn: Brill Schöningh.

Scholz, Trebor. 2016. Platform cooperativism – Challenging the corporate sharing economy. Rosa Luxemburg Stiftung New York Office. https://rosalux.nyc/wp-content/uploads/2020/11/RLS-NYC_platformcoop.pdf. Zugegriffen am 29.09.2021.

Scholz, Trebor, und Nathan Schneider, Hrsg. 2016. *Ours to hack and to own*. New York: QR Books.

Schor, Juliet. 2020. *After the gig*. Berkeley: University of California Press.

See, Linda, Peter Mooney, Giles Foody, Lucy Bastin, Alexis Comber, Jacinto Estima, Steffen Fritz, Norman Kerle, Bin Jiang, Mari Laakso, Hai-Ying Liu, Grega Milcinski, Matej Niksic, Marco Painho, Andrea Podör, Ana-Maria Olteanu-Raimond, und Martin Rutzinger. 2016. Crowdsourcing, citizen science or volunteered geographic information? The current state of crowdsourced geographic information. *International Journal of Geo-Information* 5(55): 1–23.

Straube, Till, und Bernd Belina. 2018. Policing the Smart City. Eine Taxonomie polizeilicher Prognoseprogramme. In *Smart City – Kritische Perspektiven auf die Digitalisierung in Städten*, Hrsg. Sybille Bauriedl und Anke Strüver, 223–236. Bielefeld: Transcript.

Strüver, Anke, und Sybille Bauriedl. 2020. Smart Cities und sozial-räumliche Gerechtigkeit: Wohnen und Mobilität in Großstädten. In *Jahrbuch StadtRegion 2019/2020. Digitale Transformation*, Hrsg. Christine Hannemann, Frank Othengrafen, Jörg Phlan, Brigitta Schidt-Lauber, Rainer Wehrhahn, und Simon Güntner, 91–109. Wiesbaden: Springer VS.

Strüver, Anke, Rivka Saltiel, Nicolas Schlitz, Bernhard Hohmann, Thomas Höflehner, und Barbara Grabher. 2021. A smart right to the city – Grounding corporate storytelling and questioning smart urbanism. *Sustainability* 13(9590). https://doi.org/10.3390/su13179590.

Thompson, Matthew. 2021. What's so new about new municipalism? *Progress in Human Geography* 45(2): 317–342.

WBGU. 2019. Unsere gemeinsame digitale Zukunft: Empfehlungen. https://www.wbgu.de/de/publikationen/publikation/unsere-gemeinsame-digitale-zukunft. Zugegriffen am 29.09.2021.

Woods, Orlando. 2020. The digital subversion of urban space: Power, performance and grime. *Social & Cultural Geography* 21(3): 293–313.

Zandbergen, Dorien, und Justus Uitermark. 2020. In search of the Smart Citizen: Republican and cybernetic citizenship in the smart city. *Urban Studies* 57(8): 1733–1748.

MIX
Papier aus verantwortungsvollen Quellen
Paper from responsible sources
FSC® C105338

If you have any concerns about our products,
you can contact us on
ProductSafety@springernature.com

In case Publisher is established outside the EU,
the EU authorized representative is:
**Springer Nature Customer Service Center GmbH
Europaplatz 3, 69115 Heidelberg, Germany**

Printed by Libri Plureos GmbH
in Hamburg, Germany